ゲーム開発で学ぶ C言語入門

プロのクリエイターが教える基本文法と開発技法

廣瀬 豪 著

インプレス

はじめに

本書は、プロのゲームクリエイターが執筆した、C言語を用いたゲーム開発の入門書です。

筆者はゲーム業界で長年、ゲーム開発を行ってきました。大手ゲームメーカーと中堅ゲームメーカーに勤務後、ゲーム制作会社を設立し、バンダイナムコやセガなどの大手ゲーム会社や、古くから多くのファンを持つ老舗ゲーム会社のケムコなどに、さまざまなジャンルのゲームソフトやゲームアプリを納品してきました。また、筆者は教育機関でプログラミングを教える仕事もしています。

その知識と技術、経験を生かし、C言語の全体像と、プロが用いるゲーム開発技術を、本書にしっかりとまとめています。さらに、ゲームプログラマーを目指す方が、ゲームの開発力を最短で手に入ることができるように、本書を構成しています。

本書の内容は、プロのゲームプログラマーを目指す方が読むに値する濃密なものになっています。しかし、趣味でゲーム制作を行いたい方にも、わかりやすく学んでいただけるように配慮しました。まずはC言語を身につけたいという方も、ゲーム制作が題材ですので、楽しく学んでいただけることでしょう。

ここで簡単にC言語について触れます。C言語は1970年代初頭に作られたプログラミング言語で、その歴史は古いですが、今もさまざまなソフトウェア開発に用いられています。現在ではC言語を発展させて作られたC++やC#などの、いわゆるC系言語や、C言語の記述ルールを引き継いで作られたJavaやJavaScriptなどが普及しています。C言語を習得することで、開発の場で広く用いられている、それらの言語の習得も容易になります。

本書で、1人でも多くの方に、C言語と、ゲーム開発の知識と技術を習得していただけることを期待しています。

廣瀬 豪

サンプルファイルについて

本書で紹介している作例は、以下の本書の商品ページからダウンロードできます。サンプルファイルは「501766-sample.zip」というファイル名で、ZIP形式で圧縮されています。展開してご利用ください。

https://book.impress.co.jp/books/1122101108

本書の前提

- 本書のサンプルファイルは、MicrosoftのVisual Studio Community 2022、山田巧氏が作成したDXライブラリ Windows版Visual Studio（C++）用を使って動作確認しています。
- 本書に記載されている情報は、2024年2月時点のものです。
- 本書に掲載されているサンプル、および実行結果を記した画面イメージなどは、上記環境にて再現された一例です。
- 本書の内容に関して適用した結果生じたこと、また、適用できなかった結果について、著者および出版社ともに一切の責任を負えませんので、あらかじめご了承ください。
- 本書に記載されているウェブサイトなどは、予告なく変更されていることがあります。
- 本書に記載されている会社名、製品名、サービス名などは、一般に各社の商標または登録商標です。なお、本書では™、®、©マークを省略しています。

Introduction

本書の構成と開発するゲームの紹介

ここでは、本書の構成と各章で開発・学習するゲームを紹介します。高度な技術を要するゲームもありますが、1つずつ丁寧に解説しますので、ぜひ本書を通してゲーム開発の楽しさを味わってみてください。

本書の構成

本書の構成は、第1章でC言語の環境構築を、第2～3章でC言語の基礎知識と重要知識を解説し、第4章でそれまでの知識を使いCUIのゲーム開発に挑みます。また、第5章以降はGUIのゲーム開発にステップアップし、テニスゲーム、カーレース、シューティング、エフェクト・プログラミング、よく使う開発技法、3Dゲームの開発技術について解説します。

Chapter 4 で解説　クイズゲーム

```
2020年に発売され、ヒットしたNintendo Switchのゲーム「〇〇〇〇 どうぶつの森」。〇〇〇〇に入る言葉は？
あつまれ
正解です。
2010年代にスマートフォンでヒットしたソーシャルゲーム「パズドラ」の正式名称は？
パズル＆ドラゴンズ
正解です。
2000年代にガラケーでヒットした、自転車に乗った棒人間を操作して遊ぶゲームの名称は？
チャリ走
正解です。
1990年代にゲームセンターに設置され、ブームとなった写真シール機「プリクラ」の正式名称は？
プリントクララ
間違いです。正しい答えは、プリント倶楽部
1980年代に大ヒットした家庭用ゲーム機「ファミコン」の正式名称は？
ファミリーコンピュータ
正解です。
あなたは4問、正解しました。
```

第4章から、それまで解説した基礎知識と重要知識を用いたCUIのゲームを開発し、プログラミングの知識を実践の中で再確認します。最初に作るのはプレイヤーが答えを入力することで、正解・不正解を判定するクイズで、入力と出力という大切な知識を確認できます。

Chapter4 で解説　数当てゲーム

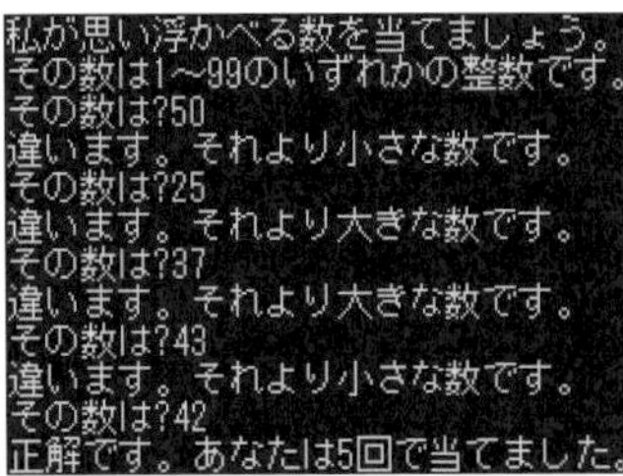
私が思い浮かべる数を当てましょう。
その数は1～99のいずれかの整数です。
その数は?50
違います。それより小さな数です。
その数は?25
違います。それより大きな数です。
その数は?37
違います。それより大きな数です。
その数は?43
違います。それより小さな数です。
その数は?42
正解です。あなたは5回で当てました。

同じく第4章では数当てゲームを作ります。コンピューターが乱数で決めた数がいくつであるかを予想して当てるゲームです。乱数の知識はもちろん、変数による値の保持、数値の比較など、さまざまな基礎知識の確認が行えます。

Chapter 4 で解説　宝回収ゲーム

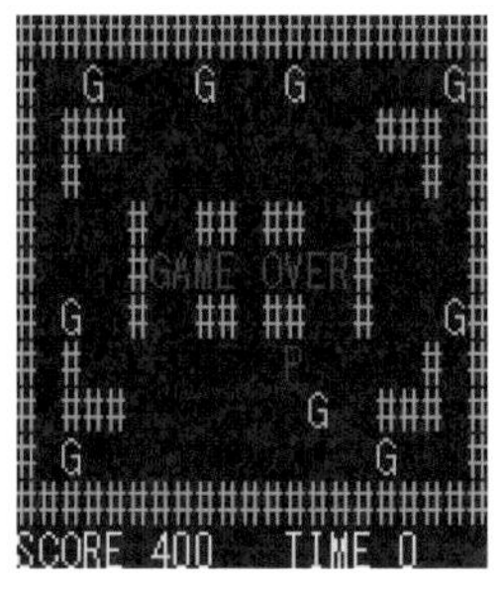

さらに第4章の最後では、フィールド上のお宝を制限時間内にいくつ回収できるかを競うゲームの作り方を解説します。このプログラムでは、C言語だけでリアルタイム処理を行う方法を学べます。時間の経過に伴ってお宝がランダムに出現する処理をリアルタイム処理を用いて実現してみましょう。

One Point

ゲームの世界観について

本書で開発するゲームにはバックストーリーとイメージキャラクターを用意しています。ゲーム開発では世界観の設定も大切な要素になります。その理由をお伝えします。

1.ユーザーの楽しみを増やす

ゲームをプレイする時、主人公や敵の背後にある物語や動機を考えたり、想像しながら遊ぶと、そのゲームを一層楽しむことができます。本書の場合、完成させたゲームをプレイするのは読者のみなさんです。バックストーリーやイメージキャラクターを用意することで、楽しく学習を行っていただきたいという意図があります。

2.ゲームを面白く構築する手助けになる

ゲーム開発は単なる数学的計算ではなく、想像力を駆使して行うものです。プログラミングによりゲームルールを実現する過程で、操作性や難易度を工夫し、プレイヤーを楽しませるモノづくりを行うことが大切です。世界観の設定があればゲームの内容が明確になり、ゲームの楽しさや魅力をユーザーに伝えやすくなります。

3.プロ意識を持って学習に臨む要素になる

商用のゲームにはバックストーリーやイメージキャラクターが用意されることが一般的です。本書ではプロ視点でのプログラミング技術の解説だけでなく、世界設定というゲームプランニングにおいても、商用ゲームに近い要素を取り入れ、クリエイターを目指す方に役立てていただけるようにしています。

世界観を作る際に、主人公や敵キャラなどのイメージキャラクターも作成しておくと、なおよいでしょう。バックストーリーとの関連性がしっかりでき、細部までどんなゲームにしたら適切なのかが見えてきます。

Chapter 6 で解説　テニスゲーム

ゲーム画面1（図形の描画命令のみで画面を構成）

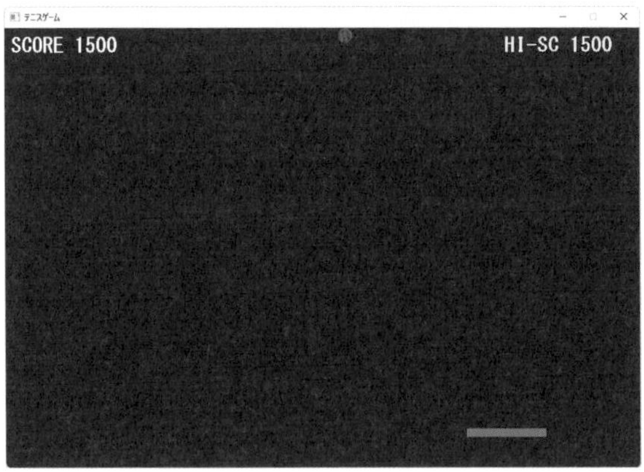

ゲーム画面2（グラフィック素材を用いたバージョン）

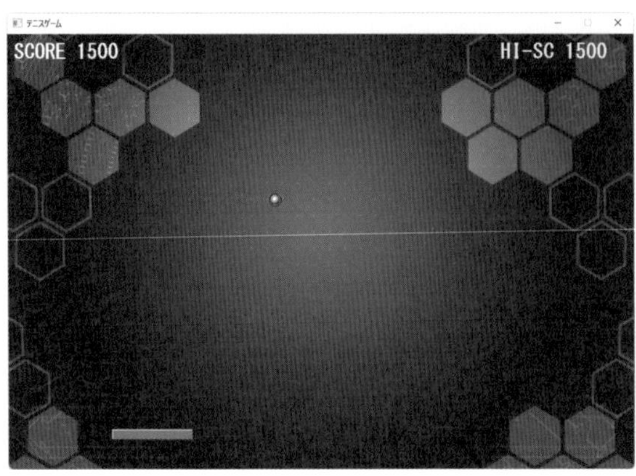

第5章でGUI環境の構築を行った後、第6章から本格的なゲームを作ります。ここでは画面下のラケットでボールを打ち返し、スコアを競うテニスゲームを開発します。物体を動かすアルゴリズム、ボールのヒットチェック、ハイスコア計算、ゲームオーバー判定、画面遷移（せんい）などを学習できます。

このゲームの世界観

■バックストーリー

近未来、宇宙探査技術を研究する施設で、ボールを壁で打ち返す実験が行われていた。一見すると単純なスポーツのようであるが、実は重力を制御するシステムの完成を目指して行われている実験であった。実験に使われるボールは高い電力を帯びた鋼鉄の弾で、時に破壊的なダメージをもたらす。一度でも打ち逃してはならなかった。

　このハードな実験に参加する2人の若者の姿があった。彼らは重力制御技術を確立するために、身体能力強化スーツを身にまとい、今日もボールを打ち返していた。

■イメージキャラクター

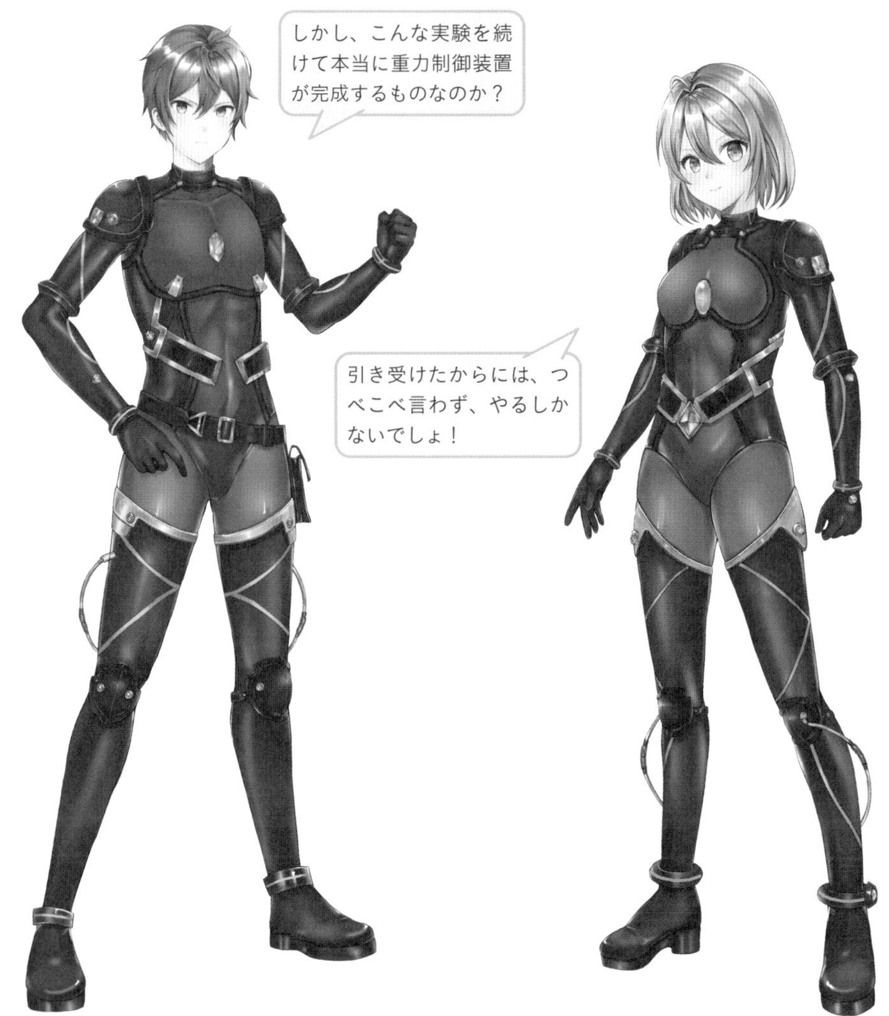

しかし、こんな実験を続けて本当に重力制御装置が完成するものなのか？
引き受けたからには、つべこべ言わず、やるしかないでしょ！

プログラミングのポイント

　このゲームは、プログラミング初心者の方が、ゲームプログラミングの全体像を理解するためのものです。物体の動き、ヒットチェック、画面遷移など、ゲームを構成する要素を一通り組み込んで完成させます。

Chapter 7 で解説 カーレース

ゲーム画面1 タイトル画面

第7章ではカーレースを作ります。背景が自動的にスクロールするフィールド上で、プレイヤーの車をマウスで動かして、コンピューターの車を追い抜くとスコアが上がります。走る間に燃料が減り、アイテムを取ると増え、0になるとゲームオーバーというルールでスコアを競います。

ゲーム画面2 ゲームプレイ画面

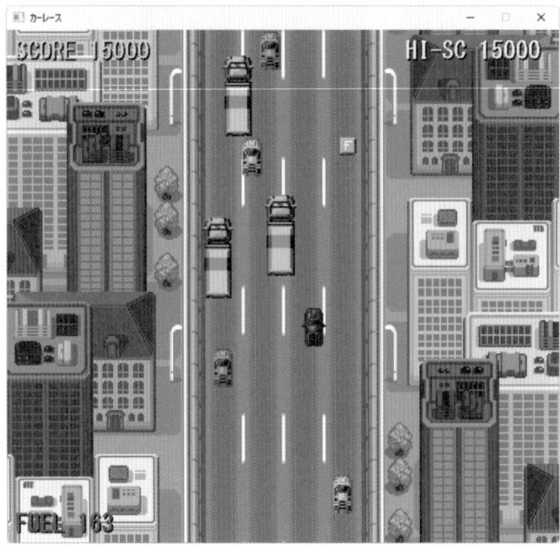

このゲームの世界観

■バックストーリー

世界に名を知られた大手自動車メーカーであるタトヨ自動車の、新型車走行テストを行う2人の若者の姿があった。サーキットでのテスト走行を終え、今日は街中を走るテストだ。この新型車は、走りながら燃料を補給できるという画期的なシステムを搭載して作られた。テストドライバーは、可能な限り長時間の走行を続けるように命じられた。

■イメージキャラクター

事故のないように
行きましょ
ああ、それが何より
大事だな

プログラミングのポイント

このカーレースでは、配列を用いて、複数の車の制御を行う仕組みをプログラミングします。本格的なゲームを作るために必要な技術を学び、ゲームの開発力を伸ばしていきましょう。

Chapter 8 で解説　シューティングゲーム

ゲーム画面1 ゲームプレイ画面

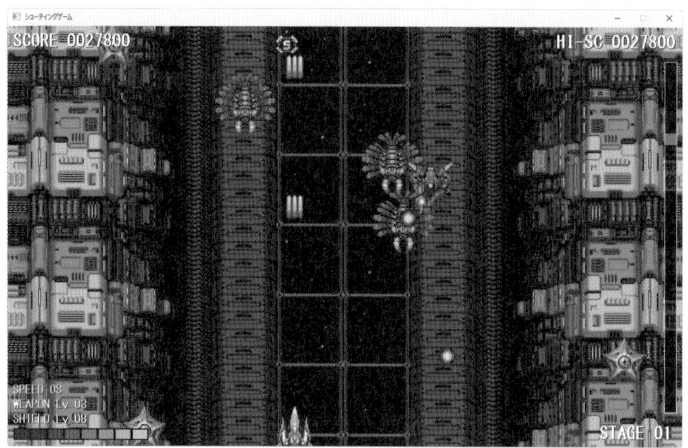

ゲーム画面2 ボス登場

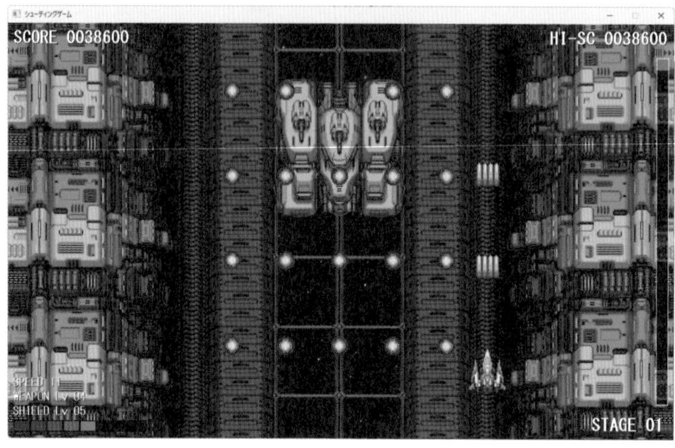

カーソルキーで自機を動かし、スペースキーで弾を発射して敵を撃破することでスコアを競います。敵はそれぞれ異なる動きをし、攻撃方法も異なります。また、ステージの最後にはボスが登場し、弾幕演出も。ゲーム開発をする上での多数の技法が凝縮されています。

このゲームの世界観

■バックストーリー

21XX年、火星に建設された国際宇宙基地が、突如として機械生命体の攻撃を受けた。機械生命体は太陽系外から飛来したようである。宇宙基地はそのような事態を想定しておらず、異形の侵略者に対抗できる術を備えていなかった。

基地が危機的状況に陥った時、多くの国々が協力して設立した国際平和維持軍のパイロット2人が、偶然、新型宇宙戦闘機のテスト飛行を火星の近くで行っていた。基地からのSOS信号を受信した彼らは即座に行動を起こし、テスト飛行を中断して火星の基地へと向かったのである。

■イメージキャラクター

やばいことになったけど新型戦闘機の性能を試すには良い機会だ
この新型機はアイテムでパワーアップできるわ。気合入れて敵を追い払いましょ！

（プログラミングのポイント）

飛行パターンや耐久度の違う複数のザコ機を倒した後に、ボス機が登場する本格的なシューティングゲームを開発します。ボス機を倒すと次のステージに進む仕様も組み込みます。さまざまなジャンルのゲーム開発に応用できる知識と技術を学び、開発力をさらに高めましょう。

Chapter 9 で解説　エフェクト・プログラミング

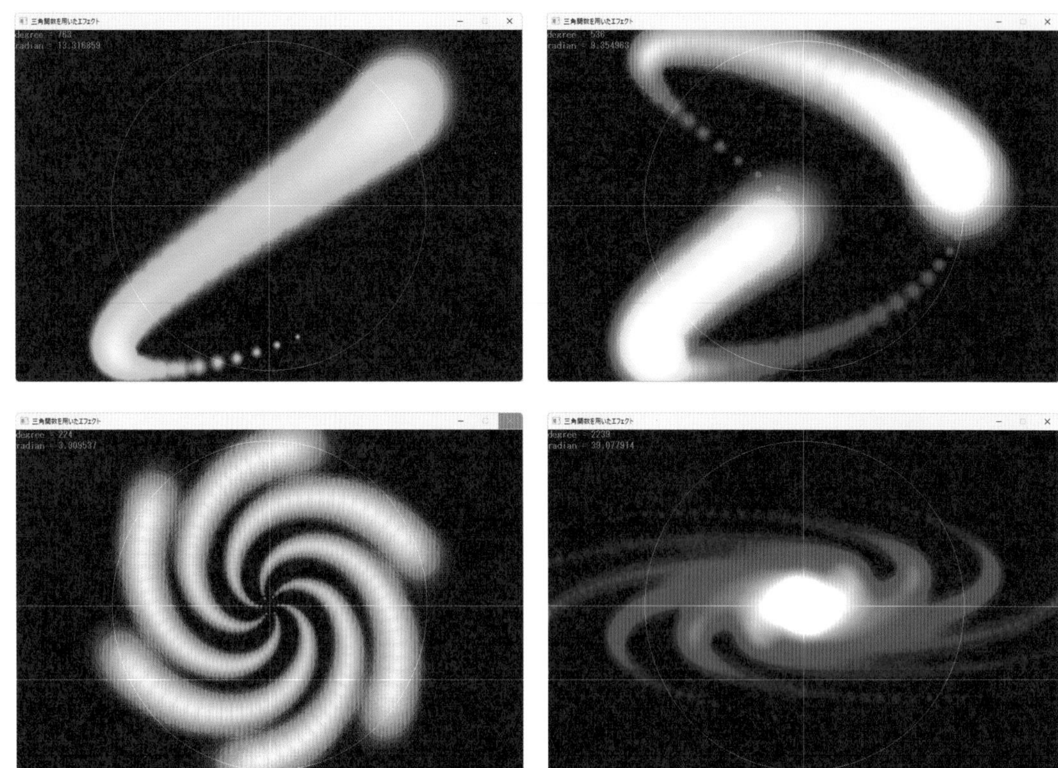

ゲームの演出で使えるエフェクトを三角関数を用いて制作します。さまざまな色に光る物体を円を描くように動かしたり、渦巻き状・星雲状の軌跡を描くような表現をしてみたりと、プログラミングによって多彩なエフェクトを実現してみましょう。

プログラミングのポイント

三角関数を用いて作る動きには曲線的な美しさがあります。三角関数を扱えるようになれば、視覚的効果の高いエフェクトを作れるようになります。また、ゲームに登場するキャラクターなどの動きのバリエーションを増やすことも可能になります。そのような高度な技術を習得できるように、本書にはエフェクト・プログラミングで三角関数を学ぶ章を設けています。

Chapter 10 で解説 ブロック崩し/迷路探検

ブロック崩し

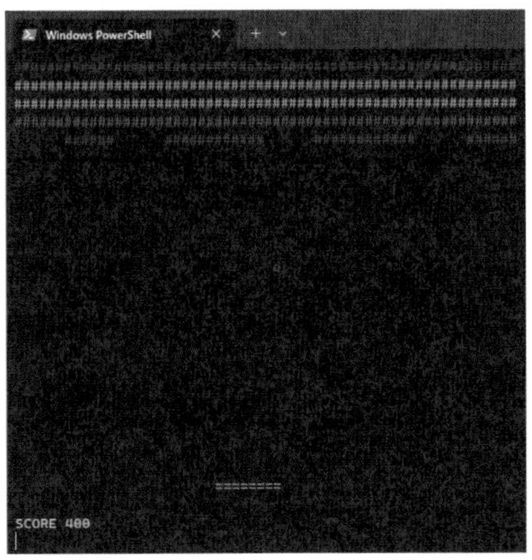

第10章では、ゲームプログラミングで用いられるさまざまな技法を学びます。ここでは、復習も兼ねてCUIで動くブロック崩しを作ります。画面下のバーを動かし、ボールを跳ね返して上部のブロックを崩すとスコアが得られるゲームです。

迷路探検

もう1つ、第10章では迷路探検を作ります。迷路を作成してプレイヤーを動かすだけのゲームですが、ここで学んだ知識はアクションゲームやロールプレイングゲームなどに応用できます。

プログラミングのポイント

CUI上で動くゲームはC言語の命令だけで作るので、CUIのゲーム開発はC言語の技術力向上に役立ちます。CUI上で動くゲームは、ある程度、作り慣れれば、GUIを用いるゲームに比べ短時間で完成させることができます。いろいろなタイプのゲームを作って技術力を伸ばしましょう。

迷路探検はGUIを用いたプログラムで、ゲームの世界でキャラクターが入れる場所と入れない場所を定める方法を学びます。多くのジャンルのゲームで、入れる場所、入れない場所を設定する必要があるので、その知識を身につけることができます。

Chapter 10 で解説　3Dゲーム

ギターの3DCG

3DCG シューティング

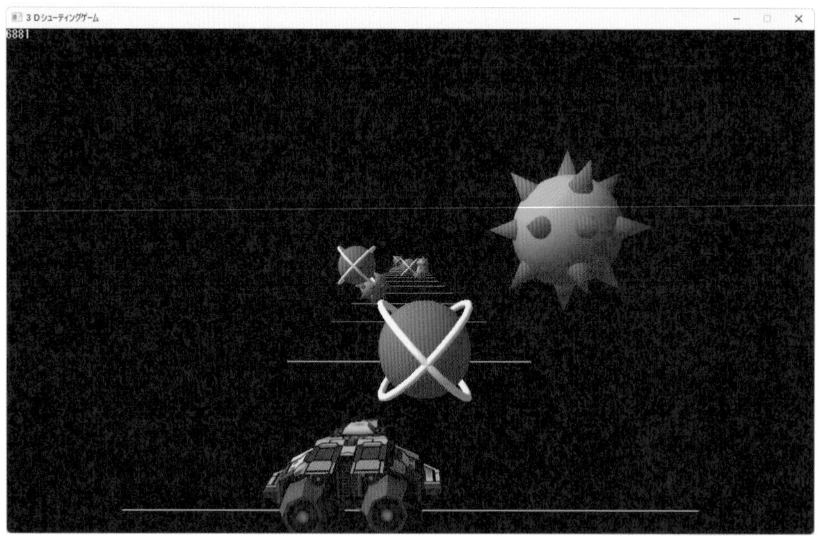

ライブラリを用いて3Dモデルを表示させる方法を学びながら、最後にはシューティングゲームを作る技法にまで踏み込みます。

（プログラミングのポイント）

本書では、3DCGの知識と技術も学べます。商用ゲームの多くは3DCGを用いて作られるので、プロのゲームプログラマーを目指す方は、本書の仕上げとして、ぜひ3DCGも学びましょう。趣味でゲームを作りたい方は、3DCGを学ぶことで、開発できるゲームのバリエーションを増やすことができます。

ゲーム開発で学ぶ C言語入門 プロのクリエイターが教える基本文法と開発技法

Contents

Chapter 7
カーレースを作ろう

Chapter 1

C言語の開発環境を整えよう

この章ではC言語の概要を説明した後、開発ツールのインストールなど、C言語を学ぶための準備について解説します。

Section 1-1

C言語について

はじめにC言語とは、どのようなプログラミング言語かを説明します。C言語でプログラムを組む際に必要となるツールについても説明します。

1-1-1 C言語とは

C言語は1970年代初頭にアメリカで誕生したプログラミング言語です。C言語は世界中に普及し、以後、今日までさまざまな開発に用いられています。

C言語で記述したプログラムは、コンピューターが直接、実行できる、機械語と呼ばれるものに変換されます。そのためC言語のプログラムは高速に動作します。

memo

C言語は、UNIXというOSのプログラムを作るために用いられ、アメリカのAT&Tベル研究所のデニス・リッチー氏が開発しました。UNIXはさまざまなOSへと派生し、派生した中で有名なものの1つにmacOSがあります。

図表1-1-1に広く普及しているプログラミング言語を挙げました。C++、Java、JavaScriptはC言語から大きな影響を受けて作られたプログラミング言語です。C#はC/C++とJavaの特徴を併せ持つプログラミング言語です。C++やC#はC言語の命令と文法を受け継いでおり、そのようなプログラミング言語をC系言語と呼びます。

C系言語以外でも、現在、使われているプログラミング言語の多くは、C言語の命令や文法を参考に作られました。そのためC言語を覚えれば、他のプログラミング言語が習得しやすくなります。

図表1-1-1 さまざまなプログラミング言語

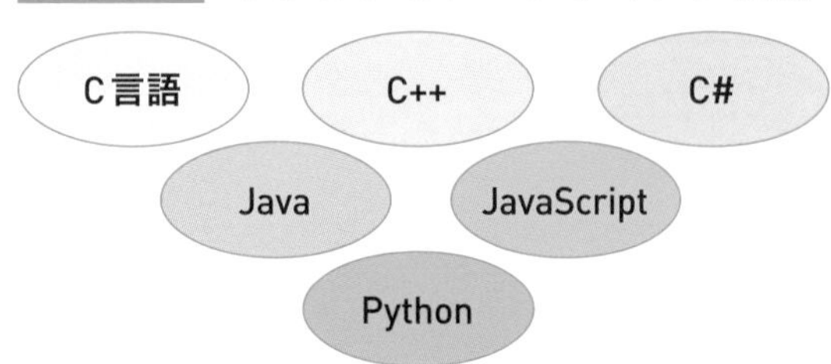

現在はさまざまなプログラミング言語が普及していますが、今でも多くのプログラマーがC言語を使っています。C言語は今後も重要なプログラミング言語の1つとしてあり続けるでしょう（章末コラムでも説明します）。

memo

近年、人気が高まり、広く使われるようになったPythonは、C言語と記述ルールに違いがあります。しかし、変数、繰り返し、条件分岐などのプログラミングの基礎となる部分は、PythonもC言語と共通のルールで記述します。

1-1-2 コンパイラについて

C言語で記述したプログラムを実行するには、**コンパイラ**と呼ばれるもので、プログラムを機械語のコードに変換します。**機械語**とはコンピューターが直接、理解して実行できる命令群のことです。機械語は**マシン語**とも呼ばれます。コンパイラで機械語のファイルを作ることを**コンパイル**するといいます。

C言語は、私たち人間がソフトウェアを開発しやすいように、英語と数式を元に作られた言語であり、コンピューターはC言語を理解できません。そのためC言語のプログラムは、図表1-1-2の過程を経て、実行形式のファイルに変換してから実行します。

図表1-1-2 C言語のプログラムのビルド

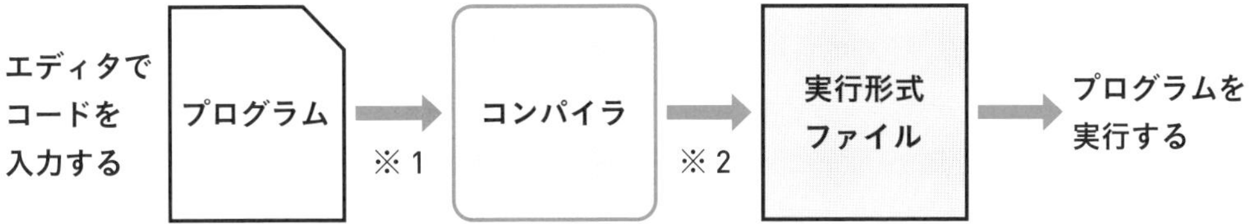

※1 ここにコメントの削除などを行う**前処理**と呼ばれる過程が入ります
※2 ここにプログラムの実行に必要なファイルをまとめる**リンク**と呼ばれる過程が入ります

C言語のプログラムを実行形式のファイルに変換する一連の流れを**ビルド**といいます。**1-3節**で、みなさんのパソコンに開発ツールをインストールし、入力したプログラムをビルドできるようにします。

memo

機械語のコードに変換したファイルと、実行に必要なファイルをまとめたものが、実行形式のファイルです。Windowsではexeという拡張子が付く実行形式ファイルが有名です。拡張子は**1-2節**で説明します。

1-1-3 開発環境の準備について

開発に必要なテキストエディタやC言語のコンパイラは、次のいずれかの方法で用意します。

① インストールすると、エディタやコンパイラなど開発に必要なものすべてが揃う統合開発環境を用いる
② エディタやコンパイラなどを独自にインストールして、開発環境を構築する

統合開発環境(とうごうかいはつかんきょう)とはソフトウェア開発を支援するツールのことです。統合開発環境という意味の英語、Integrated Development Environmentの頭文字をとってIDEとも呼ばれます。本書ではMicrosoft社のVisual Studioという統合開発環境で、C言語の学習とゲーム開発を行います。Visual Studioはさまざまなプログラミング言語に対応した統合開発環境です。Visual StudioのC++の開発環境を使って、C言語のプログラムをビルドすることができます。

Visual Studioをインストールすれば、プログラムを記述するテキストエディタ、前処理を行うプリプロセッサ、機械語に翻訳するコンパイラ、ファイルをまとめるリンカなど、開発に必要なものすべてが手に入ります。Visual Studioのインストール方法は**1-3節**で説明します。

なお本書では、グラフィックやサウンドを用いたゲームを作るので、DXライブラリというゲーム開発用のライブラリを、別途、用意します。DXライブラリの準備は第5章で行います。

One Point

コンパイラ型、インタプリタ型

C言語のプログラムを実行形式に変換したファイルは、コンピューターが直接、理解できる命令の集まりです。そのためC言語で記述したプログラムは、高速に動作する特徴（長所）があります。

C言語を発展させたプログラミング言語であるC++でも高速に動くソフトを作れます。C言語やC++のようにコンパイラで機械語に変換するプログラミング言語を、コンパイラ型のプログラミング言語といいます。

機械語に変換せず、記述したプログラムをそのまま動かすプログラミング言語もあります。JavaScriptやPythonがそれにあたり、それらはインタプリタ型のプログラミング言語と呼ばれます。

図表1-1-3 インタプリタの役割

インタプリタ型の言語は、インタプリタと呼ばれるソフトウェアが、プログラムの命令や計算式を1つずつ解釈して実行します。そのためコンパイラ型の言語で開発したソフトに比べ、実行速度は遅めですが、記述したプログラムを即座に動作確認でき、開発効率に優れています。

コンパイラ型とインタプリタ型の双方の特徴を備えたプログラミング言語もあり、JavaやC#がその代表例です。双方の特徴を備えた言語で開発したソフトウェアは、プログラムを中間表現や中間形式と呼ばれるファイルに変換し、それをインタプリタで実行する仕組みで動きます。

拡張子を表示しよう

プログラミングを始める準備に入ります。ファイルを管理しやすくするために拡張子を表示します。既に表示している方は、この節は飛ばして次へ進みましょう。

1-2-1 拡張子とは

拡張子とはファイルの種類を表す文字列のことです。

図表1-2-1 ファイルの拡張子

```
*****.c
```

ファイル名　拡張子

ファイル名の末尾に拡張子が付きます。ファイル名と拡張子はドット(.)で区切られます。有名な拡張子に、テキストファイルのtxt、画像ファイルのbmp、png、jpeg(jpg)、音声ファイルのwav、mp3、oggなどがあります。

図表1-2-2は、各種のプログラミング言語で記述したプログラムファイルの拡張子の例です。

図表1-2-2 プログラムファイルの拡張子

プログラミング言語	拡張子
C	c
C++	cpp
Java	java
JavaScript	js
Python	py

※ここでは代表的な拡張子を挙げており、他の拡張子もあります（C/C++の.hなど）

文書ファイルのdocxやpdf、エクセルファイルのxlsx、プログラムの実行形式ファイルのexeも有名な拡張子です。

1-2-2 拡張子を表示する

次の方法で拡張子を表示します。

Windows11をお使いの方は、任意のフォルダを開き、[表示] → [表示] → [ファイル名拡張子] にチェックを入れましょう。

図表1-2-3 Windows11で拡張子を表示

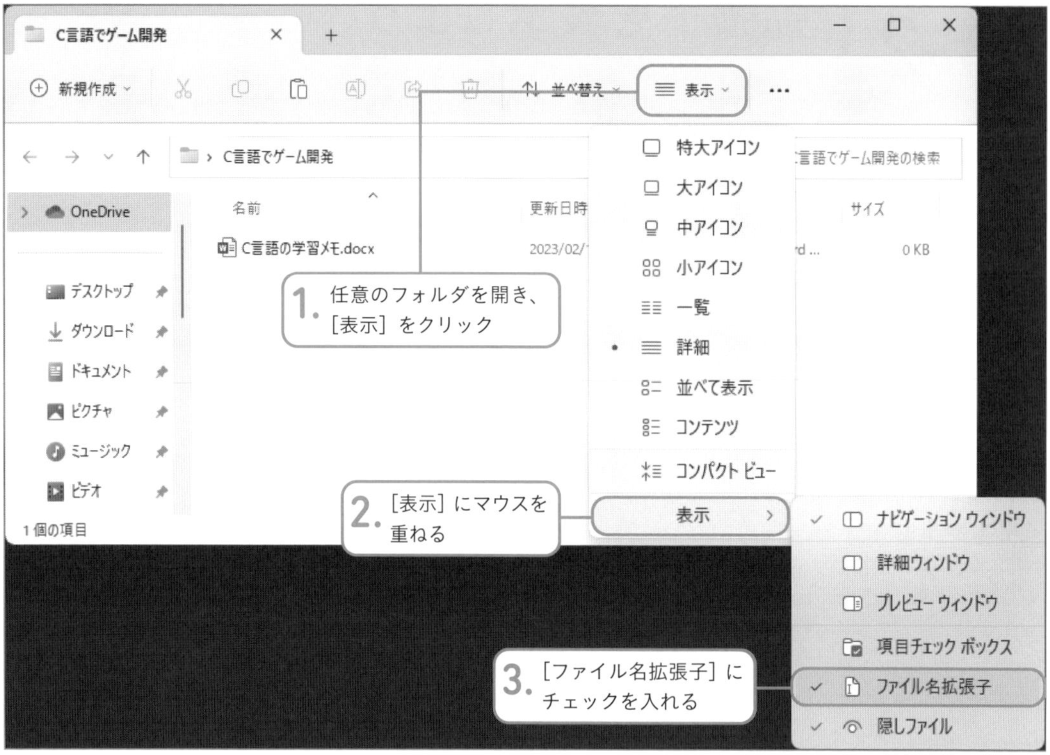

1. 任意のフォルダを開き、[表示] をクリック

2. [表示] にマウスを重ねる

3. [ファイル名拡張子] にチェックを入れる

Windows10をお使いの方は、フォルダを開いて［ファイル名拡張子］にチェックを入れましょう。

図表1-2-4 Windows10で拡張子を表示

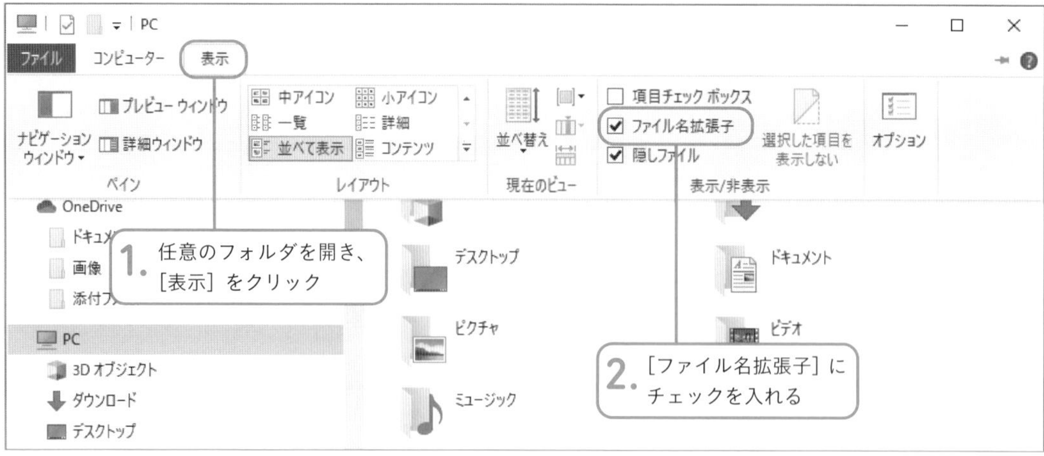

Section 1-3

Visual Studioのインストール

本書ではVisual Studioを使って、C言語の学習とゲーム開発を行います。このセクションでは、Visual Studioのインストール方法を説明します。

1-3-1 Visual Studioについて

Visual StudioはMicrosoft社が開発している統合開発環境です。Visual Studioを使って、パソコン用のソフトやスマートフォン用のアプリなど、複数のプラットフォームに向けた開発ができます。Visual Studioは無料版と有料版があり、本書では無料のCommunity版を用います。

1-3-2 インストール方法

Visual Studioの公式サイトにアクセスして、画面を下にスクロールし、[ダウンロード] から [Community XXXX] を選びます。本書ではCommunity 2022を用います。

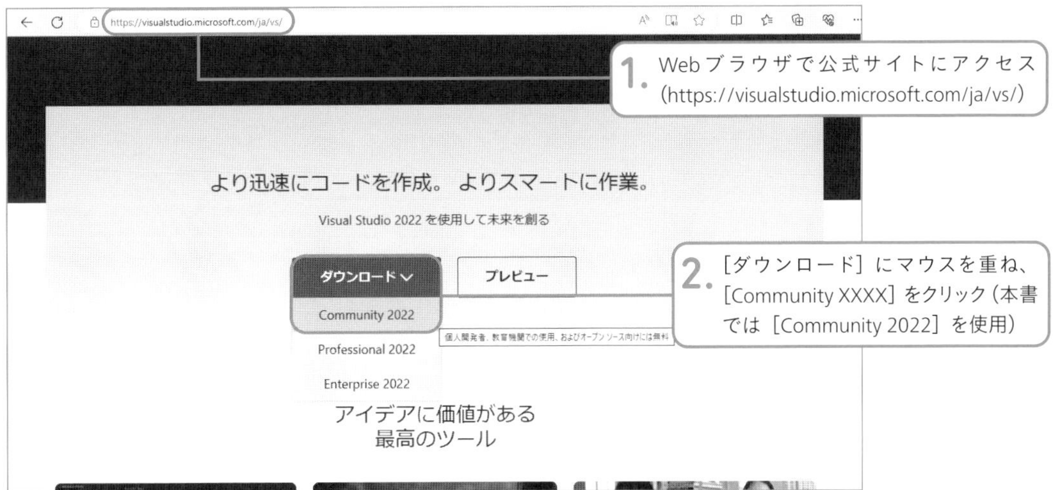

ダウンロードしたファイルはWebブラウザの [ダウンロード] 欄に表示されます。また、そのファイル自体は通常、「ダウンロード」フォルダに入っています。前者の場合はWebブラウザから [ファイルを開く] を選択すれば実行できます。後者の場合は、「ダウンロード」フォルダ内のファイルをダブルクリックすることで実行できます。

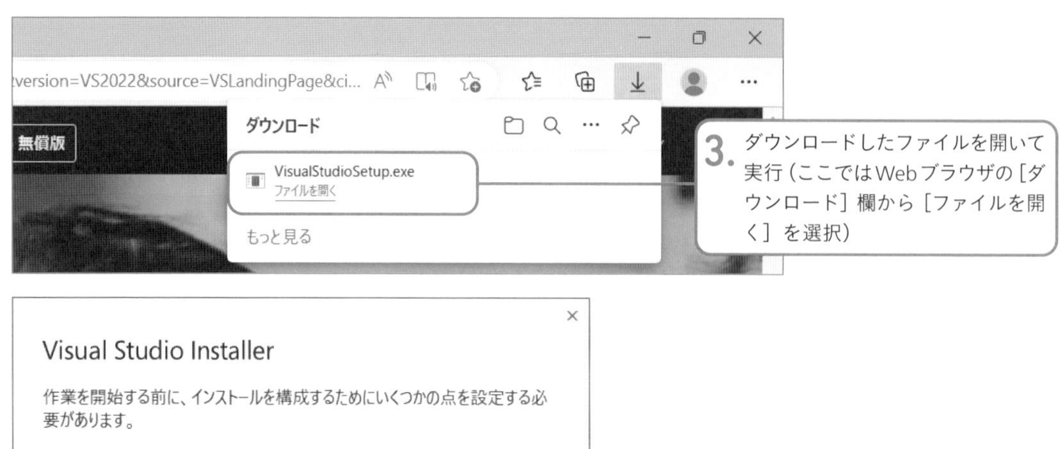

3. ダウンロードしたファイルを開いて実行（ここではWebブラウザの［ダウンロード］欄から［ファイルを開く］を選択）

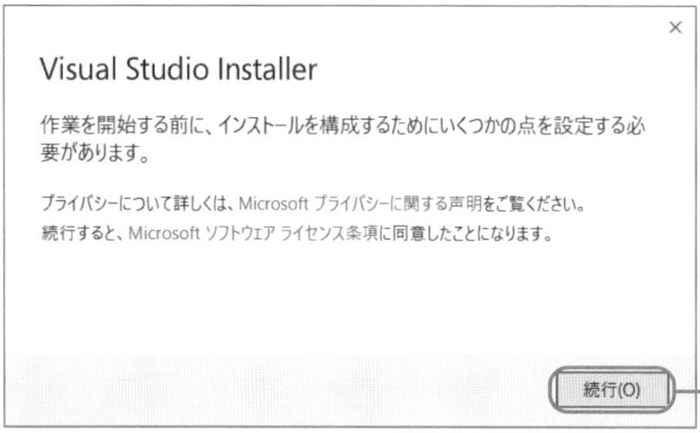

Visual Studio Installer

作業を開始する前に、インストールを構成するためにいくつかの点を設定する必要があります。

プライバシーについて詳しくは、Microsoft プライバシーに関する声明をご覧ください。
続行すると、Microsoft ソフトウェア ライセンス条項に同意したことになります。

続行(O)

4. ［続行］をクリックし、画面の指示に従ってインストールを進める

インストールする項目を選択する画面が表示されます

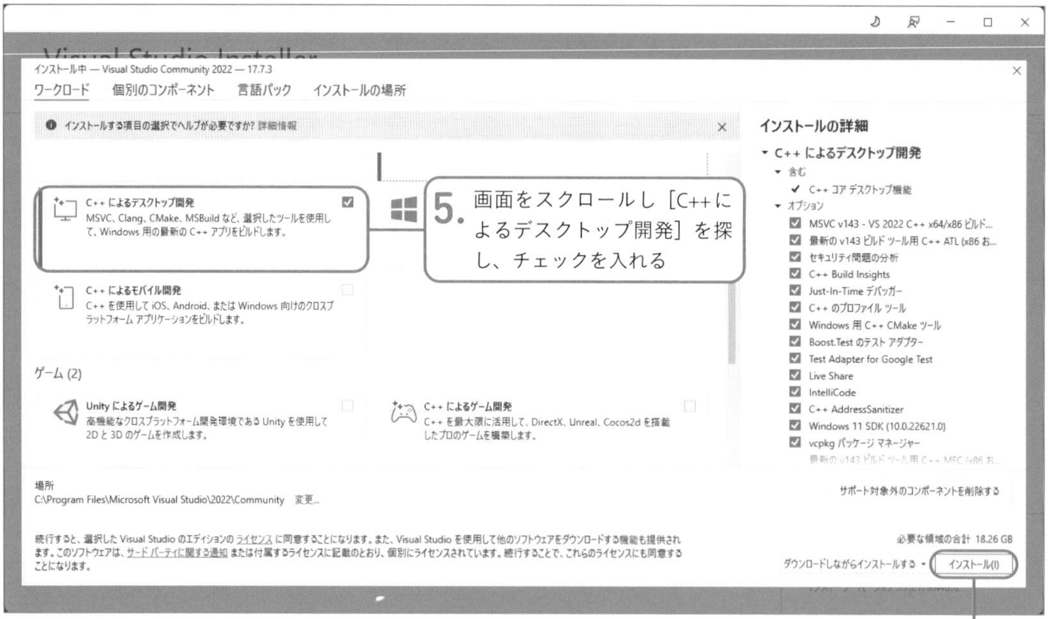

インストール中 — Visual Studio Community 2022 — 17.7.3
ワークロード　個別のコンポーネント　言語パック　インストールの場所

インストールする項目の選択でヘルプが必要ですか? 詳細情報

C++ によるデスクトップ開発
MSVC、Clang、CMake、MSBuild など、選択したツールを使用して、Windows 用の最新の C++ アプリをビルドします。

C++ によるモバイル開発
C++ を使用して iOS、Android、または Windows 向けのクロスプラットフォーム アプリケーションをビルドします。

ゲーム (2)

Unity によるゲーム開発
高機能なクロスプラットフォーム開発環境である Unity を使用して 2D と 3D のゲームを作成します。

C++ によるゲーム開発
C++ を最大限に活用して、DirectX、Unreal、Cocos2d を搭載したプロのゲームを構築します。

インストールの詳細
C++ によるデスクトップ開発
含む
C++ コア デスクトップ機能
オプション
MSVC v143 - VS 2022 C++ x64/x86 ビルド...
最新の v143 ビルド ツール用 C++ ATL (x86 お...
セキュリティ問題の分析
C++ Build Insights
Just-In-Time デバッガー
C++ のプロファイル ツール
Windows 用 C++ CMake ツール
Boost.Test のテスト アダプター
Test Adapter for Google Test
Live Share
IntelliCode
C++ AddressSanitizer
Windows 11 SDK (10.0.22621.0)
vcpkg パッケージ マネージャー

場所
C:\Program Files\Microsoft Visual Studio\2022\Community　変更...

続行すると、選択した Visual Studio のエディションの ライセンス に同意することになります。また、Visual Studio を使用して他のソフトウェアをダウンロードする機能も提供されます。このソフトウェアは、サード パーティに関する通知 または付属するライセンスに記載のとおり、個別にライセンスされています。続行することで、これらのライセンスにも同意することになります。

サポート対象外のコンポーネントを削除する
必要な領域の合計 18.26 GB
ダウンロードしながらインストールする　インストール(I)

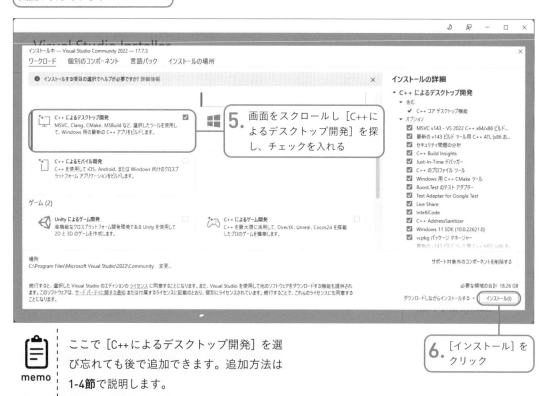

5. 画面をスクロールし［C++によるデスクトップ開発］を探し、チェックを入れる

6. ［インストール］をクリック

memo

ここで［C++によるデスクトップ開発］を選び忘れても後で追加できます。追加方法は**1-4節**で説明します。

インストールが完了しました
Visual Studio が正常にインストールされました。残りのファイルをクリーンアップするために、すぐに再起動することをお勧めします。
OK(O)
インストールが完了したことがダイアログで表示されます
7. [OK]をクリック
Visual Studioを再起動します

1-3-3 インストール後に行うこと

Visual Studioを再起動した時、Microsoftアカウントにサインインしていないと、サインインを求められる画面になります。アカウントをお持ちでない方は、手持ちのメールアドレスを使うか、新規にメールアドレスを取得して、アカウントを作成しましょう。

図表1-3-1 Microsoftアカウントでサインイン

Visual Studio にサインイン
デバイス間で設定を同期し、リアルタイムで共同作業し、Azure サービスとシームレスに統合します。
サインイン
アカウントの作成
今はスキップする。
Microsoftアカウントがある場合は[サインイン]を、ない場合は[アカウントの作成]をクリックしましょう

サインインすると、配色テーマの選択画面になるので、好みの色を選びましょう。本書では書籍の読みやすさを重視して[淡色]を選択しています。開発設定のプルダウンメニューは「全般」のままでOK。色を選んだら[Visual Studioの開始]をクリックします。

図表1-3-2 Visual Studioを起動する

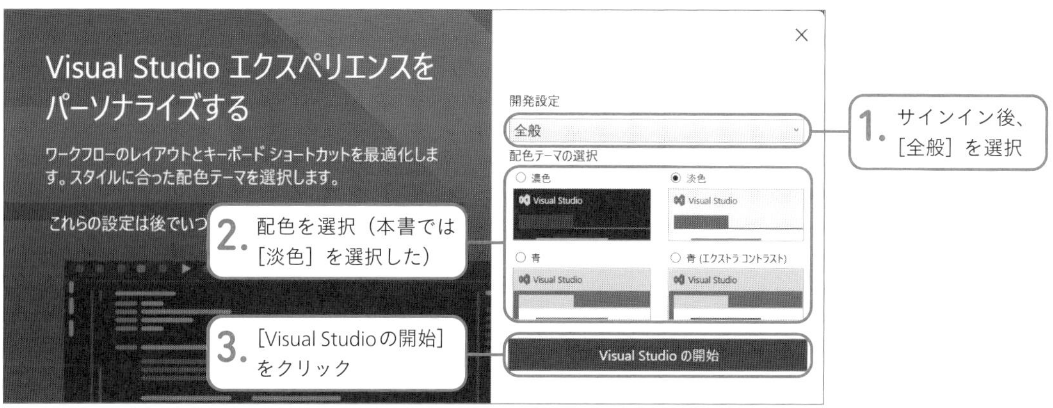
Visual Studio エクスペリエンスをパーソナライズする
ワークフローのレイアウトとキーボード ショートカットを最適化します。スタイルに合った配色テーマを選択します。
開発設定
全般
配色テーマの選択
濃色
淡色
青
青 (エクストラ コントラスト)
Visual Studio の開始
1. サインイン後、[全般]を選択
2. 配色を選択(本書では[淡色]を選択した)
3. [Visual Studioの開始]をクリック

Section 1-4

Visual Studioの使い方

Visual Studioの使い方を説明します。

1-4-1 新しいプロジェクトを作る

Visual Studioを起動したら、まず新しいプロジェクトを作成します。

1. [新しいプロジェクトの作成]をクリック

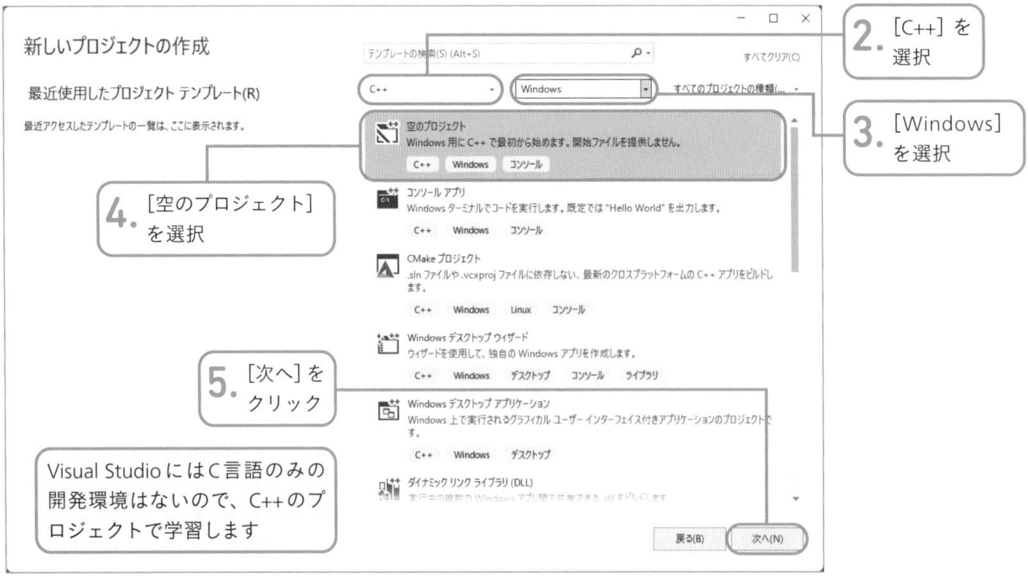

2. [C++]を選択

3. [Windows]を選択

4. [空のプロジェクト]を選択

5. [次へ]をクリック

Visual StudioにはC言語のみの開発環境はないので、C++のプロジェクトで学習します

One Point

C++の空のプロジェクトが見当たらない場合

［新しいプロジェクトの作成］で、C++の空のプロジェクトを選べない時は、画面の右側の部分を下にスクロールさせます。すると［さらにツールと機能をインストールする］というメッセージが表示されるので、クリックして［C++によるデスクトップ開発］にチェックを入れましょう。

新しいプロジェクトの作成

テンプレートの検索(S) (Alt+S)

最近使用したプロジェクト テンプレート(R)

すべての言語(L) すべてのプラットフォーム(P) すべてのプロジェクトの種類(...

最近アクセスしたテンプレートの一覧は、ここに表示されます。

スタンドアロン TypeScript React プロジェクト
npx のグローバル インストールの実行によりブートストラップされる TypeScript React プロジェクト テンプレート
TypeScript Web

スタンドアロン TypeScript Vue プロジェクト
vue と npm のグローバル インストールの実行によりブートストラップされる TypeScript Vue プロジェクト テンプレート
TypeScript Web

スタンドアロン JavaScript Vue プロジェクト
vue と npm のグローバル インストールの実行によりブートストラップされる JavaScript Vue プロジェクト テンプレート
JavaScript Web

エクスポートを使用するダイナミック リンク ライブラリ (DLL)
実行中の複数の Windows アプリ間で共有できる .dll をビルドします。

探しているものが見つからない場合
さらにツールと機能をインストールする

戻る(B) 次へ(N)

1. 画面右側を下にスクロールし、［さらにツールと機能をインストールする］をクリック

C++ によるデスクトップ開発
MSVC、Clang、CMake、MSBuild など、選択したツールを使用して、Windows 用の最新の C++ アプリをビルドします。

2. ［C++によるデスクトップ開発］にチェックを入れ、C++で開発する機能をインストール

これで、前ページの手順2〜4にあたる［C++］［Windows］［空のプロジェクト］を選択できるようになります

1-4-2 プロジェクト名を決める

次に、プロジェクト名を入力し、プロジェクトの保存場所を選びます。プロジェクト名は自由に付けることができます。保存場所はデフォルトのままでも構いませんし、例えばデスクトップに「C言語の学習」などのフォルダを作り、そのフォルダを指定するのもよいでしょう。

第6章からのゲーム開発では、プロジェクトのフォルダに画像や音などの素材を入れて使います。素材の扱い方は第5章で説明します。素材のダウンロード方法はP003を確認しましょう。

1-4-3 プログラムを入力する

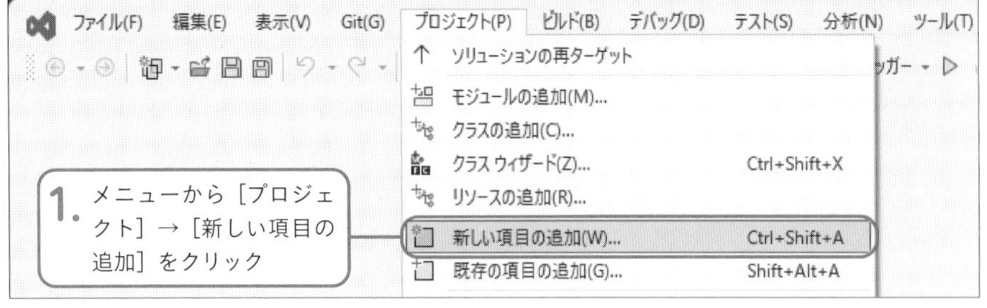

memo

次のページの図では、セットアップの解説の流れで、ファイルの拡張子が.cppとなっていますが、C言語の本来の拡張子である.cにすることもできます。本書では第2章〜4章までの学習用プログラムのファイルの拡張子を.cとしています。

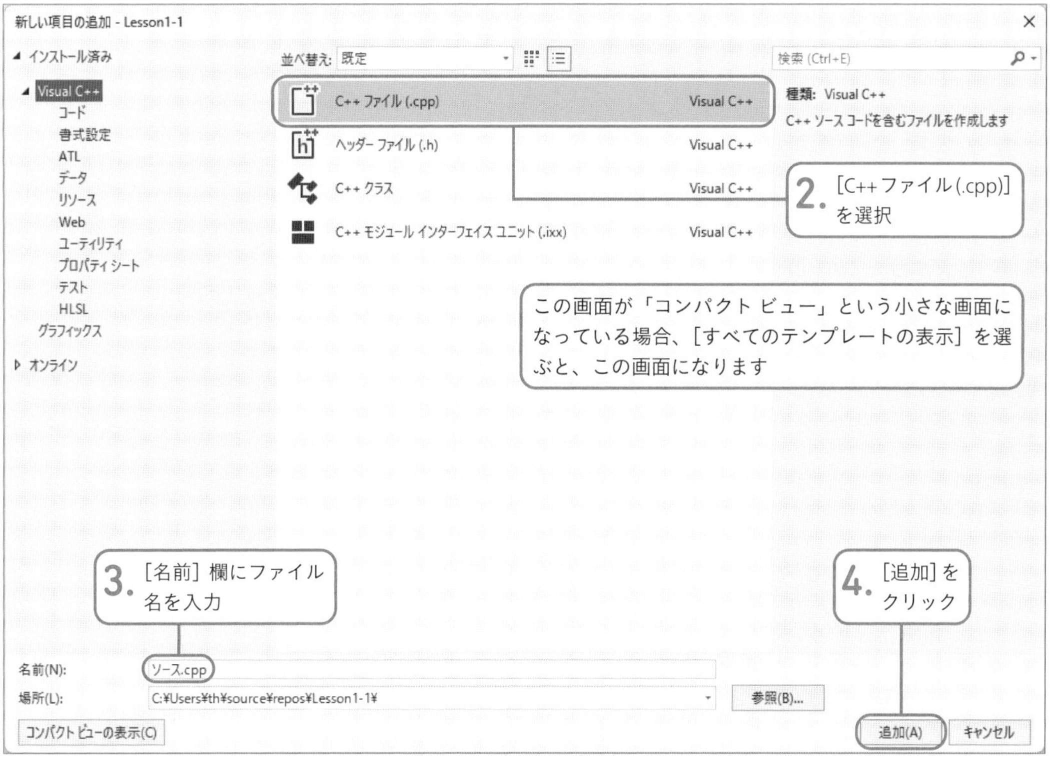

新しい項目の追加 - Lesson1-1
インストール済み
Visual C++
コード
書式設定
ATL
データ
リソース
Web
ユーティリティ
プロパティ シート
テスト
HLSL
グラフィックス
オンライン
並べ替え: 既定
検索 (Ctrl+E)
C++ ファイル (.cpp) Visual C++
ヘッダー ファイル (.h) Visual C++
C++ クラス Visual C++
C++ モジュール インターフェイス ユニット (.ixx) Visual C++
種類: Visual C++
C++ ソース コードを含むファイルを作成します
2. [C++ファイル(.cpp)]を選択
この画面が「コンパクト ビュー」という小さな画面になっている場合、[すべてのテンプレートの表示] を選ぶと、この画面になります
3. [名前] 欄にファイル名を入力
4. [追加] をクリック
名前(N): ソース.cpp
場所(L): C:¥Users¥th¥source¥repos¥Lesson1-1¥
参照(B)...
コンパクト ビューの表示(C)
追加(A)
キャンセル

※これから入力するプログラムは、C言語のみのコードであり、手順3のファイル名の入力で、拡張子を.cとしてもかまいません。

次のような文字列を出力するプログラムを入力しましょう。このプログラムにある命令は第2章で説明します。ここでは入力に慣れるために、プログラムの書き写しを行いましょう。

図表1-4-1 プログラムの入力

ソース.c
DTP確認用
(グローバル スコープ)
#include <stdio.h>
int main(void)
{
printf("Visual Studio で C 言語を学ぶ ");
return 0;
}

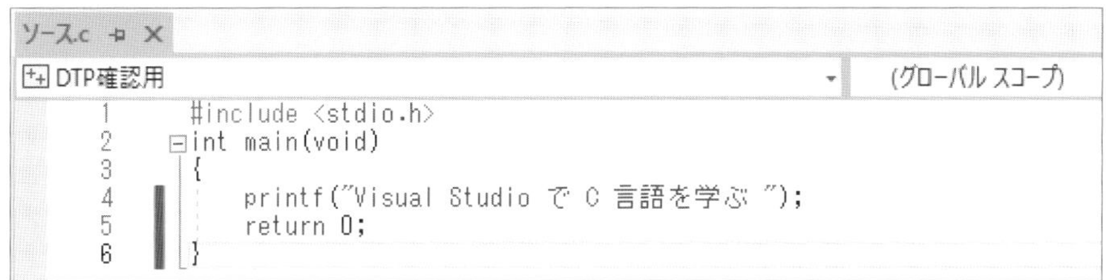

サンプル1-4-1

行番号	プログラム	説明
01	`#include <stdio.h>`	標準入出力の機能を取り込むための記述
02	`int main(void)`	main（メイン）関数と呼ばれる関数を定義
03	`{`	main関数の処理の始まりとなる波括弧
04	`    printf("Visual Studio でC言語を学ぶ");`	文字列を出力する命令
05	`    return 0;`	0を返してmainを抜ける(終了)
06	`}`	main関数の処理の終わりとなる波括弧

入力時の注意

C言語のプログラムを入力する際には、以下の点に注意しましょう。

- 全角の日本語以外はすべて半角文字で入力します
- アルファベットの大文字と小文字を区別します。例えばmainをMainとしたり、printfをPrintfとするとエラーになります
- 4行目は Tab キーを押して、printf()を字下げしましょう。字下げはインデントともいい、プログラムを読みやすくするために行うものです
- Visual Studioでは、通常、自動的に字下げが行われます

memo

#includeはC言語の各種の機能を取り込むための記述で、このプログラムでは標準入出力と呼ばれる機能を使えるようにしています。int main(void){ ～ }はプログラムを動かす中心となる、main関数と呼ばれるものです。printf()は文字列などを出力する命令です。それらについては第2章で詳しく学びます。

1-4-4 ビルドして実行する

プログラムを入力したら、ウィンドウ中央上にある緑色の［▶］ボタンを押すか、メニューの［デバッグ］→［デバッグの開始］を選んでビルドし、実行します。ビルドとは、1-1-2で説明したように、入力したプログラムから実行形式のファイルを作ることです。

次のようなウィンドウが表示され、プログラムに記述した「Visual StudioでC言語を学ぶ」という文字列が出力されれば成功です。

図表1-4-2 ビルドの実行結果

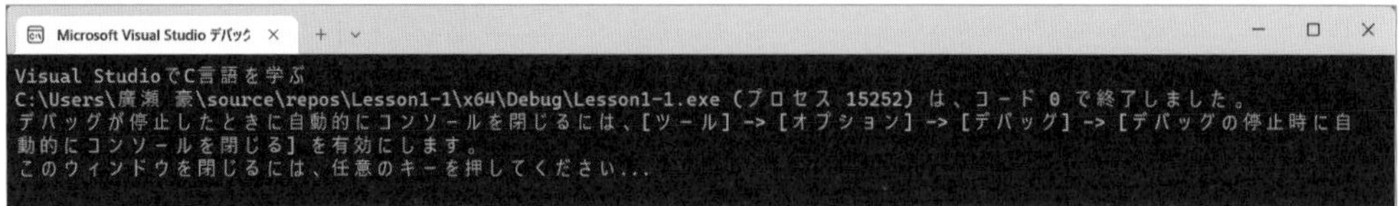

※実行結果はコマンドプロンプトの画面に出力されることもあります

エラーが出た時は、プログラムを見直して、間違いを探しましょう。

入力したプログラムは、ビルド時に自動的にプロジェクトのフォルダに保存されます。メニューの［ファイル］→［○○○の保存］を選んで保存することもできます。

memo

動作確認後はVisual Studioの［×］ボタンをクリックして、Visual Studioを終了します。

Section 1-5 C言語のプログラムの記述ルール

この節では、C言語の記述ルールを説明します。一読しただけで覚えることは難しいので、目を通したら、プログラムを記述しながら身につけましょう。説明に出てくる、変数、配列などがどのようなものかは、第2章で学びます。

1-5-1 記述ルールについて

■①プログラムは半角文字で入力し、大文字、小文字を区別する

C言語のプログラムは主に半角の小文字で記述します。コンピューターのプログラムは、たった1字間違えただけでも正しく動作しません。例えばprintf()のPを大文字にすると、そこでエラーになります。

```
○ printf("こんにちは");
× Printf("こんにちは");
```

■②命令や計算式の後にセミコロンを記述する

命令や計算式の終わりにセミコロン（;）を記述する決まりがあります。

■③文字列を扱う時はダブルクォートでくくる

printf()で文字列を出力したり、次の記述例のように配列に文字列を代入する時、文字列の前後をダブルクォート（"）でくくります。なお、半角1文字だけを扱う時はシングルクォート（'）を用います。詳しくは第2章で説明します。

```
○ char s[] = "こんにちは";
× char s[] = こんにちは;
```

■④プログラムにコメントを記述できる

コメントはプログラムの中に書いておくメモのようなものです。命令の使い方や、処理の説明などをコメントとして書くと、プログラムを見直す時に役に立ちます。コメントは「/*」と「*/」か、「//」を用いて記述します。

```
/* コメント */
printf("こんにちは");
```

※「/*」と「*/」との間の部分が、ビルド時に無視されます

```
printf(" こんにちは "); // コメント
```

※「//」の後の行末までが、ビルド時に無視されます

プログラムを改良する時に古い処理を残したい、命令を一時的に実行しないようにして動作確認したいという時にも、コメントを活用します。第2章でコメントの書き方の練習を行います。

■⑤スペースの有無について

変数を宣言する時、型（かた）の指定と変数名の間に、半角スペースを入れます。半角スペースを入れるべき個所に全角スペースを入れてはなりません。次の例ではintが型の指定で、aが変数名です。aの後と=の後の半角スペースは、あってもなくてもかまいません。

```
○ int␣a=10;
○ int␣a␣=␣10;
× inta=10;
```

intは整数を扱うことをコンピューターに教えるためのものです。「inta」のように続けて記述してしまうと、コンピューターはintとaを区別できなくなり、エラーになります。

memo

C言語の半角スペースは、必ず入れなくてはならない個所と、入れても入れなくてもよい個所があります。入れても入れなくてもよい個所をどうするかは、スペースがあるとプログラムが読みやすくなるかどうかで判断します。初めのうちは、その判断は難しいですが、プログラムを入力するうちに慣れてきます。なおVisual Studioは、プログラム内のスペースを自動的に加える機能を備えているので、Visual Studioを使う時に、必ず入れる個所以外のスペースは、特に気にしなくて大丈夫です。

1-5-2 記号の読み方

プログラミングで用いる機会の多い記号の呼び方をまとめます。一通り目を通しておきましょう。

図表1-5-1 プログラミングで使う記号

記号	呼び方	記号	呼び方
!	エクスクラメーション、あるいは、ノット	*	アスタリスク
"	ダブルクォート	+	プラス
#	ハッシュ、ナンバー、あるいはシャープ	,	コンマ
%	パーセント、あるいは、モッド	-	マイナス、あるいは、ハイフン
&	アンド	.	ドット、あるいは、ピリオド
'	シングルクォート	/	スラッシュ
()	丸括弧	;	セミコロン

記号	呼び方
<>	小なり、大なり
=	イコール
?	クエスチョン、あるいは、疑問符
[]	角括弧
¥	円、あるいは、円記号
\	バックスラッシュ

<table>
<tr><th>記号</th><th>呼び方</th></tr>
<tr><td>^</td><td>サーカムフレックス、あるいは、ハット</td></tr>
<tr><td>_</td><td>アンダースコア、あるいは、アンダーバー</td></tr>
<tr><td>{}</td><td>波括弧</td></tr>
<tr><td>|</td><td>縦線、あるいは、バーティカルライン</td></tr>
<tr><td>~</td><td>チルダ</td></tr>
</table>

※この表には一般的な呼び方をまとめています。一部の記号を他の呼び方で呼ぶこともあります。

1-5-3 3種類の括弧について

C言語のプログラムでは、()、[]、{}の3種類の括弧を使います。これらの括弧には、いくつかの呼び方がありますが、本書では()を丸括弧、[]を角括弧、{}を波括弧と呼ぶことにします。

それぞれの括弧の主な用途を説明します。

① ()は計算式を記述する時に用います。また関数を定義する時や、関数を呼び出す時に用います

② []は配列を記述する時に用います

③ {}はif文やfor文のブロックを定める時、関数の処理を記述する時、配列を宣言して初期値を代入する時に用います

これらの括弧の使い方は第2章から学んでいきます。関数、配列、ifやfor、ブロックがどのようなものかも第2章で説明します。

memo

プログラミングの準備、お疲れさまでした。第2章からいろいろなプログラムを記述してC言語を学んでいきます。

Section 1-6

デバッグの基本を知ろう

プログラミングのスキルの1つに、バグを見つけて修正するデバッグがあります。ここではVisual Studioの機能を例に、デバッグの仕方を説明します。

1 C言語の開発環境を整えよう

1-6-1 デバッグとは

ソフトウェア開発にバグは付き物です。熟練したプログラマーが記述するプログラムでも、なかなか原因がつかめず、頭を悩ませるバグが発生することがあります。プログラミングを学んでいる場合は、なおさらのことです。

プログラミング初心者が発生させやすいバグに、変数に正しい値を代入せずに計算を行うこと、0で割り算してしまうこと、配列の範囲外を参照することなどが挙げられます。

バグを見つけ出し、修正する作業がデバッグです。デバッグを行う最も基本的な方法は、変数の値を監視することです。

1-6-2 Visual Studioの機能を使う

Visual Studioでは、次の手順で、プログラムの処理を1ステップずつ進めながら、変数の値を知ることができます。

これらの操作で、ブレークポイントでプログラムが一時停止します。左側に表示された黄色の矢印が、プログラムが実行されている位置を示しています。

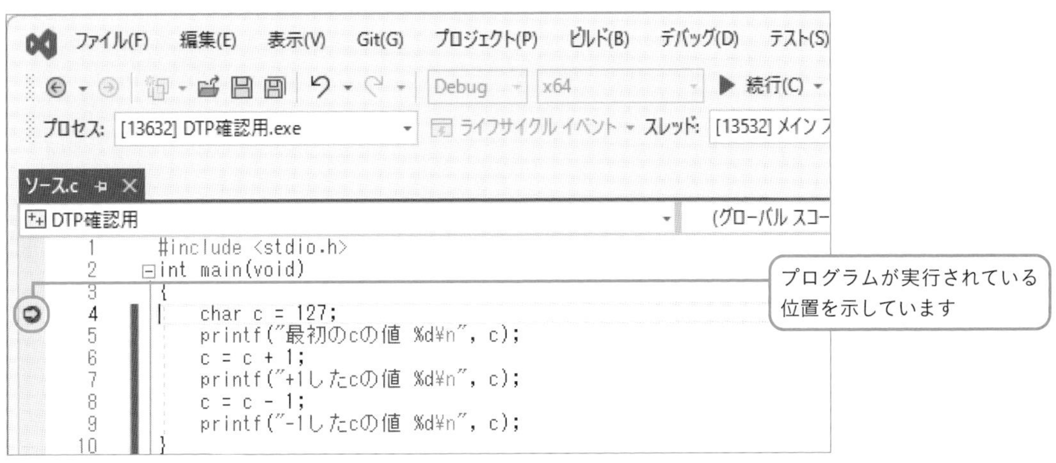

ウォッチを設定します。

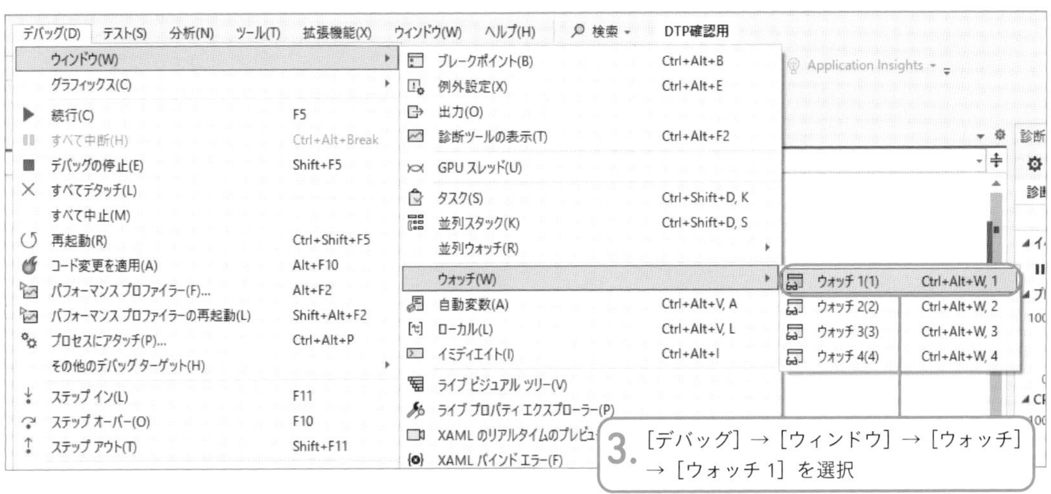

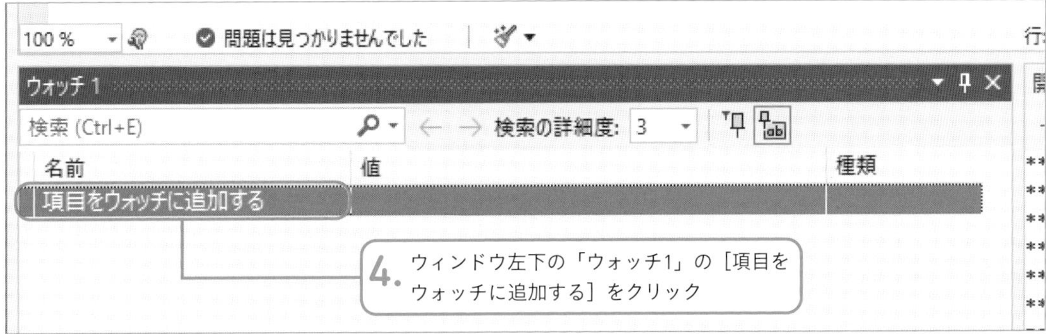

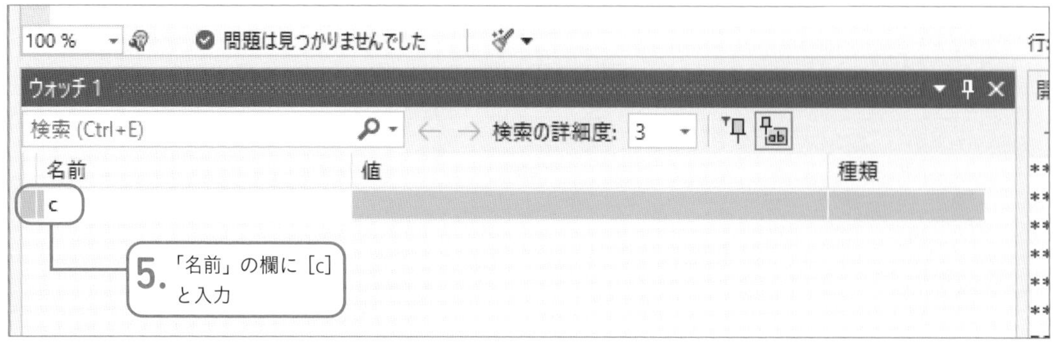

ここで入力するcは、4行目に記述したchar型の変数で、今回はこのcの値を調べてみます

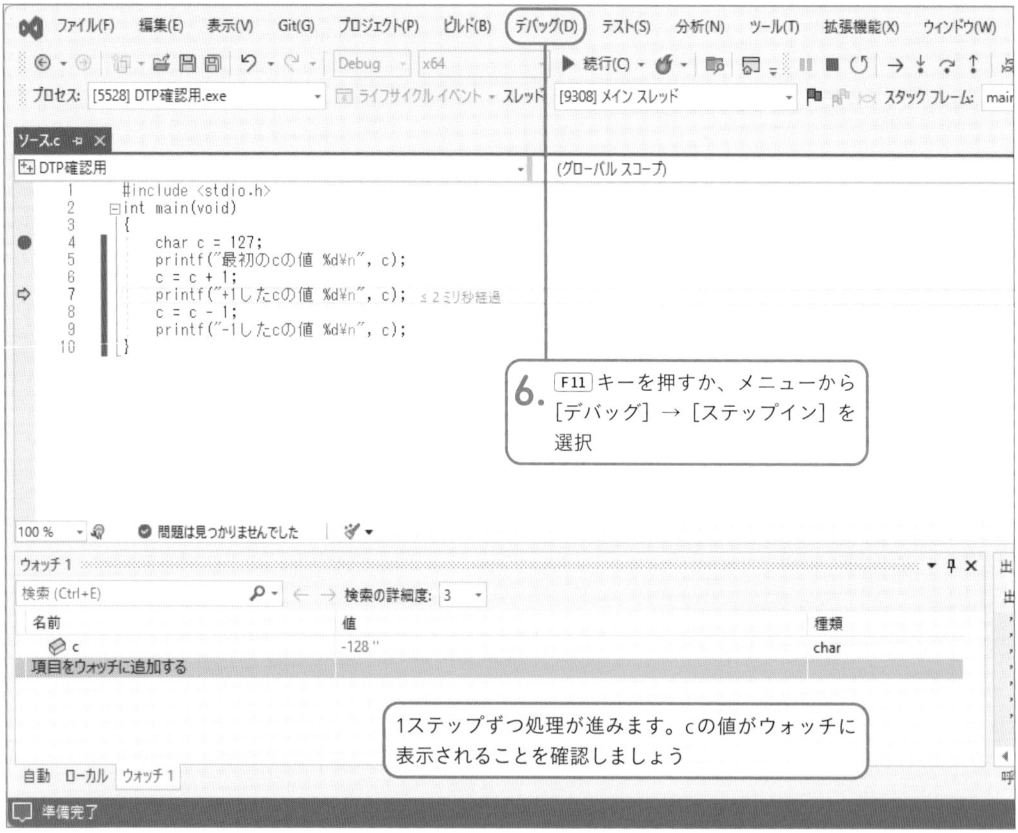

```
1  #include <stdio.h>
2  int main(void)
3  {
4      char c = 127;
5      printf("最初のcの値 %d¥n", c);
6      c = c + 1;
7      printf("+1したcの値 %d¥n", c);
8      c = c - 1;
9      printf("-1したcの値 %d¥n", c);
10 }
```

6. F11 キーを押すか、メニューから［デバッグ］→［ステップイン］を選択

1ステップずつ処理が進みます。cの値がウォッチに表示されることを確認しましょう

　このプログラムでは、変数cに127を代入し、それに1を足すと-128という負の値になることが、デバッグ機能によってわかります。またcが-128になった後、1を引くと127になります。

　変数cの値がこのように変化するのは、cをchar型の変数として宣言したためです。char型の変数は-128から127の値（C言語の環境によっては0〜255）を扱えます。扱える変数の値の範囲については、P064で説明しています。

1-6-3 デバッグすることでプログラミングの能力が伸びる

プログラミングを学ぶ上で、その概念を理解し、各命令の使用法を覚えることが大切です。また、自ら手を動かし、多くのプログラムを記述することで知識が深まります。さらに、デバッグを通じてプログラミングの技術力が向上します。

第一線で働く敏腕プログラマーたちでさえ、記述したプログラムに数多くのバグを見つけ、それを修正することで、卓越した技術を身につけたのです。プログラミング学習の過程では積極的にバグを探しましょう。そして、それを修正することが何よりも重要です。バグに悩み、修正することを繰り返すうちに、読者のみなさんのスキルは着実に伸びていきます。

column

Cができれば怖いものなし

現在の日本ではIT系のスキルを持つ人材が不足しています。特にプログラマーは新卒者も転職者も多くの求人があります。プログラミングの知識と技術を身に付ければ、今の日本で仕事がなくて困ることは、まずありません。いくつもの種類があるプログラミング言語ですが、C言語を習得すれば、就職や転職する時に大きな強みとなります。このコラムでは、その理由をお伝えします。

C言語ができる人材が求められ続けている

C言語の重要性を知るために、調査機関が調べたプログラミング言語の人気ランキングを掲載します。

図表1-7-1は、TIOBE Programming Community indexの2023年9月の結果です。TIOBE Programming Community indexは、オランダに拠点を置き、ソフトウェア品質の評価と追跡を手掛けるTIOBE Software社が作成している、プログラミング言語の人気度ランキングです。

図表1-7-1 TIOBE Softwareによるプログラミング言語の人気度ランキング

Sep 2023	Sep 2022	Change	Programming Language	Ratings	Change
1	1		Python	14.16%	-1.58%
2	2		C	11.27%	-2.70%
3	4	^	C++	10.65%	+0.90%
4	3	˅	Java	9.49%	-2.23%
5	5		C#	7.31%	+2.42%
6	7	^	JS JavaScript	3.30%	+0.48%
7	6	˅	VB Visual Basic	2.22%	-2.18%
8	10	^	php PHP	1.55%	-0.13%
9	8	˅	ASM Assembly language	1.53%	-0.96%
10	9	˅	SQL SQL	1.44%	-0.57%

C言語が2位、C言語から発展したC++が3位、C#は5位です。いわゆるC系言語の人気が高いことがわかります。

memo

C++はC言語を発展させたプログラミング言語、C#はC言語やC++をベースに、他のいくつかのプログラミング言語の特徴を参考に作られた言語です。つまりC++やC#の中核にC言語があります。

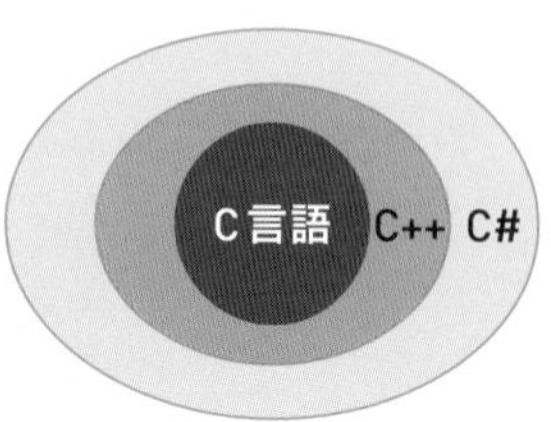

図表1-7-2は、株式会社SAMURAIの侍エンジニア編集部の2022年12月2日の記事より抜粋したものです。株式会社SAMURAIはプログラミング学習サービス、法人IT研修などを行う日本企業です。

図表1-7-2 侍エンジニア編集部による国内の人気プログラミング言語ランキングTop10

順位	言語名	年収	求人数	検索数
1位	JavaScript	★★★	★★	★★★
2位	Java	★★	★★★	★★★
3位	Python	★★	★★★	★★
4位	PHP	★★	★★★	★★★
5位	C++	★★★	★★	★
6位	Ruby	★★	★	★★
7位	C#	★	★★★	★
8位	C言語	★	★★	★★
9位	SQL	★★	★★	★
10位	Swift	★★★	★	★★

こちらもC言語、C++、C#がトップ10入りしています。またこの図表にある1位のJavaScriptと2位のJavaは、C言語やC++から大きな影響を受けて作られたプログラミング言語です。C言語を覚えれば、JavaやJavaScriptなどが習得しやすくなることを、このコラムの最後でお伝えします。

さらに図表1-7-3は、アメリカにある、ソフトウェア業界のアナリスト会社RedMonkが発表した、2012年から約11年間にわたるプログラミング言語のランキング調査結果です。RedMonk社によると、GitHubとStack Overflowという世界的なプログラミング・コミュニティの情報を元に、このランキングを作成しているそうです。

こちらでもC言語、C++、C#の3つが、長年、トップ10入りしています。

図表1-7-3 RedMonkによるプログラミング言語ランキング

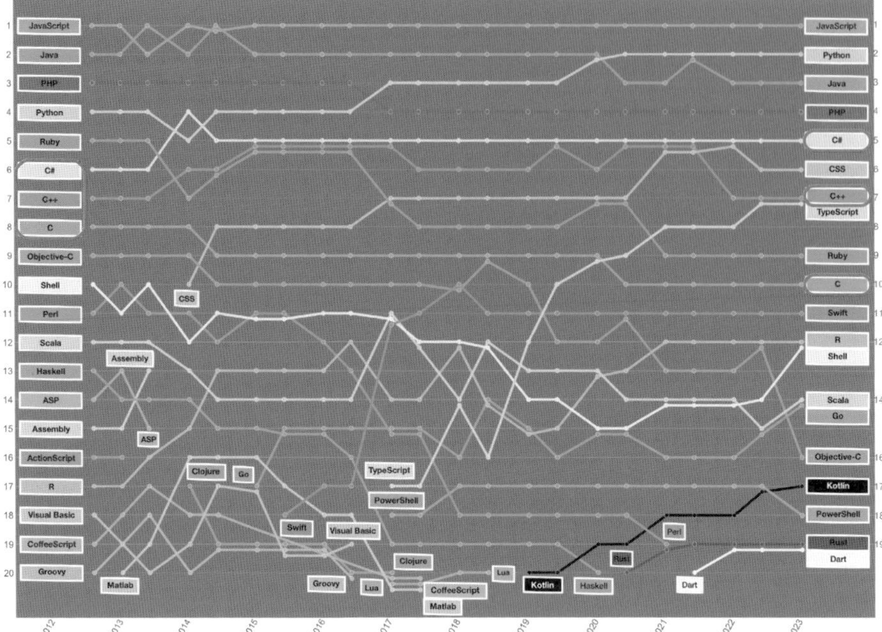

2012年～2023年1月までの11年間、C言語、C++、C#がトップ10入りを果たし続けています

C言語は半世紀以上前に作られ、長年にわたり多くのプログラマーが用いてきました。今でもC言語による様々な開発が行われています。現在ではC++、C#、Java、JavaScript、PHP、Python、Swiftなど、さまざまのプログラミング言語が普及していますが、ソフトウェア開発を支える言語の多くは、C言語から多大な影響を受けて作られました。そのため文法や記述ルールがC言語のそれに近いものになっています。ですからC言語を習得すれば、他のプログラミング言語を学びやすくなります。もちろんプログラミング言語ごとの命令や、特別なルールなどを覚える必要はありますが、難しいといわれるC言語を習得した方にとって、他のプログラミング言語を身につけるのは、たやすいことです。

① C言語は現在でもさまざまな開発に用いられ、プログラムを組める者が求められている
② C言語以外を用いた開発も多く行われるが、C言語を習得すれば、他のプログラミング言語を学びやすい

結論としてC言語は職を得て生活するための強力な武器になります。これはゲーム開発に限ったことではなく、ソフトウェア開発全般における話です。筆者の長年にわたるプログラマーとしての経験からも、C言語をマスターすれば、プログラマーとして道が開けることは間違いないと確信しています。

Chapter 2

プログラミングの基礎知識

この章では、プログラミングの基礎知識である、入力と出力、変数と配列、条件分岐、繰り返し、関数について学びます。これらはどのようなプログラムを組む時にも必要な知識です。ゲームを作る上でも、もちろん、これらの知識を使います。
C言語の基礎知識を習得されている方は、この章は飛ばすことができます。ただし2-1とコラムはゲーム開発に直接、関わる内容ですので、それら2つに目を通して先へ進みましょう。

Section 2-1

ゲームのプログラムを見てみよう

この節では、簡単なクイズゲームのプログラムを確認します。そのプログラムを眺めると、ゲームを作れるようになるために、プログラミングの基礎知識をしっかり学ぶ必要があることがわかります。

2-1-1 プログラムを開いてみよう

本書商品ページからダウンロードできる学習素材の中に、「Chapter2」というフォルダがあります（P003参照）。その中に次のようなC言語のプログラムが入っています。

このプログラムはC言語だけで記述し、ファイルの拡張子を.cとしています。1行目はVisual Studioでscanf()という命令を使うためのもので、一般的なC言語の開発環境では、この記述は不要です。

サンプル2-1-1 Chapter2->quiz.c

```
01 #define _CRT_SECURE_NO_WARNINGS
02 #include <stdio.h>
03 #include <string.h>
04 int main(void)
05 {
06     char QUIZ[3][100] = {
07         "モンスターボールを投げてモンスターを捕まえるゲームのタイトルは？",
08         "スマートフォンでヒットした、モンスターを引っ張って飛ばすゲームは？",
09         "「DQ」はある有名なゲームのタイトルの略語。そのゲームの正式名称は？"
10     };
11     char ANS[3][30] = {
12         "ポケットモンスター",
13         "モンスターストライク",
14         "ドラゴンクエスト"
15     };
16     int score = 0;
17     char ans[30];
18     printf("クイズの答えを入力し、Enterを押してください。¥n");
19     for (int i = 0; i < 3; i++)
20     {
21         printf("%s¥n", QUIZ[i]);
22         scanf("%s", ans);
23         if (strcmp(ans, ANS[i]) == 0)
```

```
        {
            printf(" 正解です。¥n");
            score = score + 1;
        }
        else
        {
            printf(" 間違いです。正しい答えは %s¥n", ANS[i]);
        }
    }
    printf(" あなたは %d 問、正解しました。", score);
}
```

※main関数の終わりのreturn 0;を省いています。詳しくは本章末のコラムをご参照ください

拡張子がcのファイル（ここではquiz.c）をVisual Studioで実行するには、第1章で学んだ手順（P034〜036、1-4-1〜1-4-2を参照）で、C++の新しいプロジェクトを作ります。

次に画面右側の「ソリューションエクスプローラー」の「ソースファイル」の上に、cのファイルをドラッグ＆ドロップしてプロジェクトにファイルを追加し、画面中央上の［▶ローカルWindowsデバッガー］をクリックします（または、メニューから［デバッグ］→［デバッグの開始］をクリックしてもOKです）。

本書の商品ページからダウンロードした別のプログラムを実行する場合は、「ソースファイル」内にある古いcファイルを右クリックして削除し、新しいcファイルをドラッグして追加し、デバッグを実行してください。

このプログラムを実行するとクイズゲームで遊べます。有名なゲームに関する問題が出力されるので、それらの答えを入力します。すべての問題の答えを入力すると、何問、正解したかが出力され、プログラムが終了します。

図表2-1-1 実行結果

```
クイズの答えを入力し、Enterを押してください。
モンスターボールを投げてモンスターを捕まえるゲームのタイトルは？
ポケットモンスター
正解です。
スマートフォンでヒットした、モンスターを引っ張って飛ばすゲームは？
パズル＆ドラゴンズ
間違いです。正しい答えはモンスターストライク
「DQ」はある有名なゲームのタイトルの略語。そのゲームの正式名称は？
ドラゴンクエスト
正解です。
あなたは2問、正解しました。
```

2-1-2 全体を眺めてみよう

現時点ではプログラムの内容がわからなくても気にする必要はありません。プログラミングの基礎知識を**2-2節**から学びますので、ここではプログラムの全体を眺めてみましょう。

はじめの3行には、普段、目にすることのない英文のようなものが書かれています。そしてプログラムのあちこちに、ifやforなどの英単語と、数学の式のようなものがあります。

1〜3行目は、このプログラムにあるいろいろな命令を使えるようにするための記述です。ifやforはコンピューターに基本的な処理を命じる語で、それらは予約語と呼ばれます。予約語はこの後、**2-1-4**で説明します。

+や=などの記号を使った式は、数や文字列などのデータをコンピューターで扱うためのもので、**2-3節**で説明します。

2-1-3 プログラムは基礎知識を組み合わせて作る

プログラミングの基礎知識に、①入力と出力、②変数と配列、③条件分岐、④繰り返し、⑤関数があります。図表2-1-2は、クイズのプログラムのどの部分が、①〜⑤に当たるかを示したものです。

プログラムの多くの部分が基礎知識で成り立っていることがわかります。ゲームのプログラムだけでなく、あらゆるソフトウェアが、プログラミングの基礎知識を土台として組み立てられています。

図表2-1-2 プログラミングの基礎知識

```
          #define _CRT_SECURE_NO_WARNINGS
          #include <stdio.h>
          #include <string.h>
⑤関数     int main(void)
          {
              char QUIZ[3][100] = {
②配列 ——        " モンスターボールを投げてモンスターを捕まえるゲームのタイトルは？ ",
                " スマートフォンでヒットした、モンスターを引っ張って飛ばすゲームは？ ",
                "「DQ」はある有名なゲームのタイトルの略語。そのゲームの正式名称は？ "
              };
              char ANS[3][30] = {
                " ポケットモンスター ",
                " モンスターストライク ",
                " ドラゴンクエスト "
              };
    ②変数     int score = 0;
    ②配列     char ans[30];
①出力 ——      printf(" クイズの答えを入力し、Enter を押してください。¥n");
              for (int i = 0; i < 3; i++) ————————————————— ④繰り返し
              {
                printf("%s¥n", QUIZ[i]);
①入力 ————      scanf("%s", ans);
                if (strcmp(ans, ANS[i]) == 0)
                {
③条件分岐 ——        printf(" 正解です。¥n");                      —— ①出力
                  score = score + 1;
                }
                else
                {
                  printf(" 間違いです。正しい答えは %s¥n", ANS[i]);
                }
              }
              printf(" あなたは %d 問、正解しました。", score);
          }
```

2-1-4 予約語について

予約語（キーワード）はコンピューターに基本的な処理を命じるための命令です。予約語の使い方は、この後で順に説明します。ここではC言語には次のような予約語があること、これらを使ってコンピューターに処理を命じることを知っておきましょう。

図表2-1-3 C言語の予約語（アルファベット順）

auto, break, case, char, const, continue, default, do, double, else, enum, extern, float, for, goto, if, inline, int, long, register, restrict, return, short, signed, sizeof, static, struct, switch, typedef, union, unsigned, void, volatile, while

※本書ではauto、extern、goto、inline、register、restrict、union、volatileは用いません

Section 2-2

入力と出力

入力と出力は、コンピューター機器の動作の基本となるものです。この節では、入力と出力について説明します。そしてprintf()というC言語の出力命令と、scanf()という入力命令の使い方を学びます。

2-2-1 入力と出力について

コンピューターは、入力されたデータを元に演算（計算）を行い、必要な結果を出力する装置です。

図表2-2-1 入力、演算、出力

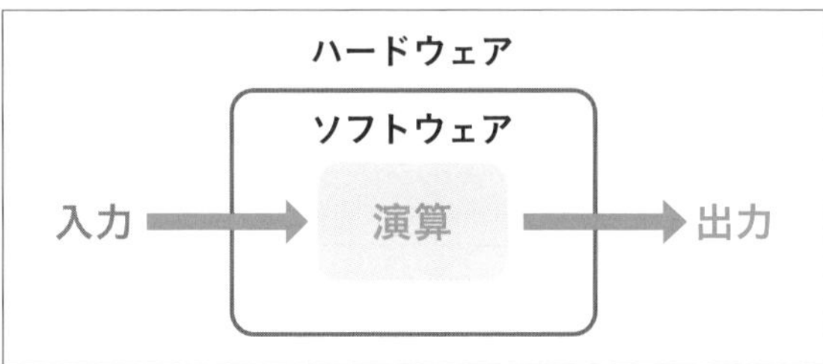

図2-2-1の入力、演算、出力という処理の流れは、多くのコンピューター機器に共通するものです。ゲーム機やスマートフォンというハードウェアと、それらで遊ぶゲームというソフトウェアで考えると、この動作の流れがよくわかります。

ゲームは、コントローラやタッチパネルで操作します。それが入力です。その入力値を元に、プログラムによってキャラクターを動かす計算、ゲームルールの判定、画面遷移（せんい）などの処理が行われます。計算や判定の結果は、映像として液晶表示部に出力されます。またスピーカーから音が出力されます。

memo

画面遷移とは、タイトル画面→ゲームをプレイする画面→メニュー画面→再びゲームをプレイする画面というように、いろいろな画面に切り替わることを意味する言葉です。

図表2-2-2 ゲームにおける入出力

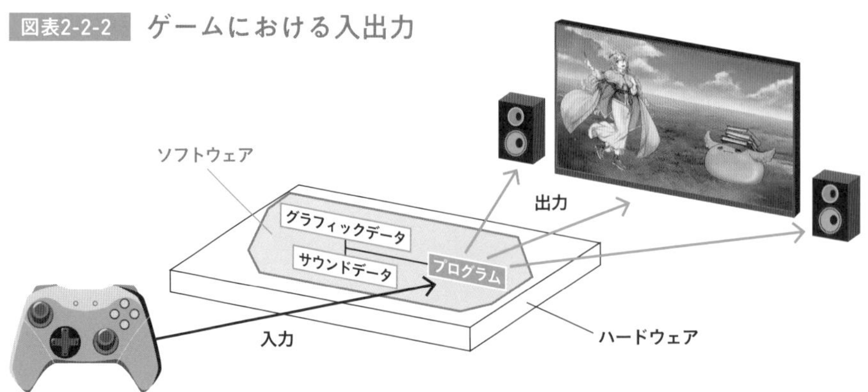

2-2-2 C言語の入出力について

C言語では、文字列の出力をprintf()、入力をscanf()という命令（関数）で行います。printf()はCUI上で文字列や数値を出力する時に用い、scanf()はCUI上で文字列や数値を入力する時に用います。ここでCUIとGUIという言葉について知っておきましょう。

■①CUI（キャラクター・ユーザー・インターフェース）

CUIとは、グラフィックを用いず、文字列の入出力だけでコンピューターを扱う操作系を意味する言葉です。WindowsのコマンドプロンプトやPowerShell、Macのターミナルなどが代表的なCUIです。

■②GUI（グラフィカル・ユーザー・インターフェース）

GUIとは、画面にアイコンやボタンなどが配置され、どこを操作すれば良いかが一目瞭然な操作系を意味する言葉です。パソコンソフトやスマートフォンアプリの多くは、GUIの画面構成になっています。

スマートフォンのゲームアプリのメニュー画面を見てみましょう。どこをタップすればよいかわかりやすいように、画像、アイコン、文字列などが配置されています。そのような画面がGUIの一例です。

本書では、第2章〜4章まで、CUI上で動くプログラムを使って学習します。第5章でGUIのゲームを作る準備を行い、第6章からグラフィックを用いたゲームを開発していきます。

2-2-3 プログラムファイルの拡張子について

第2〜4章に掲載している学習用プログラムのファイル名の拡張子は、C言語本来の拡張子である.cとしています。ただし本書はVisual Studioでの学習を前提としており、Visual StudioではC++での開発環境でC言語のプログラムを動作させるので、Visual Studioで新規にプログラムファイルを作る時の拡張子は、C++の拡張子である.cppで構いません。

なお本書執筆時点のVisual Studio（バージョン2022）では、拡張子cのプログラムも、C++の環境でビルドし、正常に実行できることを確認しています。

いよいよ、プログラムの入力と動作確認を始めます。プログラミングを習得する近道は、実際にプログラムを記述して動かしてみることです。この章のプログラムは、学びやすいように、どれも短い行数にしています。ぜひ自分の手で入力しましょう。

2-2-4 printf()を使おう

文字列や変数の値などを出力するprintf()の使い方を、次のプログラムで確認します。プログラムの入力と動作確認の仕方は、第1章で学んだ通りです。

サンプル2-2-1 print_1.c

```
01 #include <stdio.h>
02 int main(void)
03 {
04     printf("C言語でゲームを作ろう！");
05     return 0;
06 }
```

- 01: stdio.hをインクルード
- 02: メイン関数の定義
- 03: 関数のブロックの始まりを示す波括弧
- 04: printf()で文字列を出力
- 05: 0を返す（プログラム正常終了）
- 06: 関数のブロックの終わりを示す波括弧

図表2-2-3 実行結果

```
C言語でゲームを作ろう！
```

1行目に記述したstdio.hのように、「.h」の付いたものをヘッダーやヘッダーファイルといいます。include（インクルード）は、「含む、含める」という意味を持ちます。C言語のプログラムは、冒頭で「#include ヘッダー」と記述し、そのプログラムの処理に必要な機能を取り込む決まりがあります。

stdio.hをインクルードすると、C言語の開発環境に用意されているprintf()やscanf()などの関数が使えるようになります。関数は**2-6節**で説明します。

ヘッダーを取り込むことをインクルードするといいます。stdio.hは、標準入出力という意味の、スタンダード（standard）、インプット（input）、アウトプット（output）の略です。

2行目のint main（void）は、main（メイン）関数を定義するための記述です。C言語のプログラムを実行すると、main関数に記述した処理が行われます。3行目の{と、6行目の}の間が、main関数の処理です。{から}までをブロックといいます。ブロックは**2-4節**で説明します。

4行目に記述したprintf()は文字列や変数の値を出力する命令（関数）です。文字列を扱う時は、文字列の前後をダブルクォート（"）でくくります。

main関数は、プログラムの正常終了時に0を返す慣例があり、それを5行目に記述しています。returnの使い方は**2-6節**で説明します。main関数のreturnについては、本章末のコラムで説明します。

main関数に複数の命令や計算式を記述すると、それらが順に実行されます。プログラムの処理は、記述した順に実行されることを覚えておきましょう。

確認しよう

4行目の"でくくられた文字列を別のメッセージに変更し、出力結果が変わることを確認しましょう。

memo

多くのプログラミング言語で、文字列を扱う時、それを"でくくる決まりがあります。

2-2-5 変数の値を出力する

「printf(フォーマット, 変数)」と記述すると、変数の値を出力できます。次のプログラムで、それを確認します。変数は**2-3節**で説明するので、ここではscoreという名の箱に数を入れ、箱の中身がいくつであるかを確認すると考えましょう。

サンプル2-2-2 print_2.c

```
01 #include <stdio.h>
02 int main(void)
03 {
04     int score = 10000;
05     printf("あなたのスコアは%d", score);
06 }
```

行	説明
01	stdio.hをインクルード
02	メイン関数の定義
03	関数のブロックの始まりを示す波括弧
04	整数(integer)を扱う変数に値を代入
05	printf()で変数の値を出力
06	関数のブロックの終わりを示す波括弧

※学習用プログラムでreturn 0の記述は不要であり、このプログラム以降は記述しません

図表2-2-4 実行結果

```
あなたのスコアは10000
```

4行目で変数scoreに代入した初期値を、5行目のprintf()で出力しています。printf()には「あなたのスコアは%d」と、scoreをコンマで区切って記述しています。こう記述すると、%dのところが変数の値に置き換わって出力されます。

図表2-2-5 変数とprintf()による出力

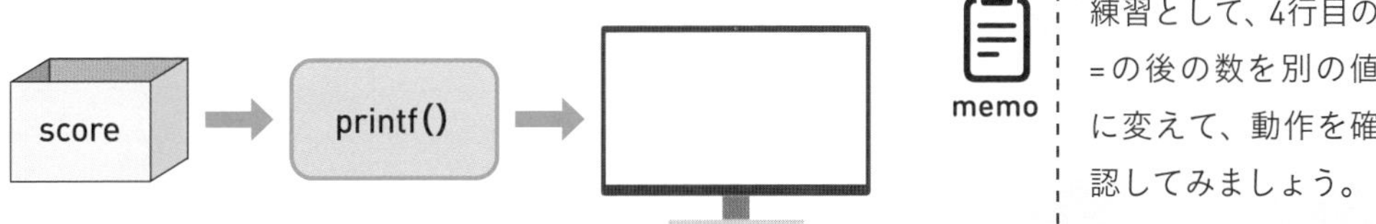

memo

練習として、4行目の=の後の数を別の値に変えて、動作を確認してみましょう。

2-2-6 変換指定子

%dは、どのようなフォーマットでデータを出力するかを指定するためのもので、**変換指定子**と呼ばれます。主な変換指定子は次の通りです。

図表2-2-6 よく用いられる変換指定子

記号	何を出力するか
%d	整数
%f	小数
%c	文字
%s	文字列

※これらの他にもさまざまな変換指定子があります

変換指定子をフォーマット指定子や書式指定子と呼ぶ人もいます。

例えば「double a = 小数」と記述すると、小数を入れるaという箱が作られます。小数を出力するには、「printf ("aの値は%f", a)」と%fを用います。変換指定子は第3章で詳しく説明します。

2-2-7 scanf()を使う

数や文字列を入力するscanf() の使い方を、次のプログラムで確認します。1行目にある#define _CRT_SECURE_NO_WARNINGSは、Visual Studioでscanf()を使うためのもので、一般的なC言語の開発環境では記述しません。1行目の記述については、この後、改めて説明します。

サンプル2-2-3 scanf_1.c

01	`#define _CRT_SECURE_NO_WARNINGS`	Visual Studioでscanf()を使うための記述
02	`#include <stdio.h>`	stdio.hをインクルード
03	`int main(void)`	メイン関数の定義
04	`{`	関数のブロックの始まりを示す波括弧
05	`    int life;`	整数を扱う変数lifeを宣言
06	`    printf("主人公の体力値を入力してください¥n");`	printf()で文字列を出力、¥nで改行
07	`    scanf("%d", &life);`	scanf()で入力した値をlifeに代入
08	`    printf("主人公の体力は%dです", life);`	文字列とlifeの値を出力
09	`}`	関数のブロックの終わりを示す波括弧

※1行目はVisual Studioでscanf()を使うためのもので、一般的なC言語の開発環境では記述しません

図表2-2-7 実行結果

```
主人公の体力値を入力してください
10000
主人公の体力は10000です
```

5行目でint型のlifeという変数を宣言しています。intで宣言した変数は、整数を入れる箱になります。

6行目の文字列の中に¥nという記述があります。¥nは改行コードで、文字列の中に¥nがあると、printf() で出力する時、文字列が¥nの位置で改行されます。

7行目のscanf() でコンピューターが入力を受け付ける状態になります。このプログラムはscanf () の第一引数を "%d" としており、整数を入力させる処理を行います。入力した値は、第二引数の変数lifeに代入されます。

図表2-2-8 scanf() による入力とprintf() による出力のイメージ

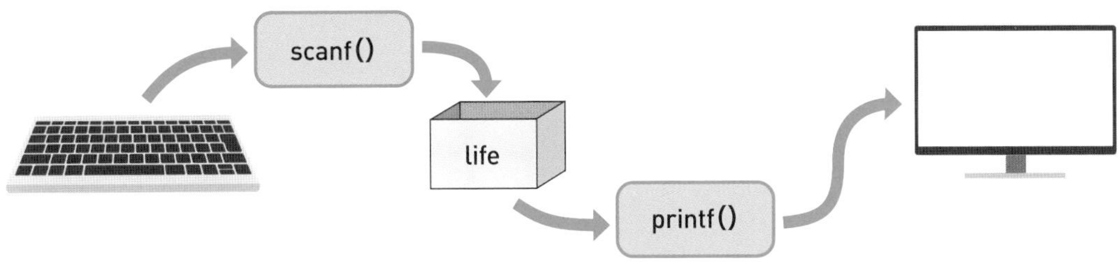

scanf () の第2引数の変数名に、& という記号が付いています。& 変数とすると、その変数がメモリのどこにあるか（変数のアドレス）を知ることができます。scanf () の第二引数は変数のアドレスとする決まりがあります。この決まりは難しいものなので、現時点ではscanf () の記述に目を通しておけば十分です。アドレスについては第3章のコラムで説明します。また第4章のCUI上で動くゲーム制作の中で、scanf () の使い方を改めて説明します。

memo

printf () やscanf () のように、() の付いた命令を関数といいます。関数は**2-6節**で説明します。

2-2-8 #define _CRT_SECURE_NO_WARNINGSについて

scanf_1.cの1行目にある「#define _CRT_SECURE_NO_WARNINGS」は、Visual Studioでscanf () を使えるようにするためのものです。scanf () は使い方を誤ると、処理に悪影響を及ぼす可能性があります。そのためVisual Studioの開発元のMicrosoft社は、scanf () の代わりにscanf_s() というMicrosoft社が独自に用意した関数を使うことを推奨しています。そのような理由で、scanf () を記述したプログラムはVisual Studioでビルドエラーが発生し、実行できません。Visual Studioでscanf () を使うには、1行目の記述を行うか、次のようなVisual Studioの設定を行い、ビルドエラーが発生しないようにします。

memo

scanf() はC言語に備わる最も基本的な命令の1つで、学習段階で一度は学ぶべきものです。scanf_s() はMicrosoft社が独自に用意した関数で、安全に使えるように設計されていますが、C言語の標準的な関数ではありません。

Visual Studioでscanf()を使うための設定

以下の設定を行えば、#define _CRT_SECURE_NO_WARNINGSを記述する必要はありません。

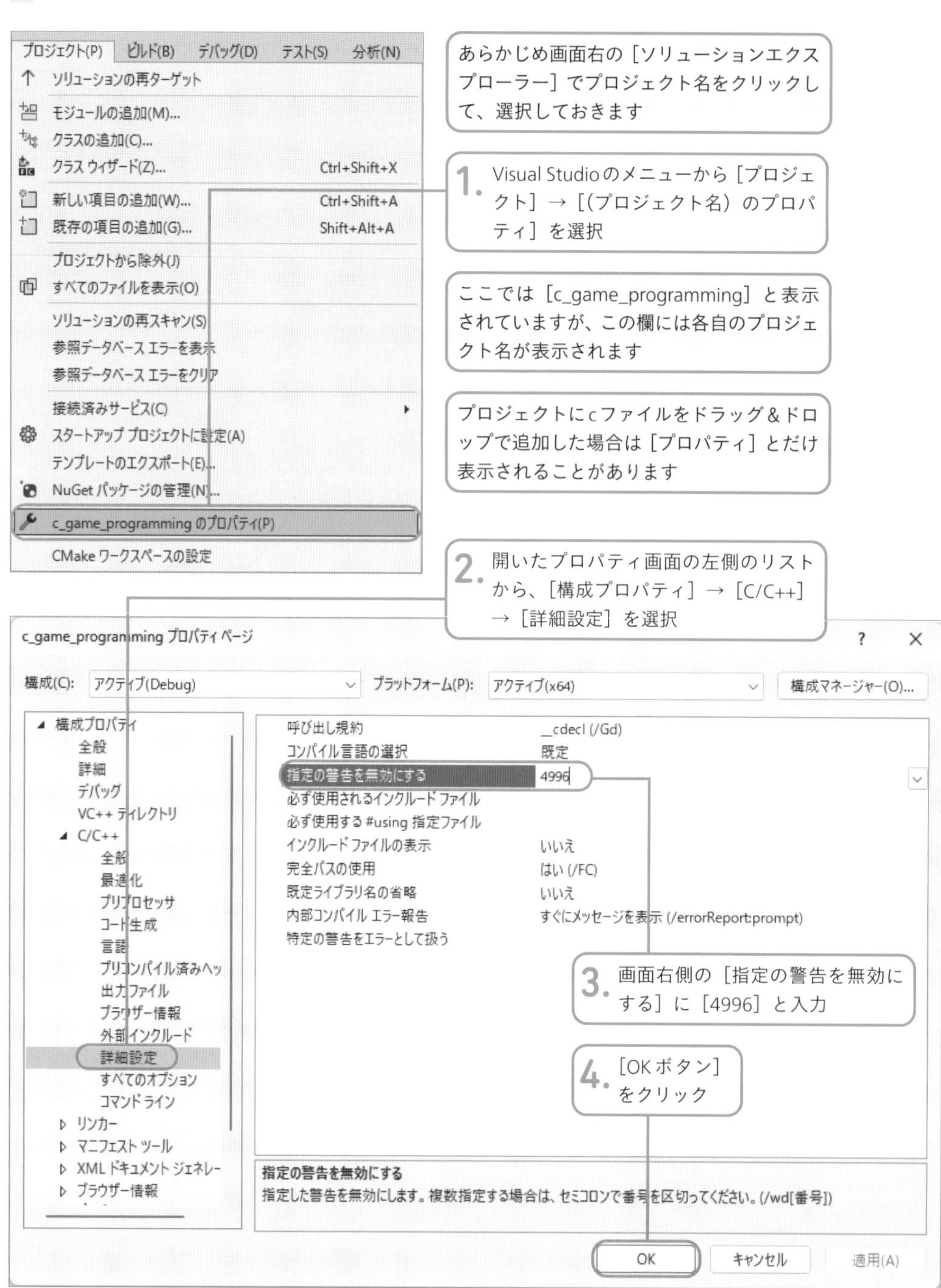

この方法の他に、プロジェクトのプロパティを開き、「構成プロパティ」→「C/C++」→「全般」→「SDLチェック」を「いいえ (/sdl-)」に変更することでもscanf()が使えるようになります。

2-2-9 コメント（注釈）を書いてみよう

プログラム内に命令の使い方などを書くことができます。プログラム内に書くメモをコメントといいます。コメントは「//」や、「/*～*/」を使って記述します。

scanf_1.cにコメントを加えたプログラムを確認します。色付きの文字がコメントになります。

サンプル2-2-4 scanf_comment.c

```
/*
第2章
入出力の学習用プログラム
*/
#define _CRT_SECURE_NO_WARNINGS // Visual Studioでscanf()を使うために記述
#include <stdio.h>
int main(void) // これがmain関数
{
    int life; // 整数を扱う変数
    printf("主人公の体力値を入力してください¥n");
    scanf("%d", &life); /* 入力を受け付ける状態になる */
    printf("主人公の体力は%dです", life);
}
```

このプログラムは、コメント以外は前のscanf_1.cのままです。実行結果も前のプログラムの通りです。

「/*」と「*/」の間に記した文章は、プログラムをビルドする時に無視されます。「/*」と「*/」を使って、複数行にわたりコメントを記述できます。

「//」の後に記した文章は、その行の最後までがコメントになり、ビルド時に無視されます。

プログラムの一部分をコメントにして実行しないようにすることをコメントアウトするといいます。

memo

かつてC言語のコメントは「/*～*/」で記述しましたが、現在のC言語の開発環境では「//」によるコメントができます。もし「//」によるコメントができない開発環境であれば「/*」と「*/」でコメントします。

Section 2-3

変数と配列

変数とは、数や文字などを代入する、コンピューターのメモリ上に用意された箱のようなものです。この節では、変数の使い方を学びます。

2-3-1 変数のイメージ

図表2-3-1はlifeという名称の変数に500という数を、scoreという変数に0を、iという変数に-1を、cという変数にAという半角文字を代入するイメージです。

図表2-3-1 変数のイメージ

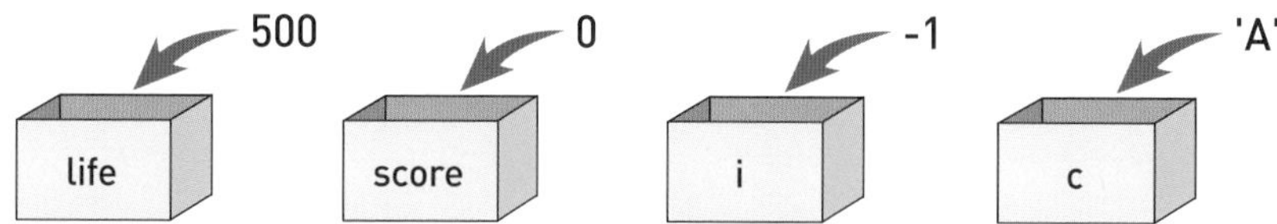

C言語ではintという型の変数で整数を扱い、charという型の変数で半角文字1文字を扱います。半角1文字を扱う時は、その文字をシングルクォート（'）でくくります。

小数を扱うための型もあります。変数の型は2-3-3で説明します。

2文字以上を扱ったり、全角文字を扱う時は、文字列を代入する配列を用います。文字列を扱う配列は次の章で説明します。

memo

intはinteger（整数）の略で、イントと読みます。charはcharacter（文字）の略で、キャラやチャーと読みます。

2-3-2 変数に初期値を代入する

変数を使うには型と変数名を宣言します。宣言と同時に、最初の値である初期値を代入できます。変数を宣言して初期値を代入することを、変数を定義するといいます。

図表2-3-1にある4つの変数に初期値を代入するプログラムを確認します。

サンプル2-3-1 variable_1.c

```
01 #include <stdio.h>
02 int main(void)
03 {
04     int life = 500;
05     int score = 0;
06     int i = -1;
07     char c = 'A';
08     printf("lifeの値は%d¥n", life);
09     printf("scoreの値は%d¥n", score);
10     printf("iの値は%d¥n", i);
11     printf("cの値は%c¥n", c);
12 }
```

行	説明
01	stdio.hをインクルード
02	メイン関数の定義
03	関数のブロックの始まりを示す波括弧
04	整数を扱う変数に初期値を代入
05	〃
06	〃
07	文字を扱う変数に初期値を代入
08	printf()で整数を出力
09	〃
10	〃
11	printf()で文字を出力
12	関数のブロックの終わりを示す波括弧

図表2-3-2 実行結果

```
lifeの値は500
scoreの値は0
iの値は-1
cの値はA
```

このプログラムは4〜6行目で整数を扱う変数を宣言し、それぞれに初期値を代入しています。また7行目で文字を扱う変数を宣言し、半角文字を代入しています。変数に値を代入するにはイコール（=）を用います。この=を**代入演算子**といいます。

確認しよう

life、score、i、cに代入する初期値を変え、その値が出力されることを確認しましょう。

2-3-3 変数の型について

C言語では、変数で整数を扱うのか、小数を扱うのかなど、扱うデータの種類に応じて、宣言時に型を指定します。主な型は次の通りです。この表のサイズとは、その型の変数を1つ用意するのに、コンピューターのメモリが何バイト必要かという値です。ビットとバイトは章末のコラムで説明します。

①整数を扱う型

図表2-3-3 整数を扱う型

型	サイズ（バイト）	ビット数	扱える数の範囲（10進数）
char	1	8bit	-128 ～ 127 ※1
short	2	16bit	-32768 ～ 32767
int	2もしくは4 ※2	16もしくは32bit	-32768 ～ 32767もしくは -2147483648 ～ 2147483647
long	4もしくは8 ※2	32もしくは64bit	約 -21億～ 21億もしくは約 -922京～ 922京

※1 char型は半角文字を1文字代入でき、数では-128～127の範囲の値を扱えます。ただし一部の処理系で0～255を扱う型となる場合があります
※2 本書執筆時点のVisual Studioでは、int、longとも4byteで、long longと宣言すると8byteになります

intとlongは開発環境によりサイズが異なります。次のように記述し、変数のサイズを調べられます。
printf ("型のサイズ %dバイト", sizeof (型)) あるいは printf ("変数のサイズ %dバイト", sizeof (変数))

■unsignedの記述例

これらの型に、型指定子のunsignedを付けると、0以上の整数を扱う変数を作れます。

・unsigned char a → 変数aで扱える範囲は0～255
・unsigned int x → 変数xで扱える範囲は0～4294967295

符号なしの整数を扱いたい時にunsignedを用います。符号付きということを明確にしたいならsignedを用います。int 変数名とsigned int 変数名は、同じ意味の変数宣言になります。

②小数を扱う型

小数を扱う型として、C言語にはfloatとdoubleという型があります。doubleはfloatより精度の高い小数を扱うことができます。

図表2-3-4 小数を扱う型（浮動小数点型）

型	サイズ	ビット数	扱える範囲
float	4	32bit	約 1.1e-38 ～約 3.4e+38
double	8	64bit	約 2.2e-308 ～約 1.7e+308

※1e-2は$1×10^{-2}$=0.01、1e+2は$1×10^{2}$=100.0になります

long doubleと宣言して、より精度の高い小数を扱える変数を用意できる開発環境もあります。

2-3-4 変数名の付け方を知ろう

変数名は次のルールに従って、プログラムを組む人が自由に付けることができます。

① 半角a～z、A～Z、0～9および_（アンダースコア）を用いる

② 数字から始まってはいけない

例）123a、9xなどは付けられない

③ アルファベットの大文字と小文字が区別される

例）Appleとappleは別の変数になる

④ 予約語（P053）は変数名として使用できない

⑤ printf、scanfなどの標準ライブラリで使用される関数名も変数名にできない

memo

重要なデータを扱う変数は、その変数で何を扱うのかわかりやすい変数名にしましょう。例えばスコアを入れる変数ならscore、体力を入れる変数ならlifeとすれば、後でプログラムを改造する時などに、変数の用途をすぐに思い出せます。また商用のゲーム開発は複数のプログラマーが参加して行うので、他のプログラマーが理解できる変数名にすることが大切です。なおその場で使い捨てる変数は、アルファベット1文字などの簡素なものでかまいません。

2-3-5 整数の計算をしてみよう

整数の足し算、引き算、掛け算、割り算を行うプログラムを確認します。プログラムでは足し算を+、引き算を-、掛け算を*、割り算を/の記号で記述します。*はアスタリスク、/はスラッシュと読みます。

サンプル2-3-2 variable_2.c

`#include <stdio.h>`	stdio.hをインクルード
`int main(void)`	メイン関数の定義
`{`	関数のブロックの始まりを示す波括弧
`    int life = 100;`	整数を扱う変数に初期値を代入
`    printf("体力(life)の初期値は%d¥n", life);`	その値を出力
`    life = life + 50;`	足し算を行う計算式
`    printf("回復薬を飲み体力が50増え、%dになった。¥n", life);`	変更した変数の値を出力
`    life = life - 70;`	引き算を行う計算式
`    printf("敵の攻撃で体力が70減り、%dになった。¥n", life);`	変更した変数の値を出力
`    life = life * 3;`	掛け算を行う計算式
`    printf("魔法を使って体力を3倍し、%dになった。¥n", life);`	変更した変数の値を出力

```
12     life = life / 2;                              割り算を行う計算式
13     printf("敵の攻撃で体力が半分の、%d になった。¥n", life);   変更した変数の値を出力
14 }                                                 関数のブロックの終わりを示す波括弧
```

図表2-3-5 実行結果

```
体力(life)の初期値は100
回復薬を飲み体力が50増え、150になった。
敵の攻撃で体力が70減り、80になった。
魔法を使って体力を3倍し、240になった。
敵の攻撃で体力が半分の、120になった。
```


4行目で整数を扱うint型の変数lifeを宣言し、初期値を代入しています。

6行目、8行目、10行目、12行目で、+、-、*、/を使って、変数の値を変化させています。6行目のlife = life + 50は、「lifeの値に50を加えたものを、lifeに代入せよ」という意味です。8、10、12行目の式も、それぞれの計算結果をlifeに代入せよという意味になります。

確認しよう 6、8、10、12行目の数を書き換えて、出力結果が変わることを確認しましょう。

2-3-6 演算子と計算式

計算に用いる記号を**演算子**といいます。ここでは四則算を行う演算子を用いました（図表2-3-6）。

図表2-3-6 四則算の演算子

演算子	四則算
+	足し算（＋）
-	引き算（－）
*	掛け算（×）
/	割り算（÷）

C言語で四則算を行う記述の仕方は図表2-3-7の通りです。

図表2-3-7 計算式の書き方

何を行うか	記述の仕方	変数の値はどうなるか
足し算	a=a+1、a+=1、a++	a の値が 1 増える
引き算	a=a-1、a-=1、a--	a の値が 1 減る
掛け算	a=a*2、a*=2	a の値が 2 倍になる
割り算	a=a/2、a/=2	a の値が半分になる

a=a+1はaに1を足した値をaに代入する、a=a*2はaに2を掛けた値をaに代入するという意味です。例えばa=a-10と記述すれば、aの値が10減ります。a=a/3と記述すれば、aは1/3の値になります。

a++の++は**インクリメント演算子**と呼ばれ、a--の--は**デクリメント演算子**と呼ばれます。変数の値を1増やす、あるいは1減らす時、++や--をよく使うので、覚えておきましょう。

memo

インクリメント演算子には、詳しくは後置増分演算子（a++）と前置増分演算子（++a）があり、デクリメント演算子には後置減分演算子（a--）と前置減分演算子（--a）があります。本書ではa++とa--だけを扱います。

コンピューターの計算式で、計算が行われる順番は数学と同じです。例えば10*(2+3)という式では()内の2+3の計算が優先で、答えは50になります。(20+10)/(5-3)という式では先に20+10と5-3が求められ、30/2すなわち15になります。

2-3-7 その他の演算子

C言語には他に図表2-3-8のような演算子があります。

図表2-3-8 各種の演算子

記号	何を求めるか	記述例
%	剰余（割り算の余り）	int a = 10%3 → a の値は 10 を 3 で割った余りの 1 になる
<<	ビットシフト	int b = 1<<4 → b の値は 1 を左に 4 ビット分ずらした 16 になる
>>	ビットシフト	int c = 16>>3 → c の値は 16 を右に 3 ビット分ずらした 2 になる
&	ビットごとの AND（論理積）	int d = 5&3 → d の値は 1 になる
|	ビットごとの OR（論理和）	int e = 3|6 → e の値は 7 になる

この後で%演算子の使い方を学びます。本書では<<、>>、&、|は用いず、説明は省略しますが、ビットについては本章末のコラムで説明していますので、そちらを参照してください。

2-3-8 割り算の結果に注意しよう

変数には整数を扱う型と小数を扱う型があることを、**2-3-3**で学びました。整数型の変数は、計算結果が小数になると、小数点以下が切り捨てられます。次のプログラムでそれを確認します。

サンプル2-3-3 variable_3.c

```
01 #include <stdio.h>
02 int main(void)
03 {
04     int life = 100;
05     double gold = 100;
06     printf("体力(life)の初期値は%d¥n", life);
07     printf("所持金(gold)の初期値は%f¥n", gold);
08     life /= 3;
09     gold /= 3;
10     printf("3で割ったlifeの値は%d¥n", life);
11     printf("3で割ったgoldの値は%f¥n", gold);
12 }
```

行	説明
01	stdio.hをインクルード
02	メイン関数の定義
03	関数のブロックの始まりを示す波括弧
04	整数を扱う変数に初期値を代入
05	小数を扱う変数に初期値を代入
06	lifeの値を出力
07	goldの値を出力
08	整数の割り算を行う
09	小数の割り算を行う
10	変更したlifeの値を出力
11	変更したgoldの値を出力
12	関数のブロックの終わりを示す波括弧

図表2-3-9 実行結果

```
体力(life)の初期値は100
所持金(gold)の初期値は100.000000
3で割ったlifeの値は33
3で割ったgoldの値は33.333333
```

int 型の変数 life に 100 を代入し、3 で割ると 33 になります。

double 型の変数 gold に 100 を代入し、3 で割ると 33.333333 になります。

整数を扱う変数の値は必ず整数になること、小数を扱う変数で、小数点以下の値は無限には保持されないことを知っておきましょう。数学では 100 ÷ 3=33.$\dot{3}$ と、3 の上に・を記して、小数点以下に 3 が無限に繰り返されることを表せますが、プログラムの変数には、そのような機能はありません。

memo

5 行目の double 型変数への初期値の代入で、小数を扱うことを明確にするなら gold=100.0 とするのが好ましいですが、このプログラムは同じ割り算を行う比較のために、4 行目と 5 行目の初期値をどちらも 100 としています。

2-3-9 小数の計算で誤差が出ることを知る

小数の計算で誤差が生じることがあります。次のプログラムでそれを確認します。

サンプル2-3-4 variable_4.c

```
01 #include <stdio.h>
02 int main(void)
03 {
04     float f = 0.0;
05     f = f + 10.1;
06     f = f + 10.1;
07     printf("fの値は %f¥n", f);
08 }
```

行	説明
01	stdio.hをインクルード
02	メイン関数の定義
03	関数のブロックの始まりを示す波括弧
04	小数を扱う変数に初期値を代入
05	足し算で変数の値を変化させる
06	足し算で変数の値を変化させる
07	変更したfの値を出力
08	関数のブロックの終わりを示す波括弧

図表2-3-10 実行結果

```
fの値は 20.200001
```

float型の変数fを初期値0.0で宣言し、それに10.1を2回、足しています。fの値は20.2になるべきところが、出力結果は20.200001になっています。このような小数計算の誤差は、変数の値が、決められた分量のメモリ上に保持されるために発生します。

このプログラムの変数をdouble型で宣言すると、誤差が生じなくなりますが、計算の内容によってはdouble型でも誤差が生じます。double型はfloat型より高い精度で小数を扱えますが、小数点以下の無限の位まで値が保持されるわけではありません。

4行目のfloatをdoubleに変えて、動作を確認しましょう。

例えばゲームのキャラクターの座標計算なら、float型の変数で多少の誤差が生じても問題は起きません。しかし開発するソフトウェアによっては、小数計算の誤差は重大な不具合になります。例えばお金の計算を繰り返すうちに1円でもずれたら、それは致命的なバグです。小数を扱う時、特に理由がなければ、double型を使いましょう。なお、お金の計算は整数型を使うなどして、1円たりとも誤差の出ない計算を行う必要があります。

2-3-10 型変換について

C言語では、型が違う変数への代入（例：int型をdouble型に代入する）や、型が違う変数同士の計算で、**型変換**が行われます。あるいは正確な計算を行うために、プログラマーが明示的に型変換を記述する必要があります。次のプログラムで型変換を確認します。

サンプル2-3-5 **type_conversion.c**

```
01 #include <stdio.h>
02 int main(void)
03 {
04     int i1 = 10;
05     int i2 = 4;
06     double d1 = i1 / i2;
07     double d2 = (double)i1 / (double)i2;
08     printf("i1の値は %d¥n", i1);
09     printf("i2の値は %d¥n", i2);
10     printf("d1の値は %f¥n", d1);
11     printf("d2の値は %f¥n", d2);
12 }
```

行	説明
01	stdio.hをインクルード
02	メイン関数の定義
03	関数のブロックの始まりを示す波括弧
04	整数を扱う変数に初期値を代入
05	〃
06	小数を扱う変数に初期値を代入
07	〃　※明示的な型変換を行っている
08	i1の値を出力
09	i2の値を出力
10	d1の値を出力
11	d2の値を出力
12	関数のブロックの終わりを示す波括弧

図表2-3-11 **実行結果**

```
i1の値は 10
i2の値は 4
d1の値は 2.000000
d2の値は 2.500000
```

4～5行目でint型の変数i1とi2に、整数の初期値を代入しています。

6行目でdouble型の変数d1の初期値に、i1/i2を代入しています。

7行目でdouble型の変数d2の初期値を、(double)i1/(double)i2として、明示的にi1とi2をdouble型に変換してから、割り算した値を代入しています。

その結果、d1には2が代入され、d2には2.5が代入されます。i1/i2は整数同士の割り算であり、10/4は整数の2になります。計算内容によっては、(型名)と記述して、明示的に型変換する必要があることを覚えておきましょう。

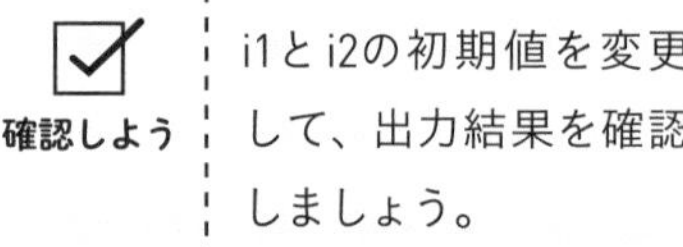

確認しよう

i1とi2の初期値を変更して、出力結果を確認しましょう。

memo

型変換という概念を難しいと感じる方は多いでしょうが、C言語の大切な知識の1つですので、概要を頭に入れておきましょう。

2-3-11 配列を理解しよう

ここからは配列について学びます。配列とは、複数のデータをまとめて管理するために用いる、番号の付いた変数です。配列をイメージで表すと、図表2-3-12のようになります。

図表2-3-12 配列のイメージ

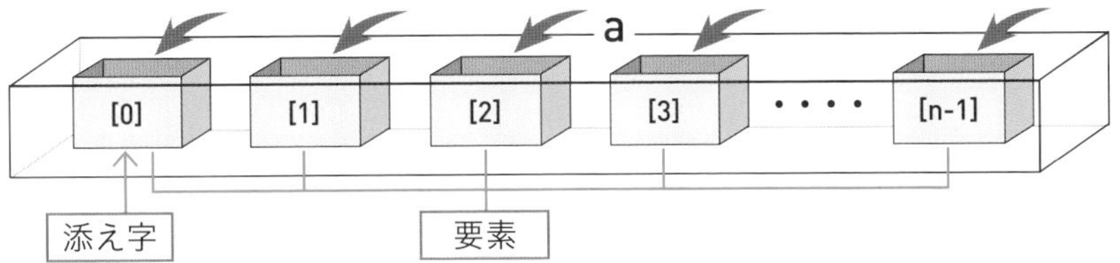

配列の箱の1つ1つを要素といい、そこにデータを代入します。この図ではaという名の箱がn個あります。このaが配列です。箱がいくつあるかを要素数といいます。例えば箱が10個あれば、その配列の要素数は10です。

配列の箱にはa[0]、a[1]、a[2]…と番号が付きます。箱を管理する番号を添え字（インデックス）といいます。添え字は0から始まり、箱がn個あるなら、最後の添え字はn-1になります。

memo

a0,a1,a2…のように番号を付けた変数を用意しても、それらは配列になりません。配列はa[0],a[1],a[2]…と[]を使って記述します。

2-3-12 一次元の配列を使う

一次元の配列にデータを代入するプログラムを確認します。このプログラムは要素数3のlife[]という配列に初期値を代入し、各要素の値を出力します。ゲームのキャラクターの勇者の体力をlife[0]に、神官の体力をlife[1]に、魔女の体力をlife[2]に代入するという設定です。

サンプル2-3-6 array_1.c

```
#include <stdio.h>
int main(void)
{
    int life[3] = { 1000, 800, 500 };
    printf("勇者の体力 life[0] は %d¥n", life[0]);
    printf("神官の体力 life[1] は %d¥n", life[1]);
    printf("魔女の体力 life[2] は %d¥n", life[2]);
}
```

- stdio.hをインクルード
- メイン関数の定義
- 関数のブロックの始まりを示す波括弧
- 整数を扱う配列に初期値を代入
- life[0]の値を出力
- life[1]の値を出力
- life[2]の値を出力
- 関数のブロックの終わりを示す波括弧

図表2-3-13 実行結果

```
勇者の体力life[0]は 1000
神官の体力life[1]は 800
魔女の体力life[2]は 500
```

4行目の配列の宣言と初期値の代入で、life[0]に1000、life[1]に800、life[2]に500が入ります。これを配列の定義といいます。配列の要素（データを出し入れする箱）の番号は0から始まることに注意しましょう。

intで宣言した配列の要素は、どれもint型になります。例えばlife[2]に小数の値を保持するようなことはできません。

確認しよう 4行目の初期値を変更し、出力結果が変わることを確認しましょう。

2-3-13 二次元配列について

二次元配列は行方向と列方向に添え字を用いてデータを管理する配列です。ゲーム開発では、例えば二次元配列でマップデータを扱います。二次元配列の添え字の値は、図表2-3-14のようになります。

図表2-3-14 二次元配列の添え字

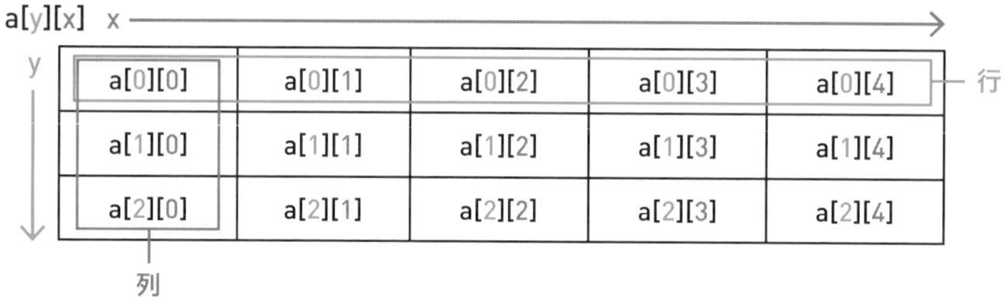

a[y][x]　x →　y ↓

a[0][0]	a[0][1]	a[0][2]	a[0][3]	a[0][4]
a[1][0]	a[1][1]	a[1][2]	a[1][3]	a[1][4]
a[2][0]	a[2][1]	a[2][2]	a[2][3]	a[2][4]

行（a[0][0]〜a[0][4]の横の並び）　列（a[0][0]〜a[2][0]の縦の並び）

二次元配列のデータの横の並びを行、縦の並びを列といいます。この図表は3行5列の二次元配列で、全部で15個の箱（要素）があります。

2-3-14 二次元の配列を使う

次のプログラムで、二次元配列の添え字の番号について学びましょう。このプログラムでは3行5列の二次元配列に初期値を代入し、map[0][0]、map[1][2]、map[2][4]の値を出力します。

サンプル2-3-7 array_2.c

```
#include <stdio.h>          stdio.hをインクルード
int main(void)              メイン関数の定義
{                           関数のブロックの始まりを示す波括弧
```

```
04       int map[3][5] =                              ┬整数を扱う二次元配列に初期値を代入
05       {                                            │
06           {-1,-2,-3,-4,-5},                        │
07           { 1, 2, 3, 4, 5},                        │
08           {10,20,30,40,50}                         │
09       };                                           ┘
10       printf("map[0][0] の値は %d¥n", map[0][0]);   map[0][0] の値を出力
11       printf("map[1][2] の値は %d¥n", map[1][2]);   map[1][2] の値を出力
12       printf("map[2][4] の値は %d¥n", map[2][4]);   map[2][4] の値を出力
13 }                                                  関数のブロックの終わりを示す波括弧
```

図表2-3-15 **実行結果**

```
map[0][0] の値は -1
map[1][2] の値は 3
map[2][4] の値は 50
```

4〜9行目が二次元配列の宣言と初期値の代入です。慣れないうちは、配列名[y][x]の、yとxの値がどの要素を指すのか、つかみにくいものです。図表2-3-14、プログラム、実行結果を見比べて、二次元配列の添え字と、それがどの要素かを理解しましょう。

確認しよう

10〜12行目のmap[行][列]の行と列の値を変更して、出力結果を確認しましょう。

二次元配列の定義で、列方向の要素数は必ず記述しますが、行方向は要素数を省略できます。例えばarray_2.cの4行目をint map[][5]と記述できます。

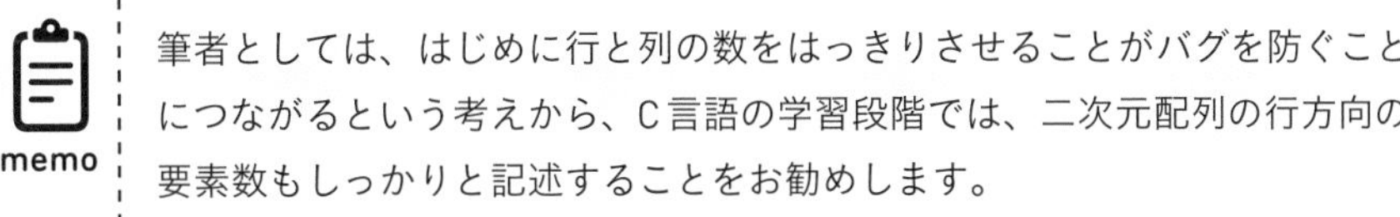

memo

筆者としては、はじめに行と列の数をはっきりさせることがバグを防ぐことにつながるという考えから、C言語の学習段階では、二次元配列の行方向の要素数もしっかりと記述することをお勧めします。

二次元配列ははじめのうちは難しいものですが、プログラミングの大切な知識です。この先のゲーム開発で二次元配列を使います。その時に、もう一度、二次元配列について説明します。

Section 2-4 条件分岐

プログラム内の命令や計算式は、記述された順に実行されます。条件分岐とは、その処理の流れを、何らかの条件が成り立った時に分岐させる仕組みです。この節では、条件分岐について学びます。

2-4-1 条件分岐を行う命令

条件分岐はif、if〜else、if〜else if〜elseという命令で行います。またswitch〜caseという命令を用いた条件分岐があります。

■ ①if、if〜else、if〜else if〜elseによる条件分岐

ifに続く()内に、条件が成立したかどうかを調べる条件式を記述し、その条件が成り立つか否かで処理を分岐させます。

■ ②switch〜caseによる条件分岐

switchに続く()内に、変数や計算式を記述し、その値によってcaseで処理を分岐させます。

これらの命令の使い方を順に確認しましょう。まず3種類のifによる条件分岐を学び、switch〜caseはP081で説明します。

2-4-2 ifによる条件分岐

ifを用いて記述した条件分岐処理をif文といいます。

if文は図表2-4-1のように記述します。

図表2-4-1 if文の書式

```
if( 条件式 )
{
  条件が成立した時に行う処理 ―― if 文のブロック
}
```

ifと条件式に続く、「{」と「}」で囲まれた部分をブロックといいます。そのブロックに、条件式が成り立った時に行う処理を記述します。行う処理が命令1つや計算式1つなら、「{」と

「}」を省略して、「if(条件式)処理」と記述できます。

波括弧の省略はメンテナンス性を落とすなどの理由で推奨されないことが多いですが、本書では省略すると行数が短くなり、プログラム全体を見渡しやすくなるという理由から、波括弧を省略することがあります。

ifで行う条件分岐を図表2-4-2のようなフローチャートで示します。

図表2-4-2 ifによる条件分岐

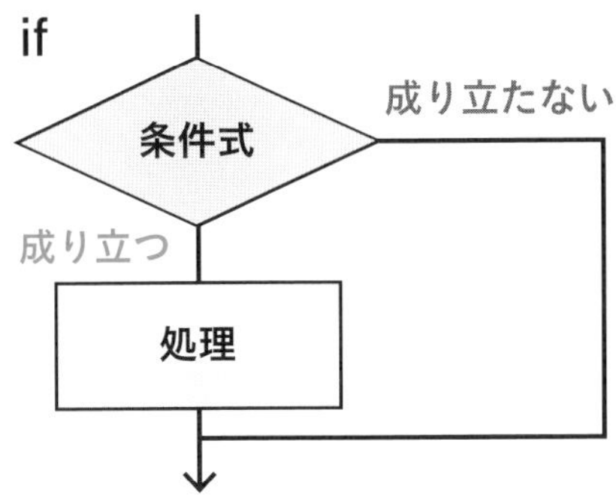

ifによる条件分岐を、次のプログラムで確認しましょう。

サンプル2-4-1 if_1.c

```
01 #include <stdio.h>
02 int main(void)
03 {
04     int life = 1;
05     printf("あなたの体力は%dです。¥n", life);
06     if (life < 0) printf("アンデッドキャラになりました。");
07     if (life == 0) printf("あなたはもう戦えません。");
08     if (life > 0) printf("あなたはまだ戦えます。");
09 }
```

行	説明
01	stdio.hをインクルード
02	メイン関数の定義
03	関数のブロックの始まりの波括弧
04	int型の変数に初期値を代入
05	その値を出力
06	life<0の時に行う処理
07	lifeが0の時に行う処理
08	life>0の時に行う処理
09	関数のブロックの終わりの波括弧

図表2-4-3 実行結果

```
あなたの体力は1です。
あなたはまだ戦えます。
```

変数lifeに1を代入したので、6行目と7行目の条件式は成り立ちません。6行目はlifeが0より小さいかを調べ、7行目はlifeが0であるかを調べています。条件式の書き方は、この後、説明します。このプログラムは8行目の条件式が成り立つので、そのif文に記した処理が行われます。

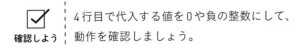

確認しよう

4行目で代入する値を0や負の整数にして、動作を確認しましょう。

2-4-3 条件式について

if文は()の中に条件式を記し、変数の値や大小関係などを調べ、処理を分岐させます。条件式は図表2-4-4のように記述します。

図表2-4-4 条件式

条件式	何を調べるか
a==b	a と b の値が等しいかを調べる
a!=b	a と b の値が等しくないかを調べる
a>b	a は b より大きいかを調べる
a<b	a は b より小さいかを調べる
a>=b	a は b 以上かを調べる
a<=b	a は b 以下かを調べる

「==」と「!=」は等価演算子、「>」「<」「>=」「<=」は関係演算子と呼ばれます。

C言語の条件式は、成り立つなら1、成り立たないなら0になります。if文は()内が0以外なら、ブロックに記述した処理が行われます。

a == bやa > bのように、==や>の前後に半角スペースを入れても構いません。本書執筆時点のVisual Studioでは、プログラムの入力時に、それらのスペースが自動的に追加されます。

2-4-4 if～else

if～elseを用いると、条件が成り立ったか否かで、別の処理を行うことができます。

図表2-4-5 if～elseの処理の流れ

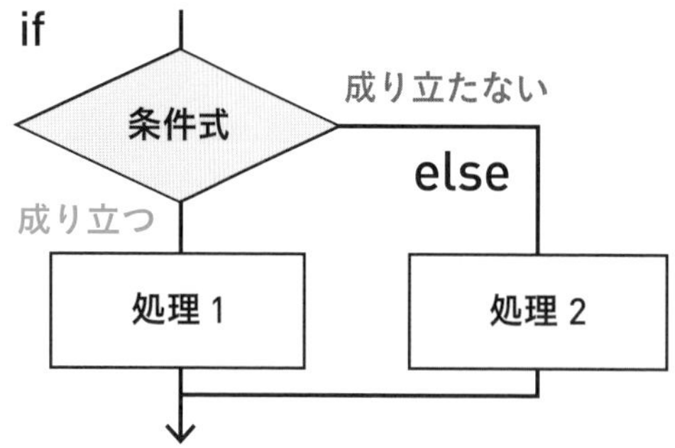

if～elseによる条件分岐を、次のプログラムで確認しましょう。

サンプル2-4-2 **if_2.c**

```
01 #include <stdio.h>
02 int main(void)
03 {
04     int score = 10000;
05     printf("あなたのスコアは%dです。¥n", score);
06     if (score < 10000)
07     {
08         printf("まだ一万点に達していません。");
09     }
10     else
11     {
12         printf("おめでとう！一万点以上になりました！");
13     }
14 }
```

行	説明
01	stdio.hをインクルード
02	メイン関数の定義
03	関数のブロックの始まりの波括弧
04	int型の変数に初期値を代入
05	その値を出力
06	score<10000かを判定する
07	
08	条件が成立した時に行う処理
09	
10	ここから下がelseのブロック
11	
12	条件が成立しない時に行う処理
13	
14	関数のブロックの終わりの波括弧

図表2-4-6 **実行結果**

```
あなたのスコアは10000です。
おめでとう！一万点以上になりました！
```

変数scoreに10000を代入したので、6行目の条件式は成り立たず、elseに続く{}内に記述した処理が行われます。

確認しよう　4行目で代入する値を9999にして、動作を確認しましょう。

memo　このプログラムは{}を用いず、次のように記述することもできます。

```
if (score < 10000)
    printf("まだ一万点に達していません。");
else
    printf("おめでとう！一万点以上になりました！");
```

2-4-5 if ~ else if ~ else

if～else if～elseを用いると、複数の条件を順に調べることができます。

図表2-4-7 if ～ else if ～ else の処理の流れ

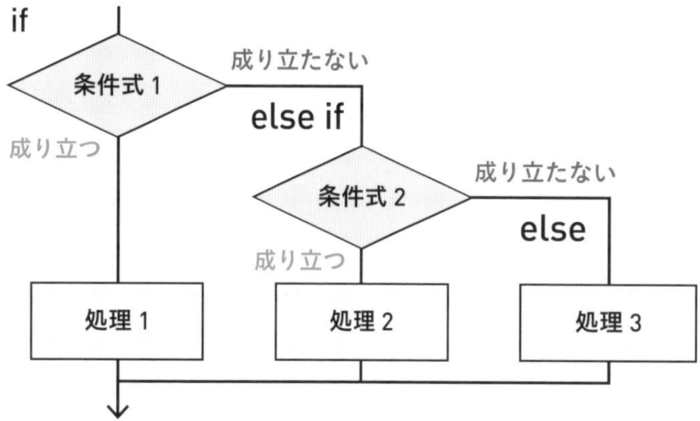

if～else if～elseによる条件分岐を、次のプログラムで確認しましょう。

サンプル2-4-3 if_3.c

```c
01 #include <stdio.h>
02 int main(void)
03 {
04     int gold = -1000;
05     printf("あなたの所持金は%dゴールド。¥n", gold);
06     if (gold > 0)
07         printf("次の町でアイテムを買いましょう。");
08     else if(gold < 0)
09         printf("借金しているので、町で働きましょう。");
10     else
11         printf("所持金ゼロは心もとないです。");
12 }
```

- stdio.hをインクルード
- メイン関数の定義
- 関数のブロックの始まりの波括弧
- int型の変数に初期値を代入
- その値を出力
- gold>0かを判定する
- 条件が成立した時に行う処理
- gold<0かを判定する
- 条件が成立した時に行う処理
- いずれの条件も成り立たない
- 条件が成立しない時に行う処理
- 関数のブロックの終わりの波括弧

図表2-4-8 実行結果

```
あなたの所持金は-1000ゴールド。
借金しているので、町で働きましょう。
```

変数goldに-1000を代入しているので、6行目の条件式は成り立たず、8行目のelse ifの条件式が成り立ちます。よって9行目が実行されます。

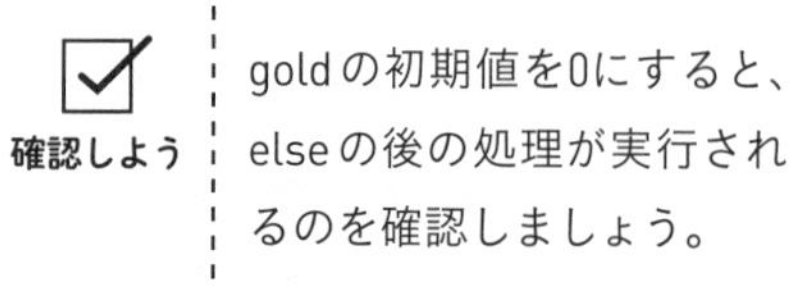

確認しよう

goldの初期値を0にすると、elseの後の処理が実行されるのを確認しましょう。

memo

このプログラムはelse ifを1つ記述しましたが、if～else if～…～else if～elseと、else ifを2つ以上使って、複数の条件を順に判定できます。

2-4-6 ブロックを理解しよう

P074でif文のブロックについて触れましたが、ここで改めてブロックについて説明します。

if、if～else、if～else if～elseは、「{」と「}」の間に処理を記述します。「{」から「}」までがブロックです（図表2-4-9）。

例えばelse ifの条件式が成り立った時、3行にわたって処理を行いたいなら、else ifのブロックの中に、それらの処理を記述します。

図表2-4-9 if文のブロック

```
if( 条件式 )
{
    処理 1      ] if のブロック
}
else if( 条件式 2)
{
    処理 2      ] else if のブロック
}
else
{
    処理 3      ] else のブロック
}
```

2-4-7 andとor

and（かつ）の意味を持つ&&や、or（もしくは）の意味を持つ||を用いて、2つ以上の条件式をまとめて記述できます。&&で結んだ条件式は、それらの条件をすべて満たせば成り立ち、||で結んだ条件式は、複数の条件のうち1つでも満たせば成り立ちます（図表2-4-10）。

図表2-4-10 andとor

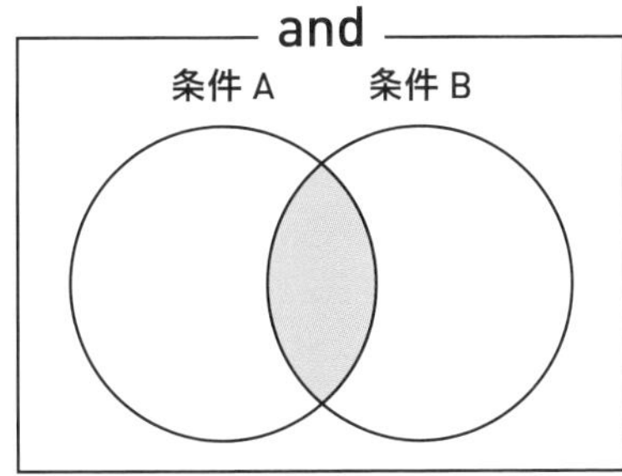

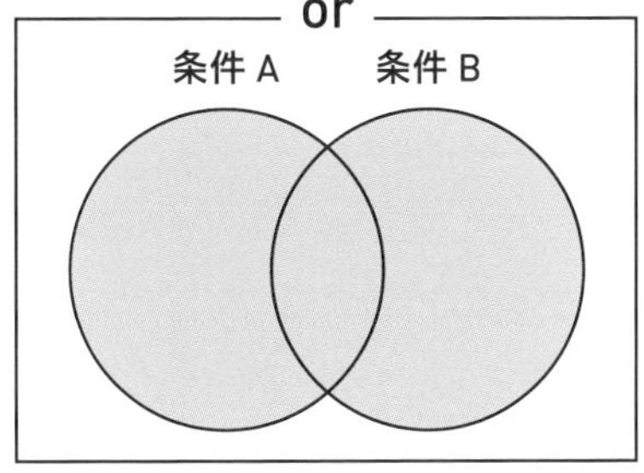

&&の使い方から確認しましょう。次のプログラムは、腕力が1000以上、かつ、防御力が1000以上なら、屈強な戦士になるという設定です。

サンプル2-4-4 **if_and.c**

```
01 #include <stdio.h>                                          stdio.hをインクルード
02 int main(void)                                              メイン関数の定義
03 {                                                           関数のブロックの始まりの波括弧
04     int strength = 1000;                                    int型の変数に初期値を代入
05     int defense = 1000;                                     〃
06     printf("あなたの腕力は%dです。¥n", strength);             その値を出力
07     printf("あなたの防御力は%dです。¥n", defense);            〃
08     if (strength >= 1000 && defense >= 1000)                &&を用いて2つの条件を判定
09         printf("あなたは屈強な戦士になりました！");              条件が成立した時に行う処理
10     else
11         printf("更なる修業が必要です。");                      条件が成立しない時に行う処理
12 }                                                           関数のブロックの終わりの波括弧
```

図表2-4-11 **実行結果**

```
あなたの腕力は1000です。
あなたの防御力は1000です。
あなたは屈強な戦士になりました！
```

変数strength、defenseとも1000を代入しており、8行目の&&を用いた条件式が成り立つので、9行目が実行されます。

確認しよう strengthとdefenseのいずれかを1000未満にすると、8行目が成り立たず、elseの後の処理が行われることを確認しましょう。

続いて||の使い方を確認しましょう。次のプログラムは、腕力が0、あるいは知力が0のうちは旅に出られないという設定です。

サンプル2-4-5 **if_or.c**

```
#include <stdio.h>                                             stdio.hをインクルード
int main(void)                                                 メイン関数の定義
{                                                              関数のブロックの始まりの波括弧
    int strength = 100;                                        int型の変数に初期値を代入
    int intelligence = 0;                                      〃
    printf("あなたの腕力は%dです。¥n", strength);                その値を出力
    printf("あなたの知力は%dです。¥n", intelligence);            〃
    if (strength == 0 || intelligence == 0)                    ||を用いて2つの条件を判定
        printf("まだ旅に出る資格はありません。");                   条件が成立した時に行う処理
```

```
10      else
11          printf("冒険に出発しましょう！");
12  }
```

条件が成立しない時に行う処理

関数のブロックの終わりの波括弧

図表2-4-12 実行結果

```
あなたの腕力は100です。
あなたの知力は0です。
まだ旅に出る資格はありません。
```

変数strengthに100、intelligenceに0を代入しており、8行目の||を用いた条件式が成り立つので、9行目が実行されます。

確認しよう

strength、intelligenceともに0でない値を代入すると、elseの後の処理が行われることを確認しましょう。

※このプログラムは条件式をstrength == 0 || intelligence == 0としているので、strengthやintelligenceを負の値にしても、条件式が成り立ちます。

ここでは条件式を2つ記述しましたが、条件式1 && 条件式2 && 条件式3 &&…や、条件式1 || 条件式2 || 条件式3 ||…のように、3つ以上の条件式を記述することもできます。

memo

数学では例えば変数xが1から10の間にあることを1<x<10と記しますが、C言語でxがその条件を満たすかを調べるには、1<x && x<10と記述します。

2-4-8 switch ～ case

ここからはswitch～caseの条件分岐について説明します。

switch～caseを用いて記述した処理をswitch文といいます。switch文は、switchに続く()内に式を記述します。その式は整数の値となる式か、変数とします。そして式がnという値の時に行う処理をcase n:のブロックに記し、処理の最後にbreakという予約語を記述します。

図表2-4-13 switch ～ caseの処理の流れ

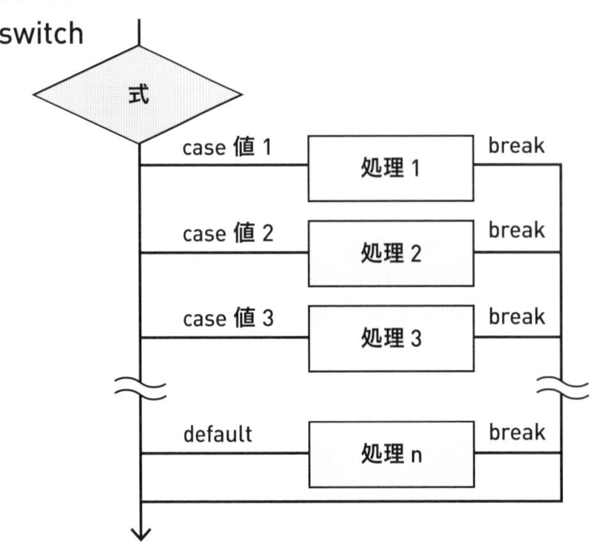

記述例

```
switch ( 式 )
{
        case 1:
                処理 1
                break;
        case 2:
                処理 2
                break;
        case 3:
                処理 3
                break;
                ≀≀
        default:
                処理 n
                break;
}
```

switch～caseによる条件分岐を、次のプログラムで確認します。このプログラムは、4行目で宣言したsceneの値が1、2、3、それら以外の時で処理を分岐させ、それぞれのメッセージを出力します。

サンプル2-4-6 switch_case.c

```
01 #include <stdio.h>
02 int main(void)
03 {
04     int scene = 1;
05     printf("変数 scene の値は %d¥n", scene);
06     switch (scene)
07     {
08     case 1:
09         printf("タイトル画面の処理を行います。");
10         break;
11     case 2:
12         printf("移動画面の処理を行います。");
13         break;
14     case 3:
15         printf("戦闘画面の処理を行います。");
16         break;
17     default:
18         printf("1～3以外の処理を行うブロックです。");
19         break;
20     }
21 }
```

行	説明
01	stdio.hをインクルード
02	メイン関数の定義
03	関数のブロックの始まりの波括弧
04	int型の変数に初期値を代入
05	その値を出力
06	switchの()に判定する変数を記す
07	switchのブロックの始まりの波括弧
08	┬ sceneが1の時
09	│行う処理
10	┘ここでcase 1の処理が終わる
11	┬ sceneが2の時
12	│行う処理
13	┘ここでcase 2の処理が終わる
14	┬ sceneが3の時
15	│行う処理
16	┘ここでcase 3の処理が終わる
17	┬ sceneがいずれの値でもない時
18	│行う処理
19	┘ここでdefaultの処理が終わる
20	switchのブロックの終わりの波括弧
21	関数のブロックの終わりの波括弧

図表2-4-14 実行結果

```
変数sceneの値は1
タイトル画面の処理を行います。
```

このプログラムにはcase 1、case 2、case 3の3つのcaseを記述しています。変数sceneの値が1、2、3の時、それぞれcaseに記述した処理が行われます。各処理のbreakのところで、switch文から抜けます。sceneが1〜3のいずれでもなければ、defaultの後に記述した処理が行われます。

4行目でsceneに代入する値を0、2、3、4に変えて、出力結果を確認しましょう。

本書のゲーム開発では、switch〜caseを使い、タイトル画面、ゲームをプレイする画面、ゲームオーバーの画面などに処理を分岐させます。

2-4-9 switch ~ caseのbreakの省略について

caseのブロックにbreakを記さないこともできます。例えば図表2-4-15のように記述すると、式の値が2と3の時に処理Bが行われます。

図表2-4-15 breakの省略例

```
switch( 式 )
{
case 1:
    処理A
    break;
case 2:
case 3:
    処理B
    break;
  ⟆
```

Section 2-5 繰り返し

繰り返しとは、コンピューターに一定回数、反復して処理を行わせることです。この節では、繰り返しについて学びます。

2 プログラミングの基礎知識

2-5-1 繰り返しを行う命令

繰り返しを行う命令には、for、while、do〜whileの3つがあります。

■①forによる繰り返し

変数の値を指定の範囲で変化させ、その間、処理を繰り返します。

■②whileやdo〜whileによる繰り返し

条件が成り立つ間、処理を繰り返します。

for、while、do〜whileの使い方を順に確認します。whileは**2-5-4**（P088）、do〜whileは**2-5-5**（P089）で説明します。

memo

繰り返しはループとも呼ばれます。

2-5-2 forによる繰り返し

forを用いた繰り返しをfor文といいます。for文は図表2-5-1のように記述します。

図表2-5-1 for文の書式

```
for( 変数の初期値 ; 変数の範囲 ; 変数の増減 )
{
 繰り返して行う処理 ──── for 文のブロック
}
```

繰り返す処理が命令1つや計算式1つなら、「{」と「}」を省略し、「for（変数の初期値; 変数の範囲; 変数の増減）処理」と記述できます。波括弧の省略については、P075のif文における省略の説明で言及した通りです。

forで繰り返す処理の流れをフローチャートで示すと、図表2-5-2のようになります。

図表2-5-2 forによる繰り返し

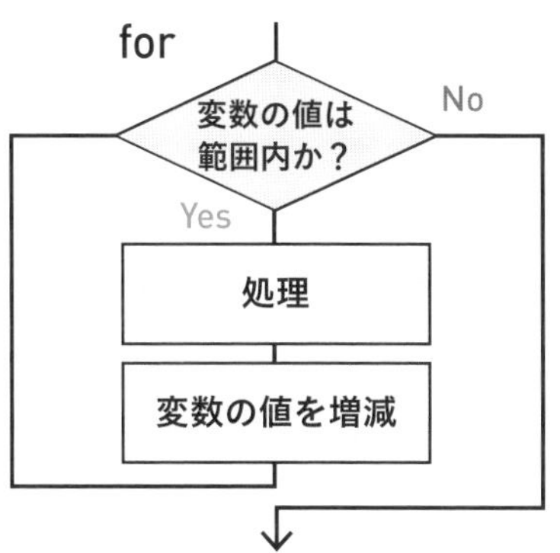

for文の基本的な記述の仕方と、繰り返される処理を、次のプログラムで確認しましょう。

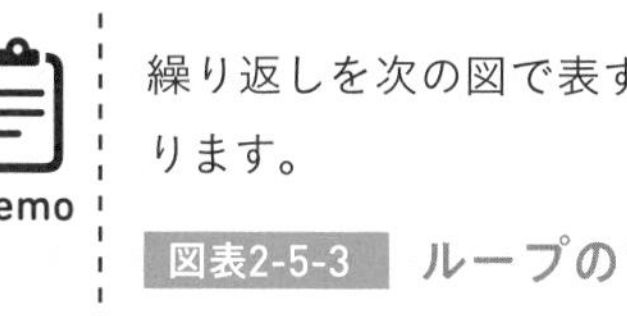

繰り返しを次の図で表すこともあります。

図表2-5-3 ループのフロー図

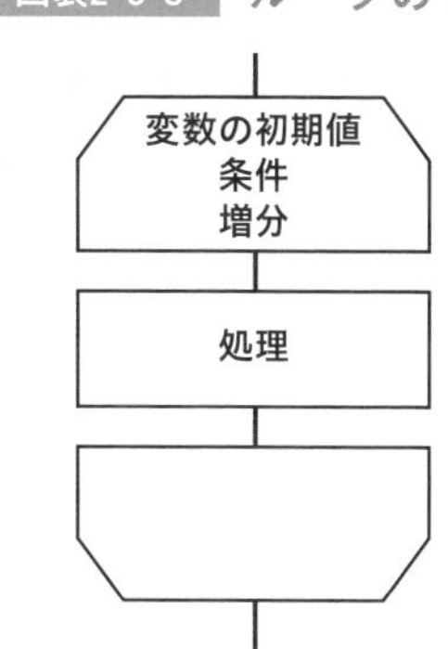

サンプル2-5-1 for_1.c

```
#include <stdio.h>                                                   stdio.hをインクルード
int main(void)                                                       メイン関数の定義
{                                                                    main関数のブロックの始まり
    for (int i = 0; i < 5; i++) printf("敵%dが現れた！¥n", i);       forで5回、繰り返す
}                                                                    main関数のブロックの終わり
```

図表2-5-4 実行結果

```
敵0が現れた！
敵1が現れた！
敵2が現れた！
敵3が現れた！
敵4が現れた！
```

このプログラムは、変数iの値を0→1→2→3→4と1ずつ増やしながら、処理を繰り返します。for文の構造を図表2-5-5で確認しましょう。

図表2-5-5 for文の基本的な構造

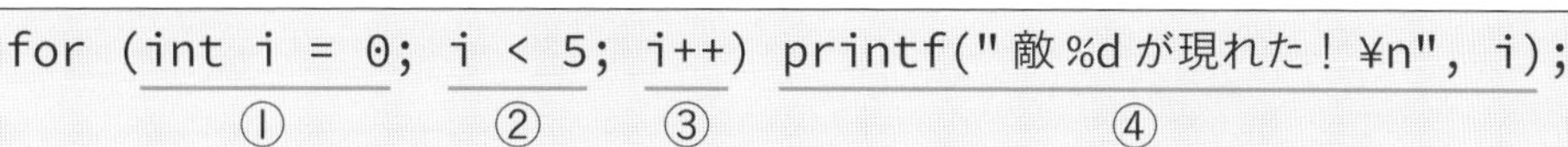

① 繰り返しに用いる変数に初期値を代入。この例では変数iを定義している。
② 繰り返す条件。この例ではiが5未満の間、繰り返すものとする。
③ 変数の増減（変数をどう変化させるか）。この例ではiを1ずつ増やしていく。
④ 繰り返す処理。この例ではiの値と文字列をprintf()で出力する。

確認しよう

iの初期値や繰り返す条件を変えて、動作を確認しましょう。例えばfor (int i=10; i<20; i++) とします。

memo

前の節でif文のブロックについて学びました。for文もif文と同様に、「{」と「}」の間がブロックになります。

変数の値を減らしながら行う繰り返しを、次のプログラムで確認しましょう。

サンプル2-5-2 for_2.c

```
#include <stdio.h>
int main(void)
{
    for (int i = 9; i > 6; i--) printf("敵%dは逃げ出した！¥n", i);
}
```

stdio.hをインクルード
メイン関数の定義
main関数のブロックの始まり
forで3回、繰り返す
main関数のブロックの終わり

※i--はi=i-1と同じ意味で、iの値を1減らします

図表2-5-6 実行結果

```
敵9は逃げ出した！
敵8は逃げ出した！
敵7は逃げ出した！
```

このfor文は変数iの初期値を9とし、iが6より大きい間、1ずつ減らすとしています。これによりiは9→8→7と変化しながら、繰り返しが行われます。

確認しよう

iの初期値や繰り返す条件を変えて、動作を確認しましょう。

繰り返しに用いる変数の値を1ずつ増やすプログラムと、1ずつ減らすプログラムを確認しました。例えばfor (int i = 0; i < 100; i+=10) とすると、iが0→10→20→30→40→50→60→70→80→90と変化して、繰り返しが行われます。

2-5-3 breakとcontinue

繰り返しの中で用いる、breakとcontinueという予約語があります。breakは繰り返しを中断する命令、continueは繰り返しの先頭に戻る命令です。breakとcontinueはif文と共に記述します。

breakの使い方から確認します。次のプログラムは、変数iの値を1から10まで1ずつ増やすように指定していますが、iが6になった時、breakで繰り返しを中断します。

サンプル2-5-3 for_break.c

```c
01 #include <stdio.h>
02 int main(void)
03 {
04     for (int i = 1; i <= 10; i++)
05     {
06         if (i == 6) break;
07         printf("%d→", i);
08     }
09 }
```

行	説明
01	stdio.hをインクルード
02	メイン関数の定義
03	main関数のブロックの始まり
04	forでiが1から10まで繰り返す
05	forのブロックの始まり
06	iが6なら繰り返しを中断
07	iの値を出力
08	forのブロックの終わり
09	main関数のブロックの終わり

図表2-5-7 実行結果

```
1→2→3→4→5→
```

確認しよう

6行目のi==の後の数を変更して、動作を確認しましょう。

続いてcontinueの使い方を確認します。次のプログラムは、変数iの値を1から10まで1ずつ増やすように指定していますが、iが5未満の間、continueで繰り返しの先頭に戻しています。

サンプル2-5-4 for_continue.c

```c
01 #include <stdio.h>
02 int main(void)
03 {
04     for (int i = 1; i <= 10; i++)
05     {
06         if (i < 5) continue;
07         printf("%d→", i);
08     }
09 }
```

行	説明
01	stdio.hをインクルード
02	メイン関数の定義
03	main関数のブロックの始まり
04	forでiが1から10まで繰り返す
05	forのブロックの始まり
06	iが5未満なら繰り返しの先頭へ戻す
07	iの値を出力
08	forのブロックの終わり
09	main関数のブロックの終わり

図表2-5-8 実行結果

```
5→6→7→8→9→10→
```

確認しよう

6行目のi<の後の数を変更して、動作を確認しましょう。

2-5-4 whileによる繰り返し

whileを用いて記述した繰り返しをwhile文といいます。while文の書き方と、処理の流れ図（フローチャート）は図表2-5-9、図表2-5-10のようになります。

図表2-5-9 while文の書式

```
while( 条件式 )
{
    処理 ——— whileのブロック
}
```

図表2-5-10 whileの処理の流れ

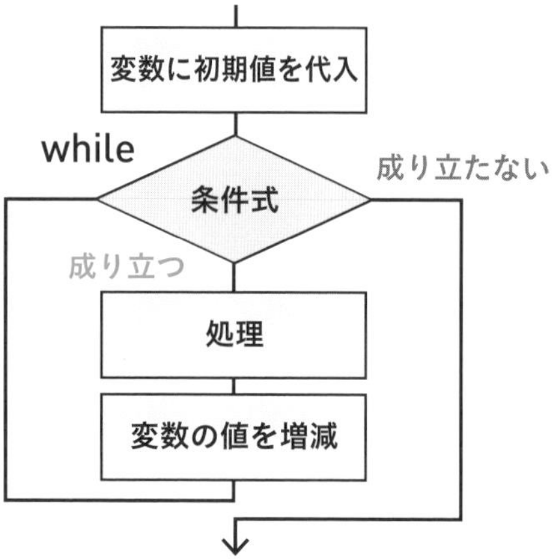

whileを用いた繰り返しを、次のプログラムで確認します。ロールプレイングゲームなどで腕力を2倍に増やす魔法を連続してかけ、腕力の値を倍々に増やすという設定になります。

サンプル2-5-5 while_1.c

```
#include <stdio.h>
int main(void)
{
    int strength = 1;
    printf("腕力(strength)の初期値は%d。¥n", strength);
    printf("腕力倍増の魔法をかけ続けるぞ！¥n");
    while (strength < 128)
    {
        strength = strength * 2;
        printf("腕力が%dになった！¥n", strength);
    }
}
```

- stdio.hをインクルード
- メイン関数の定義
- main関数のブロックの始まり
- int型の変数に初期値を代入
- その値を出力
- 説明文を出力
- whileでstrength<128の間、繰り返す
- whileのブロックの始まり
- strengthの値を倍にする
- その値を出力
- whileのブロックの終わり
- main関数のブロックの終わり

図表2-5-11 実行結果

```
腕力(strength)の初期値は1。
腕力倍増の魔法をかけ続けるぞ！
腕力が2になった！
腕力が4になった！
腕力が8になった！
```

```
腕力が16になった！
腕力が32になった！
腕力が64になった！
腕力が128になった！
```

4行目で変数strengthに初期値1を代入し、7行目のwhileの条件式をstrengthが128未満としています。その条件が成り立つ間、while文の中でstrengthを2倍に増やし、その値を出力しています。

このwhile文はstrengthが64まで増えてもstrength < 128が成り立つので、処理が続行し、9行目でstrengthが128になり、その値が出力されます。そこで条件式が成立しなくなり、whileの処理が終わります。

確認しよう　strengthの初期値や、whileの（）の条件式の値を変更して、動作を確認しましょう。

2-5-5 do ～ whileによる繰り返し

do～whileの記述の仕方、処理の流れ（フローチャート）、プログラムを確認しましょう。

図表2-5-12　do ～ whileの書式

```
do
{
    処理 ―― do～whileのブロック
}
while(条件式);
```

図表2-5-13　do ～ whileの処理の流れ

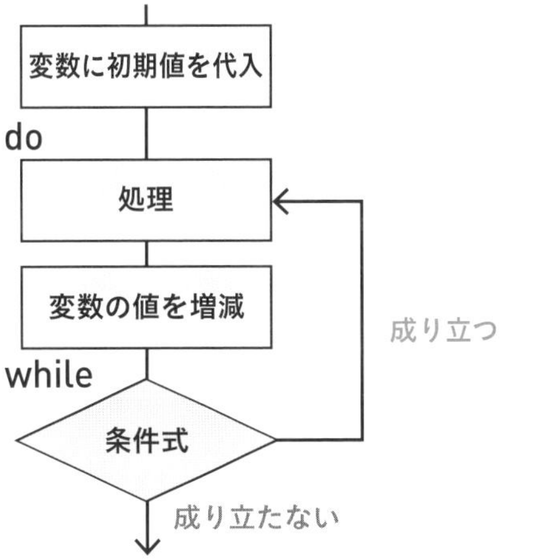

変数に初期値を代入
do
処理
変数の値を増減
while
条件式
成り立つ
成り立たない

サンプル2-5-6　do_while_1.c

```
#include <stdio.h>
int main(void)
{
    int strength = 1;
```

- stdio.hをインクルード
- メイン関数の定義
- main関数のブロックの始まり
- int型の変数に初期値を代入

```
05      printf("腕力（strength）の初期値は%d。¥n", strength);    その値を出力
06      printf("腕力倍増の魔法をかけ続けるぞ！¥n");              説明文を出力
07      do                                                      doを記述
08      {                                                       do～whileのブロックの始まり
09          strength = strength * 2;                            strengthの値を倍にする
10          printf("腕力が%dになった！¥n", strength);            その値を出力
11      }                                                       do～whileのブロックの終わり
12      while (strength < 128);                                 strength<128の間、繰り返す
13  }                                                           main関数のブロックの終わり
```

図表2-5-14 **実行結果**

```
腕力(strength)の初期値は1。
腕力倍増の魔法をかけ続けるぞ！
腕力が2になった！
腕力が4になった！
腕力が8になった！
腕力が16になった！
腕力が32になった！
腕力が64になった！
腕力が128になった！
```

前のwhile_1.cと、このdo_while_1.cを比べてみましょう。似たプログラムになっており、出力結果は同じです。しかしwhileとdo～whileで行われる処理には、1つ、大きな違いがあります。

それぞれのプログラムの4行目をint strength = 128として実行すると、その違いを確認できます。do～whileのプログラムは「腕力が256になった！」と出力されますが、whileのプログラムはそれが出力されません。

while文は、はじめから条件式を満たさなければ、処理は行われません。一方、do～whileは条件式を満たさなくても、必ず1回は処理が行われます。

One Point

forの多重ループ

for文の中に、別のfor文を入れることができます。これを、forを入れ子にする、あるいはネストするといいます。
forを3つ入れ子にする、4つ入れ子にするなど、for文内に別のforをいくつも入れることができ、それらをまとめてforの多重ループといいます。
forの中に、もう1つのforを入れる二重ループは、特によく使われます。

図表2-5-15 forの二重ループ

```
for( 変数 1 の初期値 ; 変数 1 の範囲 ; 変数 1 の増減 )
{
    for( 変数 2 の初期値 ; 変数 2 の範囲 ; 変数 2 の増減 )
    {
        処理
    }
}
```

こう記述すると、繰り返しの中で
もう 1 つの繰り返しが行われる

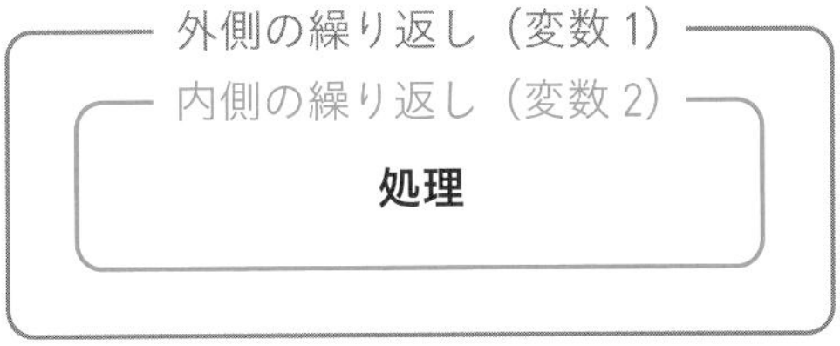

外側の繰り返し（変数 1）
内側の繰り返し（変数 2）
処理

ゲーム開発の中でforを入れ子にしたプログラムを記述し、二重ループを用いた処理を学びます。ここではforを入れ子にできることを覚えておきましょう。

Section 2-6 関数

プログラムの処理を関数として定義できます。何度も行う処理などを関数にすると、無駄がなく判読しやすいプログラムになります。この節では、関数について学び、関数を定義できるようにします。

2-6-1 数学の関数とコンピューターの関数

「コンピューターの関数」とはどのようなものかを知るために、はじめに「数学の関数」との違いを説明します。

■①数学の関数

2つの変数x、yがあり、xの値が定まると、yの値が定まる時、これをy = f(x)と記し、yはxの関数であるといいます。

■②コンピューターの関数

コンピューターに行わせる処理を、プログラム内のある場所に、まとめて記述したものがコンピューターの関数です。関数には引数(ひきすう)でデータを与え、関数内でそのデータを元に計算し、導き出した結果を戻り値(もどりち)として返す機能を持たせることができます。引数と戻り値は必須ではなく、引数や戻り値を設けない関数を作ることもできます。関数を作ることを、関数を定義するといいます。

図表2-6-1 数学の関数とコンピューターの関数

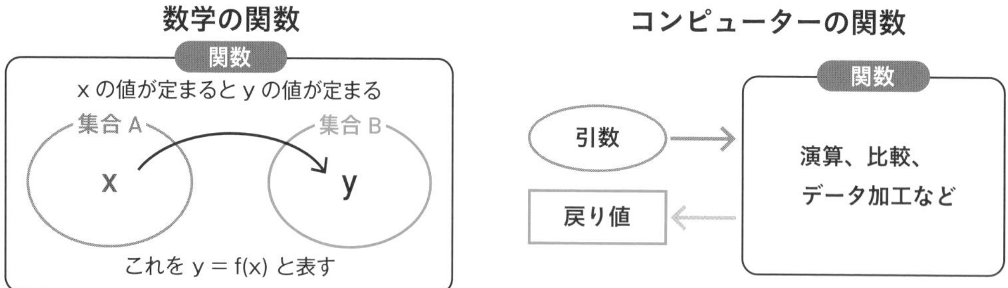

2-6-2 引数と戻り値について

コンピューターの関数の引数と戻り値の有無は、図表2-6-2のようになります。

図表2-6-2　引数と戻り値の有無

	引数なし	引数あり
戻り値なし	①	②
戻り値あり	③	④

①の引数も戻り値もない関数と、④の引数、戻り値ともにある関数を理解できれば、②と③は自ずと理解できます。そこでこの節では、①と④の関数の定義の仕方を学びます。

memo

printf() や scanf() も関数で、それらはC言語の開発環境にあらかじめ用意されたものです。C言語に用意されている関数を、組み込み関数と呼ぶことがあります。それに対し、プログラマーが定義した関数を、ユーザー定義関数や自作関数と呼んで、C言語に用意された関数と区別することがあります。

2-6-3 関数の定義の仕方

関数の定義の仕方を説明します。

■ 戻り値のない関数の定義

戻り値のない関数はvoid（ボイド）という型で宣言し、次のように記述して定義します。

図表2-6-3　戻り値のない関数

```
void 関数名 ( 引数 )
{
    処理  ―― 関数のブロック
}
```

例えばint型のiという変数名の引数を設けるなら、() の中にint iと記述します。

複数の引数を設けることもでき、その時は () 内に、それらをコンマで区切って記述します。

引数を設けない時は () 内にvoidと記述します。あるいは引数無しなら、() 内のvoidを省略することもできます。

■ 戻り値のある関数の定義

戻り値のある関数は、次のように記述して定義します。

図表2-6-4　戻り値のある関数

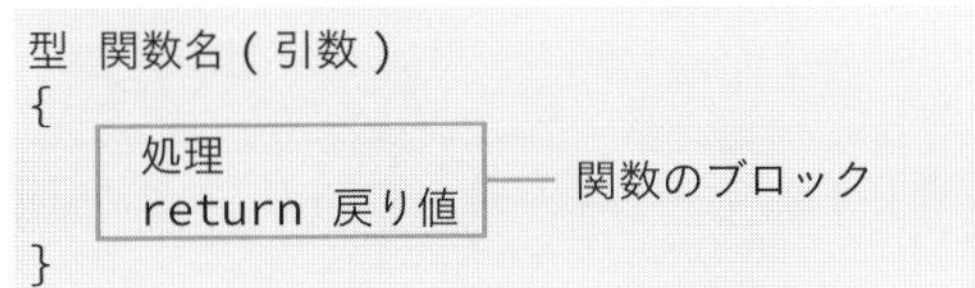

戻り値を設けるには、関数内にreturn 戻り値と記述します。

戻り値のある関数は、その戻り値の型に合わせ、**2-3節**で学んだ型を関数宣言に用います。具体的には、返す値が整数なら、関数を宣言する型をintにします。返す値が小数なら、関数宣言の型をfloatやdoubleにします。

memo

関数宣言時の () 内の引数は、厳密には**仮引数**といいます。その関数を呼び出す時に、() に記述する値を**実引数**といいます。

2-6-4 引数も戻り値もない関数を定義する

引数も戻り値もない簡素な関数を、次のプログラムで確認しましょう。

サンプル2-6-1 function_1.c

```
01 #include <stdio.h>
02 
03 void welcome(void)
04 {
05     printf("冒険の世界へ、ようこそ！");
06 }
07 
08 int main(void)
09 {
10     welcome();
11 }
```

行	説明
01	stdio.hをインクルード
02	
03	welcome関数の定義
04	welcome関数のブロックの始まり
05	文字列の出力
06	welcome関数のブロックの終わり
07	
08	メイン関数の定義
09	main関数のブロックの始まり
10	welcome()を呼び出す
11	main関数のブロックの終わり

図表2-6-4 実行結果

```
冒険の世界へ、ようこそ！
```

メッセージを出力するwelcome()という名の関数を、3〜6行目に定義しています。このwelcome()を、main関数の中の10行目で呼び出しています。welcome()を呼び出すと、5行目に記述したprintf()が実行されます。

関数は定義しただけでは働きません。プログラムの実行したい位置に関数名を記述して、その関数を呼び出すことで実行します。

確認しよう

①5行目の文字列を変更し、出力結果が変わることを確認しましょう。
②10行目をコメントアウトすると、何も出力されないことを確認しましょう。

2-6-5 関数のプロトタイプ宣言

function_1.cはmain関数の前でwelcome()を定義しています。そのように関数を定義すると、main関数からwelcome()を呼び出すことができます。しかしmain関数の後にwelcome()を定義した場合は、main関数から呼び出すことができません。試しに3〜6行目と8〜11行目を入れ替えると、ビルド時にエラーが発生し、実行できなくなることがわかります。

C言語の関数定義では、**プロトタイプ宣言**を行うことで、関数の定義位置に関係なく、どこからでも関数を呼び出せるようになります。

function_1.cのwelcome()とmain()の定義位置を入れ替えると共に、プロトタイプ宣言を加えたプログラムを確認しましょう。

サンプル2-6-2 function_2.c（※2行目が関数のプロトタイプ宣言です）

```c
01 #include <stdio.h>
02 void welcome(void);
03 
04 int main(void)
05 {
06     welcome();
07 }
08 
09 void welcome(void)
10 {
11     printf("冒険の世界へ、ようこそ！");
12 }
```

行	説明
01	stdio.hをインクルード
02	関数プロトタイプ宣言
03	
04	メイン関数の定義
05	main関数のブロックの始まり
06	welcome()を呼び出す
07	main関数のブロックの終わり
08	
09	welcome関数の定義
10	welcome関数のブロックの始まり
11	文字列の出力
12	welcome関数のブロックの終わり

実行結果は前のプログラムと同じなので省略します。

プロトタイプ宣言には、定義する関数の型、関数名、引数を記述します。プロトタイプ宣言の最後にセミコロン（;）が必要なので、忘れずに記述しましょう。

memo

ソフトウェアは一般的に複数の関数を定義して開発します。関数のプロトタイプ宣言は、プログラムの冒頭でまとめて行うことが一般的です。あるいは、ヘッダファイルと呼ばれる別のファイルを用意して、そこにプロトタイプ宣言を記述します。ヘッダファイルについては第8章で説明します。

2-6-6 引数と戻り値のある関数を定義する

長方形の幅と高さの2つの引数を与えると、面積を戻り値として返す関数を、次のプログラムで確認します。このプログラムは学習用に短いコードとするため、プロトタイプ宣言は行いません。

サンプル2-6-3 function_3.c

```
01 #include <stdio.h>
02 
03 int rect_area(int w, int h)
04 {
05     int a = w * h;
06     return a;
07 }
08 
09 int main(void)
10 {
11     int a = rect_area(200, 120);
12     printf("幅200、高さ120の領土を手に入れた。¥n");
13     printf("その領土の面積は%dである。¥n", a);
14 }
```

行	説明
01	stdio.hをインクルード
02	
03	rect_area関数の定義
04	rect_area関数のブロックの始まり
05	引数のw×hの値をaに代入
06	aの値を返す
07	rect_area関数のブロックの終わり
08	
09	メイン関数の定義
10	main関数のブロックの始まり
11	rect_area()の戻り値をaに代入
12	メッセージの出力
13	aの値を出力
14	main関数のブロックの終わり

図表2-6-5 実行結果

```
幅200、高さ120の領土を手に入れた。
その領土の面積は24000である。
```

3〜7行目に定義したrect_area()は、2つの引数を受け取り、それらを掛け合わせた値を変数aに代入し、returnでaの値を返す関数です。矩形（くけい）（長方形）の面積は幅×高さで求まります。

この関数は矩形という意味のrectangleと、面積の意味のareaを組み合わせて関数名としました。関数名は、その関数がどのような機能を持つか、わかりやすいものにしましょう。

11行目で引数に200と120を与えてrect_area()を呼び出し、戻り値を変数aに代入しています。13行目でaの値を出力しています。

確認しよう

11行目の引数の値を変更すると、出力結果が変わることを確認しましょう。ただし12行目のprintf()内の幅と高さは、11行目を変更しても変わらないので、12行目も併せて変更しましょう。

memo

rect_area()は整数を返す関数なので、intの型で宣言しています。

2-6-7 変数の用途を理解する

このプログラムは、rect_area() の中にaという変数があり、main() の中にもaという変数があります。それら2つのaはまったく別の変数です。このプログラムがどのように動作するかを、図表2-6-6で確認し、それぞれのaの役割を理解しましょう。

図表2-6-6 関数を呼び出した時の処理の流れ

```
int rect_area(int w, int h)
{
    int a = w * h;
    return a;
}

int main(void)
{
    int a = rect_area(200, 120);
    printf("幅200、高さ120の領土を手に入れた。¥n");
    printf("その領土の面積は%dである。¥n", a);
}
```

①引数の200がwに、120がhに渡される

②200x120がaに代入される

③aの値を返す

④戻り値がaに代入される

rect_area() 内のaは、受け取った引数を掛け合わせた値を代入する変数です。

main() 内の変数aは、rect_area() からの戻り値を代入する関数です。

関数内で宣言した変数は、それを宣言した関数の中だけで使えます。つまりrect_area() 内の変数aはrect_area() の中だけで使え、main() 内の変数aはmain() 内だけで使えます。

2-6-8 変数の有効範囲を理解する

変数は、それを宣言した位置によって、グローバル変数とローカル変数に分かれます。グローバル変数とは関数の外部で宣言した変数をいいます。ローカル変数とは関数の内部で宣言した変数をいいます。

グローバル変数とローカル変数は、有効範囲（その変数が使える範囲）が異なります。変数の有効範囲をスコープといいます。グローバル変数とローカル変数のスコープは図表2-6-7のようになります。

図表2-6-7　変数のスコープ

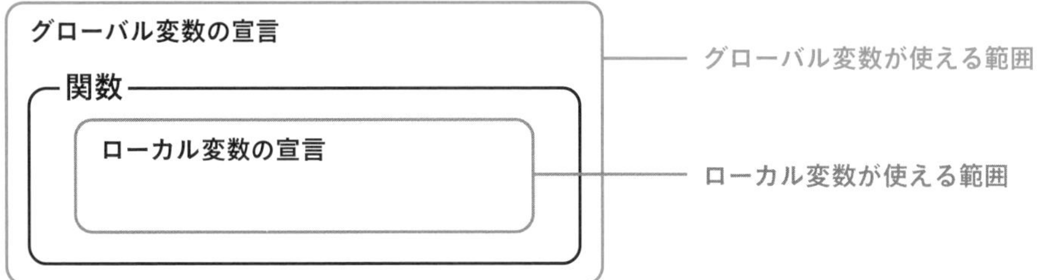

グローバル変数は、それを宣言したプログラムの、どこからでも使うことができます。一方、ローカル変数は、それを宣言した関数内でのみ使うことができます。

ifやforのブロック内で宣言した変数は、そのブロック内だけで使えることも、併せて覚えておきましょう。

変数のスコープは大切な概念なので、ゲーム開発の中で、もう一度説明します。

memo

関数を定義する時に設けた引数は、その関数のローカル変数になります。つまり引数の変数は、その関数内だけで使えます。

2-6-9 第2章のまとめ

■ 2-1

ソフトウェアはプログラミングの基礎知識を土台として作られる

■ 2-2

・printf() で文字列や変数の値を**出力**する
・scanf() で**入力**を受け付け、入力した値を変数に代入する
・プログラムの中に説明などを**コメント**として記述できる

■ 2-3

・**変数**に数や文字を入れて扱う。変数を使うには **型 変数名 = 初期値** と記述する
・変数名は、アルファベット、数字、_（アンダースコア）を組み合わせて付ける
・変数は、扱うデータの種類によって、整数型、小数型など、いくつかの**型**に分かれる
・計算に使う記号を**演算子**といい、+、-、*、/、%などがある
・型の違うデータを扱う時は、必要に応じて**型変換**を行う
・複数のデータを扱うために用いる、番号を付けた変数を**配列**という

・配列の箱を**要素**といい、それがいくつあるかを**要素数**という
・**添え字**と呼ばれる番号で、配列のどの要素を扱うかを指定する

■ 2-4

・if、if～else、if～else if～elseで**条件分岐**を記述する
・条件が成り立つか調べる式を**条件式**といい、成り立つ時は1、成り立たない時は0になる
・条件式で、左辺と右辺が等しいかを調べるには==、等しくないかを調べるには!=を用いる
　左辺と右辺の大小関係を調べるには<や>を用いる
・A&&Bは、条件A、Bともに成り立つことを意味する
　A||Bは、条件AとBのどちらか一方が成り立つか、A、Bともに成り立つことを意味する
・switch～caseを使って、変数や計算式の値に応じて処理を分岐できる

■ 2-5

・for、while、do～whileで**繰り返し**を記述する
・breakで繰り返しを中断し、continueで繰り返しの先頭に戻る

■ 2-6

・コンピューターが行う処理を1つのまとまりとして記述したものが**関数**である
・関数には**引数**と**戻り値**を持たせることができる
・変数には**グローバル変数**と**ローカル変数**があり、それぞれ**スコープ**（有効範囲）が違う

column

2進法と16進法を理解しよう

私たちは数を10進法で数えます。コンピューターのプログラムも10進法で数を記述しますが、2進法や16進法を用いることもあります。このコラムでは、2進法と16進法について説明します。

■ プログラマーを目指すなら理解しよう

2進法の知識はコンピューターの動作を理解する手助けになります。コンピューターの内部では、コンピューターを動作させる素子の最小単位で、電気信号がON（1）とOFF（0）のどちらかの状態にあり、2進法で情報がやりとりされています。

16進法はプログラムに記述することがあり、例えば色の指定で16進法を用いることがあります。プログラマーなら2進法、16進法とも理解すべき知識といえます。

■ n進法とは？

私たちが普段使う10進法は、0から9の10種類の記号で数を表します。10進法では、値が十になると繰り上がって2桁になり、10と記述します。次は十×十の百になると繰り上がり、100という3桁の数になります。その次は十×十×十の千で1000という4桁の数になります。以後も十倍の値になるごとに繰り上がって桁数が増えます。

n進法の基本的な考え方は、n種類の記号を使って数を表し、値がn、n*n、n*n*n…に達すると繰り上がるというものです。私たちが日常的に使う0から9は、10進法で数を扱うための10種類の記号なのです。この考えを元に、2進法と16進法を理解していきましょう。

■ 2進法

2進法は0と1の2つの記号で数を表します。2という数字は用いません。

2進法では2、2*2、2*2*2…と2のn乗になると繰り上がります。10進法の2、4、8、16…と2を掛け合わせる値に達すると、桁が1つ増えることになります。

図表2-7-1　2進法の表記

2進法	10進法	2進法	10進法	2進法	10進法	2進法	10進法
0	0	1000	8	10000	16	:	:
1	1	1001	9	10001	17	11111001	249
10	2	1010	10	10010	18	11111010	250
11	3	1011	11	10011	19	11111011	251
100	4	1100	12	10100	20	11111100	252
101	5	1101	13	10101	21	11111101	253
110	6	1110	14	10110	22	11111110	254
111	7	1111	15	:	:	11111111	255

例えば10進法の10は2進法で1010、10進法の100は2進法で1100100と記述します。

■ ビットとバイトについて

2進法で情報を表す時、次の図のような、0と1のいずれかが入る最小単位をビット（bit）といいます。8つのビットをワンセットとした8ビットを1バイト（byte）といいます。1バイト（8ビット）で10進法の0から255あるいは-128〜127の値を表すことができます。

図表2-7-2 ビットとバイト

1byte = 8bit

0	1	0	0	1	0	1	1

1bit

■ 16進法

16進法は0、1、2、3、4、5、6、7、8、9、A、B、C、D、E、Fの16種類の記号で数を表します。16進法では16、16*16、16*16*16…と16のn乗になると繰り上がります。

図表2-7-3 16進法の表記

16 進法	10 進法
0	0
1	1
2	2
3	3
4	4
5	5
6	6
7	7
8	8
9	9
A	10
B	11
C	12
D	13
E	14
F	15

16 進法	10 進法
10	16
11	17
12	18
13	19
14	20
15	21
16	22
17	23
18	24
19	25
1A	26
1B	27
1C	28
1D	29
1E	30
1F	31

16 進法	10 進法
20	32
21	33
22	34
23	35
24	36
25	37
26	38
27	39
:	:
F9	249
FA	250
FB	251
FC	252
FD	253
FE	254
FF	255

AからFは通常、大文字と小文字を区別せず、小文字を用いても構いません。例えば10進法の255は、16進法でFFあるいはffになります。

memo

16進法で0を00や0000、Fを0Fや000Fのように、左側をゼロで埋めて記述することがあります。そう記しても00、0000、0F、000Fは1桁の値です。これは例えば10進法の千を、表示位置を揃えるなどの理由で00001000と書いても、千という数は4桁であり、8桁にならないのと同じことです。

column

main関数に記述するreturnについて

main関数はint型で宣言します。つまり、整数を返すことができ、main関数の終わりで0を返す（return 0と記述）ことが一般的です。

C言語のプログラムの処理は、main関数を抜けると終了します。終了する時、main関数の戻り値が、そのプログラムが動いていた処理系（実行環境）に返されます。例えば予期せぬエラーが発生した場合などに終了コードを0以外の値にして、呼び出し元にエラーを通知することがあります。

実行環境によってはmainからの戻り値を受け取らないものもあり、その場合はreturnの記述は不要です。

学習用プログラムでは、main関数にreturnを記述することは非効率なので、本書のプログラムは一部を除いてmain関数にreturnを記述しません。ただし、商用ソフトウェア開発で異常終了時に0以外を返す仕様なら、もちろんreturnの記述が必要です。将来、ソフトウェア開発に携わる時は、プロジェクトの方針に従ってプログラムを組みましょう。

Chapter 3

C言語の重要知識を押さえよう

この章では、C言語の重要な知識である、文字列を扱う配列と、構造体について学びます。またゲームを開発する時に役立つ、ファイル操作と乱数について学びます。さらに章末のコラムで、C言語の難関であるポインタについても説明します。

Section 3-1 文字列を扱う配列

C言語では文字列をchar型の配列に代入して扱います。この節では、配列で文字列を扱う方法について説明します。

3-1-1 配列に文字列を代入する

文字列を扱うchar型の配列を、本書では文字列配列と呼ぶことにします。次のプログラムで文字列配列の使い方を確認しましょう。このプログラムは、title[0]〜title[11]の要素数12の配列に「Holy Dragon」という文字列を代入し、それを出力します。printf()の引数にある%sは、文字列を出力するための指定で、**3-1-3**で説明します。

サンプル3-1-1 string_1.c

```
01 #include <stdio.h>
02 int main(void)
03 {
04     char title[12] = "Holy Dragon";
05     printf("ゲームタイトルは「%s」¥n", title);
06 }
```

- 01: stdio.hをインクルード
- 02: メイン関数の定義
- 03: main関数のブロックの始まり
- 04: 文字列を配列に代入
- 05: その文字列を出力
- 06: main関数のブロックの終わり

図表3-1-1 実行結果

```
ゲームタイトルは「Holy Dragon」
```

このプログラムはtitle[]という配列に、図表3-1-1のように文字列を代入しています。

図表3-1-2 文字列の配列

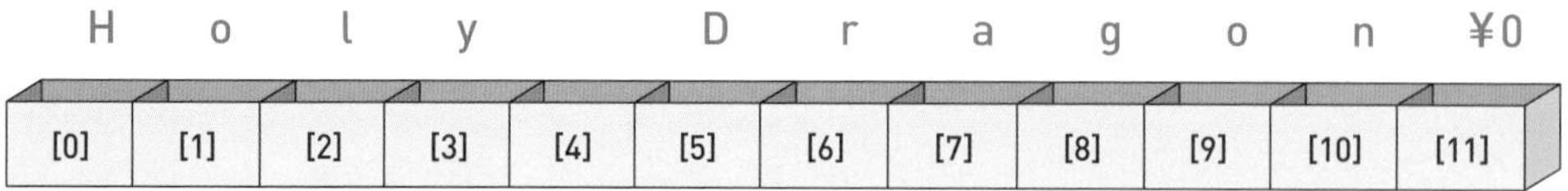

※[4]には半角スペースが入ります

最後の要素に入っている**¥0**は**ヌル文字**と呼ばれ、文字列の終わりを表す値です。4行目の"Holy Dragon"に¥0は含まれませんが、4行目の記述で配列の最後に¥0が代入されます。そのためtitle[]の要素数は、Holy Dragonの11文字分と、¥0の1文字分を合わせた、12以上とする必要があります。

ヌル文字を空文字や終端文字と呼ぶこともあります。ヌル文字のヌルは「存在しない」という意味の英単語nullです。英語の発音に近い呼び方で、ナル文字と呼ぶ人もいます。

3-1-2 宣言時の要素数の省略について

string_1.cの4行目はchar title[] = "Holy Dragon"と、要素数を省略して記述できます。省略した時は、文字列を入れるために必要な要素数が自動的に確保されます。

例えばchar title[20] = "Holy Dragon"と12文字を超える要素数を指定できます。ただしそれでは無駄が生じます。余分な要素を後で使うなどの理由がなければ、必要な要素数を指定するか、指定を省略して要素数の確保を開発環境に任せるとよいでしょう。

- string_1.cの4行目を、char title[] = "Holy Dragon"と要素数を省いて、動作を確認しましょう。
- 代入する文字列を別の文字列に変更して、それが出力されることを確認しましょう。

3-1-3 変換指定子

第2章で基本的な変換指定子を学びました。ここでもう一度、変換指定子について説明します。

C言語の変数は、整数型、小数型、文字型などがあり、それらを出力する時に変換指定子を用います。変換指定子は、整数や文字列などを出力する他に、アドレスや16進数を出力するものがあります。アドレスは本章末のコラムで説明します。主な変換指定子として次のものがあります。

図表3-1-3 主な変換指定子

記号	何を出力するか
%c	文字
%s	文字列
%d	整数（10 進数）
%f	小数
%p	アドレス
%x	16 進数
%e	小数を *.* ± *e という形式で出力

他にもいろいろな変換指定子がありますが、一般的によく使われるものを掲載しています。

3-1-4 文字列の一部を書き換える

char title[12] = "Holy Dragon" とした配列は、title[0] に 'H'、title[1] に 'o'、title[2] に 'l'、…、title[10] に 'n' というように、title[0] から title[10] の1つ1つに、文字が代入されます。また**3-1-1**で説明したように、title[11] に ¥0が代入されます。

次のプログラムは title[4] の半角スペースを、プラスの記号に書き換えた後、title[0] から title[10] までを1文字ずつ、出力します。配列の各要素に文字が入っていることを、このプログラムで確認しましょう。5行目で、配列の先頭から5番目（添え字は4の要素）の文字を、半角スペースからプラスの記号に変更しています。

サンプル3-1-2 string_2.c

```
01 #include <stdio.h>
02 int main(void)
03 {
04     char title[12] = "Holy Dragon";
05     title[4] = '+';
06     for (int i = 0; i < 11; i++) printf("%c,", title[i]);
07 }
```

- 01: stdio.hをインクルード
- 02: メイン関数の定義
- 03: main関数のブロックの始まり
- 04: 文字列を配列に代入
- 05: 要素の1つに、値を代入し直す
- 06: 文字を1つずつ出力
- 07: main関数のブロックの終わり

※5行目の＋の前後はシングルクォート(')で記述します

図表3-1-4 実行結果

```
H,o,l,y,+,D,r,a,g,o,n,
```

確認しよう 5行目を参考に、title[0] から title[10] のいずれかに、別の文字を代入してみましょう。¥0が入る title[11] は変更してはいけないので、注意しましょう。

3-1-5 複数の文字列を二次元配列で扱う

複数の文字列をまとめて扱う時は二次元配列を用います。次のプログラムで複数の文字列を配列に代入する方法を確認しましょう。

サンプル3-1-3 string_3.c

```
#include <stdio.h>
int main(void)
{
    char monster[3][10] = { "Slime", "Ghost", "Vampire" };
    for (int i = 0; i < 3; i++)
```

- stdio.hをインクルード
- メイン関数の定義
- main関数のブロックの始まり
- 複数の文字列を配列に代入
- forで3回繰り返す

```
    {
        printf("敵%dの名前は「%s」¥n", i, monster[i]);
    }
}
```

for文のブロックの始まり
文字列を1つずつ出力
for文のブロックの終わり
main関数のブロックの終わり

図表3-1-5 実行結果

```
敵0の名前は「Slime」
敵1の名前は「Ghost」
敵2の名前は「Vampire」
```

monster[][]という二次元配列に、3種類のモンスターの名前（3つの文字列）を代入しています。この配列には図表3-1-6のように文字列が代入されます。

二次元の文字列配列の宣言では、char monster[][10] = { "Slime", "Ghost", "Vampire" }のように、行方向の要素数の記述を省略できます。

図表3-1-6 二次元の文字列配列

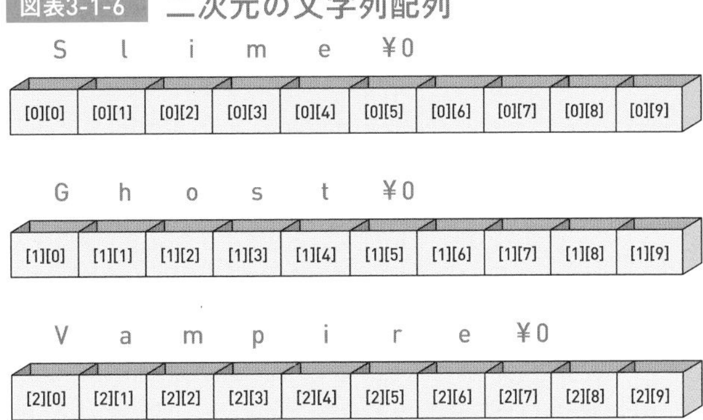

確認しよう 配列に代入する文字列を変えて動作を確認しましょう。必要なら、文字列の長さに合わせ、要素数も変えましょう。例えば「King of Vampire」を代入するなら、monster[][16]と、最低16文字を確保する必要があります。

3-1-6 全角の文字列を扱う

文字列配列で全角文字を扱うこともできます。次のプログラムでそれを確認しましょう。

サンプル3-1-4 string_4.c

```
#include <stdio.h>
int main(void)
{
    char job[][7] = { "勇者", "戦士", "僧侶", "魔術師", "踊り子" };
    for (int i = 0; i < 5; i++) printf("職業%d %s¥n", i + 1, job[i]);
}
```

stdio.hをインクルード
メイン関数の定義
main関数のブロックの始まり
全角の文字列を配列に代入
for文で5つの文字列を出力
main関数のブロックの終わり

図表3-1-7 実行結果

```
職業1 勇者
職業2 戦士
職業3 僧侶
職業4 魔術師
職業5 踊り子
```

全角文字を扱う時は、配列の要素数に注意しましょう。全角の1字が半角2文字分になります。「魔術師」と「踊り子」がそれぞれ全角3字なので、それらを代入する配列は、全角3字×2と、¥0の1つ分を合わせて、要素数を7以上とする必要があります。そのためこのプログラムは、job[行][列]の列の要素数を7としています。

別の全角文字を代入して動作を確認しましょう。4字以上の全角を代入するなら、要素数を変更する必要があります。

C言語で文字列を扱うには、やや手間がかかりますが、C++、Java、JavaScript、Pythonなど、C言語より新しい時代に作られたプログラミング言語には、文字列を扱う型が用意されており、手軽に文字列を扱うことができます。

3-1-7 scanf()で文字列を入力する

scanf()を使って整数を入力するプログラムを、前の章で学びました。ここではscanf()で文字列を入力するプログラムを確認しましょう。

サンプル3-1-5 scanf_string.c

```
01 #define _CRT_SECURE_NO_WARNINGS
02 #include <stdio.h>
03 int main(void)
04 {
05     char txt[11];
06     printf("※要素数 11 の配列は半角 10 文字まで、全角は 5 文字まで代入できます ¥n");
07     printf("あなたの名前は？ ¥n");
08     scanf("%s", txt);
09     printf("%s よ、いよいよ、冒険の旅に出発じゃ。", txt);
10 }
```

行	説明
01	Visual Studio用の記述
02	stdio.hをインクルード
03	メイン関数の定義
04	main関数のブロックの始まり
05	文字列を代入する配列
06	説明を出力
07	説明を出力
08	文字列を入力し、txtに代入
09	入力した文字列を出力
10	main関数のブロックの終わり

※1行目はVisual Studioでscanf()を使うためのもので、一般的なC言語の開発環境では記述しません

図表3-1-8 実行結果

```
※要素数11の配列は半角10文字まで、全角は5文字まで代入できます
あなたの名前は？
アレックス
アレックスよ、いよいよ、冒険の旅に出発じゃ。
```

5行目で宣言したtxt[11]が文字列を代入する配列です。scanf()で入力した時も、入力した文字列の最後が¥0になるので、その代入に要素が1つ使われます。このプログラムは配列の要素数を11としたので、半角は10文字まで、全角は5文字まで入力できます。

確保した配列の大きさ（確保したメモリ）を超える文字数を扱おうとすると、プログラムが正しく動作しなくなるおそれがあります。Visual Studioでは、確保した大きさを超える文字列を入力しようとすると、次のエラーメッセージが表示されます。

図表3-1-9 要素数を超える代入によるエラー

Visual Studioは優れた開発ツールでエラーを教えてくれますが、C言語の開発環境によっては、エラーは表示されず、確保したメモリを超えるデータを入力すると不具合が起きるおそれがあるので、注意しましょう。

scanf()の記述を確認しましょう。前章のプログラムでは、数値を入力する変数lifeに、&lifeと&を付けました。ここで確認したscanf_string.cでは、文字列を入力する配列txtに&を付けていません。scanf()には変数のアドレスや配列のアドレスを渡す決まりがあります。char txt[]と宣言した配列は、txtがアドレスを表すので、&を付ける必要はありません。変数のアドレスについては章末のコラムで説明します。

3-1-8 文字列の操作について

C言語では関数を使って文字列を操作します。文字列を操作する主な関数について説明します。

図表3-1-10 文字列を操作する主な関数

関数名	機能	記述例
strcat()	文字列を連結する	strcat(連結先の配列 , 連結する文字列)
strcmp()	2 つの文字列を比較する	int c = strcmp(比較文字列 1, 比較文字列 2)
strcpy()	文字列をコピーする	strcpy(複写先 , 複写元)
strlen()	文字列の長さを取得する	size_t l = strlen(調べる文字列)

これらの関数を用いるにはstring.hをインクルードします。C言語には他にも、文字列を操作するさまざまな関数が用意されており、string.hをインクルードすることで、それらが使えるようになります。

strcmp()は、比べた2つの文字列が一致すれば0を返します。比較文字列1が比較文字列2より大きければ1もしくは正の値、小さければ-1もしくは負の値を返します。例えば比較文字列1をapple、比較文字列2をcatとすると、apple<catであり、Visual Studioでは-1が返ります。文字列の大小関係は、文字コード（次のワンポイント参照）の順番で決まります。

strlen()は、調べる文字列が半角文字で何文字分かを返します。その戻り値はsize_tという型です。size_tは符号の無い整数型になります。

strcat()とstrcpy()にも戻り値がありますが、本書の学習ではそれらの戻り値は不要なので、説明は省略します。

One Point

文字コードについて

有名な文字コードにアスキーコード(ASCII)があります。アスキーコードは、半角の記号、数字、アルファベットの大文字と小文字などを0～127という値（7ビットで表せる数）に割り当てた文字コードです。半角スペースは32、ドット(.)は46、数字の0～9は48～57、A～Zは65～90、a～zは97～122という値になります。

3-1-9 文字列操作関数を使う

図表3-1-10の4つの関数を用いたプログラムを確認しましょう。

サンプル3-1-6 string_function.c

```
#define _CRT_SECURE_NO_WARNINGS            Visual Studio用の記述
#include <stdio.h>                         stdio.hをインクルード
#include <string.h>                        string.hをインクルード
int main(void)                             メイン関数の定義
{                                          main関数のブロックの始まり
    char str1[20] = "伝説の";              ┬文字列配列を用意する
    char str2[] = "勇者";                  │
    char str3[] = "sword";                 │
```

```
09      char str4[] = "shield";                                          |
10      char str5[] = "邪悪な魔竜を倒す冒険の旅へ";                          」
11      char str6[30];                                                   初期値未代入の配列を宣言
12
13      printf("「%s」と「%s」をstr1に連結します。¥n", str1, str2);       説明を出力
14      printf("連結前のstr1の長さは%dです。¥n", strlen(str1));           文字列の長さを出力
15      strcat(str1, str2);                                              文字列を連結
16      printf("連結した文字列は「%s」¥n", str1);                          連結後の文字列を出力
17      printf("連結後のstr1の長さは%dです。¥n", strlen(str1));           連結後の長さを出力
18
19      int c = strcmp(str3, str4);                                      文字列の比較結果をcに代入
20      printf("「%s」と「%s」を比較した結果は%d。¥n", str3, str4, c);     その値を出力
21
22      printf("初期値を未代入のstr6に「%s」をコピーします。¥n", str5);    説明を出力
23      strcpy(str6, str5);                                              文字列をコピー
24      printf("str6の中身は「%s」になりました。", str6);                  コピーした文字列を出力
25  }                                                                    main関数のブロックの終わり
```

図表3-1-11　実行結果

```
「伝説の」と「勇者」をstr1に連結します。
連結前のstr1の長さは6です。
連結した文字列は「伝説の勇者」
連結後のstr1の長さは10です。
「sword」と「shield」を比較した結果は1。
初期値を未代入のstr6に「邪悪な魔竜を倒す冒険の旅へ」をコピーします。
str6の中身は「邪悪な魔竜を倒す冒険の旅へ」になりました。
```

15行目のstrcat()でstr1にstr2の中身を連結しています。6行目でstr1を定義する時、char str1[20] = "伝説の"として、代入する文字列の7バイト分より大きな要素数を確保しています。文字列の連結に用いる配列は、連結するための要素をあらかじめ用意しておきます。

14行目と17行目でprintf()の引数にstrlen()を記述し、文字列の文字数を出力しています。このプログラムではstrlen()の戻り値を直接、出力していますが、size_t 変数 = strlen(str1)として、変数に文字数を代入できます。19行目のstrcmp()で、「sword」と「shield」の2つの文字列を比較しています。それぞれの頭文字はsですが、swordの2文字目はw、shieldの2文字目はhで、wとhを比較するとw>hとなり、strcmp()は1を返します。23行目のstrcpy()で、宣言だけをして初期値を代入していないstr6に、文字列を代入したstr5の中身をコピーしています。

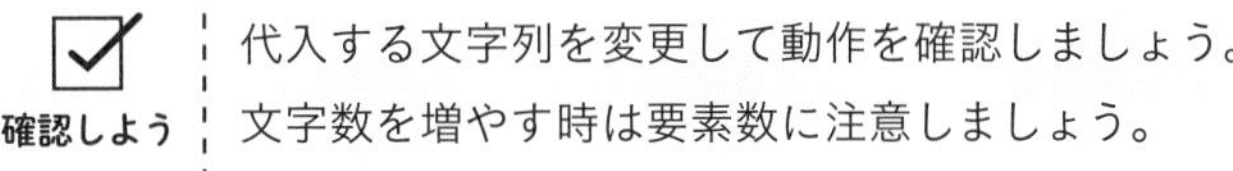
確認しよう

代入する文字列を変更して動作を確認しましょう。文字数を増やす時は要素数に注意しましょう。

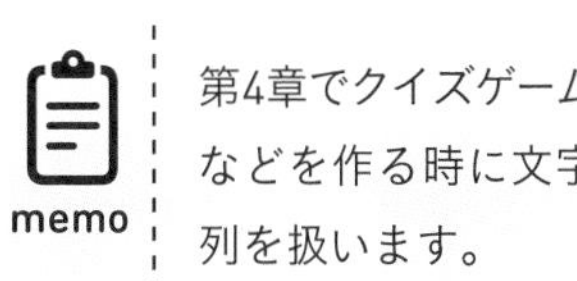
memo

第4章でクイズゲームなどを作る時に文字列を扱います。

Section 3-2

構造体

C言語には、複数のデータ型をまとめて新しい型を作る、構造体という仕組みが備わっています。この節では、構造体について学びます。

3-2-1 ゲーム制作に役立つ構造体

キャラクターに複数のパラメーターを設けているゲームがあります。例えばロールプレイングゲームのキャラクターには、名前、体力、腕力、防御力などが設定されています。

図表3-2-1 キャラクターのパラメーター

memo

このキャラクターは名前を含めパラメーターを4つとしていますが、ゲームメーカーの作るゲームのキャラクターには、一般的に多数のパラメーターが備わっています。

図表3-2-1にあるような複数のデータを扱いたい時、構造体が役に立ちます。私たちはこのキャラクターを見た時、playerのname（名前）はマーズ、playerのlife（体力）は1000、playerのstrength（腕力）は500、playerのdefense（防御力）は300と、キャラクターの持つ個別の数値を捉えるとともに、これらすべての数値はplayerに属するという考え方をします。構造体はまさにそのような形式でデータを管理できる仕組みです。

3-2-2で構造体の宣言の仕方を確認し、**3-2-3**でこのキャラクターのパラメーターを管理するプログラムを記述します。

memo

構造体を使うとデータを管理しやすくなり、プログラムを判読しやすい形で記述できます。C言語でプログラムを組むプログラマーにとって、構造体は必須の知識といえます。

3-2-2 構造体の宣言と構造体変数の定義

構造体の宣言について説明します。構造体はstructという予約語を用いて、次のように宣言します。

メンバとはデータを扱うための変数のことです。メンバでデータを扱う方法を**3-2-3**で確認します。

このように宣言した構造体から、図表3-2-3の記述で構造体変数を作ります。これで構造体変数が作られ、メンバでデータを扱えるようになります。

図表3-2-2 構造体の宣言

```
struct 構造体タグ
{
    データ型 メンバ1;
    データ型 メンバ2;
    データ型 メンバ3;
    :
}
```

図表3-2-3 構造体変数の定義

```
struct 構造体タグ 構造体変数名
```

memo

構造体の宣言により「struct 構造体タグ」という新しい型（構造体型）が作られます。その型の変数を定義することで、構造体変数が使えるようになります。

3-2-3 構造体変数でデータを扱う

図表3-2-1のキャラクターのパラメーターを、構造体変数に代入するプログラムを確認しましょう。メンバを扱うには「構造体変数.メンバ」とドット（.）を使って記述します。

サンプル3-2-1 struct_1.c

```
#include <stdio.h>                                                  stdio.hをインクルード
struct CHARACTER                                                    ┬構造体の宣言
{                                                                   │
    char name[7];                                                   │
    int life;                                                       │
    int strength;                                                   │
    int defense;                                                    │
};                                                                  ┘

int main(void)                                                      メイン関数の定義
{                                                                   main関数のブロックの始まり
    struct CHARACTER player = { "マーズ", 1000, 500, 300 };         構造体変数のメンバに初期値を代入
    printf("プレイヤーのパラメーターを出力します。¥n");             説明を出力
    printf("名前 %s¥n", player.name);                               メンバの値を出力
    printf("体力 %d¥n", player.life);                               〃
    printf("腕力 %d¥n", player.strength);                           〃
    printf("防御力 %d¥n", player.defense);                          〃
}                                                                   main関数のブロックの終わり
```

図表3-2-4 実行結果

```
プレイヤーのパラメーターを出力します。
名前 マーズ
体力 1000
腕力 500
防御力 300
```


2〜8行目でCHARACTERというタグ名の構造体を宣言しています。4〜7行目のname[7]、life、strength、defenseがメンバです。

12行目のstruct CHARACTER player = { メンバの初期値 } でplayerという構造体変数を作り、メンバに初期値を代入しています。このplayerはstruct CHARACTER型の変数になります。構造体変数を**オブジェクト**と呼ぶこともあります。

14〜17行目で、player.name、player.life、player.strength、player.defenseの値を出力しています。メンバを扱うには「構造体変数 . メンバ」とドット(.)を使って記述します。この . はドット演算子と呼ばれます。

確認しよう

12行目の初期値を変更して、動作を確認しましょう。

memo

C++、Java、JavaScript、Pythonなどのプログラミング言語は、クラス（Class）という仕組みを備えています（C言語にClassはありません）。例えばゲーム開発では、キャラクターを扱うためのクラスを定義して、キャラクターのパラメーターを管理したり、キャラクターを制御する各種の処理を作ります。構造体とクラスはデータの扱い方に共通点があり、他の言語でクラスの仕組みを学ぶ時、C言語の構造体の知識が役に立ちます。クラスは構造体を発展させたものと捉えるとわかりやすいでしょう。

3-2-4 構造体の配列

構造体の配列を用いると、多くのデータをまとめて管理できます。右の3種類のモンスターのデータを構造体の配列で管理するプログラムで、構造体の配列の使い方を学びます。

図表3-2-5 複数のモンスターのパラメーター

パラメーター1	パラメーター2	パラメーター3
名前　：スライム	名前　：スケルトン	名前　：ドラゴン
体力　：200	体力　：500	体力　：3000
腕力　：80	腕力　：240	腕力　：800
防御力：30	防御力：120	防御力：300

次のプログラムでは、これらのパラメーターを構造体の配列に代入し、それらの値を出力します。

サンプル3-2-2 struct_2.c

```
#include <stdio.h>                                      stdio.hをインクルード
struct CHARACTER                                        ┬構造体の宣言
{                                                       │
    char name[11];                                      │
    int life;                                           │
    int strength;                                       │
    int defense;                                        │
};                                                      ┘

struct CHARACTER enemy[3] =                             ┬構造体の配列に初期値を代入
{                                                       │
    {"スライム",     200,  80,  30},                    │
    {"スケルトン",   500, 240, 120},                    │
    {"ドラゴン",    3000, 800, 300}                     │
};                                                      ┘

int main(void)                                          メイン関数の定義
{                                                       main関数のブロックの始まり
    for (int i = 0; i < 3; i++)                         forで3回繰り返す
    {                                                   for文のブロックの始まり
        printf("%s¥n", enemy[i].name);                  メンバの値を出力
        printf("体力 %d¥n", enemy[i].life);             〃
        printf("腕力 %d¥n", enemy[i].strength);         〃
        printf("防御力 %d¥n", enemy[i].defense);        〃
        printf("----------¥n");                         区切り線を出力
    }                                                   for文のブロックの終わり
}                                                       main関数のブロックの終わり
```

図表3-2-6 実行結果

```
スライム
体力 200
腕力 80
防御力 30
----------
スケルトン
体力 500
腕力 240
防御力 120
```

```
----------
ドラゴン
体力 3000
腕力 800
防御力 300
---------
```

2〜8行目で構造体を宣言しています。この構造体には、文字列を代入するname[]、整数を代入するlife、strength、defenseというメンバを設けています。

10〜15行目で、enemy[0]、enemy[1]、enemy[2]という3つの要素を持つ構造体の配列を作り、初期値を代入しています。

図表3-2-7 構造体の配列

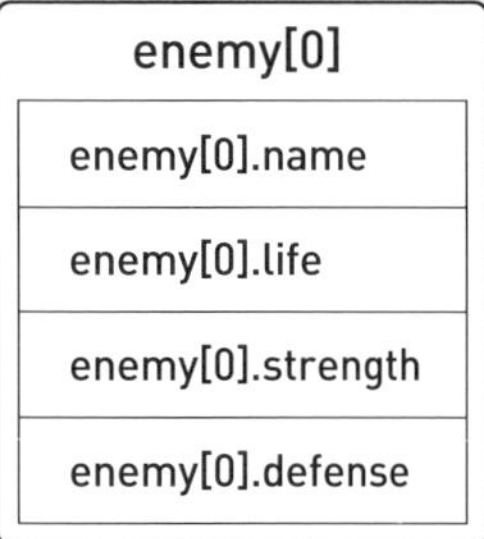

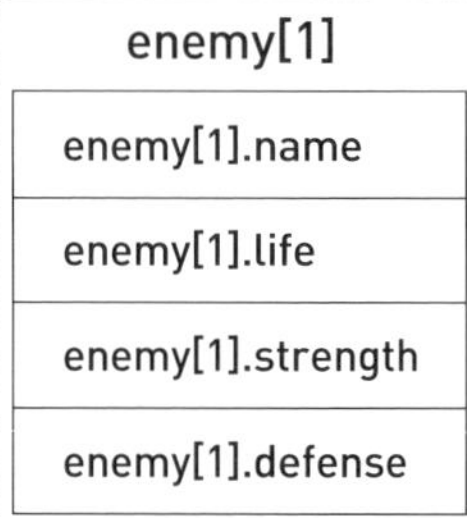

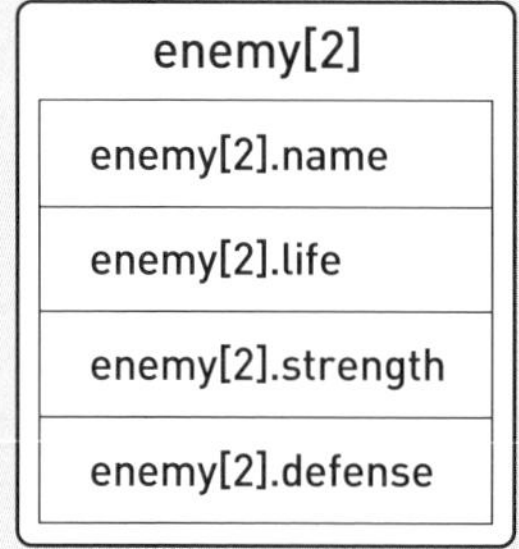

確認しよう 12〜14行目のデータを変更して動作を確認しましょう。名前の文字数を増やす時は、4行目のname[]の要素数を、文字数に合わせて変更しましょう。

3-2-5 メンバの値を変更する

struct_1.cとstruct_2.cでは、構造体の変数や配列の宣言時に初期値を代入しましたが、初期値を定めない構造体の変数や配列を宣言し、後でデータを代入できます。次のプログラムでそれを確認しましょう。

サンプル3-2-3 struct_3.c

```
#define _CRT_SECURE_NO_WARNINGS        Visual Studio用の記述
#include <stdio.h>                     stdio.hをインクルード
#include <string.h>                    string.hをインクルード
struct CHARACTER                       構造体の宣言
{
```

```
06      char name[7];                              |
07      int life;                                  |
08      int strength;                              |
09      int defense;                               |
10  };                                             ┘
11
12  int main(void)                                 メイン関数の定義
13  {                                              main関数のブロックの始まり
14      struct CHARACTER player;                   構造体変数を宣言
15      strcpy(player.name, "マーズ");             メンバに文字列を代入
16      player.life = 1000;                        メンバに整数の値を代入
17      player.strength = 500;                     〃
18      player.defense = 300;                      〃
19      printf("名前 %s¥n", player.name);          メンバの値を出力
20      printf("体力 %d¥n", player.life);          〃
21      printf("腕力 %d¥n", player.strength);      〃
22      printf("防御力 %d¥n", player.defense);     〃
23  }                                              main関数のブロックの終わり
```

図表3-2-8 実行結果

```
名前 マーズ
体力 1000
腕力 500
防御力 300
```

14行目でplayerという構造体変数の宣言だけを行い、15〜18行目でメンバにデータを代入しています。

メンバへの値の代入は、変数や配列に代入するのと同じ書式で行います。文字列は、文字列をコピーする関数strcpy()を使って代入します。整数や小数は代入演算子の=で代入します。

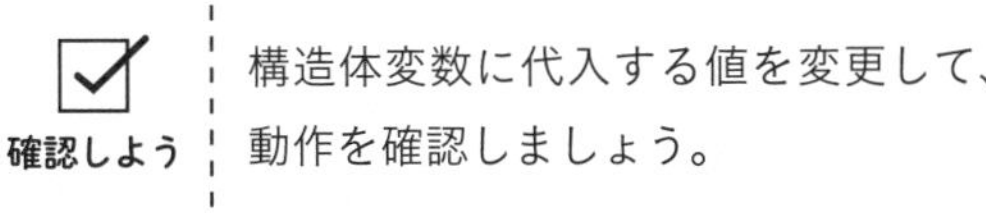

確認しよう 構造体変数に代入する値を変更して、動作を確認しましょう。

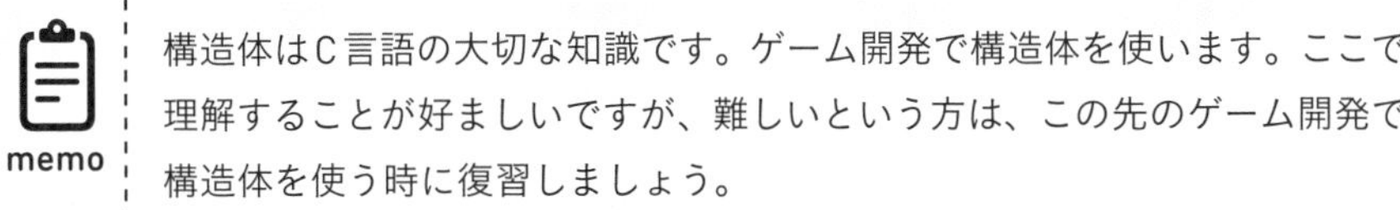

memo 構造体はC言語の大切な知識です。ゲーム開発で構造体を使います。ここで理解することが好ましいですが、難しいという方は、この先のゲーム開発で構造体を使う時に復習しましょう。

Section 3-3

ファイル処理

プレイ中のゲームのデータをセーブし、後で続きをプレイできるようにするには、ファイルにデータを書き込む、ファイルからデータを読み込むという、ファイル処理の知識が必要です。

3-3-1 ファイル処理とは

ファイル処理とは、HDD（ハードディスクドライブ）やSSD（ソリッドステートドライブ）、USBメモリなどの記憶装置に、ファイルを生成してデータを書き込んだり、そこにあるファイルからデータを読み込んだりすることです。ファイル処理をイメージで表すと、図表3-3-1のようになります。

図表3-3-1 ファイル処理のイメージ

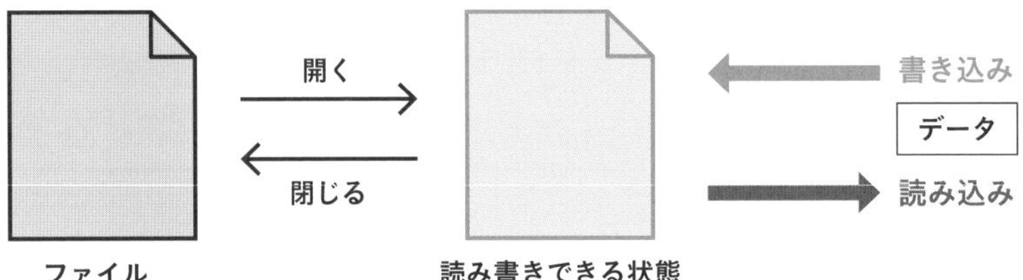

3-3-2 ファイル処理の概要

ファイル処理の大まかな流れを説明します。ファイル処理はstdio.hをインクルードして行います。

① FILE型のポインタ変数を用意する（ポインタは本章末のコラムで説明）
② fopen()でファイルを開く
③ データの書き込みはfprintf()やfputs()、読み込みはfscanf()やfgets()という関数で行う
④ 書き込みや読み込みが終わったら、fclose()の引数にファイルを開いたポインタ変数を渡し、ファイルを閉じる

fopen()にはfopen(ファイル名, "w"もしくは"r")と2つの引数を記述します。書き込むためのファイルを生成する時はwriteの頭文字の"w"、読み込むために既存のファイルを開く時はread

の頭文字の"r"を、2つ目の引数とします。rとw以外に、既存のファイルに追加で書き込む"a"という指定があります。他にも**バイナリファイル**（次のmemoを参照）を読み書きする"rb"、"wb"、"ab"などの指定があります。

既にあるファイルを"w"指定でfopenすると、元のデータはなくなるので注意しましょう。

memo

バイナリファイルの例として、テキスト形式以外の文書（docx、pdfなど）、画像（bmp、png、jpegなど）、サウンド（wav、mp3など）などのファイルがあります。ゲーム開発ではマップデータなどをバイナリファイルとして扱います。バイナリファイルをエディタで開くと、いろいろな記号が羅列されています。それらの記号の1つ1つがコンピューターにとって意味のあるデータになっています。

3-3-3 ファイルにデータを書き込む

プログラムと同じフォルダ（同一階層ともいいます）にsave_data.txtというファイルを作り、そこに文字列配列の中身を書き込むプログラムを確認しましょう。

1行目はVisual Studioでfopen()を使うためのもので、一般的なC言語開発環境では記述しません。第2章の**2-2-8**で説明したVisual Studioの設定を行った時は、1行目の記述は不要です。

サンプル3-3-1 file_1.c

```
01 #define _CRT_SECURE_NO_WARNINGS                                   Visual Studio用の記述
02 #include <stdio.h>                                                stdio.hをインクルード
03 int main(void)                                                    メイン関数の定義
04 {                                                                 main関数のブロックの始まり
05     char name[][9] = { "勇者", "神官", "魔法使い" };                 配列で文字列を用意
06     FILE* fp;                                                     FILE型のポインタ変数
07     fp = fopen("save_data.txt", "w");                             ファイルを開く
08     if (fp == NULL)                                               ┬開けない時の処理
09     {                                                             │
10         printf("ファイルを開くことができません");                       │
11         return -1;                                                │
12     }                                                             ┘
13     for (int i = 0; i < 3; i++) fprintf(fp, "%s¥n", name[i]);     データを書き込む
14     fclose(fp);                                                   ファイルを閉じる
15     printf("ファイルに書き込みました");                                説明を出力
16 }                                                                 main関数のブロックの終わり
```

プログラムのある階層にsave_data.txtが作られます（下図の枠で囲んだもの）。そのファイルをテキストエディタで開くと、5行目にある文字列が書き込まれていることがわかります。

図表3-3-2 実行結果

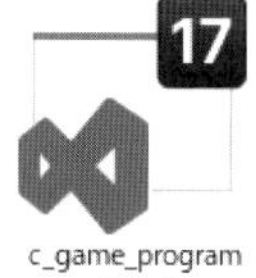

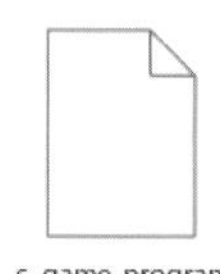

6行目でFILE型のポインタfpを宣言しています。ポインタは本章末のコラムで説明します。

7行目のfopen()でファイルへ書き込む準備をします。このプログラムはデータを書き込むので、fopen()の第2引数を"w"としています。fopen()がNULL（ヌル）を返した場合、何らかの理由でファイルが開けない状態にあります。その判定を8〜12行目で行っています。

13行目のfor文のfprintf(fp, 変換指定子, 配列)で、データを書き込んでいます。処理が終わったら、14行目のfclose()でファイルを閉じます。

確認しよう

5行目で定義している文字列を変更して、それらがファイルに書き込まれることを確認しましょう。

memo

NULLは空ポインタ定数と呼ばれるもので、その中身は（void*）0や0と定められています（処理系で違いがあります）。このNULLを難しく考える必要は無く、「何も指し示さず、空（から）であることを意味する」と捉えておきましょう。

3-3-4 ファイルからデータを読み込む

前のプログラムで保存したsave_data.txtに書かれたデータを、読み込んで出力するプログラムを確認しましょう。

サンプル3-3-2 file_2.c

```
#define _CRT_SECURE_NO_WARNINGS
#include <stdio.h>
int main(void)
{
    char data[3][9];
    FILE* fp;
    fp = fopen("save_data.txt", "r");
    if (fp == NULL)
    {
```

コード	説明
#define _CRT_SECURE_NO_WARNINGS	Visual Studio用の記述
#include <stdio.h>	stdio.hをインクルード
int main(void)	メイン関数の定義
{	main関数のブロックの始まり
char data[3][9];	文字列を読み込むための配列を用意
FILE* fp;	FILE型のポインタ変数
fp = fopen("save_data.txt", "r");	ファイルを開く
if (fp == NULL)	┬開けない時の処理
{	│

`        printf("ファイルを開くことができません");`	｜
`        return -1;`	｜
`    }`	」
`    for (int i = 0; i < 3; i++) fscanf(fp, "%s", data[i]);`	文字列を配列に読み込む
`    fclose(fp);`	ファイルを閉じる
`    for (int i = 0; i < 3; i++) printf("%s¥n", data[i]);`	読み込んだ文字列を出力
`}`	main関数のブロックの終わり

図表3-3-3 実行結果

```
勇者
神官
魔法使い
```

ファイルから読み込むにはfopen()の第二引数を"r"とします。

このプログラムは、データを読み込むための二次元配列を用意し、fscanf()で、そこにデータを読み込んでいます。fscanf()の引数は、fopen()したポインタ変数、変換指定子、データを格納する配列の3つです。

ここでは配列に文字列を読み込みました。例えば変数に整数を読み込むなら、fscanf(fp, "%d", &を付けた変数)とします。&の意味は本章末のコラムで説明します。

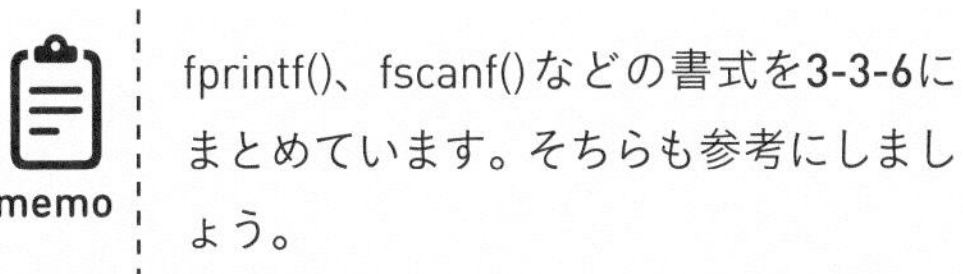

memo

fprintf()、fscanf()などの書式を**3-3-6**にまとめています。そちらも参考にしましょう。

3-3-5 fgets()とfputs()で文字列を読み書きする

fgets()とfputs()を使って、長い文字列を読み書きするプログラムを確認します。

サンプル3-3-3 file_3.c

`#define _CRT_SECURE_NO_WARNINGS`	Visual Studio用の記述
`#include <stdio.h>`	stdio.hをインクルード
`int main(void)`	メイン関数の定義
`{`	main関数のブロックの始まり
`    char put_string[] = "若者よ、いざ冒険の旅へ。旅路は険しいものになろうが、そなたは必ず成し遂げよう。";`	書き込む文字列を配列に代入
`    char get_string[100];`	文字列を読み込むための配列を用意
`    FILE* fp;`	FILE型のポインタ変数
`    fp = fopen("adventure.txt", "w");`	書き込み指定でファイルを開く

```
09     if (fp == NULL) {
10         printf(" ファイルを開くことができません ");
11         return -1;
12     }
13     fputs(put_string, fp); // 文字列の書き込み
14     fclose(fp);
15 
16     fp = fopen("adventure.txt", "r");
17     if (fp == NULL) {
18         printf(" ファイルを開くことができません ");
19         return -1;
20     }
21     fgets(get_string, 100, fp); // 文字列の読み込み
22     fclose(fp);
23     printf("%s", get_string);
24 }
```

行	説明
09–12	開けない時の処理
13	文字列を書き込む
14	ファイルを閉じる
16	読み込み指定でファイルを開く
17–20	開けない時の処理
21	文字列を読み込む
22	ファイルを閉じる
23	読み込んだ文字列を出力
24	main関数のブロックの終わり

図表3-3-4 実行結果

```
若者よ、いざ冒険の旅へ。旅路は険しいものになろうが、そなたは必ず成し遂げよう。
```

このプログラムは書き込みと読み込みを順に行っています。ファイルを読み書きするために、FILE型のポインタ変数を用意し、fopen()の引数にファイル名とwもしくはrを与えてファイルを開く手順は、ここまでに学んだ通りです。

5行目で配列に代入した文字列を、13行目のfputs(書き込む配列, fp)で、ファイルに書き込んでいます。また6行目で宣言した空の配列に、21行目のfgets(読み込む配列, バイト数, fp)で、ファイルから文字列を読み込んでいます。読み込んだ文字列を、23行目で出力しています。

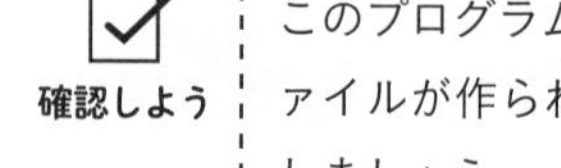

このプログラムを実行すると、プログラムと同じフォルダにadventure.txtというファイルが作られます。それを開いて5行目の文字列が書き込まれていることを確認しましょう。

3-3-6 ファイル処理を行う関数

ファイル処理を行う主な関数をまとめます。

図表3-3-5 ファイル処理を行う主な関数

関数名	機能	書式
fopen()	モードを指定してファイルを開く	fopen(ファイル名 , モード) 記述例）fp = fopen("ranking.txt", "r")
fclose()	開いたファイルを閉じる	fclose(ファイルポインタ)
fprintf()	書式を指定して、ファイルへデータを出力する	fprintf(ファイルポインタ , 書式 , 変数あるいは配列) 記述例）fprintf(fp, "%d", score)
fscanf()	書式を指定して、ファイルからデータを入力する	fscanf(ファイルポインタ , 書式 , 変数のアドレス) 記述例）fscanf(fp, "%d", &score)
fputs()	ファイルへ文字列を出力する	fputs(出力する文字列 , ファイルポインタ)
fgets()	ファイルから文字列を入力する	fgets(入力先の配列 , バイト数 , ファイルポインタ)

ファイル処理を行う関数には他に、ファイルから1文字入力するfgetc()、ファイルへ1文字出力するfputc()、ファイルを削除するremove()、ファイル名を変更するrename()などがあります。

ファイルを開く→データを書き込む、あるいは読み込む→ファイルを閉じるという流れを覚えておきましょう。ファイル処理が終わったらfclose()でファイルを閉じるのを忘れないようにしましょう。閉じ忘れたファイルは扱えなくなることがあります。

One Point

ファイルの中身をすべて読み込む

ファイルに書かれた文字列をすべて読み込んで出力するプログラムを紹介します。次のプログラムは、本節で学んだfile_1.cを開き、そこに書かれているコードを読み込んで出力します。file_1.cが存在しないとエラーになります。

サンプル3-3-4 file_4.c

```
01 #define _CRT_SECURE_NO_WARNINGS
02 #include <stdio.h>
03 int main(void)
04 {
05     FILE* fp;
06     fp = fopen("file_1.c", "r");
07     char s[256]; // 256 文字ずつ読み込む
08     while (1) // 無限ループで繰り返す
09     {
10         char* ret = fgets(s, 256, fp);
11         if (ret == NULL) break; // ファイルの終わりに達した
12         printf(s);
13     }
14     fclose(fp);
15 }
```

※8～13行目をwhile (fgets(s, 256, fp) != NULL) printf(s); と1行にまとめることもできます

Section 3-4

乱数

この節では、乱数を発生させる関数の使い方を学びます。

3-4-1 乱数を発生させる

無作為に選ばれる数を乱数といいます。コンピューターで発生させる乱数は、サイコロを振って得られるような自然な乱数とは違い、計算によって作られます。そのことは**3-4-2**で説明します。

C言語には乱数を発生させるrand()という関数があります。次のプログラムでrand()の使い方を確認しましょう。rand()を使うにはstdlib.hをインクルードします。このプログラムは、変数rに乱数を代入し、その値を出力することを、5回、繰り返します。

サンプル3-4-1 rand_1.c

```
#include <stdio.h>
#include <stdlib.h>
int main(void)
{
    for (int i = 0; i < 5; i++)
    {
        int r = rand();
        printf("敵に %d のダメージを与えた！¥n", r);
    }
}
```

#include <stdio.h>	stdio.hをインクルード
#include <stdlib.h>	stdlib.hをインクルード
int main(void)	メイン関数の定義
{	main関数のブロックの始まり
for (int i = 0; i < 5; i++)	5回繰り返す
{	for文のブロックの始まり
int r = rand();	変数rに乱数を代入
printf(...);	その値を出力
}	for文のブロックの終わり
}	main関数のブロックの終わり

図表3-4-1 実行結果

```
敵に 41 のダメージを与えた！
敵に 18467 のダメージを与えた！
敵に 6334 のダメージを与えた！
敵に 26500 のダメージを与えた！
敵に 19169 のダメージを与えた！
```

for文の中で、変数rにrand()の戻り値を代入し、その値を出力しています。rand()を呼び出すと、0から、C言語の開発環境に定められた最大値（RAND_MAX）までの乱数が返ります。

確認しよう

このプログラムを何度か実行してみましょう。毎回、同じ乱数が発生することがわかります。

memo

RAND_MAXはC言語の開発環境ごとに定められており、Visual Studioでは#define RAND_MAX 0x7fff（10進数の値で32767）となっています。

3-4-2 乱数は計算によって作られる

rand()による乱数は計算によって作られます。そのような乱数は疑似乱数と呼ばれ、サイコロを振って出る目や、よく切ったトランプ（カード）の束から1枚を選ぶ時の番号のような、自然な乱数とは異なるものになります。rand()の乱数は、定められた計算式で作られるので、プログラムをはじめから実行すると、毎回、同じ数の並び（疑似乱数の数列）になります。

乱数の計算の元になる値を乱数の種といいます。乱数の種を変えることで、rand()で発生する乱数を変化させることができます。乱数の種はsrand()という関数で変更します。

3-4-3 time () を使って乱数の種を与える

プログラムを実行するたびに新しい乱数の種を与え、乱数が毎回、変化するプログラムを確認しましょう。新しい乱数の種を与えるには、いろいろな方法が考えられます。ここでは時間の値を種として用いるプログラムで確認してみます。このプログラムの乱数は、前のrand_1.cと同じ結果にはなりません。動作確認後に、どのような値を種としているかを説明します。

サンプル3-4-2 rand_2.c

```
#include <stdio.h>
#include <stdlib.h>
#include<time.h>
int main(void)
{
    srand((unsigned int)time(NULL));
    for (int i = 0; i < 5; i++)
    {
        int r = rand();
        printf("敵に %d のダメージを与えた！¥n", r);
    }
}
```

- stdio.hをインクルード
- stdlib.hをインクルード
- time.hをインクルード
- メイン関数の定義
- main関数のブロックの始まり
- 乱数の種を与える
- 5回繰り返す
- for文のブロックの始まり
- 変数rに乱数を代入
- その値を出力
- for文のブロックの終わり
- main関数のブロックの終わり

図表3-4-2 実行結果

```
敵に 22578 のダメージを与えた！
敵に 26682 のダメージを与えた！
敵に 8708 のダメージを与えた！
敵に 26806 のダメージを与えた！
敵に 25446 のダメージを与えた！
```


6行目のsrand((unsigned int)time(NULL))で、乱数の種を設定しています。このプログラムではtime()という関数の戻り値を種としています。time()はエポック秒（暦時間）を返す関数です。エポック秒とは1970年1月1日0時0分0秒からの経過秒数のことです。

time()を用いるにはtime.hをインクルードします。time(NULL)の戻り値は、time_tという型になります。time_tは大きな数を扱える整数型で、Visual Studioではtypedef long long time_tと定義されています。srand()の引数は符号の無い整数であるunsigned intを与えることになっているので、srand((unsigned int)time(NULL))と明示的に型変換をしています。

time(NULL)の引数のNULLを難しく捉える必要はありません。例えばtime_t t = time(NULL)として、変数tにエポック秒を代入できます。またtime_t tと変数tを宣言し、time(&t)としても、tにエポック秒が代入されます。

One Point

日時を扱ってみよう

プログラムを実行した時の日付（西暦、月、日、曜日）と、時刻（時、分、秒）を出力するプログラムを紹介します。

サンプル3-4-3 time_now.c

```
01 #define _CRT_SECURE_NO_WARNINGS
02 #include <stdio.h>
03 #include<time.h>
04 int main(void) {
05     char dayofweek[][4] = { "Sun","Mon","Tue","Wed","Thu","Fri","Sat" };
06     time_t t = time(NULL);
07     struct tm* now = localtime(&t);
08     printf("%d/%d/%d %s %d:%d:%d",
09         now->tm_year + 1900,
10         now->tm_mon + 1,
11         now->tm_mday,
12         dayofweek[now->tm_wday],
13         now->tm_hour,
14         now->tm_min,
15         now->tm_sec);
16 }
```

※1行目はVisual Studioでlocaltime()を使うための記述です

図表3-4-3 実行結果

```
2023/1/28 Sat 14:14:46
```

6〜7行目でlocaltime()という関数の引数に、time()で得た値を与え、tm構造体のポインタ変数nowに、日時を取得するためのデータを代入しています。9〜15行目の記述で、日付や時刻を手に入れることができます。曜日の値は0〜6の整数になるので、その値を使って、5行目で定義した曜日の文字列を出力しています。

column

C言語の難関「ポインタ」を理解しよう

このコラムでは、ポインタについて説明します。ポインタは難しく、C言語を学ぶ時の難関の1つに挙げられます。これから説明する内容をすぐに理解できなくても、心配する必要はありません。趣味のプログラミングなら、ポインタを習得せずともゲーム開発に支障はありません。本書のゲーム開発では、一部の処理を除いてポインタは使いません。ただしC言語を完全に習得したい方や、プロのゲームプログラマーを目指す方は、最終的にはポインタを理解すべきです。必要な時に、ここに戻って復習しましょう。

ポインタとは

ポインタとはメモリ上のアドレスを扱うための変数です。ポインタを理解するには、変数のアドレスについて知る必要があるので、その説明から始めます。

変数を宣言すると、コンピューターのメモリ上に、データを格納する領域が作られます。次の図はint型の変数iを扱うために、8012番地に4バイト分のメモリが確保され、char型の変数cを扱うために、802B番地に1バイトのメモリが確保された様子を表したものです。8012と802Bは16進法の値で、それらがアドレスになります。

図表3-5-1 メモリ上の変数

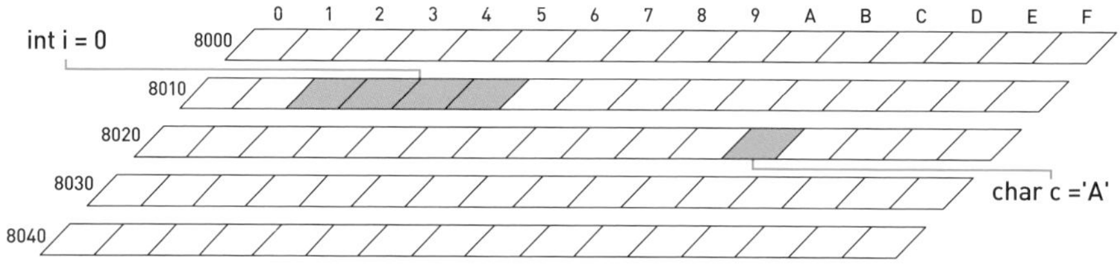

※このアドレスは説明用のもので、実際のアドレスではありません

変数がメモリのどこに格納されているかを、その変数に&を付けて知ることができます。次のプログラムで変数のアドレスを出力して、それを確認しましょう。printf()でアドレスを出力するには、%pの変換指定子を用います。

サンプル3-5-1 address_1.c

```
#include <stdio.h>
int main(void)
{
    int i = 0;
    char c = 'A';
    printf("変数iの値は%d、アドレスは%p¥n", i, &i);
    printf("変数cの値は%c、アドレスは%p¥n", c, &c);
}
```

- stdio.hをインクルード
- メイン関数の定義
- main関数のブロックの始まり
- int型のiを宣言し初期値を代入
- char型のcを宣言し初期値を代入
- iの値とアドレスを出力
- cの値とアドレスを出力
- main関数のブロックの終わり

図表3-5-2 実行結果 (※アドレスはプログラムを実行するたびに変わります)

```
変数iの値は0、アドレスは000000F44DAFF594
変数cの値はA、アドレスは000000F44DAFF5B4
```

このプログラムはint型の変数iの値と、それが格納されているメモリのアドレスを出力しています。またchar型の変数cの値と、それが格納されているアドレスを出力しています。

アドレスはprintf()の引数の&iと&cで取得しています。この&を**アドレス演算子**といいます。

ポインタの宣言

変数のアドレスを代入したポインタを使って、そのアドレスに格納されているデータにアクセスすることができます。int型の変数のアドレスを代入するポインタはint* pと宣言します。double型の変数のアドレスを代入するポインタはdouble* p、char型の変数のアドレスを代入するポインタはchar* pと宣言します。

この説明ではポインタの名称をpとしましたが、ポインタ名は自由に付けることができます。ポインタ名の付け方は、普通の変数名の付け方(P065)と同じです。ポインタをポインタ変数と呼ぶこともあります。

ポインタの宣言で、int *pのように、*を変数に寄せる書き方もよく見られます。本書では宣言時に、型に*を付ける書式で統一します。本書でそうするのは、int *pとすると、プログラミングを学び始めて間もない方が、int型の*pという変数を作ると勘違いするなどの理由からです。ただし*をどちらに寄せるかは、C言語のルールとして定められていません。また、どちらに付けるにせよ、メリット、デメリットがあります。例えば、複数のポインタをまとめて宣言する時はint* p1, p2としてはならず、int *p1, *p2と記述しなくてはなりません。

Visual Studioでは型に*を寄せる書き方が推奨されています(Visual Studioが自動的にその書式に変えます)。*をどちらに寄せるかは、各自の判断にお任せします。

ポインタの使い方

ポインタの使い方を、次のプログラムで確認しましょう。このプログラムはint型の変数iを宣言し、そのアドレスをポインタpに代入し、アドレスの値をprintf()で出力します。さらに*pに値を代入して、変数iの中身を変化させます。

サンプル3-5-2 pointer_1.c

```
01 #include <stdio.h>
02 int main(void)
03 {
04     int i = 0;
05     int* p = &i;
06     printf("i の初期値は %d、p の値は %p¥n", i, p);
07     *p = 777;
08     printf("*p=777 とすると、i の値は %d になる ", i);
09 }
```

行	説明
01	stdio.hをインクルード
02	メイン関数の定義
03	main関数のブロックの始まり
04	int型のiを宣言し初期値を代入
05	ポインタpにiのアドレスを代入
06	iの値とアドレスを出力
07	ポインタを使ってメモリ上の値を変更
08	iの値を出力
09	main関数のブロックの終わり

図表3-5-3 実行結果

```
iの初期値は0、pの値は000000AFDEB8F5F4
*p=777とすると、iの値は777になる
```

4行目で変数iを宣言し、初期値0を代入しています。5行目のint* p = &iと、7行目の*p = 777が、このプログラムの重要な部分です。5行目でiのアドレスがpに代入されます。7行目のように*p=値とすると、アドレスpに格納されている値、すなわち変数iの値を変更できます。この*は**間接演算子**と呼ばれます。次の図でiとpの関係を確認しましょう。

図表3-5-4 変数、アドレス、ポインタの関係

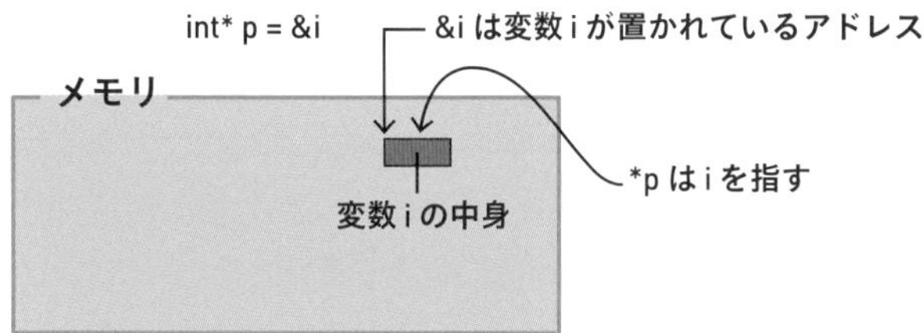

確認しよう

*pに代入する値を変更して、8行目で出力するiが、その値になることを確認しましょう。

ポインタで配列を扱う

ポインタで配列を扱う方法を、次のプログラムで確認しましょう。初期値を代入した配列の3つ目の要素の値を、ポインタを使って変更する内容になります。

サンプル3-5-3 pointer_2.c

```
#include <stdio.h>
int main(void)
{
```

説明
stdio.hをインクルード
メイン関数の定義
main関数のブロックの始まり

```
04     int lank[3] = { 10, 20, 30 };                          int型の配列を宣言し初期値を代入
05     int* p = lank;                                         ポインタpに配列の先頭アドレスを代入
06     printf("lank[2] の値は %d¥n", lank[2]);                 lank[2] の値を出力
07     printf("*(p+2) の値は %d¥n", *(p + 2));                 *(p+2) の値を出力
08     *(p + 2) = *(p + 2) + 10;                              ポインタを使ってメモリ上の値を変更
09     printf(" 変更した lank[2] の値は %d¥n", lank[2]);        lank[2] の値を出力
10 }                                                          main関数のブロックの終わり
```

図表3-5-5 実行結果

```
lank[2]の値は30
*(p+2)の値は30
変更したlank[2]の値は40
```

配列を宣言し、lank[0]に10、lank[1]に20、lank[2]に30を代入しています。

5行目のint* p = lankで、ポインタpに配列の先頭アドレスを代入しています。[]を付けずにlankと記すと、配列が置かれたアドレスの先頭を表すことになります。

変数のアドレスを知るには、変数名に&を付けますが、配列の先頭アドレスを知るには、[]を記さない配列名を記述することを覚えておきましょう。

このプログラムは、ポインタpに配列の先頭アドレスを代入しており、これで*pがlank[0]を、*(p+1)がlank[1]を、*(p+2)がlank[2]を指すようになります。

8行目の*(p+2) = *(p+2) + 10で、lank[2]の中身を10増やしています。

lank[n]のアドレスを知りたい時は、&lank[n]と記述して、その要素のアドレスを取得できます。&lank[0]とlankは同じアドレスになります。

One Point

かつて多用されたポインタ

ポインタを使うことで、変数や配列で計算するより、処理を高速化できます。そのためコンピューターの演算能力が低かった時代には、ポインタを駆使してプログラムを高速動作させるテクニックが重宝されました。このコラムでは、簡単なデータを定義したプログラムを扱ったので、データアクセスの高速化は体験できませんが、大量のデータを扱う時などにポインタを用いて処理を高速化できます。

かつてはゲームのプログラムでも、ポインタで処理を高速化し、不可能と思われていた処理を実現するなど、ポインタは無くてはならないものでした。しかしゲーム開発にポインタが必須とされた時代は、だいぶ前に過ぎ去ったと筆者は感じています。その理由として、

- **ハードウェアの進歩でコンピューターの演算能力が飛躍的に上がり、ポインタを使わなくてもソフトウェアを高速動作させられるようになった**
- **ポインタという仕組み自体を持たないプログラミング言語が普及し、開発に使われるようになった**
- **ポインタは使い方を誤ると、データを破壊するなどの危険があるため、C言語やC++による開発でもポインタを使わない案件が増えた**

などが挙げられます。

ポインタの知識が無くてもC言語でソフトウェアを開発でき、もちろんゲームもポインタ無しで作れます。本書ではこの先、一部の処理を除いてポインタは用いません。ですから、このコラムの内容に頭を悩ませる必要はありません。しかしポインタをしっかり学べば、コンピューターのメモリについて詳しくなり、例えばハードを直接、制御するような処理を理解できるようになるでしょう。またポインタはC言語の難関であり、ポインタを使ってプログラムを組めるようになれば、C言語をマスターしたと胸を張っていえるでしょう。

本書ではポインタの説明はここまでとしますが、ポインタは奥が深く、極めようとすれば、学ぶことがたくさんあります。興味を持たれた方はインターネットで調べるなどして、知識を増やすとよいでしょう。

Chapter 4

CUIのゲームを作ろう

この章では、CUI上で動くミニゲームのプログラムを組む課題を出します。みなさんはヒントを頼りに、自分の力でプログラムを記述します。ゲームの完成を目指してプログラミングすることで、コンピューターに行わせたい処理を自ら考案する力と、そのプログラムを実際に組み立てる力を養います。
さらに4-4では、本格的なゲームを制作する準備として、CUI上で動くアクションゲームのプログラムでリアルタイム処理について学びます。

Section 4-1

この章の学習の進め方

この章では、ミニゲームを完成させるために必要な処理を、ご自身で考えてプログラムを組みます。この節では、この章で行う学習の目的と、ミニゲームを作る課題の解き方について説明します。

4-1-1 プログラミングを習得するには

プログラミングの知識と技術を身につける確実な方法は、自分で処理を考え、自らの手でプログラムを入力し、実際に動かして動作を確認することです。うまく動かなかったら、どこを直せば正しく動作するかを考え、その修正を行うことで、プログラミングへの理解が深まります。自らプログラムを記述することが何より大切です。この章ではそのために、演習形式でミニゲームのプログラムを作成します。

ゲーム制作は初めてという方が安心して学習を進められるように、プログラミングのヒントを用意しています。それらを手掛かりにプログラムを記述しましょう。はじめは難しくても、手を動かして入力するうちに理解が進み、プログラミングの力が伸びていきます。

4-1-2 この章のゲーム制作の流れ

この章では、図表4-1-1の左側の流れでミニゲームを制作します。参考として図表の右側に、ゲームメーカーでの開発の流れを載せています。この章では、みなさんがプロのゲームプログラマーになったと考えて、学習を進めましょう。

図表4-1-1 ミニゲーム制作の流れ

ミニゲーム制作の流れ（この章で行う学習）	ゲームメーカーのゲーム開発に例えると
①完成させるゲームの内容を確認します	①プランナーなどが、仕様書と呼ばれる書面に、完成させるゲームの内容をまとめます。プログラマーはそれを確認し、プログラミングを始めます
②プログラミングのヒント（使う命令や、処理の組み込み方など）を提示します。必要な方はヒントを確認します	②新人プログラマーや経験の浅いプログラマーを、ベテランのプログラマーがサポートします。例えば記述すべき処理や、組み込むべきアルゴリズムについて、助言や指示があります
③プログラムを記述して、動作を確認します。うまく動かないところがあれば、プログラムを修正します（デバッグ）	③プログラミングを進め、ある程度、動くようになったら、動作を確認しながら開発を続けます。不具合があれば修正し、完成度を上げていきます
④ゲームが完成します	④最終的なデバッグと、ゲームバランス（難易度）の調整を行って、ゲームが完成します
⑤模範解答のプログラムを確認して、理解を深めます	

One Point

クリエイターの職種

家庭用ゲーム機のゲームソフトもスマートフォンのゲームアプリも、**ゲームクリエイター**たちがチームを組んで開発します。ゲームクリエイターには主に次の職種があります。

職種	主な仕事内容
プロデューサー	開発全体を指揮する
ディレクター	スケジュールなど開発工程を管理する
プランナー	ゲームの内容、仕様を考案する。ゲームバランスを調整する
プログラマー	プログラムを記述し、ゲームを動くものにしていく
グラフィックデザイナー	グラフィック（3D モデル、イラスト、ドット絵など）を制作する
サウンドクリエイター	BGM や効果音を制作する
デバッガー	開発中のゲームの不具合を探す。ゲームの難易度について意見を出す

memo

筆者も、自分で処理を考える、自ら入力する、動作確認する、バグを直すことを繰り返して、プログラミングの腕を磨きました。ミニゲームを作るとゲーム開発の基礎知識を学べます。頑張っていきましょう！

4-1-3 プログラミングのヒントと模範解答について

ミニゲームを作るためのヒントは、**A＝言葉による要点説明**と、**B＝プログラムの記述例**の2つを用意しています。それらを手掛かりにプログラムを組んでいきましょう。プログラミングの知識が十分にある方は、ヒントAだけを参考にするか、あるいはヒントなしでプログラミングに挑戦しましょう。またゲーム制作の経験のある方は、ヒントなしで作ってみましょう。

模範解答である完成版のプログラムは、次の2つを掲載しています。

① 最もシンプルに記述したもの
② ゲームを改良、拡張しやすいように、①のプログラムを改良したもの

みなさんが記述したプログラムを、まず①のプログラムと比べましょう。次に②のプログラムも確認して、商用のゲーム開発でプログラムをどう組むべきかという知識を増やしましょう。

memo

模範解答は、趣味レベルのプログラムなら①が組めればOK、プロのゲームプログラマーを目指すなら②のように記述しようという内容になっています。

Section 4-2 クイズゲームを作ろう

この節では、CUI（キャラクター・ユーザー・インタフェース）上で動く、クイズゲームのプログラムを組む課題を出します。ヒントを頼りに、みなさん自身の力でプログラムを組んでいきます。

4-2-1 完成を目指すゲームの内容

■課題① 次のようなクイズゲームを制作せよ

① クイズを5問、順に出力（出題）する
② 答えの入力を受け付ける
③ 入力した答えが、正解か不正解かを判定し、正解ならその旨を出力する
間違えた場合は正解を教える
④ 最後に、何問、正解したかを出力する

図表4-2-1 完成版の実行画面の例

```
2020年に発売され、ヒットしたNintendo Switchのゲーム「○○○○ どうぶつの森」。○○○○に入る言葉は？
あつまれ
正解です。
2010年代にスマートフォンでヒットしたソーシャルゲーム「パズドラ」の正式名称は？
パズル＆ドラゴンズ
正解です。
2000年代にガラケーでヒットした、自転車に乗った棒人間を操作して遊ぶゲームの名称は？
チャリ走
正解です。
1990年代にゲームセンターに設置され、ブームとなった写真シール機「プリクラ」の正式名称は？
プリントクララ
間違いです。正しい答えは、プリント倶楽部
1980年代に大ヒットした家庭用ゲーム機「ファミコン」の正式名称は？
ファミリーコンピュータ
正解です。
あなたは4問、正解しました。
```

クイズの問題と答え（正解）は次の通りです。これらの文章は、ご自身で用意してかまいません。

図表4-2-2 問題と正解

問題	正解
2020年に発売され、ヒットしたNintendo Switchのゲーム「○○○○ どうぶつの森」。○○○○に入る言葉は？	あつまれ
2010年代にスマートフォンでヒットしたソーシャルゲーム「パズドラ」の正式名称は？	パズル＆ドラゴンズ
2000年代にガラケーでヒットした、自転車に乗った棒人間を操作して遊ぶゲームの名称は？	チャリ走
1990年代にゲームセンターに設置され、ブームとなった写真シール機「プリクラ」の正式名称は？	プリント倶楽部
1980年代に大ヒットした家庭用ゲーム機「ファミコン」の正式名称は？	ファミリーコンピュータ

例えばスポーツ好きの方はスポーツに関する問題、犬や猫がお好きな方はペットに関する問題などを用意してみましょう。ゲームは想像力を膨らませて作るものです。自由な発想で制作を進めましょう。

4-2-2 プログラミングのヒント

ゲームを完成させるためのヒントをお伝えします。ヒントAがプログラミングの要点、ヒントBがプログラムの記述例です。みなさんの力量に合わせてヒントを参考にしてください。

■ ヒントA（要点）

① 標準的な入出力の機能を取り込む #include <stdio.h> を記述し、main関数を用意する
② 問題と正解の文字列を配列で定義する
③ 入力した答えが正解だった時の回数を数える変数を用意する
④ 5つの問題を順に出すために、繰り返しのforを用いる
⑤ 文字列の出力をprintf()で行う
⑥ 文字列の入力をscanf()で行う
⑦ 条件分岐のif文と、文字列を比較するstrcmp()を用いて、答えが合っているかを判定する

■ ヒントB（記述例）

①標準的な入出力の機能を取り込む #include <stdio.h> を記述し、main関数を用意する
記述例）

```
#include <stdio.h>
int main(void)
{
    処理
}
```

②問題と正解の文字列を配列で定義する
記述例）

```
char QUIZ[5][文字数+1] =
{
 問題文の文字列
}
char ANS[5][文字数+1] =
{
```

```
  正解の文字列
}
```

※文字数は半角分に相当する数で、全角1文字は半角2文字に当たる。文字列の終わりにヌル文字（¥0）が入るため、その1文字分の領域が必要になる

③入力した答えが正解だった時の回数を数える変数を用意する

scoreなどのわかりやすい変数名にする。数える値は整数なのでint型の変数とする。

記述例）

```
int score = 0;
```

④5つの問題を順に出すために、繰り返しのforを用いる

記述例）

```
for (int i = 0; i < 5; i++)
{
    処理
}
```

⑤文字列の出力をprintf()で行う

記述例）

```
printf("%s¥n", QUIZ[添え字]);
```

⑥文字列の入力をscanf()で行う

Visual Studioでscanf()を使うには、プログラムの冒頭に#define _CRT_SECURE_NO_WARNINGSを記述するか、P060で説明した設定を行う。

scanf()を用いて入力した文字列を、配列に代入するには、次のように記述する。

記述例）

```
char 配列名[要素数];
scanf("%s", 配列名);
```

⑦条件分岐のif文と、文字列を比較するstrcmp()を用いて、答えが合っているかを判定する

strcmp()を使うには、プログラムの冒頭でstring.hをインクルードする。

if文を次のように記述して、入力した答えが正解の時と不正解の時で処理を分ける。

記述例）

```
if (strcmp(文字列1, 文字列2) == 0)
{
    正解の処理
}
else
```

```
{
    不正解の処理
}
```

もう少しヒントが欲しいという方は、次を参考にしましょう。

> ⑧プログラムの全体像
> ・main関数の中にfor文が入る。
> ・for文の中に、問題の出力、答えの入力、入力した答えが正解かを判定するif文が入る。
> ・for文の後に、正解した回数を出力する。

4-2-3 模範解答の確認

完成したクイズゲームのプログラムを確認します。ご自身で組んだプログラムがうまく動かない時は、このプログラムを参考に完成させましょう。

なお、このプログラムを入力するさい、Visual Studio特有の問題により、エラーを示す表示が出ることがありますが、コンパイルと実行に支障はありません。その表示が気になる方は、配列の要素数をQUIZ[5][141]、ANS[5][34]とすればエラー表示が消えます。

サンプル4-2-1 Chapter4->quiz_1.c

```
#define _CRT_SECURE_NO_WARNINGS                 Visual Studio用の記述
#include <stdio.h>                              ┬必要なヘッダを
#include <string.h>                             ┘インクルード
int main(void)                                  main関数の宣言
{                                               mainの始まりの波括弧
    char QUIZ[5][101] =                         ┬配列で問題を定義
    {                                           │
    "2020年に発売され、ヒットしたNintendo Switchのゲーム「○○○○どうぶつの森」。○○○○に入る言葉は？",   │
    "2010年代にスマートフォンでヒットしたソーシャルゲーム「パズドラ」の正式名称は？",   │
    "2000年代にガラケーでヒットした、自転車に乗った棒人間を操作して遊ぶゲームの名称は？",   │
    "1990年代にゲームセンターに設置され、ブームとなった写真シール機「プリクラ」の正式名称は？",   │
    "1980年代に大ヒットした家庭用ゲーム機「ファミコン」の正式名称は？"   │
    };                                          ┘
    char ANS[5][23] =                           ┬配列で正解を定義
    {                                           │
    "あつまれ",                                 │
```

```
17        "パズル&ドラゴンズ",
18        "チャリ走",
19        "プリント倶楽部",
20        "ファミリーコンピュータ"
21        };
22        int score = 0;                                              正解した回数を数える変数
23        char ans[31];                                               答えを入力するための配列
24        for (int i = 0; i < 5; i++)                                 forで繰り返す
25        {                                                           for文のブロックの始まり
26            printf("%s¥n", QUIZ[i]);                                問題を出力
27            scanf("%s", ans);                                       答えを入力し、ansに格納
28            if (strcmp(ans, ANS[i]) == 0)                           その答えが正解かを判定
29            {                                                       if文のブロックの始まり
30                printf("正解です。¥n");                              文字列の出力
31                score = score + 1;                                  正解した回数を数える
32            }                                                       ifのブロックの終わり
33            else                                                    elseで不正解の処理を行う
34            {                                                       elseのブロックの始まり
35                printf("間違いです。正しい答えは、%s¥n", ANS[i]);     正しい答えを出力
36            }                                                       elseのブロックの終わり
37        }                                                           for文のブロックの終わり
38        printf("あなたは%d問、正解しました。", score);                正解数を出力
39    }                                                               mainの終わりの波括弧
```

1行目はVisual Studioでscanf()を使うための記述です（**2-2-7**、P059を参照）。本書はVisual Studioで学習するので記述しますが、一般的なC言語の開発環境では1行目は不要です。

C言語のプログラムは、冒頭で必要なヘッダをインクルードします。標準的な入出力を行うために2行目でstdio.hをインクルードし、文字列を扱う関数を使うために3行目でstring.hをインクルードしています。

4行目がmain関数の宣言です。main関数はint型で宣言し、引数をvoidとします。このvoidは省略できますが、学習段階ではint main(void)と省略せずに記述しましょう。

6〜13行目で、5問あるクイズの問題文を文字列配列で定義しています。これは二次元の配列です。配列の要素数は、何行分の文字列を定義するかと、1行が何文字になるかで変わります。「2020年に発売され〜」の問題文が一番長く、半角で101文字分の領域が必要です。全角は半角2文字分として数えます。文字列の終わりにヌル文字（¥0）が入る領域が必要なので、その1文字分を忘れてはなりません。

14〜21行目で、正しい答えを文字列配列で定義しています。正解という英単語はcorrect answerやright answerで、このプログラムではanswerを略したANSを配列名としました。変数名や配列名は英単語を略して付けることがよくあります。略す時は、どのような用途の変数や配列なのかわかるように略しましょう。

22行目が正解した回数（スコア）を数えるための変数宣言で、初期値0を代入しています。変数の用途がわかりやすいように、scoreという変数名にしました。

23行目が答えを入力するための配列の宣言です。ここでは要素数を31としたので、全角で15文字まで入力できます。(31ーヌル文字)÷2で15文字になります。

24行目のfor文で、問題の出力、答えの入力、答えの判定を5回、繰り返します。

26行目が問題文の出力です。27行目が答えの入力で、入力した文字列をans[]に代入しています。

28～36行目のif～elseによる条件分岐で正解かを判定し、正解ならscoreの値を増やし、不正解なら正しい答えを出力しています。strcmp(ans, ANS[i])で、入力した答えと、定義した正解を比較しています。strcmp()は比較する文字列が等しければ0を返します。

最後の38行目で、何問、正解したかを出力しています。

One Point

効率よく処理を行う

模範解答通りでなくても、みなさんが入力したプログラムが正しく動作すれば、それは正しく記述したものであるといえます。ただしこのゲームでは「問題と正解を配列で定義する」「for文を用いる」という2つは必須です。もし、5つの問題を出力するためにprintf()を5回記述し、5つの答えを入力するためにscanf()を5回記述したとすれば、それは正常に動いても、正しく記述したプログラムであるとは言い難いです。その理由は、問題を100問に増やすことを考えるとわかります。printf()、scanf()、if文をそれぞれ100回も記述するのは非効率で、どこかで入力ミスをするおそれがあります。配列と繰り返しを用いて効率よく処理を行うことが、この節の学習における重要なポイントです。

4-2-4 マクロ定義を用いたプログラムの確認

quiz_1.cを改良したプログラムを掲載します。このプログラムは**#define**という記述で、クイズの問題数の5という数を定めています。#defineで定めた文字列は、プログラムをビルドする時、別の文字列や数値（次のプログラムでは5という数）に置き換えられます。これを**マクロ定義**といいます。プログラムの確認後に、マクロ定義について説明します。

サンプル4-2-2 Chapter4->quiz_2.c (※前のプログラムからの改良個所を太字にしています)

```
#define _CRT_SECURE_NO_WARNINGS
#define QUIZ_MAX 5
#include <stdio.h>
#include <string.h>
int main(void)
{
```

```
07     char QUIZ[QUIZ_MAX][101] =
08     {
09     "2020年に発売され、ヒットしたNintendo Switchのゲーム「○○○○ どうぶつの森」。○○○○に入る言葉は？",
10     "2010年代にスマートフォンでヒットしたソーシャルゲーム「パズドラ」の正式名称は？",
11     "2000年代にガラケーでヒットした、自転車に乗った棒人間を操作して遊ぶゲームの名称は？",
12     "1990年代にゲームセンターに設置され、ブームとなった写真シール機「プリクラ」の正式名称は？",
13     "1980年代に大ヒットした家庭用ゲーム機「ファミコン」の正式名称は？"
14     };
15     char ANS[QUIZ_MAX][23] =
16     {
17     "あつまれ",
18     "パズル&ドラゴンズ",
19     "チャリ走",
20     "プリント倶楽部",
21     "ファミリーコンピュータ"
22     };
23     int score = 0;
24     char ans[31];
25     printf("クイズを%d問、出題します。答えを15文字以内で入力してください。¥n", QUIZ_MAX);
26     for (int i = 0; i < QUIZ_MAX; i++)
27     {
28         printf("%s¥n", QUIZ[i]);
29         scanf("%s", ans);
30         if (strcmp(ans, ANS[i]) == 0)
31         {
32             printf("正解です。¥n");
33             score = score + 1;
34         }
35         else
36         {
37             printf("間違いです。正しい答えは、%s¥n", ANS[i]);
38         }
39     }
40     printf("あなたは%d問、正解しました。", score);
41 }
```


①マクロ定義について

2行目の#define QUIZ_MAX 5がマクロ定義です。このように記述すると、プログラム内のQUIZ_MAXは5という数を表すことになります。このプログラムをビルドする時、QUIZ_MAXと記したところが数字の5に置き換えられます。

図表4-2-3 マクロ定義

```
#define  マクロ名  置換する文字列や数値
```

※マクロ名は変数名と区別しやすいように、すべて大文字で記述することが慣例となっています。このプログラムでは、クイズの英単語QUIZと最大の意味のMAXをアンダースコアでつないだマクロ名としました

第1章のP027、P038でプログラムをビルドする流れを説明しました。その過程で**プリプロセッサ**と呼ばれるソフトウェアが、マクロ定義した文字列を別の文字列や数値に置き換えます。これを**前処理**といいます。前処理では、文字列の置換やコメントの削除など、いくつかの処理が行われます。

memo

マクロ定義したマクロ名をマクロ定数と呼ぶ方もいます。次に説明するマクロ関数と区別や比較がしやすいという理由で、筆者もマクロ定数と呼ぶことがあります。

②マクロ関数について

このプログラムは#defineを使ってマクロ名を数値に置き換えました。マクロには他に、**マクロ関数**あるいは**関数形式マクロ**と呼ばれるものがあります。マクロ関数の例として、#define SQR(x) ((x)*(x))と定義し、以後の行でSQR(数)と記述すると、数の二乗を求めることができます。例えばint a = SQR(10)とすると、変数aに100が代入されます。

マクロ関数は第2章で学んだ関数とは別のもので、#defineによる文字列の置換を使って、あたかも関数のような処理を行うコードをプログラムに組み込むというものです。

③マクロは便利だが、注意して使う必要がある

前のプログラムのquiz_1.cは、問題数の5を複数個所（6、14、24行目）に記述したので、問題を増やすには、それらの個所すべてを書き換える必要があります。一方、マクロ定義を用いたquiz_2.cは、問題を増やす時、2行目を #define QUIZ_MAX 新たな問題数 とするだけで済みます。

このように、プログラムの中で使う大切な数値などを冒頭で定めておけば、後で修正や改良する時、その作業を楽に行えます。

ただしマクロは不用意に用いると、プログラマーが意図しない置換が行われ、プログラムの実行結果に悪影響が出ることがあります。これを副作用が出るといいます。そのため定数はconstという**型修飾子**（かたしゅうしょくし）を用いて定義することが推奨されます。constの使い方は次の節で説明します。

マクロ関数は、マクロ定数より副作用が出る可能性が高く、特に注意が必要です。マクロ関数は、使うべき理由がなければ、用いないようにしましょう。使う必要があるなら、副作用が出ることを理解した上で記述しなくてはなりません。

本書ではこの先、一部を除いてマクロは用いません。マクロを使うことで起きる弊害について、本書では説明しませんが、お知りになりたい方はネットで検索して調べることができます。

One Point

なぜマクロについて教えるのか

マクロについて補足します。例えば下のようなマクロ定義で、大文字のIをint、Pをprintfに置換できます。intやprintf()を多用する時に便利そうですが、大文字のIとPがすべて置換されてしまうので、これは間違えた使い方です。

使い方を誤ってはならず、副作用の出るおそれがあるマクロを、本書で教える理由を説明します。

マクロを使うことでメモリの消費量を減らしたり、実行ファイルのサイズを小さくできるなど、マクロには利点があります。かつてコンピューターの処理能力は今よりずっと低く、メモリやファイルサイズを抑えて開発する時代がありました。何かと便利なマクロを、昔から多くのプログラマーが用いてきました。そのため過去に書かれたC言語のプログラムに、マクロが記述されていることがよくあります。

また今でもマクロを活用するプログラマーはおり、筆者も使う必要があるならマクロを使います。例えば現代でもメモリの少ない機器は存在するので、そのような機器で動くソフトを開発する時にマクロが役に立つことがあるでしょう。またC言語特有のルールにより、マクロを使わざるをえない場合があります。例えば、拡張子cのファイルでは、配列定義時の要素数指定にconstで宣言した変数を使えないため、マクロを使うといったケースです。

これからプログラマーになる方は、自分では使わないとしても、過去に書かれたものや、他のプログラマーが書いたプログラムを読み解く時、マクロの知識が必要になります。そのためここでマクロの説明をしたというわけです。

```
#define I int
#define P printf
#include <stdio.h>
I main(void) {
    I i = 1;
    P("%d¥n", i);
}
```

※このようなマクロ定義をしてはならない

4-2-5 ユーザーが遊びやすい工夫を加える

このプログラムは、25行目で、ゲームルールの説明と、答えは何文字までという文言を出力するようにしました。この改良は、プログラミングの知識や技術と、直接、関係するものではありません。ただし、ゲームクリエイターにとって大切なことの1つは、ユーザーが遊びやすいようにゲームを作ることであり、そのような観点から、この文言を追加しています。

このゲームを初めて誰かに遊んでもらうことを想像しましょう。問題数がわからないと、遊ぶ人は「何問、答えなくてはならないの？」と不安になるかもしれませんが、はじめに問題数がわかれば、楽な気持ちでプレイできるでしょう。筆者はナムコ（現バンダイナムコエンターテインメント）でプランナーとして働く中で、「モノづくり」において欠かしてはならないことを学びました。ユーザーの気持ちを考えることは、ゲーム開発だけでなく、あらゆる商品開発に共通する大切なポイントになります。

Section 4-3

数当てゲームを作ろう

この節では、CUI上で動く、数当てゲームのプログラムを組む課題を出します。前の節と同じように、みなさん自身の力でプログラムを組み立てましょう。

4-3-1 完成を目指すゲームの内容

■課題② 次のような数当てゲームを制作せよ

① コンピューターが1から99の範囲の乱数で数を決める
② プレイヤーは、その数がいくつであるかを予想して入力する
③ 入力した回数を数える
④ 外れた時（入力した数が、コンピューターの決めた数と異なる時）は、次のヒントを与える
　(ア) 入力した数が、コンピューターの決めた数より大きな時、その旨を出力
　(イ) 入力した数が、コンピューターの決めた数より小さな時、その旨を出力
　再度、入力を行い、当たるまで繰り返す
⑤ 入力した数が、コンピューターの決めた数と同じなら、当てるまでに何回、入力したかを出力して終了する

図表4-3-1 完成版の実行画面の例

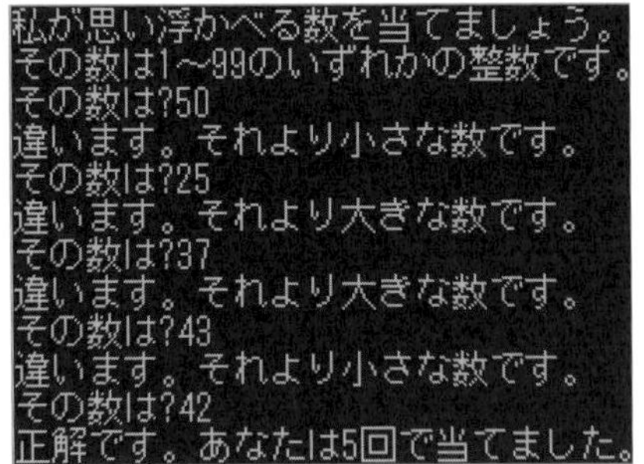
私が思い浮かべる数を当てましょう。
その数は1～99のいずれかの整数です。
その数は?50
違います。それより小さな数です。
その数は?25
違います。それより大きな数です。
その数は?37
違います。それより大きな数です。
その数は?43
違います。それより小さな数です。
その数は?42
正解です。あなたは5回で当てました。

出力するメッセージの例を図表4-3-2に示します。これらの文章は、ご自身で用意してかまいません。

図表4-3-2　メッセージの例

ゲーム開始時	私が思い浮かべる数を当てましょう。 その数は1～99のいずれかの整数です。
ゲーム中のヒント	違います。それより大きな数です。 違います。それより小さな数です。
正解した時	正解です。あなたは○回で当てました。

4-3-2　プログラミングのヒント

ゲームを完成させるためのヒントをお伝えします。ヒントAがプログラミングの要点、ヒントBがプログラムの記述例です。みなさんの力量に合わせてヒントを参考にしてください。

■ヒントA（要点）

① stdio.hをインクルードし、main関数を用意する

② 当たるまでに入力した回数を数える変数と、答えを入力する変数を用意する

③ コンピューターが乱数で数を決める。乱数を用いるにはstdlib.hをインクルードする

④ 数の入力をscanf()で行う

⑤ 正解するまで、whileで処理を繰り返す

⑥ 当たりか外れかの判定を、条件分岐のif文で行う

■ヒントB（記述例）

①stdio.hをインクルードし、main関数を用意する

記述例）

```
#include <stdio.h>
int main(void)
{
    処理
}
```

②当たるまでに入力した回数を数える変数と、答えを入力する変数を用意する

記述例）

```
int count = 0;
int answer;
```

答えを入力する変数に初期値の代入は不要だが、`int answer = 0;`としても問題ない。

③コンピューターが乱数で数を決める。乱数を用いるにはstdlib.hをインクルードする

乱数を代入する記述例）

```
int r = rand()%(最大値+1);
```

例えばrand()%10は0から9のいずれかの整数になる。

余りを求める演算子%を用いることがポイントになる。

④数の入力をscanf()で行う

Visual Studioでscanf()を使うには、プログラムの冒頭に#define _CRT_SECURE_NO_WARNINGSを記述するか、P060で説明した設定を行う。

記述例）

```
scanf("%d", &answer);
```

⑤正解するまで、whileで処理を繰り返す

whileの条件式を1とすることで、処理を延々と繰り返す。

記述例）

```
while(1)
{
    処理
}
```

⑥当たりか外れかの判定を、条件分岐のif文で行う

if文にはいろいろな記述の仕方があり、2つの例を挙げる。

記述例1）

```
if(コンピューターが決めた数 > 入力した答え)
{
    処理1
}
else if(コンピューターが決めた数 < 入力した答え)
{
    処理2
}
else
{
    処理3
}
```

記述例2）

```
if(コンピューターが決めた数 > 入力した答え)
```

```
{
    処理1
}
if(コンピューターが決めた数 < 入力した答え)
{
    処理2
}
if(コンピューターが決めた数 == 入力した答え)
{
    処理3
}
```

もう少しヒントが欲しいという方は、次を参考にしましょう。

⑦プログラムの全体像
・main関数の中にwhile文が入る
・while文の中に、答えの入力と、if文が入る
・入力した数が、コンピューターが決めた数と、どのような関係にあるかを、条件式で比べる
・答えが合った時に、breakでwhileを抜ける

4-3-3 模範解答の確認

完成した数当てゲームのプログラムを確認します。ご自身で組んだプログラムがうまく動かない時は、このプログラムを参考に完成させましょう。

このプログラムは、どなたにも理解していただけるように、処理を短く記述しました。そのため乱数の種を与えるsrand()を用いていません。srand()は**4-3-4**の改良プログラムに追記します。

サンプル4-3-1 Chapter4->predict_number_1.c

```
#define _CRT_SECURE_NO_WARNINGS                     Visual Studio用の記述
#include <stdio.h>                                  ┬必要なヘッダを
#include <stdlib.h>                                 ┘インクルード
int main(void)                                      main関数の宣言
{                                                   mainの始まりの波括弧
    int count = 0;                                  正解までの回数を数える変数
    int answer;                                     答えを入力するための変数
    int rnd = 1 + rand() % 99;                      コンピューターの決めた数
    printf("私が思い浮かべる数を当てましょう。¥n");  ┬説明文を出力
```

10	`    printf("その数は1～99のいずれかの整数です。¥n");`	」
11	`    while (1)`	while(1)で延々と繰り返す
12	`    {`	whileのブロックの始まり
13	`        printf("その数は?");`	説明文を出力
14	`        scanf("%d", &answer);`	答えを入力し、answerに格納
15	`        count++;`	入力した回数を数える
16	`        if (rnd > answer)`	rnd>answerの時
17	`            printf("違います。それより大きな数です。¥n");`	ヒントを出力
18	`        else if (rnd < answer)`	rnd<answerの時
19	`            printf("違います。それより小さな数です。¥n");`	ヒントを出力
20	`        else`	elseは正解だった時
21	`        {`	elseのブロックの始まり
22	`            printf("正解です。あなたは%d回で当てました。", count);`	何回で当てたかを出力
23	`            break;`	breakでwhileを抜ける
24	`        }`	elseのブロックの終わり
25	`    }`	whileのブロックの終わり
26	`}`	mainの終わりの波括弧

6行目で定義したcountが、正解するまでの入力回数を数える変数、7行目のanswerが、入力した答えを代入する変数です。変数の用途がわかりやすいように、どちらも英単語を変数名にしています。

8行目で変数rndにコンピューターが決める数を代入しています。この変数名はrandomを略して付けました。この変数名を、乱数を発生させる関数と同じ名称のrandとすることはできません。

rand()は、0から、RAND_MAX（C言語の開発環境ごとに定められた最大値）までの整数の乱数を返す関数です。例えば0から9までの乱数を発生させるなら、rand()%10と記述します。%は余りを求める演算子です。

図表4-3-3 最大値を決めて乱数を発生させる書式

```
int r = rand()%(最大値+1)
```

このプログラムでは1～99の乱数を発生させるので、変数rndに1+rand()%99を代入しています。rand()%99は0以上98以下の乱数になります。それに1を加えることで、1～99のいずれかの数になるようにしています。

なお乱数は第3章のP124で学習済みです。rand()の使い方が曖昧なら、そちらで復習しましょう。

11～25行目のwhile文で、正解するまで処理を繰り返しています。whileの条件式を1とすると、常に条件が成り立つので、whileのブロックに記述した処理が無限に繰り返されます。

このwhileの中に記述した処理は次の通りです。

13行目で説明文を出力しています。

14行目のscanf()で答えを入力し、その値をanswerに代入しています。整数を入力するので、scanf()の第一引数を"%d"としています。scanf()で変数に値を代入するには、第二引数の変数名に&を付けることを忘れないようにしましょう。

15行目で入力回数を数えています。

16〜24行目のif〜else if〜elseで、コンピューターの決めた数より、入力した答えが大きいか、小さいか、等しいかによって、処理を分岐させています。

正解したら、22〜23行目で、当たるまでに入力した回数を出力し、breakでwhileを中断しています。whileを抜けるとmain関数の処理が終わり、プログラムが終了します。

memo

短いプログラムの中に、変数、入出力、条件分岐、繰り返し、乱数、%演算子など、数々の知識が詰まっています。本格的なゲーム開発に進めるようにするために、それらをしっかり理解しましょう。

4-3-4 constとsrand()を用いたプログラムの確認

predict_number_1.cを改良したプログラムを掲載します。このプログラムは、変数の値を変更できなくする型修飾子のconstを使って、コンピューターが決める数の最大値を定めています。またゲームをプレイするたびに違った乱数となるように、乱数の種を与えるsrand()を追記しました。constとsrand()の使い方を、動作の確認後に説明します。

サンプル4-3-2 Chapter4->predict_number_2.c (※前のプログラムからの改良個所を太字にしています)

```
#define _CRT_SECURE_NO_WARNINGS
#include <stdio.h>
#include <stdlib.h>
#include <time.h>
int main(void)
{
    const int NUM_MAX = 99;
    int count = 0;
    int answer;
    srand((unsigned int)time(NULL));
    int rnd = 1 + rand() % NUM_MAX;
    printf("私が思い浮かべる数を当てましょう。¥n");
    printf("その数は1～%dのいずれかの整数です。¥n", NUM_MAX);
    while (1)
    {
```

```
16         printf("その数は？");
17         scanf("%d", &answer);
18         count++;
19         if (rnd > answer)
20             printf("違います。それより大きな数です。¥n");
21         else if (rnd < answer)
22             printf("違います。それより小さな数です。¥n");
23         else
24         {
25             printf("正解です。あなたは%d回で当てました。", count);
26             break;
27         }
28     }
29 }
```


7行目のconst int NUM_MAX = 99で、コンピューターが決める数の最大値を定めています。

constは型修飾子と呼ばれ、intやdoubleなどの型の前にconstを付けて宣言した変数は、値を変えることのできない定数になります。定数は一般的な変数と区別しやすいように、すべて大文字で記述することが推奨されます。

このプログラムでは、コンピューターが決める数の最大値をNUM_MAXという定数とし、11行目と13行目にもNUM_MAXを記述しました。こうすれば7行目の99を別の値に変えるだけで、コンピューターが決める数の範囲を変更できます。定数を用いるべき理由は、この先の**4-3-6**でお伝えするマジックナンバーの話も参考にしましょう。

20行目と22行目は、本来は{}を用いてブロックを明確にすべきですが、本書では書面上の行数を減らし、コード全体を見渡しやすいように{}を省くことがあります。

One Point

汎用性を意識する

1つのものを多方面に用いることを意味する汎用性という言葉があります。プログラムにおける汎用性とは、使い回しできることや、応用しやすいことを意味します。商用のソフトウェア開発では、開発したアルゴリズムを、他のソフトを開発する時にも利用できるように、汎用性を意識したプログラムを組むことが理想です。そのようなコードを書けるプログラマーになるための一歩として、何度も使う値や、大切な値を、ここで学んだconstを使って定数としましょう。

4-3-5 乱数の種について復習しよう

rand()によって発生する乱数は、計算によって作られる疑似乱数です。疑似乱数は、定められた計算式で作られるため、プログラムをはじめから実行すると、同じ数の並びになります。

乱数の計算の元になる乱数の種を設定することで、rand()で得られる乱数を変えることができます。このプログラムでは、10行目のsrand((unsigned int)time(NULL))で、乱数の種を与えています。

time()はエポック秒（暦時間）を返す関数です。その戻り値はtime()を呼び出した時に決まります。その値を種として与えることで、rand()で発生する乱数が変化します。time()を用いるにはtime.hをインクルードします。

なおsrand()とtime()の使い方は第3章のP125で学習済みです。曖昧なら、そちらで復習しましょう。

4-3-6 マジックナンバーを用いない

もう1つ、プログラマーとして知っておくべきことと、心掛けるべきことをお伝えします。

プログラム内に記述した数のうち、そのプログラムを作った本人でなければ、何を意味するのかわからないような数を**マジックナンバー**といいます。ゲーム開発などの商用ソフトウェアの開発は、複数人のプログラマーが参加して行うことが多く、共同作業の場で、他のプログラマーが用途を理解できないようなマジックナンバーを記述すべきではありません。

よく用いる数や、大切な数などを、constを使って定数とすれば、その数の意味や用途を他のプログラマーに伝えやすくなります。定数を定めておくことは、自分でプログラムを見直したり、改良する時にも役に立ちます。

定数を用意するさいは、その定数の用途が、すぐにわかる定数名としましょう。

Section 4-4 CUI上で動くアクションゲームを作ろう

この節では、C言語だけでリアルタイム処理を行い、アクション要素のあるゲームを制作する技術を学びます。コマンドプロンプトやパワーシェル上で動くミニゲームになります。

4-4-1 リアルタイム処理とは

この節で学ぶゲームのプログラムは、C言語の特別な機能を用いて制作したものです。そのため、**4-2節**のクイズゲームや**4-3節**の数当てゲームと処理の内容が大きく異なります。そこで、この節は演習形式にはせず、リアルタイム処理の概要を説明→プログラムの動作を確認→処理の詳細を学ぶ、という流れで学習を進めます。

4-2節と**4-3節**で制作したミニゲームは、ユーザーからの入力を待つ間、処理は停止しており、文字列や数値を入力して Enter キーを押すと処理が進みます。一方、ゲームメーカーが発売、配信するゲームソフトやゲームアプリは、処理が自動的に進みます。例えばアクションゲームは、プレイヤーが何もしなくても、敵キャラが動き、背景の景色が変化するなど、ゲーム内のさまざまなものが動き続けます。ゲームのプログラムは、常に入力を受け付け、画面を描き替えています。時間軸に沿って進む、そのような処理を**リアルタイム処理**といいます。

4-4-2 C言語だけでリアルタイム処理を行う方法

C言語だけでリアルタイムに動くゲームを作る時の基本的な処理の流れについて説明します。

■ リアルタイム処理の基本的な流れ

① main関数にwhile(1) { 処理 } という無限ループを記述して、処理を繰り返す
② kbhit()とgetch()という関数を使って、押されたキーを即座に調べる※1
③ 画面に文字列を出力する時、カーソル位置（CUI上のどこに出力するか）を指定する記述※2を用いて、画面を固定したまま書き換える
④ 処理を一時停止する関数で、処理の進む速さを調整する※3

※1 kbhit()とgetch()は、多くのC言語開発環境に備わった関数です　※2 エスケープシーケンスによる画面制御
※3 Windowsの環境では、Sleep()という関数で処理を一時停止できます

この仕組みによって作るプログラムでは、グラフィックを用いることはできないので（C言語自体にグラフィックを扱う機能はありません）、半角文字の記号やアルファベットをキャラクターに見立てるなどして、ゲームを作ります。

C言語では、出力する文字や文字列の色を、黒、赤、緑、黄、青、紫（マゼンタ）、水色（シアン）、白で指定できます。これから確認するプログラムは、文字の色指定を行っています。この節で学ぶ方法でゲームを作る時は、複数の色を用いてカラフルな画面にすると、見た目に楽しい雰囲気になるでしょう。

4-4-3 「宝回収ゲーム」で遊ぼう

本書商品ページからダウンロードしたzipファイル内のChapter4フォルダに、treasure_hunter.cというプログラムがあります。それを実行すると、次のようなゲームで遊べます。

図表4-4-1 treasure_hunter.cの内容

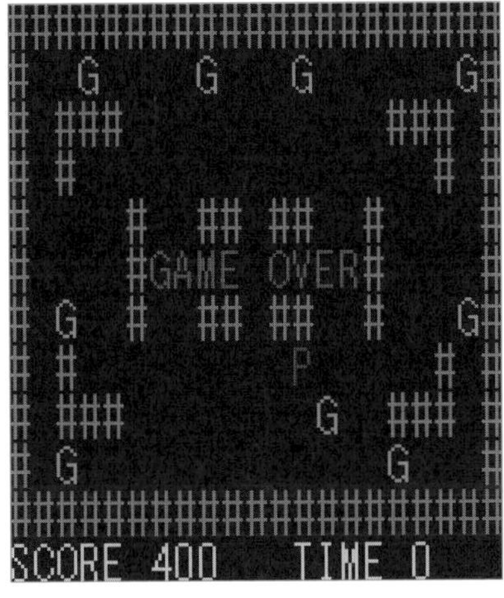

■ 操作方法とルール

- アルファベットのPがプレイヤーの操作するキャラです。カーソルキーで上下左右に動かします
- #は壁で、そこには入れません
- Gが宝で、一定時間ごとに出現します
- 宝を拾うとSCOREとTIMEが増えます
- TIMEは自動的に減っていきます
- TIMEが0になるとゲームオーバーです
- 宝を何個、拾い続けられるかを楽しむゲームになります

4-4-4 プログラムの確認

このゲームは、C言語だけでリアルタイムにキー入力を受け付け、画面を更新しています。どのような処理を行っているかを見ていきましょう。

サンプル4-4-1 Chapter4->treasure_hunter.c

```
#define _CRT_NONSTDC_NO_WARNINGS
#define KEY_UP 72
#define KEY_DOWN 80
```

Visual Studio用の記述
キーの値を定義

```c
#define KEY_LEFT 75
#define KEY_RIGHT 77
#include<stdio.h>
#include<stdlib.h>
#include<conio.h> // キー入力用
#include<windows.h> // Sleep() を使うため

// マップデータの定義
#define MAP_W 22
#define MAP_H 11
char map[MAP_H][MAP_W] = {
    "#####################",
    "#                   #",
    "# ###           ### #",
    "# #               # #",
    "#    #  ## ##  #    #",
    "#    #  #   #  #    #",
    "#    #  ## ##  #    #",
    "# #               # #",
    "# ###           ### #",
    "#                   #",
    "#####################"
};

// ゲームで使う変数の定義
int pl_x = 1, pl_y = 1;
int score = 0;
int timer = 300;

// カーソル位置を指定する関数
void cursor(int x, int y) { printf("¥x1b[%d;%dH", y + 1, x + 1); }

// 文字や文字列の色を指定する関数
enum { BLACK, RED, GREEN, YELLOW, BLUE, MAGENTA, CYAN, WHITE };
void color(int col) { printf("¥x1b[3%dm", col); }

// ゲーム画面を描く関数
void draw_map(void) {
    for (int y = 0; y < MAP_H; y++) {
        for (int x = 0; x < MAP_W - 1; x++) {
            if (map[y][x] == '#') color(GREEN);
            if (map[y][x] == 'G') color(YELLOW);
            cursor(x, y);
            printf("%c", map[y][x]);
```

- 必要なヘッダをインクルード（#include の行）
- 画面の幅　（文字数）（#define MAP_W 22）
- 画面の高さ（文字数）（#define MAP_H 11）
- マップデータの定義（char map[MAP_H][MAP_W] = { … };）
- プレイヤーの座標の変数（int pl_x = 1, pl_y = 1;）
- スコアを代入する変数（int score = 0;）
- 残り時間を代入する変数（int timer = 300;）
- カーソル位置を指定する関数　詳細は後述（void cursor(…)）
- 色の定数を用意する（enum { … };）
- 色を指定する関数　詳細は後述（void color(…)）
- ゲーム画面を描く関数　詳細は後述（void draw_map(void) { … ）

```c
        }
    }
}

// main関数
int main(void) {
    while (1) {
        int key = 0;
        if (kbhit()) key = getch(); // キー入力
        if (key == KEY_UP && map[pl_y - 1][pl_x] != '#') pl_y--;
        if (key == KEY_DOWN && map[pl_y + 1][pl_x] != '#') pl_y++;
        if (key == KEY_LEFT && map[pl_y][pl_x - 1] != '#') pl_x--;
        if (key == KEY_RIGHT && map[pl_y][pl_x + 1] != '#') pl_x++;
        draw_map();
        color(MAGENTA);
        cursor(pl_x, pl_y);
        printf("P");
        if (map[pl_y][pl_x] == 'G') {
            score += 1;
            timer += 20;
            map[pl_y][pl_x] = ' ';
        }
        timer--;
        if (timer % 20 == 0) {
            int x = 1 + rand() % (MAP_W - 3);
            int y = 1 + rand() % (MAP_H - 2);
            if (map[y][x] == ' ') map[y][x] = 'G';
        }
        color(WHITE);
        cursor(0, MAP_H);
        printf("SCORE %d", score);
        cursor(12, MAP_H);
        printf("TIME %d ", timer);
        Sleep(50);
        if (timer == 0) {
            color(RED);
            cursor(MAP_W / 2 - 5, MAP_H / 2);
            printf("GAME OVER");
            cursor(0, MAP_H + 1);
            Sleep(5000);
            return 0;
        }
    }
}
```

main関数
無限ループで繰り返す
キー入力を受け付け、プレイヤーのキャラの座標を変更する
ゲーム画面を描く
プレイヤーキャラの表示
宝を拾ったかを判定
残り時間を減らす
20フレームに1回、ランダムな位置に宝を出す
スコアと残り時間を表示
一定時間、処理を停止
時間切れでゲームオーバーとする
whileのブロックの終わり
main関数の終わり

4-4-5 処理の詳細

このプログラムには、文字列の出力位置を指定するcursor(int x, int y)、色を指定するcolor(int col)、ゲーム画面を描くdraw_map()、そしてmain関数の、合わせて4つの関数を定義しています。各関数の内容を説明します。

①void cursor(int x, int y);

文字列を出力するCUI上の位置（カーソル位置）を指定する関数です。CUIでは一番上の行を1行目、一番左の列を1列目と数えますが、プログラミングで何かを数える時、たいてい0から数え始めます。例えば配列の要素数は0から始まり、グラフィック画面のx座標とy座標も0から始まります。そこでこのプログラムでは、cursor()の引数を(0,0)とした時がCUI上の左上角となるようにしています。

この関数の中身はprintf("¥x1b[%d;%dH", y + 1, x + 1)です。printf()で「¥x1b[行;列H」を出力すると、その後に出力する文字列が、行と列の位置に出力されます。

②void color(int col);

出力する文字列の色を指定する関数です。この関数の中身はprintf("¥x1b[3%dm", col)です。printf()で「¥x1b[3色m」を出力すると、それ以後に出力する文字列の色を指定できます。「¥x1b[3色m」の色のところに0〜7の数字が入ります。

色を指定しやすいように、37行目のenum { BLACK, RED, GREEN, YELLOW, BLUE, MAGENTA, CYAN, WHITE }で、色の英単語とその値を定めています。

enumは列挙体（れっきょたい）と呼ばれるものを記述する予約語で、ここでは次のような定数（詳しくは列挙定数（れっきょていすう）といいます）を用意しています。

図表4-4-2 列挙体と値

列挙定数	BLACK	RED	GREEN	YELLOW	BLUE	MAGENTA	CYAN	WHITE
値	0	1	2	3	4	5	6	7

※enumに続く{}内に記述した列挙定数は、0から順に値が定まります

memo

enum 列挙体タグ { 定数名0, 定数名1, 定数名2, … }と記述すると、タグ名で示される、新たな型を作ることができます。このプログラムでは列挙体タグを省略し、列挙定数だけを用意しています。

③void draw_map(void);

迷路と宝を出力する関数です。この関数で、次のように定義した迷路のデータを扱っています。迷路のデータは、文字列の配列になっています。

```
12 #define MAP_W 22
13 #define MAP_H 11
14 char map[MAP_H][MAP_W] = {
15     "#####################",
16     "#                   #",
17     "# ###           ### #",
18     "# #               # #",
19     "#    #  ## ##  #    #",
20     "#    #  #   #  #    #",
21     "#    #  ## ##  #    #",
22     "# #               # #",
23     "# ###           ### #",
24     "#                   #",
25     "#####################"
26 };
```

MAP_WとMAP_Hで、迷路の大きさを何列、何行にするかを定めています。

MAP_Wを22としていますが、文字列の最後にヌル文字（¥0）が格納されるので、x方向に21文字分、y方向に11文字分の迷路になります。

draw_map()関数は、変数yとxを用いた二重ループのfor文とif文で、map[y][x]の値を調べ、迷路を描きます。その際、壁の#を緑色、宝のGを黄色で出力するようにしています。

C言語のルールとして、配列宣言時の要素数の指定を、const intで宣言した定数で行うことはできません（一部の開発環境を除く）。そのため14行目の配列宣言に記述したMAP_HとMAP_Wは、#defineで定義した定数としています。

④int main(void);

main関数で行っている処理は次の通りです。

55～60行目で、カーソルキーが押されているかを調べています。押されている時は、プレイヤーキャラ(P)の座標の変数pl_x、pl_yの値を変化させます。その際、壁(#)があるところに入れないようにしています。

61～64行目で、迷路とプレイヤーキャラを表示しています。

65～69行目で、プレイヤーキャラが宝(G)に載ったら（拾ったら）、スコアと残り時間を増やし、拾った宝を消しています。

70行目で残り時間を1減らしています。

71～75行目で、20フレームおきに、ランダムな位置に宝を出現させています。フレーム（frame）とは、画面更新を行う回数のことです。

76～80行目で、SCOREとTIMEの値を表示しています。

81行目のSleep()で処理を一時停止しています。

82～89行目で、TIMEが0になったかを判定し、0になったら、GAME OVERと表示し、5秒待ち、main関数を抜けてプログラムを終了しています。

4-4-6 キー入力について

56行目のif (kbhit()) key = getch()で、押されたキーの値を変数keyに代入しています。kbhit()はキーが押されたことを知る関数、getch()は一文字入力する関数です。これらの関数はconio.hをインクルードして使用します。

これら2つの関数を用いると、キーが押されたことを即座に知ることができます。C言語だけでリアルタイムにキー入力を受け付けるには、これらの関数をセットで用います。

ただし、Microsoft社はkbhit()とgetch()の使用を非推奨としており、それらを用いるには、1行目にように#define _CRT_NONSTDC_NO_WARNINGSと記述します。あるいはVisual Studioでは、アンダースコアを付けた_kbhit()と_getch()という代替関数が使えるので、そちらを用いましょう。

4-4-7 Sleep () について

WindowsのC/C++開発環境に備わる、処理を一時停止するSleep()という関数を用いています。Sleep()の引数にミリ秒の値を与えると、その間、処理が停止します。この関数を使うためにwindows.hをインクルードしています。

4-4-8 画面をクリアする方法について

このプログラムでは画面をクリアしていませんが、printf("¥x1b[2J")で、コマンドプロンプトやパワーシェルの画面に出力されたすべての文字列を消すことができます。

column

ミニゲーム制作でプログラミングの腕を磨こう

ミニゲームの制作は、プログラミング学習のよい題材になります。その理由は、ゲームを作るには、入出力（キーボードからの入力や画面への出力）、変数や配列、条件分岐、繰り返しといったプログラミングの基礎知識を使う必要があり、ミニゲームを作ることで、プログラミングへの理解が深まるからです。

昔から学習用に作られてきたミニゲームには、次のようなものがあります。

■ ①ピン取りゲーム（石取りゲーム）

ピン（あるいは石）を、プレイヤーとコンピューター、もしくは2人のプレイヤーが、交互に1〜既定の数ずつ取っていき、最後に1つ残ったものを取ることになった者が負けとなるゲーム。

■ ②三目並べ（〇×ゲーム）

3×3のマス目に〇と×を交互に置き、縦横斜めのいずれかに、先に3つ並べた方が勝ちとなるゲーム。

■ ③タイピングゲーム

ランダムに表示される文字列を、できるだけ早く正確に入力するゲーム。

■ ④ブロック崩し

斜めに移動するボールをパドル（ラケット）で打ち返し、画面に並んだブロックを壊していくゲーム。

①、②、③は**4-2節**や**4-3節**で学んだ知識を使って制作できます。
③のタイピングゲームで時間を計測するには、time.hをインクルードし、clock()やtime()などの関数を用います。あるいはリアルタイム処理を採用し、時間を測る計算を、関数は使わずに自ら記述して、タイピングゲームを作ることもできます。
④はリアルタイム処理が必須のゲームになります。第10章で、ブロック崩しのプログラムを紹介しています。

ここまでに学んだ知識を用いて、いろいろなミニゲームを作ることができます。アイデア次第で、凝った内容のゲームも制作できます。CUI上で動くミニゲームの制作にチャレンジして、プログラミングの腕を鍛えましょう。

Chapter 5

GUIのゲームを作る準備

本書では、ゲーム開発を支援するDXライブラリを使って、いろいろなジャンルのコンピューターゲームを制作します。この章では、DXライブラリのダウンロードと設定を行った後、ライブラリによるキー入力とマウス入力、グラフィック表示、サウンド出力の方法を学びます。またゲーム作りに必須であるヒットチェックというアルゴリズムと、画面遷移の仕組みを学び、GUIのゲームを作るための基礎知識を身につけます。

Section 5-1 DXライブラリの導入

この節では、DXライブラリの導入方法を説明します。

5-1-1 DXライブラリとは

DXライブラリは、山田巧氏によって開発された、オープンソースのゲーム開発用ライブラリです。このライブラリは、趣味のゲーム作りや商用のゲーム開発などに幅広く活用できます。また、ゲーム開発を学ぶのに最適なライブラリの1つであり、専門学校などでゲームプログラミングの教育にも用いられています。

DXライブラリはC++用のライブラリですが、C言語のみでもゲームを制作できます。本書では、C言語の命令とDXライブラリの機能を使って、複数のジャンルのゲームを制作し、ゲームプログラミングの知識と技術を学びます。

DXライブラリの著作権は、山田巧氏が保持しています。ライブラリを使用して作成したソフトウェアに対するライセンス料は、無料ソフト、有料ソフト問わず、また商用利用・法人利用問わず、一切発生しないこととなっています。権利の詳細は「ライセンスについて」(https://dxlib.xsrv.jp/dxlicense.html) でご確認ください。

memo

本格的なゲーム開発を行うためのAPIであるMicrosoft社のDirectXによるプログラミングを、個人が一から始めると長い学習期間が必要ですが、DXライブラリを使えば、短期間の学習で2Dのゲームも3Dのゲームも作れるようになります。

5-1-2 DXライブラリのダウンロード

DXライブラリは公式サイトからダウンロードできます。

1. Webブラウザで公式サイト(https://dxlib.xsrv.jp) にアクセス

検索エンジンで「DXライブラリ」と検索してもよいでしょう

※画面は本書執筆時点のものです

5 GUIのゲームを作る準備

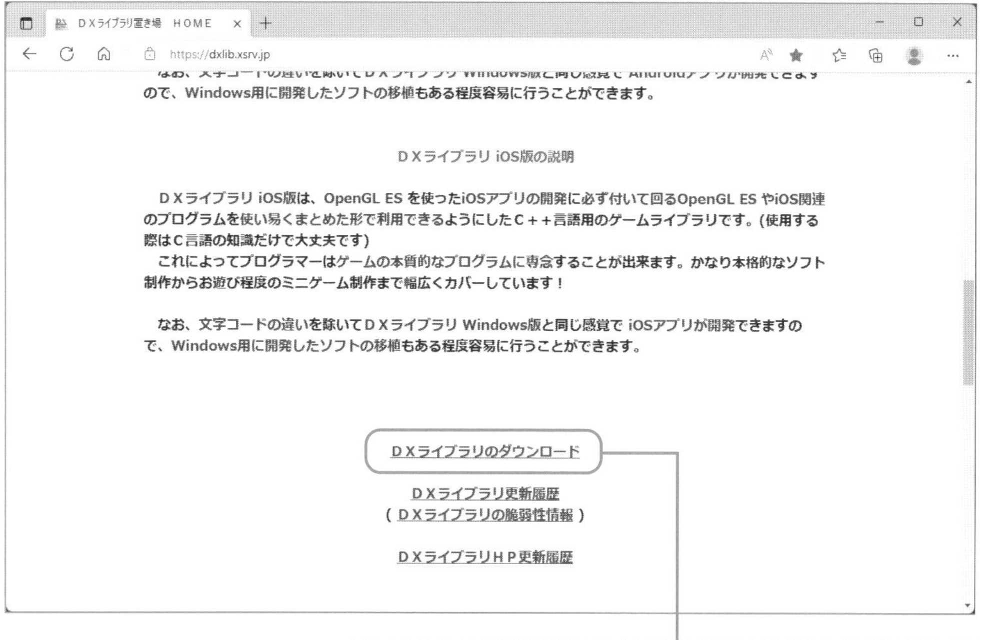

DXライブラリ置き場 HOME
https://dxlib.xsrv.jp
ので、Windows用に開発したソフトの移植もある程度容易に行うことができます。
DXライブラリ iOS版の説明
DXライブラリ iOS版は、OpenGL ES を使ったiOSアプリの開発に必ず付いて回るOpenGL ES やiOS関連のプログラムを使い易くまとめた形で利用できるようにしたC++言語用のゲームライブラリです。(使用する際はC言語の知識だけで大丈夫です)
これによってプログラマーはゲームの本質的なプログラムに専念することが出来ます。かなり本格的なソフト制作からお遊び程度のミニゲーム制作まで幅広くカバーしています！
なお、文字コードの違いを除いてDXライブラリ Windows版と同じ感覚で iOSアプリが開発できますので、Windows用に開発したソフトの移植もある程度容易に行うことができます。
DXライブラリのダウンロード
DXライブラリ更新履歴
(DXライブラリの脆弱性情報)
DXライブラリHP更新履歴

2. 画面を下にスクロールしたところにある「DXライブラリのダウンロード」というリンクをクリックして、ダウンロードページに進む

DXライブラリ置き場 ダウンロード
https://dxlib.xsrv.jp/dxdload.html
DXライブラリのダウンロード
ここではDXライブラリのダウンロードが行えます。
ダウンロードできるファイルはzip圧縮されたファイルとなっていますされています。
エクスプローラーなどでは zipファイルのまま中身を見ることができますが、zipファイルのままでは使用できませんので必ず中身のファイルを解凍(展開)した状態でお使いください。
(尚、解凍(展開)したファイルのファイル名が文字化けしてしまう場合は 7-zip などの、文字コード utf-8 に対応した解凍ソフトをお使いください)
DXライブラリ Windows版
DXライブラリ Windows版 VisualStudio(C++)用(Ver3.24)をダウンロードする(zip圧縮形式(約197MB))
DXライブラリ Windows版 C++ Builder 10.4.2用(Ver3.24)をダウンロードする(zip圧縮形式(約31.7MB))
DXライブラリ Windows版 Borland C++ Compiler 5.5用(Ver3.24)をダウンロードする(zip圧縮形式(約33.1MB))
DXライブラリ Windows版 Gnu C++(MinGW)用(Ver3.24)をダウンロードする(zip圧縮形式(約130MB))
DXライブラリ Android版

3. 「DXライブラリ Windows版 VisualStudio(C++)用」をダウンロード

ダウンロードしたファイルは「ダウンロード」フォルダに入りますので、確認しましょう

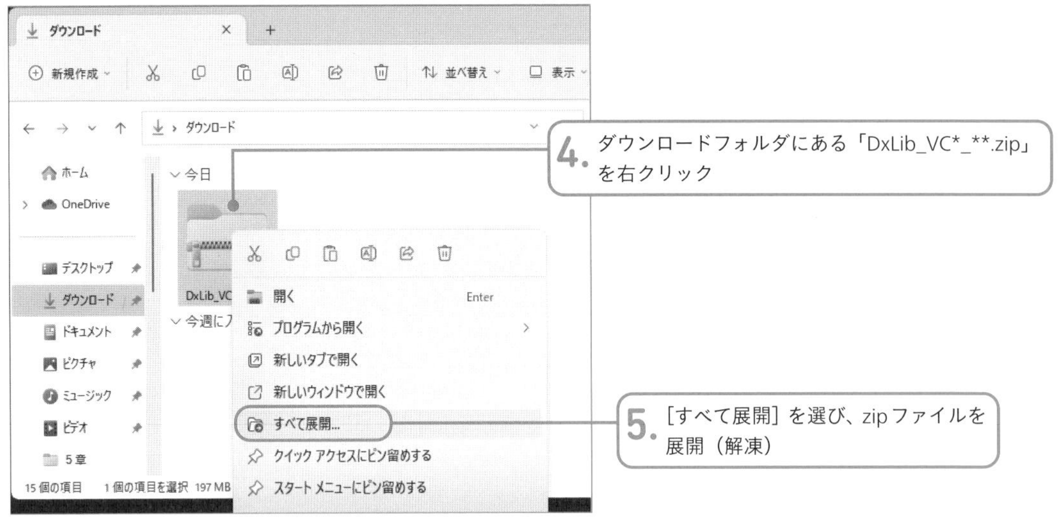

展開してできた「DxLib_VC」というフォルダに、DXライブラリのファイル一式が入っています。そのフォルダを、Cドライブ直下などの、なるべく階層の浅いところへ移動しましょう。

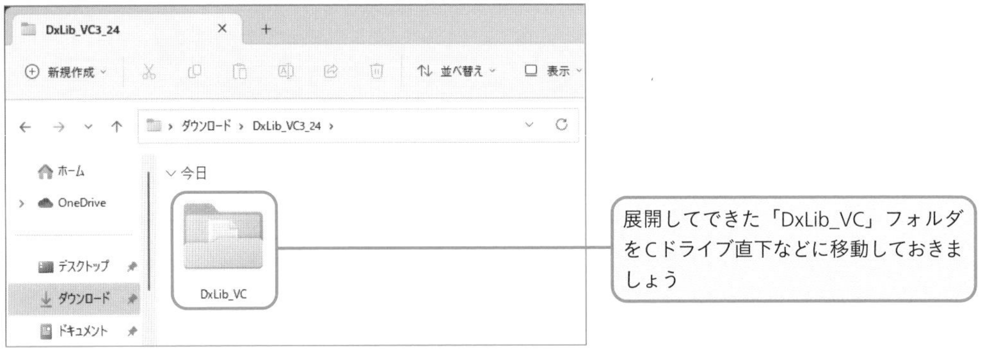

5-1-3 Visual StudioでDXライブラリを使えるようにする

次に、Visual StudioでDXライブラリを使えるようにするための設定を行います。ここで説明する内容は、DXライブラリ公式サイトの「DXライブラリの使い方解説（画面遷移すると「DXライブラリの使い方解説」というページ名になります）」→「Visual Studio Community 2022の方はこちら」（https://dxlib.xsrv.jp/dxuse.html）の文章を元に作成したものです。そちらのページの解説を参考に設定することもできます。

ステップ1　Visual Studioで新規に「プロジェクト」を作成する

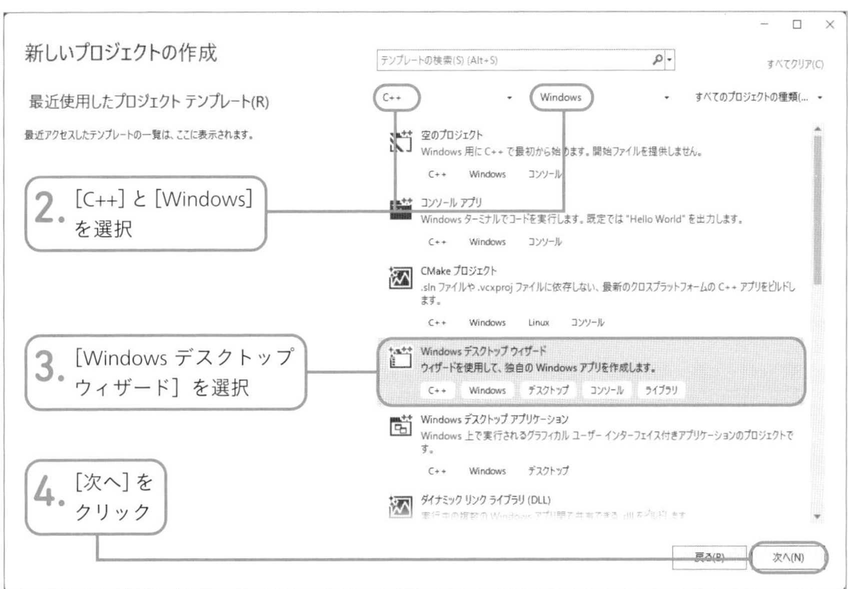

すると、「新しいプロジェクトを構成します」の画面が表示され、ここでプロジェクト名を入力することになります。プロジェクト名は自由に付けることができますが、本書ではプロジェクト名を「StudyDXL」とします。プロジェクトを作成する場所はデフォルトのままでかまいませんが、例えばデスクトップに「ゲーム開発」などのフォルダを作り、そこを指定することもできます。

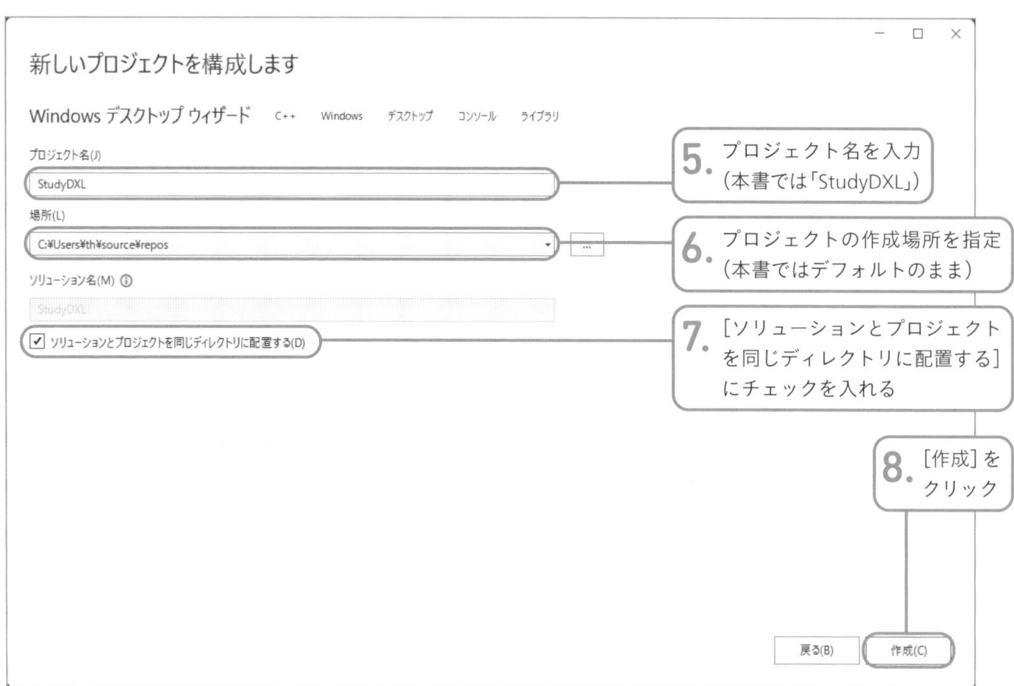

新しいプロジェクトを構成します
Windows デスクトップ ウィザード C++ Windows デスクトップ コンソール ライブラリ
プロジェクト名(J)
StudyDXL
場所(L)
C:¥Users¥th¥source¥repos
ソリューション名(M)
StudyDXL
ソリューションとプロジェクトを同じディレクトリに配置する(D)
5. プロジェクト名を入力（本書では「StudyDXL」）
6. プロジェクトの作成場所を指定（本書ではデフォルトのまま）
7. ［ソリューションとプロジェクトを同じディレクトリに配置する］にチェックを入れる
8. ［作成］をクリック
戻る(B)
作成(C)

「Windows デスクトップ プロジェクト」のダイアログが表示されます

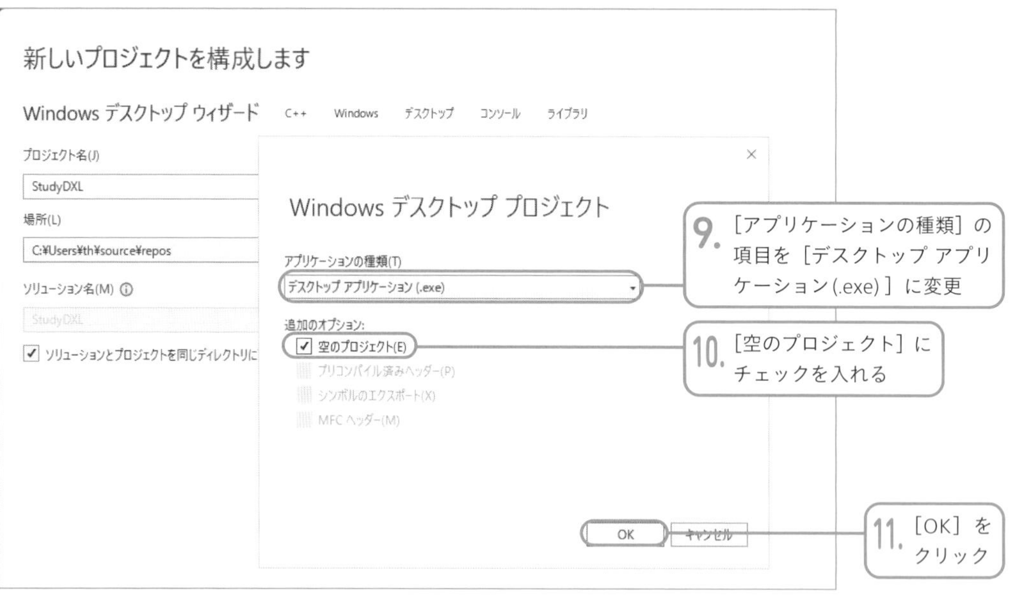

新しいプロジェクトを構成します
Windows デスクトップ ウィザード C++ Windows デスクトップ コンソール ライブラリ
プロジェクト名(J)
StudyDXL
場所(L)
C:¥Users¥th¥source¥repos
ソリューション名(M)
StudyDXL
ソリューションとプロジェクトを同じディレクトリに
Windows デスクトップ プロジェクト
アプリケーションの種類(T)
デスクトップ アプリケーション (.exe)
追加のオプション:
空のプロジェクト(E)
プリコンパイル済みヘッダー(P)
シンボルのエクスポート(X)
MFC ヘッダー(M)
OK
キャンセル
9. ［アプリケーションの種類］の項目を［デスクトップ アプリケーション(.exe)］に変更
10. ［空のプロジェクト］にチェックを入れる
11. ［OK］をクリック

ステップ2　新規のプログラムファイルを作成する

ステップ1でプロジェクトを作成したら、プログラムを記述するcppファイルを作成します。Visual Studioのメニューから［プロジェクト］→［新しい項目の追加］を選びましょう。

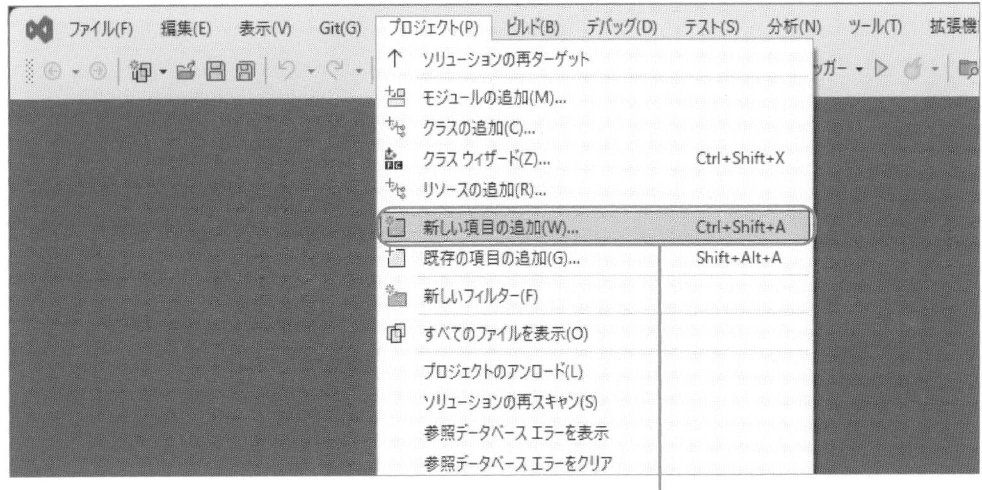

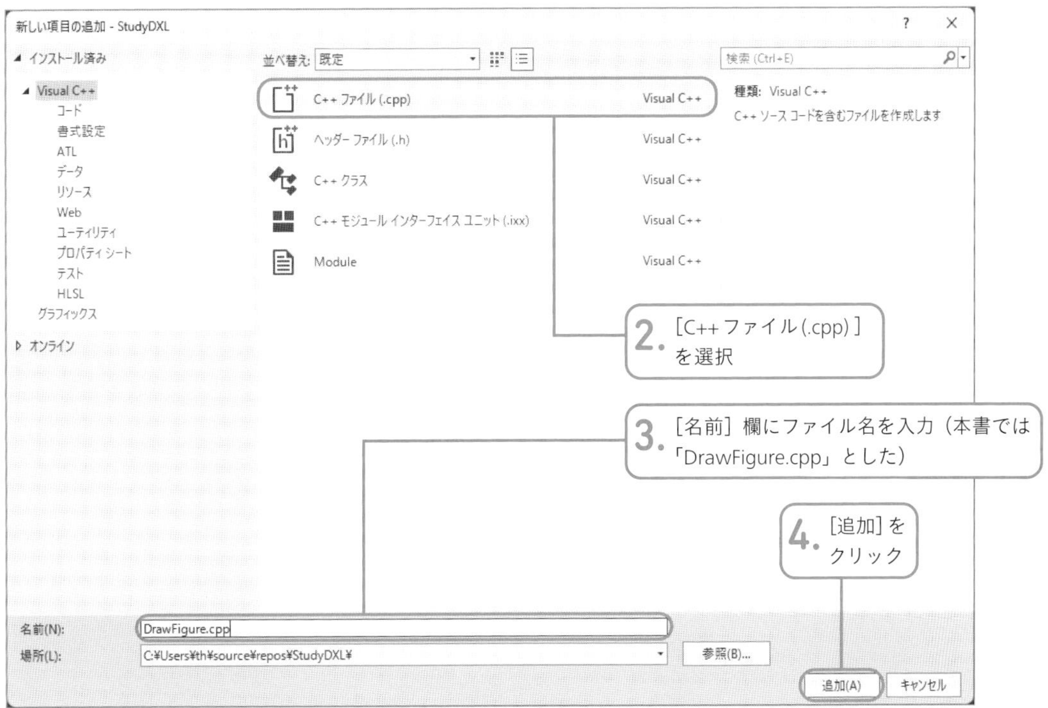

ステップ3　各種の設定を行う

ステップ1で新規にプロジェクトを作ったら、必ずここで説明する設定を行いましょう。これはDXライブラリを用いるプログラムのコンパイルに必要な設定です。

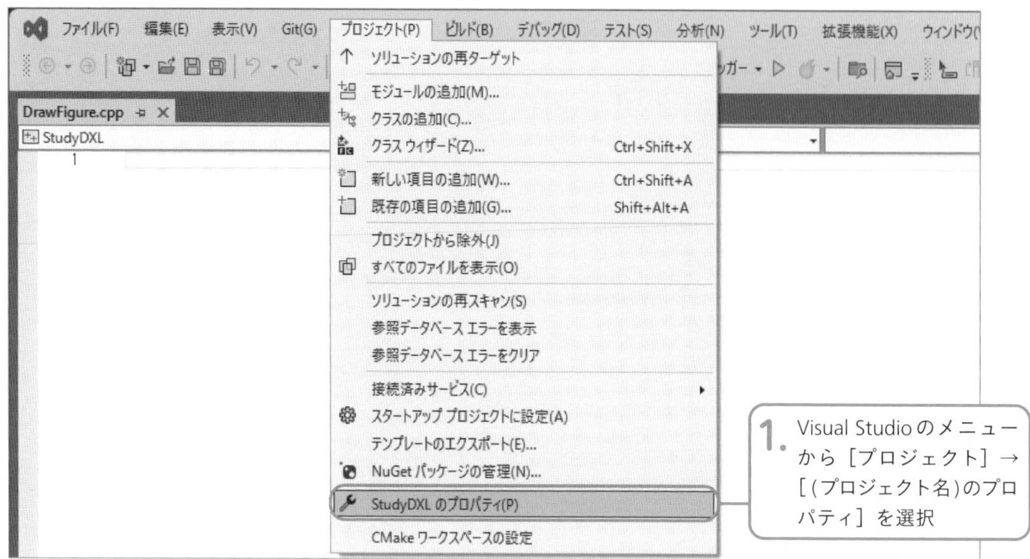

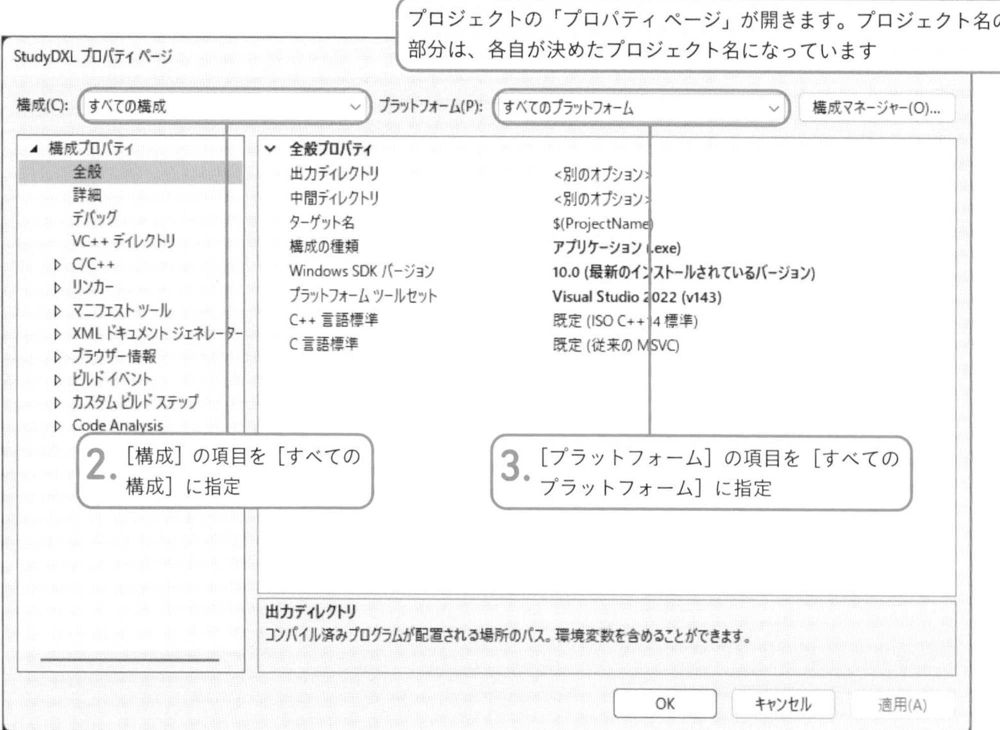

プロジェクトの「プロパティ ページ」が開きます。プロジェクト名の部分は、各自が決めたプロジェクト名になっています
2. ［構成］の項目を［すべての構成］に指定
3. ［プラットフォーム］の項目を［すべてのプラットフォーム］に指定

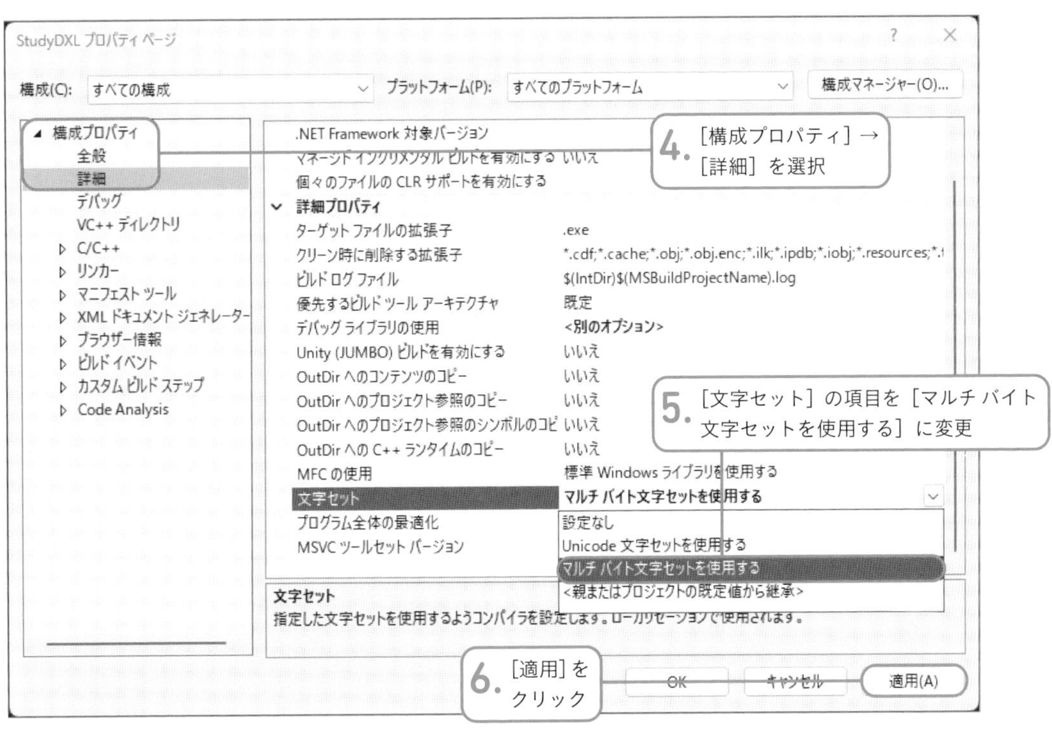
StudyDXL プロパティ ページ
構成(C): すべての構成
プラットフォーム(P): すべてのプラットフォーム
構成マネージャー(O)...
構成プロパティ
全般
詳細
デバッグ
VC++ ディレクトリ
C/C++
リンカー
マニフェスト ツール
XML ドキュメント ジェネレーター
ブラウザー情報
ビルド イベント
カスタム ビルド ステップ
Code Analysis
.NET Framework 対象バージョン
個々のファイルの CLR サポートを有効にする
詳細プロパティ
ターゲット ファイルの拡張子 .exe
ビルド ログ ファイル $(IntDir)$(MSBuildProjectName).log
優先するビルド ツール アーキテクチャ 既定
デバッグ ライブラリの使用 <別のオプション>
Unity (JUMBO) ビルドを有効にする いいえ
OutDir へのコンテンツのコピー いいえ
OutDir へのプロジェクト参照のコピー いいえ
OutDir への C++ ランタイムのコピー いいえ
MFC の使用 標準 Windows ライブラリを使用する
文字セット マルチ バイト文字セットを使用する
プログラム全体の最適化
MSVC ツールセット バージョン
設定なし
Unicode 文字セットを使用する
マルチ バイト文字セットを使用する
<親またはプロジェクトの既定値から継承>
OK
キャンセル
適用(A)
4. [構成プロパティ] → [詳細] を選択
5. [文字セット] の項目を [マルチ バイト文字セットを使用する] に変更
6. [適用] をクリック

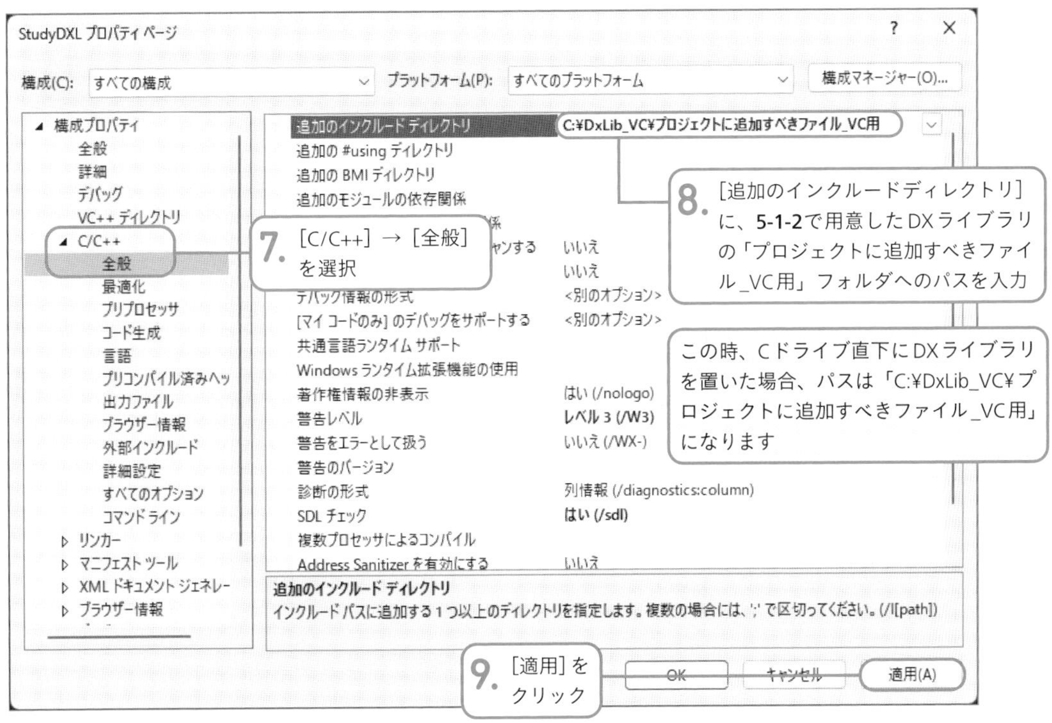
StudyDXL プロパティ ページ
構成(C): すべての構成
プラットフォーム(P): すべてのプラットフォーム
構成マネージャー(O)...
構成プロパティ
全般
詳細
デバッグ
VC++ ディレクトリ
C/C++
全般
最適化
プリプロセッサ
コード生成
言語
プリコンパイル済みヘッダー
出力ファイル
ブラウザー情報
外部インクルード
詳細設定
すべてのオプション
コマンド ライン
リンカー
マニフェスト ツール
XML ドキュメント ジェネレー
ブラウザー情報
追加のインクルード ディレクトリ C:¥DxLib_VC¥プロジェクトに追加すべきファイル_VC用
追加の #using ディレクトリ
追加の BMI ディレクトリ
追加のモジュールの依存関係
デバッグ情報の形式 <別のオプション>
[マイ コードのみ] のデバッグをサポートする <別のオプション>
共通言語ランタイム サポート
Windows ランタイム拡張機能の使用
著作権情報の非表示 はい (/nologo)
警告レベル レベル 3 (/W3)
警告をエラーとして扱う いいえ (/WX-)
警告のバージョン
診断の形式 列情報 (/diagnostics:column)
SDL チェック はい (/sdl)
複数プロセッサによるコンパイル
Address Sanitizer を有効にする いいえ
追加のインクルード ディレクトリ
インクルード パスに追加する 1 つ以上のディレクトリを指定します。複数の場合には、';' で区切ってください。(/I[path])
OK
キャンセル
適用(A)
7. [C/C++] → [全般] を選択
8. [追加のインクルードディレクトリ] に、5-1-2で用意したDXライブラリの「プロジェクトに追加すべきファイル_VC用」フォルダへのパスを入力
この時、Cドライブ直下にDXライブラリを置いた場合、パスは「C:¥DxLib_VC¥プロジェクトに追加すべきファイル_VC用」になります
9. [適用] をクリック

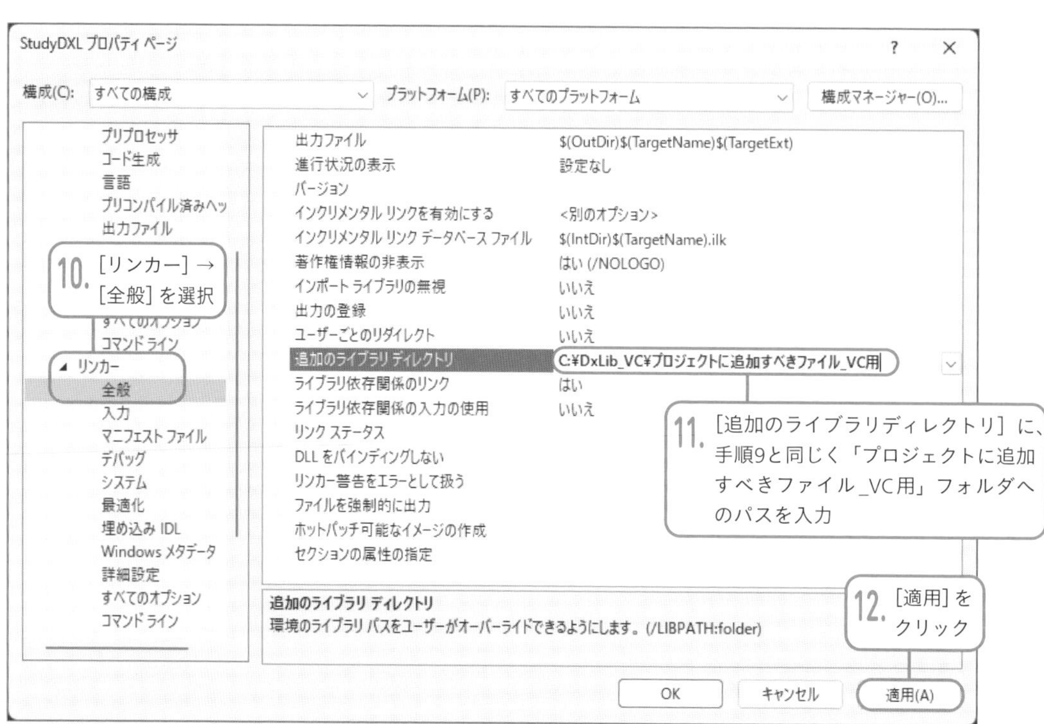
StudyDXL プロパティ ページ
構成(C): すべての構成
プラットフォーム(P): すべてのプラットフォーム
構成マネージャー(O)...
プリプロセッサ
コード生成
言語
プリコンパイル済みヘッ
出力ファイル
コマンド ライン
リンカー
全般
入力
マニフェスト ファイル
デバッグ
システム
最適化
埋め込み IDL
Windows メタデータ
詳細設定
すべてのオプション
コマンド ライン
出力ファイル
$(OutDir)$(TargetName)$(TargetExt)
進行状況の表示
設定なし
バージョン
インクリメンタル リンクを有効にする
<別のオプション>
インクリメンタル リンク データベース ファイル
$(IntDir)$(TargetName).ilk
著作権情報の非表示
はい (/NOLOGO)
インポート ライブラリの無視
いいえ
出力の登録
いいえ
ユーザーごとのリダイレクト
いいえ
追加のライブラリ ディレクトリ
C:¥DxLib_VC¥プロジェクトに追加すべきファイル_VC用
ライブラリ依存関係のリンク
はい
ライブラリ依存関係の入力の使用
いいえ
リンク ステータス
DLL をバインディングしない
リンカー警告をエラーとして扱う
ファイルを強制的に出力
ホットパッチ可能なイメージの作成
セクションの属性の指定
追加のライブラリ ディレクトリ
環境のライブラリ パスをユーザーがオーバーライドできるようにします。(/LIBPATH:folder)
OK
キャンセル
適用(A)
10. [リンカー] → [全般] を選択
11. [追加のライブラリディレクトリ] に、手順9と同じく「プロジェクトに追加すべきファイル_VC用」フォルダへのパスを入力
12. [適用] をクリック

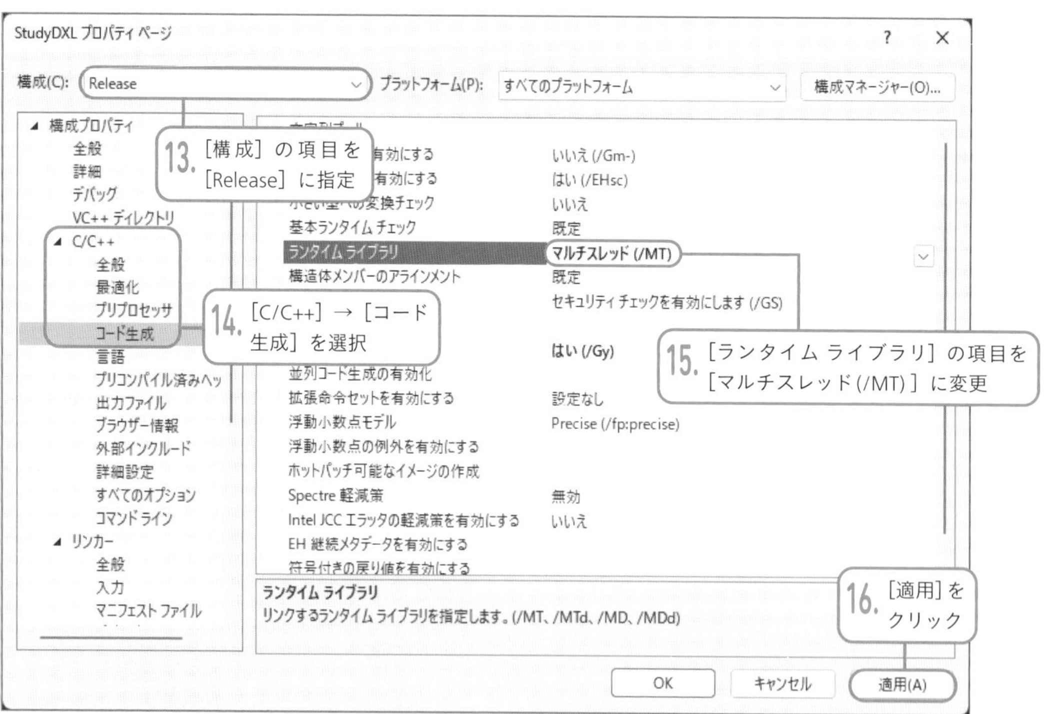
StudyDXL プロパティ ページ
構成(C): Release
プラットフォーム(P): すべてのプラットフォーム
構成マネージャー(O)...
構成プロパティ
全般
詳細
デバッグ
VC++ ディレクトリ
C/C++
全般
最適化
プリプロセッサ
コード生成
言語
プリコンパイル済みヘッ
出力ファイル
ブラウザー情報
外部インクルード
詳細設定
すべてのオプション
コマンド ライン
リンカー
全般
入力
マニフェスト ファイル
いいえ (/Gm-)
はい (/EHsc)
いいえ
基本ランタイム チェック
既定
ランタイム ライブラリ
マルチスレッド (/MT)
構造体メンバーのアラインメント
既定
セキュリティ チェックを有効にします (/GS)
はい (/Gy)
並列コード生成の有効化
拡張命令セットを有効にする
設定なし
浮動小数点モデル
Precise (/fp:precise)
浮動小数点の例外を有効にする
ホットパッチ可能なイメージの作成
Spectre 軽減策
無効
Intel JCC エラッタの軽減策を有効にする
いいえ
EH 継続メタデータを有効にする
符号付きの戻り値を有効にする
ランタイム ライブラリ
リンクするランタイム ライブラリを指定します。(/MT、/MTd、/MD、/MDd)
OK
キャンセル
適用(A)
13. [構成] の項目を [Release] に指定
14. [C/C++] → [コード生成] を選択
15. [ランタイム ライブラリ] の項目を [マルチスレッド(/MT)] に変更
16. [適用] をクリック

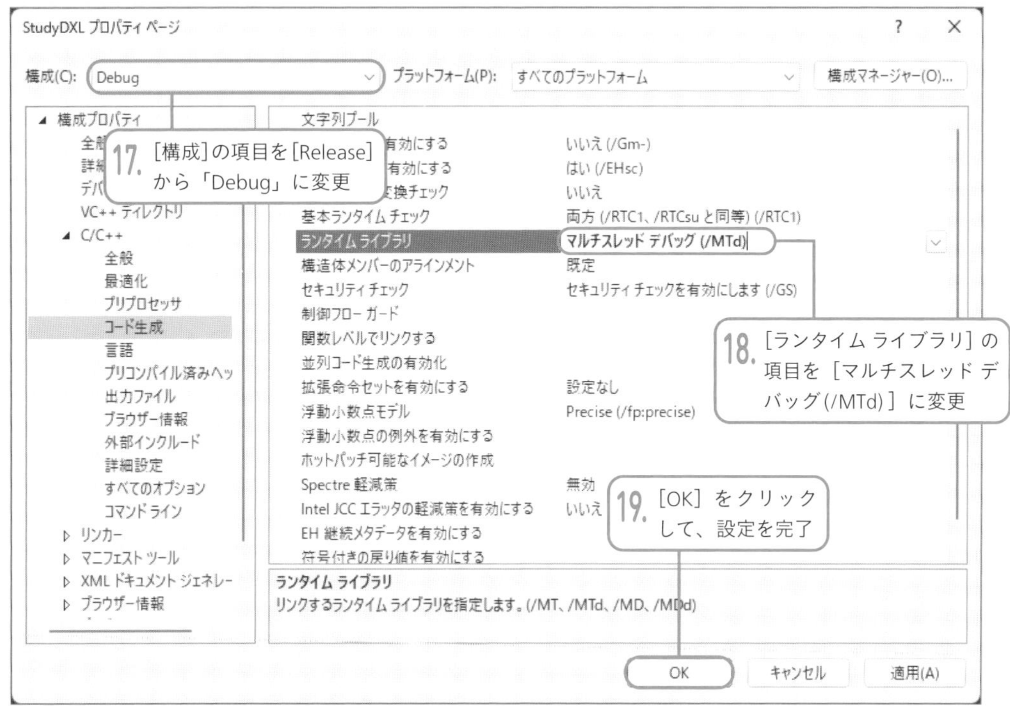

ステップ4　サンプルプログラムを実行する

設定が正しく行われたかを確認します。次のプログラムを入力してビルドし、実行します。

■ DXライブラリ動作確認用プログラム

```
#include "DxLib.h"
int WINAPI WinMain(HINSTANCE hInstance, HINSTANCE hPrevInstance,
LPSTR lpCmdLine, int nCmdShow)
{
    if (DxLib_Init() == -1) return -1; // ライブラリの初期化、エラーが起きたら終了
    DrawCircle(320, 240, 100, 0x0000ff); // 円を描く
    WaitKey(); // キー入力があるまで待つ
    DxLib_End(); // DXライブラリの終了処理
    return 0; // ソフトの終了
}
```

※Visual Studioのバージョンにより警告が出ることがあります。その時は2行目をint APIENTRY WinMain(_In_ HINSTANCE hInstance, _In_opt_ HINSTANCE hPrevInstance, _In_ LPSTR lpCmdLine, _In_ int nCmdShow)として試してみましょう

画面中央に青い円が表示されれば、正しく動いています。何かのキーを押すと終了します。

キーを押しても終了しない場合、Visual Studioの「デバッグの停止(Shift+F5)」から終了します。

キー入力とマウス入力

この節では、DXライブラリで、キー入力とマウス入力を行う方法を説明します。キーやマウスによる入力をリアルタイムに行うので、リアルタイム処理についても説明します。

5-2-1 リアルタイム処理について

第4章のコラムで、キー入力と画面の更新をリアルタイムに行うミニゲームのプログラムを確認しました。その際、リアルタイム処理について触れましたが、ここで改めて説明します。

リアルタイム処理は、時間軸に沿って進む処理や、ユーザーからの入力があった時に、直ちにコンピューターが応答する処理を指します。

コンピューターゲームにはさまざまなジャンルが存在しますが、どのジャンルのゲームも、リアルタイムに処理を行っています。

例えば、アクションゲームは、コントローラーからの入力や画面のタップ入力によって、主人公のキャラクターを動かし、攻撃や防御などを実行します。敵のキャラクターはプレイヤーが何もしなくても、主人公を狙ってあちこちを動き回ります。また、背景の雲の動きや水の流れ、風に揺れる木立や草原などが、常に動きのある映像として描かれます。

アクションゲームほどは画面に変化のないテーブルゲームやパズルゲームでも、リアルタイム処理が行われています。例えば、リバーシ（オセロ）、麻雀、将棋、トランプなどのゲームでは、プレイヤーからの入力を待つ間、カーソルが点滅するなどし、入力があればコンピューターが即座に応答します。

memo

次の章から制作するゲームも、リアルタイムに入力を受け付け、画面を描き替え続けます。それらの処理を、DXライブラリを用いて行います。

5-2-2 キー入力とマウス入力について

DXライブラリには、キーやマウスからの入力を知るための関数が備わっています。入力を受け付ける主な関数を図表5-2-1で確認しましょう。

図表5-2-1 DXライブラリの主なキー入力関数とマウス入力関数

入力	関数名	説明
キー入力	int CheckHitKey(int keyCode); ※1	特定のキーの入力状態を得る。キーが押されたら1が返り、押されていなければ0が返る
	int GetHitKeyStateAll(char *keyStateBuf);	キーボードのすべてのキーの押下状態を取得し、状態を配列に代入する 記述例) char key[256]; GetHitKeyStateAll(key);
マウス入力	int GetMousePoint(int *xBuf, int *yBuf);	マウスポインタの座標を取得し、変数に代入する 記述例) int mouseX, mouseY; GetMousePoint(&mouseX, &mouseY);
	int GetMouseInput(void); ※2	マウスボタンの状態を得る 記述例) if((GetMouseInput()&MOUSE_INPUT_LEFT) != 0) { 処理 }

※1:キーコードは図表5-2-2をご参照ください

※2:GetMouseInput()の戻り値を、MOUSE_INPUT_LEFT、MOUSE_INPUT_RIGHT、MOUSE_INPUT_MIDDLEとAND演算した結果が0でなければ、そのボタンが押されています

図表5-2-2 DXライブラリの主なキーコード定数

キー	コード
カーソルキー	KEY_INPUT_UP、KEY_INPUT_DOWN、KEY_INPUT_LEFT、KEY_INPUT_RIGHT
スペースキー	KEY_INPUT_SPACE
Enter キー	KEY_INPUT_RETURN
Shift キー	KEY_INPUT_LSHIFT、KEY_INPUT_RSHIFT
Esc キー	KEY_INPUT_ESCAPE
A ～ Z キー	KEY_INPUT_A ～ KEY_INPUT_Z
0 ～ 9 キー	KEY_INPUT_0 ～ KEY_INPUT_9
F1 ～ F12 キー	KEY_INPUT_F1 ～ KEY_INPUT_F12

DXライブラリには、ジョイパッドやタッチパネルからの入力を得る関数もあります。DXライブラリ公式サイトの「DXライブラリ　関数リファレンスページ」(https://dxlib.xsrv.jp/dxfunc.html)で関数の詳細を確認できます。

5-2-3 DXライブラリの主な文字列表示関数

キーとマウスの情報を表示するために、文字列を表示する関数を用います。DXライブラリに備わる主な文字列表示関数を図表5-2-3で確認しましょう。

図表5-2-3 DXライブラリの主な文字列表示関数

関数名	説明
int DrawString(int x, int y, char *string, unsigned int color);	(x,y) を起点として、string の文字列を color の色で表示する
int DrawFormatString(int x, int y, unsigned int color, char *format, …);	(x,y) を起点として、format で書式指定した文字列を color の色で表示する 記述例) int score = 0; DrawFormatString(0, 0, 0xffffff, "SCORE %d", score);

DrawFormatString()の書式指定は、標準出力関数のprintf()と同じで、%dや%fなどで指定します。

他にも文字列の描画に関するさまざまな関数があります。先述の「DXライブラリ　関数リファレンスページ」では関数の詳細を確認できます。

5-2-4 プログラムの確認

キー入力とマウス入力をリアルタイムに行うプログラムを確認しましょう。以下はやや長いプログラムですが、実際に入力して動作確認することがプログラミングを習得する近道ですので、ご自身で入力されることをおすすめします。このプログラムは、インプレスブックスの本書商品ページからダウンロードできるzip内のChapter5フォルダに入っています。入力したプログラムがうまく動かなければ、ダウンロードしたプログラムと照らし合わせて、記述ミスを探しましょう。

サンプル5-2-1 Chapter5->input.cpp

```
#include "DxLib.h"

int WINAPI WinMain(HINSTANCE hInstance, HINSTANCE hPrevInstance, LPSTR lpCmdLine, int nCmdShow)
{
    // 定数の宣言
    const int WIDTH = 960, HEIGHT = 640; // ウィンドウの幅と高さのピクセル数
    const int WHITE = GetColor(255, 255, 255); // よく使う色を定義

    SetWindowText("DX ライブラリの使い方 "); // ウィンドウのタイトル
    SetGraphMode(WIDTH, HEIGHT, 32); // ウィンドウの大きさとカラービット数の指定
    ChangeWindowMode(TRUE); // ウィンドウモードで起動
    if (DxLib_Init() == -1) return -1; // ライブラリ初期化 エラーが起きたら終了
    SetBackgroundColor(0, 0, 0); // 背景色の指定
    SetDrawScreen(DX_SCREEN_BACK); // 描画面を裏画面にする

    int timer = 0; // 経過時間を数える変数
```

```
    while (1) // メインループ
    {
        ClearDrawScreen(); // 画面をクリアする
        timer++; // 時間のカウント
        DrawFormatString(0, 0, WHITE, "%d", timer);

        // カーソルキーの入力
        if (CheckHitKey(KEY_INPUT_UP))    DrawString(0, 20, "上キー", WHITE);
        if (CheckHitKey(KEY_INPUT_DOWN))  DrawString(0, 40, "下キー", WHITE);
        if (CheckHitKey(KEY_INPUT_LEFT))  DrawString(0, 60, "左キー", WHITE);
        if (CheckHitKey(KEY_INPUT_RIGHT)) DrawString(0, 80, "右キー", WHITE);

        // マウスの座標を出力、マウスボタンの入力
        int mouseX, mouseY; // ポインタの座標を代入する変数
        GetMousePoint(&mouseX, &mouseY);
        DrawFormatString(400, 0, WHITE, "(%d, %d)", mouseX, mouseY);
        if (GetMouseInput() & MOUSE_INPUT_LEFT)  DrawString(400, 20, "左ボタン", WHITE);
        if (GetMouseInput() & MOUSE_INPUT_RIGHT) DrawString(400, 40, "右ボタン", WHITE);

        ScreenFlip(); // 裏画面の内容を表画面に反映させる
        WaitTimer(33); // 一定時間待つ
        if (ProcessMessage() == -1) break; // Windowsから情報を受け取りエラーが起きたら終了
        if (CheckHitKey(KEY_INPUT_ESCAPE) == 1) break; // ESCキーが押されたら終了
    }

    DxLib_End(); // DXライブラリ使用の終了処理
    return 0; // ソフトの終了
}
```

図表5-2-4 実行画面

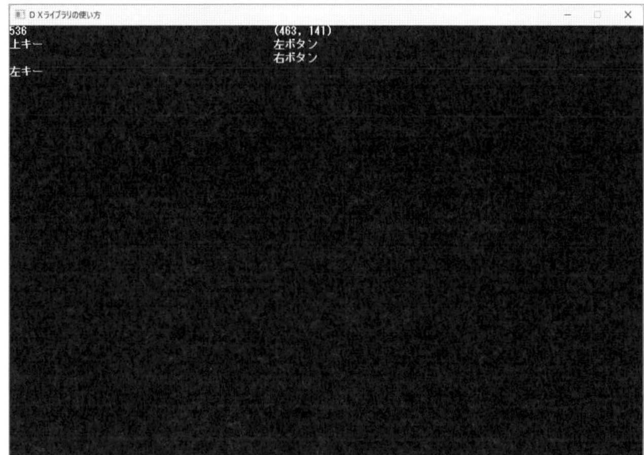

このプログラムは、timerという変数の値を毎フレーム1ずつ増やし、それを画面の左上に表示して、リアルタイムに処理が進むことを確認できるようにしています。

カーソルキーの上下左右キーを押したり、マウスの左ボタン、右ボタンをクリックしましょう。押したキーやボタンの情報が表示されます。

画面の上部中央にマウスポインタの座標を表示しています。ウィンドウ内でマウスポインタを動かし、その値が変化することを確認しましょう。

5-2-5 プログラムの詳細

このプログラムはDXライブラリでゲームを開発する“ひな形”となるものです。

①ソフトウェア起動時の処理（1～14行目）

① 1行目 DXライブラリを用いるので、DxLib.hをインクルードします。

② 3行目 メインとなる関数の宣言です。C言語のプログラムを動かすのにmain関数が必要なように、Windows デスクトップ アプリケーションには、このWinMain関数が必要です。この行を難しく捉える必要はなく、Visual StudioのC++開発環境でゲームソフトを作るなら、こう記述すると考えましょう。

③ 6行目 ウィンドウの幅と高さを代入する定数です。10行目のSetGraphMode()の引数に、この定数を記述しています。これらの値を変えるとウィンドウの大きさが変わります。

④ 7行目 よく使う色を定義しておくと便利なので、そうしています。DXライブラリではGetColor(R, G, B)という関数で、RGB値を指定した色の値を得ることができます。RGB値による色指定は、本章末のコラムで説明します。

⑤ 9～14行目 いずれもDXライブラリを使うために呼び出す関数であり、次の処理を行っています。

- **SetWindowText（タイトルの文字列）**
  ウィンドウのタイトルを指定します。この命令はWindowsのC++開発環境に備わるものです。
- **SetGraphMode（幅, 高さ, 色のビット数）**
  ウィンドウの大きさと色のビット数の設定です。大きさは幅と高さのピクセル数を指定し、色のビット数は16もしくは32で指定します。
- **ChangeWindowMode（TRUEまたはFALSE）**
  ウィンドウモードにするか（＝全画面表示にしないか）を指定します。FALSEとするか、この関数を記述しないと、フルスクリーンモード（全画面表示）になります。

- if (DxLib_Init () == -1) return -1;
  ライブラリの初期化を行い、エラーが発生したらWinMain関数を抜けて、ソフトウェアを終了します。
- SetBackgroundColor (R, G, B)
  背景色を指定します。
- SetDrawScreen (DX_SCREEN_BACK)
  描画面を裏画面とします。この関数を起動時に一度だけ呼び出し、その後はScreenFlip()を呼ぶことで、ダブルバッファリングによる描画が行われ、画面がちらつかなくなります。ダブルバッファリングについては次のワンポイントをご参照ください。SetDrawScreen()の引数をDX_SCREEN_FRONTにすると、表画面にグラフィックが描画され、画面がちらつくことがあります。

One Point

ダブルバッファリング

コンピューターの画面を描き替える時、私たちが見ている画面（表画面といいます）に対して、直接、画像や図形を描くと、描き替える途中の状態が見え、画面がちらつくことがあります。それを防ぐには、裏画面を用意し、そこにグラフィックを描き、すべての描画が終わったら、その裏画面を表画面にして見えるようにします。この仕組みをダブルバッファリングといいます。

図表5-2-5 ダブルバッファリングなし、ありの違い

ダブルバッファリングなし

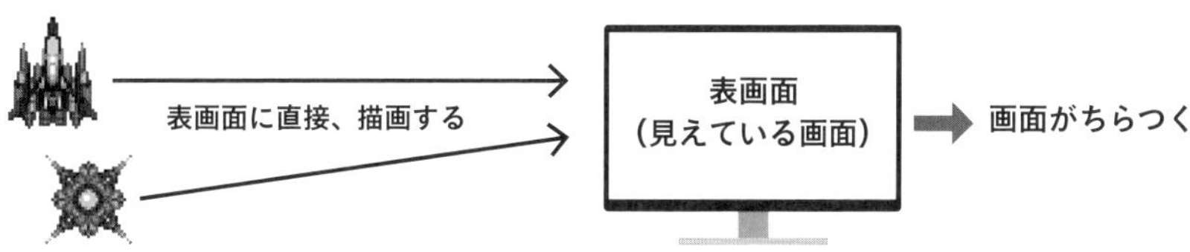

ダブルバッファリングあり

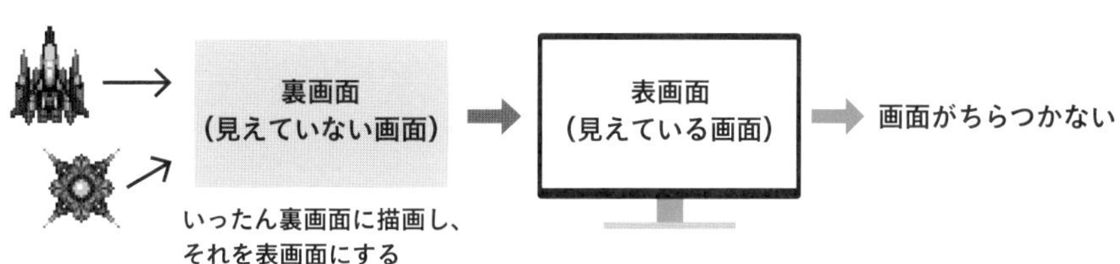

多くの開発環境にダブルバッファリングの機能が備わっています。DXライブラリではSetDrawScreen()とScreenFlip()の2つの関数で、ダブルバッファリングを実現できます。なお開発環境やプログラミング言語によっては、メモリ上に裏画面を作るなどしてダブルバッファリングの仕組みを自分でプログラミングする必要があります。

②変数の宣言と用途について

プログラムを起動してからの経過時間を数えるtimerという変数を16行目で宣言し、初期値0を代入しています。21行目でtimerの値を毎フレーム1ずつ増やし、22行目でそれを表示して、リアルタイムに処理が進むことを確認できるようにしています。**5-7節**で学ぶ画面遷移（シーン切り替え）のプログラムでは、この値を使ってシーンを自動的に切り替えます。

memo

ここではtimerだけを定義しましたが、ゲームを作るには、キャラクターの座標やスコアを代入する変数など、いろいろな変数を用意する必要があります。

③無限ループでリアルタイム処理を行う（18～41行目）

DXライブラリではWinMain()の中に、条件式を1としたwhile文を記述して、リアルタイム処理を行います。while(1)とすると条件が常に成り立ち、whileに続く{}内に記述した処理が永久に繰り返されます。

while文で行っている処理を説明します。

20行目のClearDrawScreen()という関数で画面をクリアしています。13行目のSetBackgroundColor()で指定した色で、ウィンドウ内がクリアされます。

21～22行目で経過時間を数える変数timerの値を増やし、それを画面左上に表示しています。

25～28行目のCheckHitKey()で上下左右のキーが押されているかを調べ、押されているキーの名称をDrawString()で表示しています。

31～33行目でマウスポインタの座標を代入する変数mouseXとmouseYを宣言し、それらの変数にGetMousePoint()で座標を代入しています。取得した座標の値をDrawFormatString()で表示しています。

GetMousePoint()にはポインタを渡す決まりがあるので、引数のmouseXとmouseYに&を付けています。この&は変数のアドレスを知る演算子であることを、第3章のコラムで説明しました。&はポインタを生成する演算子でもあることを、ここで覚えておきましょう。

34～35行目のGetMouseInput()でマウスの左ボタンあるいは右ボタンが押されているかを調べ、押されていればボタンの名称を表示しています。

37行目のScreenFlip()は裏画面に描いたものを表画面に反映させる関数です。

38行目のWaitTimer(ミリ秒)は、指定のミリ秒間、処理を一時停止する関数です。このプログラムでは引数を33とし、1秒間に約30回の処理を行っています。

39行目のProcessMessage()はWindowsシステムからの情報を受ける、DXライブラリの関数です。このようにif文を記述して、何らかのエラーが起きたらbreakでwhileの処理を中断します。

なお、DXライブラリの関数リファレンスに、ProcessMessage()はWindowsのイベント処理を肩代わりするもので、この関数が行っていることを気にする必要はないが、定期的にこれを呼び出さないと、システムが重くなったり不安定になるという説明があります。

40行目のCheckHitKey()で Esc キーが押されたかを調べ、押された時はwhileの処理を中断します。

memo

while(1)としたwhile文は常に条件が成り立つので、処理を無限に繰り返します。C言語やC++の開発環境でゲームを作る時、無限ループのwhileでリアルタイム処理を行う方法が、よく用いられます。

④終了時の処理（43～44行目）

このプログラムは、エラーが発生した時と Esc キーを押した時に、whileを抜けるようにしています。whileを抜けると、43行目でDxLib_End()を呼び出し、DXライブラリの使用を終了します。続く44行目のreturn 0でWinMain関数を抜け、ソフトウェアの動作を終了します。

memo

①の起動時の処理と④の終了時の処理を難しく考える必要はなく、DXライブラリを使うには、こう記述すると思っておけばOKです。

5-2-6 フレームレートについて

コンピューターゲームの**フレーム**とは、画面を更新する1サイクルを意味する言葉です。1秒間に画面を描き替える回数を**フレームレート**といい、**fps**（frames per second）という単位で表します。

このプログラムは38行目のWaitTimer()という関数で、処理を33ミリ秒、停止しています。1秒は1000ミリ秒であり、1000÷33≒30です。つまりこのプログラムは、1秒間に約30回、計算と描画を行っています。

memo

これを「このプログラムは30fpsで動いている」「このプログラムのフレームレートは30である」などと表現します。

厳密には、計算と描画の処理には、それぞれ時間がかかります。一般的に、変数の代入や計算、条件分岐などの処理にはごくわずかな時間しかかかりませんが、描画処理にはある程度の時間が必要です。その時間は、描画するグラフィックの量やハードウェアのスペックに依存します。

例えば描画のために2ミリ秒必要で、描画後に33ミリ秒、一時停止すると、1000÷(2+33)≒28となり、フレームレートは低下します。

このプログラムはいくつかの文字列を表示するだけなので、描画にかかる時間はないに等しいですが、多数のグラフィックを描く時には、描画時間がもっと長くなります。したがって、処理を一定時間止めるだけのプログラムでは、多数のキャラクターが出現する場面などでフレームレートが低下し、処理が遅くなることがあります。そこで、ゲームメーカーが発売・配信するゲームには、計算と描画にかかる時間を差し引いて処理を一時停止する工夫がされており、これによってフレームレートを常に一定に保っています。また、処理が重くなる場面で描画回数を減らし、処理が重くならないように工夫されたゲームもあります。

memo

多数のキャラクターが出た時などにゲームの処理が重くなることを「もっさりする」といいます。パソコンやスマートフォンはハードごとに性能が違います。処理が重くならないように工夫したプログラムでも、スペックの低い機種では、もっさりすることがあります。

One Point

無限ループに注意しよう

C言語ではwhile(1)の無限ループを用いて、リアルタイム処理を行うゲームを作ることができます（**4-4節**参照）。DXライブラリを用いた開発でも、無限ループの中にゲームの処理を記述します。しかし、無限ループは正しく管理しないと、プログラムが応答しなくなる恐れがあるので注意が必要です。例えばfor文の使い方を誤ると無限ループに陥いる可能性があります。本書では取り上げませんが、再帰と呼ばれる処理で、適切なタイミングで処理を抜けないと無限ループに陥ります。意図しない無限ループでは、プログラムがクラッシュするような重大バグが発生することを覚えておきましょう。

Section
5-3

図形の描画

この節ではコンピューターの座標について学び、DXライブラリに備わる図形の描画命令で、矩形や円などを描くことで、コンピューターの座標を理解します。

5-3-1 コンピューター画面の座標について

コンピューターの画面は左上の角が原点(0,0)で、横方向がx軸、縦方向がy軸です。コンピューターに表示される個々のウィンドウも、ウィンドウ内の左上角が原点、横方向がx軸、縦方向がy軸になります。コンピューターのy軸の向きは数学と逆で、下に向かってyの値が大きくなります。

図表5-3-1 コンピューターの座標

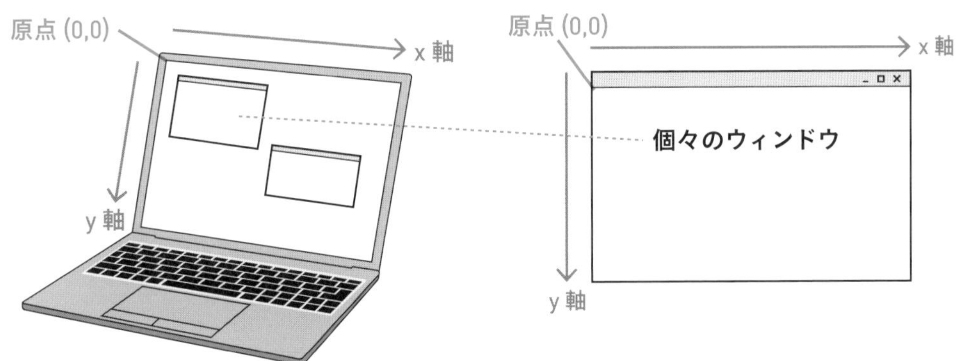

数学でグラフを描く時、y軸は上向きを正としますが、コンピューターの画面では、y軸が数学と逆の向きになるので、注意しましょう。

One Point

ピクセルとドット

パソコンやスマートフォンなどの液晶表示部は、発光する小さな点が無数に集まってできています。それらの点1つ1つを**ピクセル**(画素)や**ドット**といいます。本書で学習に用いるグラフィック素材や、デジタルデータの写真には、たくさんのピクセルが並んでおり、ピクセルの1つ1つが色の情報を持っています。例えば赤い髪で、青い服を着たキャラクターの画像では、髪の部分に赤い色のピクセルが並び、服の部分に青い色のピクセルが並んでいます。

ピクセルとドットは厳密にはわずかに異なる意味を持ち、両者を区別して使う方もいますが、プログラミングの学習においてはドット≒ピクセルと見なして問題ありません。ゲーム業界では、ゲーム画面や開発に用いる画像のサイズを○ピクセルまたは○ドットと表現します。筆者の経験から、デザイン業界ではピクセルという表現がより一般的です。
本書では画面や画像素材のサイズを、幅○ピクセル、高さ○ピクセルと呼びます。例えば幅1200ピクセル、高さ720ピクセルのウィンドウを作ると、横に1200個、縦に720個、合計約86万個(1200×720)のドットが並びます。ドットという言葉の方が馴染みのある方は、本書内のピクセルをドットと読み替えて構いません。

5-3-2 図形を描く関数

DXライブラリに備わる、図形を描く関数を確認します。

図表5-3-2 DXライブラリの主な図形描画関数

図形	関数名	説明
線	int DrawLine(int x1, int y1, int x2, int y2, unsigned int color);	(x1,y1) から (x2,y2) へ color で指定した色で線を引く
矩形	int DrawBox(int x1, int y1, int x2, int y2, unsigned int color, int flag);	左上角を (x1,y1)、右下角を (x2-1,y2-1) とする矩形を color の色で描く。flag を TRUE(1) にすると矩形内部を塗りつぶし、FALSE(0) にすると輪郭のみを描く
円	int DrawCircle(int x, int y, int r, unsigned int color, int flag);	(x,y) を中心とする半径 r の円を color の色で描く。flag は TRUE で塗りつぶし、FALSE で輪郭のみを描く
楕円	int DrawOval(int x, int y, int rx, int ry, unsigned int color, int flag);	(x,y) を中心とし、x 軸方向が半径 rx、y 軸方向が半径 ry の楕円を color の色で描く。flag は TRUE で塗りつぶし、FALSE で輪郭のみを描く
三角形	int DrawTriangle(int x1, int y1, int x2, int y2, int x3, int y3, unsigned int color , int flag);	(x1,y1)、(x2,y2)、(x3,y3) を頂点とする三角形を color の色で描く。flag は TRUE で塗りつぶし、FALSE で輪郭のみを描く
点	int DrawPixel(int x, int y, unsigned int color);	(x,y) に color の色の点を打つ

※矩形とは4つの角がすべて直角である長方形を意味する言葉です。プログラミングでは長方形と正方形を区別しないので、本書では長方形、正方形とも矩形と呼びます
※図形の色の指定をGetColor(R,G,B)という関数で行います。GetColor()の使い方は節末でお伝えします

これらの関数の他に、図形の輪郭にアンチエイリアスの効果を加え、滑らかに描くDrawLineAA()やDrawTriangleAA()などの関数と、指定の座標の色を取得するGetPixel()という関数があります。詳しくは先に紹介した「DXライブラリ　関数リファレンスページ」をご確認ください。

5-3-3 プログラムの確認

図形を描くプログラムを確認します。前のinput.cppのwhile内にあった、キーとマウスの入力処理を削除し、そこに図形の描画処理を記述したプログラムになります。

グレーの網掛け部分は、前のプログラムと同じコードになっています。学習時間を短縮するために、前のプログラムのキーとマウスの処理を削除し、代わりに24〜30行目の図形描画を記述して構いませんが、プログラムの入力にまだ慣れていない方は、入力が得意になるように、ご自身ですべての行を打ち込むことをおすすめします。

サンプル5-3-1 Chapter5->figure.cpp（※グレー部分は前回のプログラムの流用）

```
01 #include "DxLib.h"
02 
03 int WINAPI WinMain(HINSTANCE hInstance, HINSTANCE hPrevInstance, LPSTR lpCmdLine, int nCmdShow)
04 {
05     // 定数の宣言
06     const int WIDTH = 960, HEIGHT = 640; // ウィンドウの幅と高さのピクセル数
07     const int WHITE = GetColor(255, 255, 255); // よく使う色を定義
08 
09     SetWindowText("DX ライブラリの使い方 "); // ウィンドウのタイトル
10     SetGraphMode(WIDTH, HEIGHT, 32); // ウィンドウの大きさとカラービット数の指定
11     ChangeWindowMode(TRUE); // ウィンドウモードで起動
12     if (DxLib_Init() == -1) return -1; // ライブラリ初期化 エラーが起きたら終了
13     SetBackgroundColor(0, 0, 0); // 背景色の指定
14     SetDrawScreen(DX_SCREEN_BACK); // 描画面を裏画面にする
15 
16     int timer = 0; // 経過時間を数える変数
17 
18     while (1) // メインループ
19     {
20         ClearDrawScreen(); // 画面をクリアする
21         timer++; // 時間のカウント
22         DrawFormatString(0, 0, WHITE, "%d", timer);
23 
24         DrawLine(0, 0, WIDTH, HEIGHT, GetColor(255, 0, 0)); // 線
25         DrawBox(0, HEIGHT - 400, 200, HEIGHT - 100, GetColor(0, 255, 0), TRUE); // 矩形 ( 長方形 )
26         DrawBox(WIDTH - 200, 100, WIDTH - 100, 200, GetColor(0, 0, 255), TRUE); // 矩形 ( 正方形 )
27         DrawCircle(400, 200, 100, GetColor(0, 255, 255), TRUE); // 円
28         DrawOval(400, 400, 200, 100, GetColor(255, 0, 255), FALSE); // 楕円
29         DrawTriangle(600, 0, 500, 300, 700, 300, GetColor(255, 192, 0), TRUE); // 三角形
30         DrawPixel(400, 200, GetColor(0, 0, 0)); // 点
31 
32         ScreenFlip(); // 裏画面の内容を表画面に反映させる
33         WaitTimer(33); // 一定時間待つ
34         if (ProcessMessage() == -1) break; // Windows から情報を受け取りエラーが起きたら終了
35         if (CheckHitKey(KEY_INPUT_ESCAPE) == 1) break; // ESC キーが押されたら終了
36     }
37 
```

```
38      DxLib_End(); // DX ライブラリ使用の終了処理
39      return 0; // ソフトの終了
40  }
```

図表5-3-3 **実行画面**

このプログラムに記述した図形の描画命令は、**5-3-2**で説明した通りです。色の指定は、この後、説明します。

グラフィックを用いたゲームを作るには、ウィンドウ内の座標について理解しておく必要があります。ウィンドウの左上角が原点(0,0)です。x座標は右に行くほど値が大きくなり、y座標は下に行くほど値が大きくなります。図形の描画命令の座標の値を変更して動作を確認し、座標について理解しましょう。意図する位置に図形を表示できるようになれば、しめたものです。

memo

6行目で定義した幅と高さを変えると、ウィンドウの大きさが変わります。それも試してみましょう。

5-3-4 GetColor()による色指定について

DXライブラリでは、unsigned int GetColor(int Red, int Green, int Blue)という関数で、図形などの色を指定します。GetColor()に、色のRGB値（赤、緑、青の各値）を最小値0から最大値255で与えると、その色のコードが返ります。

図表5-3-4 色の赤(Red)、緑(Green)、青(Blue)の値

※0が最も暗い値で、255が最も明るい値になります
※図表5-3-4は印刷の都合上、正しい色が再現されていません。サンプルファイルの「Chapter5」フォルダ内に「rgb.png」が入っているので、そちらを見て色の確認をしましょう

すべての色成分を0にすると黒になり、すべての色成分を255にすると白になります。例えば赤を255、緑を255、青を0とすると、明るい赤と明るい緑が混ざり、明るい黄色になります。

本章末のコラムでRGB値による色指定を解説しています。詳しくはそちらをご覧ください。

Section 5-4 画像の読み込みと表示

この節では、画像ファイルを読み込んで画面に表示する方法を説明します。そして犬のキャラクターが走る様子をアニメーションのように表示するプログラムで、キャラクターを動かす仕組みを学びます。

5-4-1 画像ファイルを扱う関数

DXライブラリに備わる、画像ファイルを扱う関数を図表5-4-1で確認しましょう。

図表5-4-1 DXライブラリで画像を扱う主な関数

関数名	説明
int LoadGraph(char *file);	ファイル名を指定して画像をメモリに読み込む。 記述例) int img = LoadGraph(ファイル名);
int DrawGraph(int x, int y, int handle, int flag);	メモリに読み込んだ画像を画面に表示する。 (x,y) が左上角の座標、handle が画像を読み込んだ変数。flag を TRUE にすると画像の透明度が有効になり、FALSE で無効になる。 記述例) DrawGraph(0, 0, img, TRUE);

DXライブラリの画像を描く関数には、画像を拡大縮小して描くDrawExtendGraph()、回転して描くDrawRotaGraph()、左右反転して描くDrawTurnGraph()など、さまざまなものがあります。詳しくは先述の「DXライブラリ　関数リファレンスページ」をご確認ください。

5-4-2 画像ファイルの準備

DXライブラリでは、bmp、jpeg、png、dds、argb、tgaの形式の画像ファイルを読み込めます（本書執筆時点のバージョン）。本書ではpng形式のファイルを用います。

本書商品ページからダウンロードできるzipファイル内のChapter5フォルダに、「image」という名称のフォルダがあります。その中に図表5-4-2の画像ファイルが入っています。

図表5-4-2 この節の学習に用いる画像ファイル

bg.png

Visual Studioのプロジェクトのフォルダに、これらの画像ファイルを、「image」フォルダごと配置しましょう。

図表5-4-3 プロジェクトにimageフォルダを配置

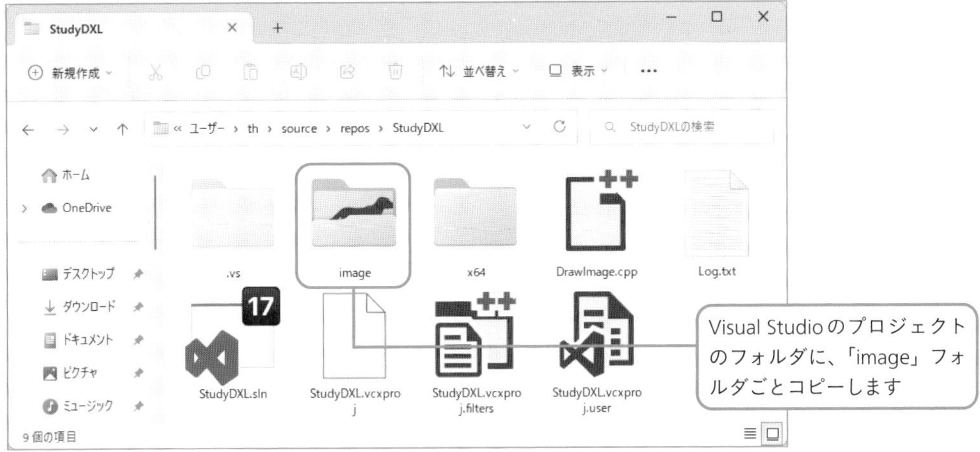

※この図にあるアイコンは一例です。みなさんが用意したプロジェクト名や、プログラムのファイル名によって、フォルダやファイルの名称、フォルダの中身は変わってきます

5-4-3 プログラムの確認

画像を読み込んで表示するプログラムを確認します。このプログラムでは、犬のキャラクターを左から右へと走らせます。グレーの部分は**5-2節**や**5-3節**のプログラムと共通です。

サンプル5-4-1 Chapter5->image.cpp (※グレー部分は前回のプログラムの流用)

```
#include "DxLib.h"

int WINAPI WinMain(HINSTANCE hInstance, HINSTANCE hPrevInstance, LPSTR lpCmdLine, int nCmdShow)
{
    // 定数の宣言
    const int WIDTH = 960, HEIGHT = 640; // ウィンドウの幅と高さのピクセル数
    const int WHITE = GetColor(255, 255, 255); // よく使う色を定義
```

```

    SetWindowText("DX ライブラリの使い方 "); // ウィンドウのタイトル
    SetGraphMode(WIDTH, HEIGHT, 32); // ウィンドウの大きさとカラービット数の指定
    ChangeWindowMode(TRUE); // ウィンドウモードで起動
    if (DxLib_Init() == -1) return -1; // ライブラリ初期化 エラーが起きたら終了
    SetBackgroundColor(0, 0, 0); // 背景色の指定
    SetDrawScreen(DX_SCREEN_BACK); // 描画面を裏画面にする

    int timer = 0; // 経過時間を数える変数
    int imgBG = LoadGraph("image/bg.png"); // 変数に背景画像を読み込む
    int imgDog[4] = { // 配列に犬の画像を読み込む
        LoadGraph("image/dog0.png"),
        LoadGraph("image/dog1.png"),
        LoadGraph("image/dog2.png"),
        LoadGraph("image/dog3.png")
    };
    int dogX = 0, dogY = 400; // 犬の座標用の変数

    while (1) // メインループ
    {
        ClearDrawScreen(); // 画面をクリアする

        DrawGraph(0, 0, imgBG, FALSE); // 背景の表示
        dogX = dogX + 10;
        if (dogX > WIDTH) dogX = -200;
        DrawGraph(dogX, dogY, imgDog[(timer/5) % 4], TRUE);

        timer++; // 時間のカウント
        DrawFormatString(0, 0, WHITE, "%d", timer);

        ScreenFlip(); // 裏画面の内容を表画面に反映させる
        WaitTimer(33); // 一定時間待つ
        if (ProcessMessage() == -1) break; // Windows から情報を受け取りエラーが起きたら終了
        if (CheckHitKey(KEY_INPUT_ESCAPE) == 1) break; // ESC キーが押されたら終了
    }

    DxLib_End(); // DX ライブラリ使用の終了処理
    return 0; // ソフトの終了
}
```

図表5-4-4 実行画面

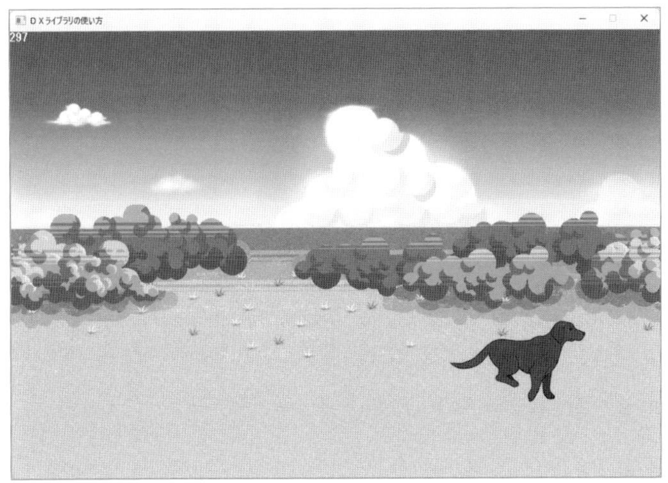

17行目のLoadGraph()で、画像ファイルの場所（フォルダ名）とファイル名を指定して、imgBGという変数に背景の画像を読み込んでいます。

18〜23行目で、imgDog[]という配列に、4種類の犬の画像を読み込んでいます。このように配列の定義にLoadGraph()を記述して、各要素に画像ファイルを読み込むことができます。

24行目が犬のx座標とy座標を代入する変数dogXとdogYの定義です。

30行目のDrawGraph()で背景画像を表示しています。

31〜33行目で、犬の移動とアニメーションを行っています。**5-4-4**と**5-4-5**で、この処理の内容を説明します。

memo

プロジェクトのフォルダ内に、画像が入ったimageフォルダを配置しました。そのためLoadGraph()の引数を「image/画像ファイル名」としています。もしフォルダ名を変えたり、画像を別の場所に移した場合は、それに合わせて引数を正しく指定する必要があります。

5-4-4 キャラクターを移動させる仕組み

犬を移動する計算について説明します。

まず、dogXとdogYが犬の座標を代入する変数です。x座標は右へ行くほど大きくなります。31行目でdogXの値を10ずつ増やし、犬を右へ移動させています。

この時、dogXがWIDTHより大きくなったら、ウィンドウの右端から外に出たことになります。それを32行目のif文で判定し、dogX > WIDTHが成り立ったらdogXに-200を代入し、ウィンドウの左端から再び現れるようにしています。

33行目のDrawGraph()で(dogX, dogY)の位置に犬の画像を描いています。

One Point

物体を動かすアルゴリズム

ゲーム内の物体を動かすアルゴリズムを理解しましょう。次の説明にある②と③をリアルタイムに続けることで、画面上の物体が移動します。

①物体の座標を代入する変数を用意し、はじめの位置の座標を代入する

②変数の値を変化させる

（ア）上に移動するならy座標の値を減らし、下に移動するならy座標の値を増やす

（イ）左へ移動するならx座標の値を減らし、右へ移動するならx座標の値を増やす

③座標を指定して物体を描く

5-4-5 キャラクターのアニメーションについて

犬の画像は0→1→2→3→0→1→2→3→…と0番から3番を繰り返して表示することで、走る動作となるように描かれています（図表5-4-5）。この順番となるように、33行目のDrawGraph()で画像を表示する時、番号を(timer/5)%4と指定しています。%は余りを求める演算子です。

図表5-4-5 犬のアニメーション

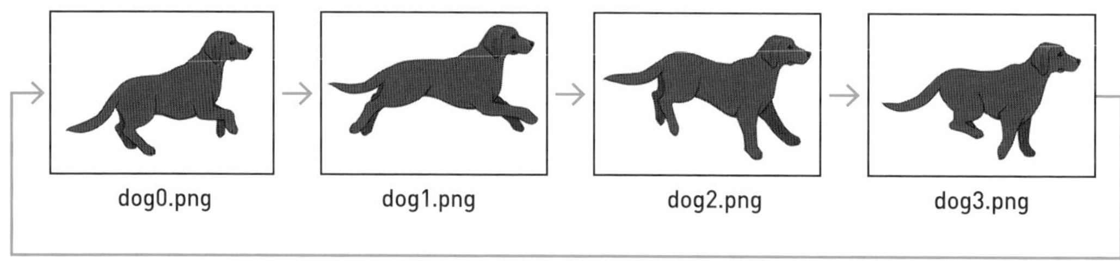


```
33 DrawGraph(dogX, dogY, imgDog[(timer/5) % 4], TRUE);
```

memo

%演算子はP067で学びました。例えば10%3は1(10を3で割った余りは1)、8%4は0、16%7は2です。

timerの値を35行目で1ずつ増やしています。timer、timer/5、(timer/5)%4の各値は、フレームごとに、図表5-4-6のように変化していきます。

図表5-4-6 アニメーションに用いる値の変化

timer	0	1	2	3	4	5	6	7	8	9	10	11	12	13	14	15	16	17	18	19	20	21
timer/5	0	0	0	0	0	1	1	1	1	1	2	2	2	2	2	3	3	3	3	3	4	4
(timer/5)%4	0	0	0	0	0	1	1	1	1	1	2	2	2	2	2	3	3	3	3	3	0	0

timer	22	23	24	25	26	27	28	29	30	31	32	33	34	35	36	37	38	39	40	41	42	43	44	…
timer/5	4	4	4	5	5	5	5	5	6	6	6	6	6	7	7	7	7	7	8	8	8	8	8	…
(timer/5)%4	0	0	0	1	1	1	1	1	2	2	2	2	2	3	3	3	3	3	0	0	0	0	0	…

timerは毎フレーム1ずつ増え、timer/5は5フレームで1増えます。(timer/5)%4は0〜3が繰り返されます。その繰り返される値を、表示する画像の番号とすることで、4種類の画像を順に表示しています。

timerはint型（整数型）で宣言した変数で、timer/5は整数÷整数の割り算です。その計算結果は、小数点以下が切り捨てられた整数になります。

timer/5の5を小さな値にすれば動作が俊敏になり、大きな値にすれば動作が緩慢になります。この値を変更して、犬の動きが変わることを確認しましょう。

memo

ここでは2Dのゲームのキャラクターをアニメーションさせる仕組みを学びました。3Dのゲームでは、物体を形作るモデルデータと、その動きを定義したモーションデータを用いて、キャラクターなどのアニメーションを行います。

Section 5-5 サウンドの出力

この節では、BGMや効果音などの音のファイルを読み込んで、出力する方法を学びます。

5-5-1 音のファイルを扱う関数

DXライブラリに備わる、音のファイルを扱う関数を確認します。

図表5-5-1 DXライブラリで音を扱う主な関数

関数名	説明
int LoadSoundMem(char *file);	ファイル名を指定して、サウンドファイルをメモリに読み込む 記述例） int bgm = LoadSoundMem(ファイル名);
int ChangeVolumeSoundMem(int volume, int handle);	メモリに読み込んだサウンドの音量を設定。0～255の値で指定する 記述例） ChangeVolumeSoundMem(128, bgm);
int PlaySoundMem(int handle, int type, int position);	メモリに読み込んだサウンドを再生する 第二引数で再生形式を指定する ・DX_PLAYTYPE_NORMAL ノーマル再生 ・DX_PLAYTYPE_BACK　バックグラウンド再生 ・DX_PLAYTYPE_LOOP　ループ再生 第三引数は下記の注記を参照。 記述例） PlaySoundMem(bgm, DX_PLAYTYPE_LOOP);
int StopSoundMem(int handle);	サウンドの再生を停止する 記述例） StopSoundMem(bgm);

※PlaySoundMem()の第三引数で再生位置を先頭にするかを指定できます（TRUEかFALSEで指定）。この引数は省略でき、省略するとTRUEを指定したことになり、先頭から再生されます。本書ではPlaySoundMem()の第三引数を省略して記述します

他にも音の制御に関するさまざまな関数があります。詳しくは先述の「DXライブラリ　関数リファレンスページ」をご確認ください。

5-5-2 音のファイルの準備

DXライブラリでは、wav、mp3、ogg、opus形式の音のファイルを読み込めます。本書ではmp3形式のファイルを用います。

本書商品ページからダウンロードできるzipファイル内のChapter5フォルダに、「sound」というフォルダがあります。その中に次の音のファイルが入っています。

図表5-5-2 この節の学習に用いる音のファイル

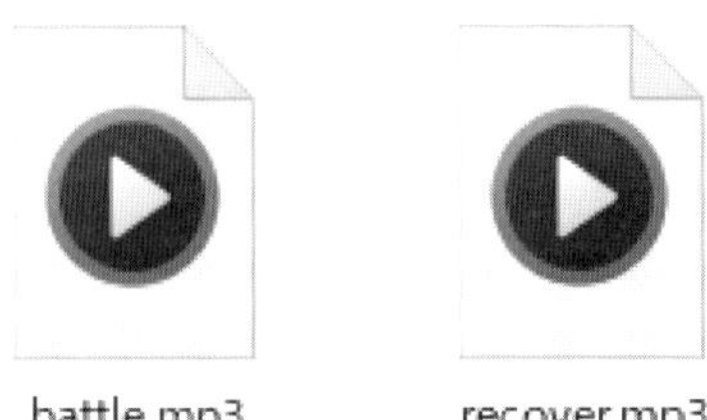

battle.mp3がBGM、recover.mp3が効果音（SE）のファイルです。アイコンの形は、お使いのパソコンによって変わります。

Visual Studioのプロジェクトのフォルダに、これらの音のファイルを、「sound」フォルダごと配置しましょう。

図表5-5-3 プロジェクトにsoundフォルダを配置

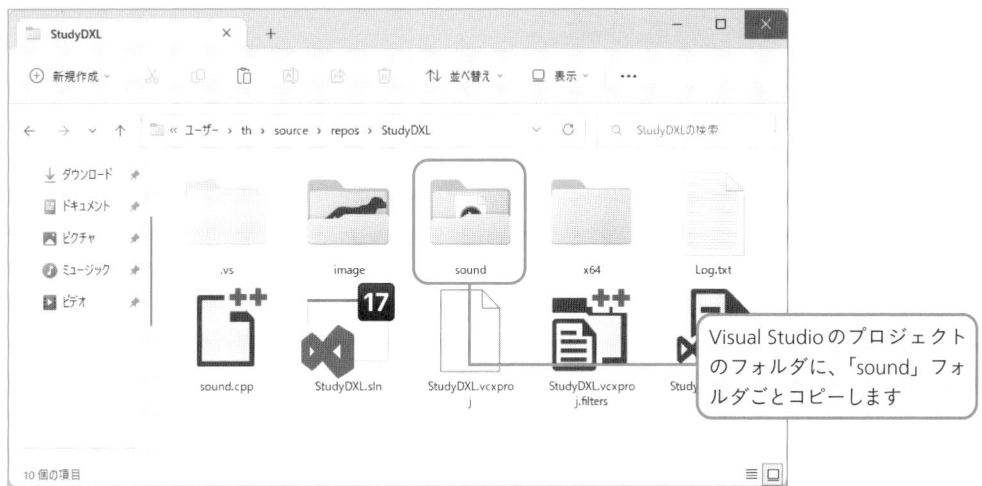

5-5-3 プログラムの確認

音のファイルを読み込んで、BGMをループ再生するプログラムを確認しましょう。Sキーを押すとBGMを停止します。spaceキーを押すと効果音を出力します。グレーの部分は**5-2節**や**5-3節**のプログラムと共通です。

サンプル5-5-1 Chapter5->sound.cpp（※グレー部分は前回のプログラムの流用）

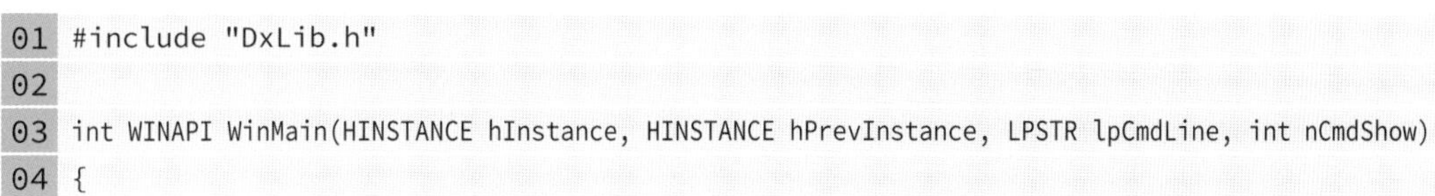

```
#include "DxLib.h"

int WINAPI WinMain(HINSTANCE hInstance, HINSTANCE hPrevInstance, LPSTR lpCmdLine, int nCmdShow)
{
```

```
    // 定数の宣言
    const int WIDTH = 960, HEIGHT = 640; // ウィンドウの幅と高さのピクセル数
    const int WHITE = GetColor(255, 255, 255); // よく使う色を定義

    SetWindowText("DXライブラリの使い方"); // ウィンドウのタイトル
    SetGraphMode(WIDTH, HEIGHT, 32); // ウィンドウの大きさとカラービット数の指定
    ChangeWindowMode(TRUE); // ウィンドウモードで起動
    if (DxLib_Init() == -1) return -1; // ライブラリ初期化 エラーが起きたら終了
    SetBackgroundColor(0, 0, 0); // 背景色の指定
    SetDrawScreen(DX_SCREEN_BACK); // 描画面を裏画面にする

    int timer = 0; // 経過時間を数える変数
    int bgm = LoadSoundMem("sound/battle.mp3"); // BGMの読み込み
    int se = LoadSoundMem("sound/recover.mp3"); // SEの読み込み
    ChangeVolumeSoundMem(128, bgm); // BGMの音量を指定
    PlaySoundMem(bgm, DX_PLAYTYPE_LOOP); // BGMをループ再生

    while (1) // メインループ
    {
        ClearDrawScreen(); // 画面をクリアする
        timer++; // 時間のカウント
        DrawFormatString(0, 0, WHITE, "%d", timer);

        // 音に関する処理
        DrawString(0, 20, "Sキーを押すとＢＧＭを停止します", WHITE);
        DrawString(0, 40, "スペースキーを押すと効果音を出力します", WHITE);
        if (CheckHitKey(KEY_INPUT_S)) StopSoundMem(bgm); // BGM停止
        if (CheckHitKey(KEY_INPUT_SPACE)) PlaySoundMem(se, DX_PLAYTYPE_BACK); // SE出力

        ScreenFlip(); // 裏画面の内容を表画面に反映させる
        WaitTimer(33); // 一定時間待つ
        if (ProcessMessage() == -1) break; // Windowsから情報を受け取りエラーが起きたら終了
        if (CheckHitKey(KEY_INPUT_ESCAPE) == 1) break; // ESCキーが押されたら終了
    }

    DxLib_End(); // DXライブラリ使用の終了処理
    return 0; // ソフトの終了
}
```

図表5-5-4 実行画面

17行目のint bgm = LoadSoundMem("sound/battle.mp3")で、変数bgmにBGMのファイルを読み込んでいます。18行目のint se = LoadSoundMem("sound/recover.mp3")で、変数seに効果音のファイルを読み込んでいます。

音量の指定はChangeVolumeSoundMem()、音の再生はPlaySoundMem()、再生中の音の停止はStopSoundMem()で行います。これらの関数の使い方は**5-5-1**で説明した通りです。

memo

コンピューターゲームは音を加えることで臨場感が増し、より楽しい雰囲気にすることができます。オリジナルゲームを作る際は、ぜひ音を入れることをおすすめします。ネット検索すると、著作権フリーの音素材が見つかりますし、無料の作曲ソフトウェアもあります。また音声制作を専門に手がける個人クリエイターもいます。音を手に入れる方法はいろいろあります。注意しなければならないのは、素材を使う時、著作権を侵害しないことです。ルールを守った上で素材を活用しましょう。

Section 5-6

ヒットチェック

この節では、ゲーム開発に必要なアルゴリズムの1つである、ヒットチェックについて学びます。

5-6-1 ヒットチェックとは

ゲームに出てくる物体同士が接触しているかを調べる、ヒットチェックというアルゴリズムがあります。ヒットチェックは当たり判定や接触判定とも呼ばれます。

図表5-6-1 ヒットチェックのイメージ

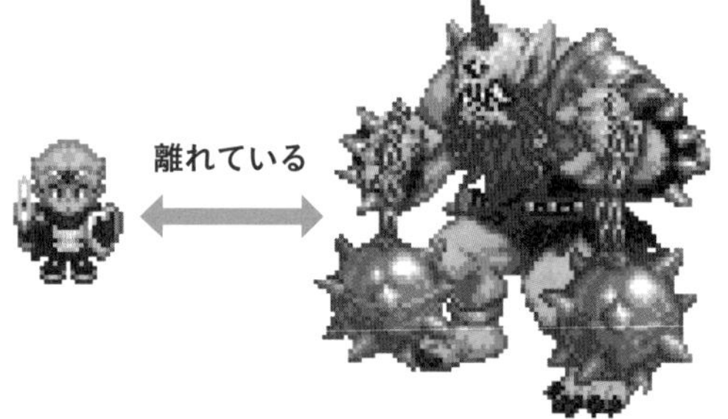

ヒットチェックにはさまざまな手法があります。ゲームの開発環境によっては、ヒットチェックの機能が備わっており、ゲームの制作者はその機能を利用できます。しかし、それは単にツールの使い方を知ることであり、ヒットチェックのアルゴリズムを理解したことにはなりません。この節では、プロのゲームプログラマーを目指す方や、真の技術力を身につけたい方のために、円によるヒットチェックと矩形によるヒットチェックを、数学的な計算によって行う方法を説明します。それらのプログラムを学び、ゲーム開発における必須のアルゴリズムを身につけましょう。

5-6-2 円によるヒットチェック

円によるヒットチェックは、物体の形が円であると見なし、2つの円が重なっているかを調べます。例えば図表5-6-1のキャラクターを、次のように、勇者は半径r_1の円、モンスターは半径r_2の円であると考えます。

図表5-6-2　キャラクターを円と考える

これら2つの円の中心間の距離を求めます。その値が円の半径を足したr_1+r_2以下なら、円は外周が触れ合った状態、あるいは重なった状態になっています。

図表5-6-3　2つの円の中心間の距離

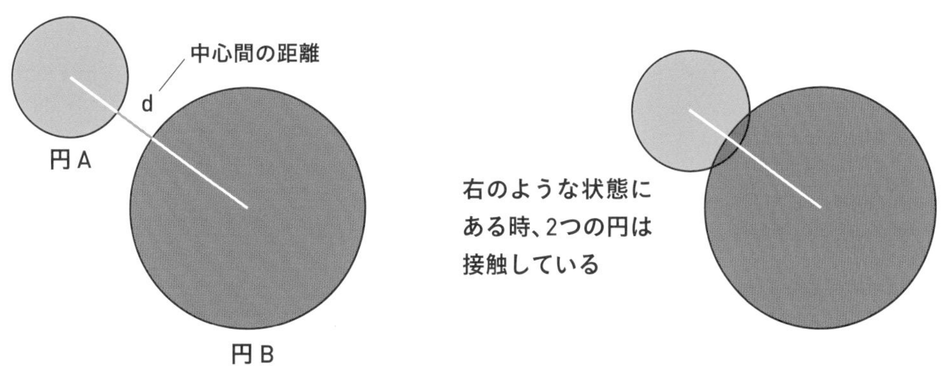

具体的にどのような計算を行うかを説明します。

左側の円Aの中心座標を(x_1,y_1)、右側の円Bの中心座標を(x_2,y_2)とします。

2つの円の中心間の距離dは、$d=\sqrt{(x_1-x_2)^2+(y_1-y_2)^2}$になります。コンピューターの画面上の距離とは、図形が何ピクセル離れているかという値のことです。

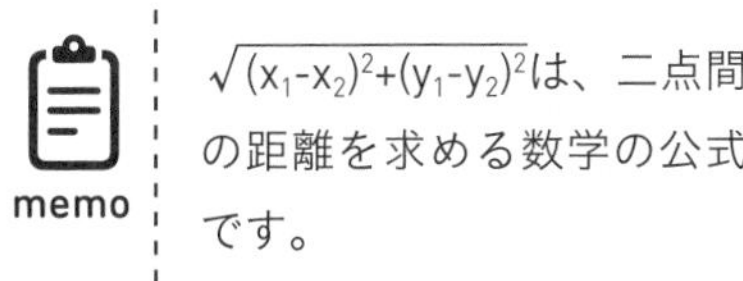

$\sqrt{(x_1-x_2)^2+(y_1-y_2)^2}$は、二点間の距離を求める数学の公式です。

5-6-3 数学の式をプログラムで記述する

C言語では平方根をsqrt()という関数で求めます。sqrt()を使うにはmath.hをインクルードします。math.hには数学的な計算を行う関数が備わっています。

$d=\sqrt{(x_1-x_2)^2+(y_1-y_2)^2}$をプログラムで記述すると、d=sqrt((x1-x2)*(x1-x2)+(y1-y2)*(y1-y2))になります。

この式で求めたdの値が、円の半径の合計r1+r2以下なら、2つの円は重なっています。詳しく述べると、d==r1+r2なら2つの円の外周が触れ合った状態、d<r1+r2なら2つの円は完全に重なります。

図表5-6-4 dがr1+r2の時、円の外周が触れ合う

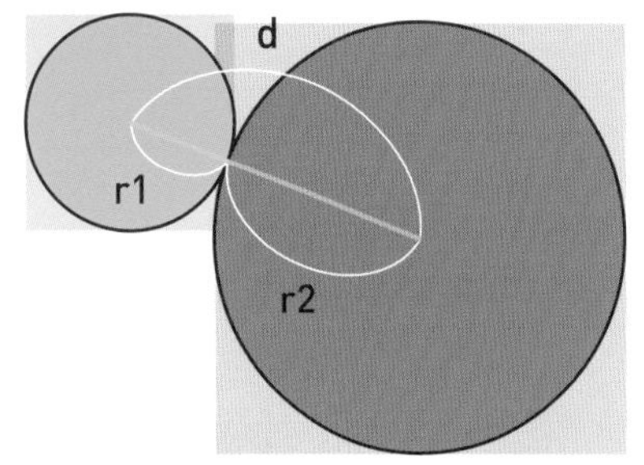

円が重なっているなら、2つのキャラが接触したことにして、ダメージ計算などを行うことが、ヒットチェックとゲームルールの実装です。

5-6-4 円の接触を判定するプログラムの確認

円によるヒットチェックを行うプログラムを確認します。このプログラムは、円Aをマウスポインタで動かせます（ポインタの位置に円が移動）。円Aと円Bが接触すると、円Aが黄色に、円Bが水色になります。

このプログラムは、前のプログラムまで記述してきた変数timerの値のカウントと表示を削除し、代わりに2つの円の中心間距離（ピクセル数）を表示しています。

グレー部分の行は、ここまで学んできたプログラムと共通のコードです。

サンプル5-6-1 Chapter5->hitCheckCircle.cpp （※グレー部分は前回のプログラムの流用）

```
#include "DxLib.h"
#include <math.h>

int WINAPI WinMain(HINSTANCE hInstance, HINSTANCE hPrevInstance, LPSTR lpCmdLine, int nCmdShow)
{
    // 定数の宣言
    const int WIDTH = 960, HEIGHT = 640; // ウィンドウの幅と高さのピクセル数
```

```
08     const int WHITE = GetColor(255, 255, 255); // よく使う色を定義
09
10     SetWindowText("ヒットチェック"); // ウィンドウのタイトル
11     SetGraphMode(WIDTH, HEIGHT, 32); // ウィンドウの大きさとカラービット数の指定
12     ChangeWindowMode(TRUE); // ウィンドウモードで起動
13     if (DxLib_Init() == -1) return -1; // ライブラリ初期化 エラーが起きたら終了
14     SetBackgroundColor(0, 0, 0); // 背景色の指定
15     SetDrawScreen(DX_SCREEN_BACK); // 描画面を裏画面にする
16
17     int x1 = 0, y1 = 0, r1 = 80; // マウスで動かせる円の座標と半径
18     int x2 = WIDTH / 2, y2 = HEIGHT / 2, r2 = 120;
19
20     while (1) // メインループ
21     {
22         ClearDrawScreen(); // 画面をクリアする
23
24         GetMousePoint(&x1, &y1); // 図形をマウスポインタの位置にする
25         int col1 = GetColor(255, 0, 0); // 赤い色の値
26         int col2 = GetColor(0, 0, 255); // 青い色の値
27         int d = sqrt((x1 - x2) * (x1 - x2) + (y1 - y2) * (y1 - y2));
28         DrawFormatString(0, 0, WHITE, "中心間距離 %d", d);
29         if (d <= r1 + r2) // ヒットチェック
30         {
31             col1 = GetColor(255, 255, 0);
32             col2 = GetColor(0, 255, 255);
33         }
34         DrawCircle(x1, y1, r1, col1, TRUE);
35         DrawCircle(x2, y2, r2, col2, TRUE);
36
37         ScreenFlip(); // 裏画面の内容を表画面に反映させる
38         WaitTimer(33); // 一定時間待つ
39         if (ProcessMessage() == -1) break; // Windowsから情報を受け取りエラーが起きたら終了
40         if (CheckHitKey(KEY_INPUT_ESCAPE) == 1) break; // ESCキーが押されたら終了
41     }
42
43     DxLib_End(); // DXライブラリ使用の終了処理
44     return 0; // ソフトの終了
45 }
```

※27行目のsqrt()はdouble型の関数です。double型の値をint型の変数に代入すると小数点以下が切り落とされます。このプログラムは、このままの記述で問題ありませんが、「データが失われる可能性がある」という警告メッセージを消すにはint d = (int)sqrt((x1 - x2) * (x1 - x2) + (y1 - y2) * (y1 - y2))として、int型に変換してから変数に代入します

図表5-6-5 実行画面

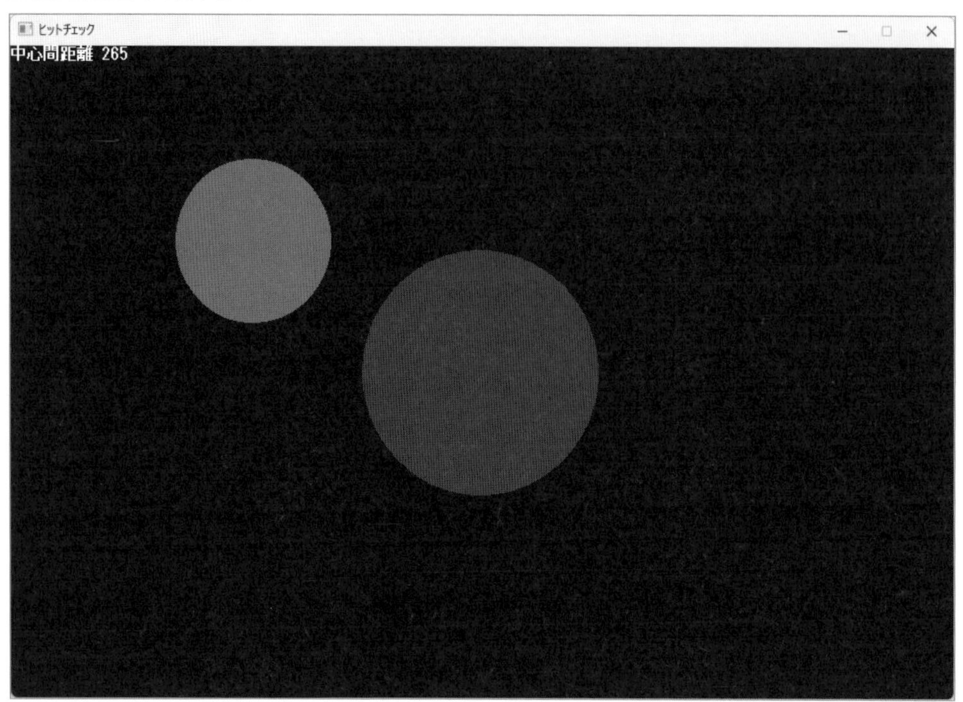

図表5-6-6 実行画面：接触すると色が変わる

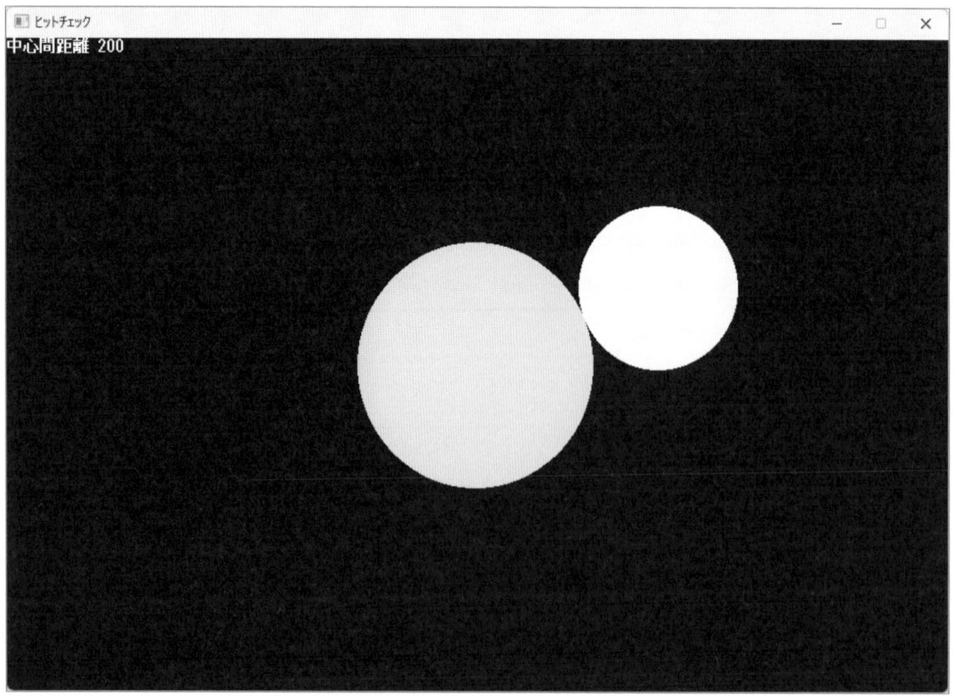

5 GUIのゲームを作る準備

平方根を求める関数のsqrt()を用いるので、2行目でmath.hをインクルードしています。

17行目が円Aの中心座標と半径を代入する変数、18行目が円Bの中心座標と半径を代入する変数の宣言です。

24行目のGetMousePoint()で、変数x1とy1にマウスポインタの座標を代入しています。

25行目で変数col1に赤い色の値を、26行目でcol2に青い色の値を代入しています。

27行目で(x1,y1)と(x2,y2)の距離を、変数dに代入しています。これが二点間の距離を求める式です。28行目でdの値を画面左上に表示しています。

29〜33行目のif文でdがr1+r2以下かを判定し、条件式が成り立つなら、col1に黄色の値を、col2に水色の値を代入しています。

34〜35行目で2つの円を描いています。色をcol1とcol2で指定し、接触した時に円の色が変わるようにしています。

memo

円の座標(x1,y1)にマウスポインタの座標を代入するだけで、円Aを動かしています。一見、難しそうに思えるプログラムの処理を、このように簡単な式で実現できることがあります。

5-6-5 矩形によるヒットチェック

矩形によるヒットチェックの方法を説明します。次のように中心座標が(x_1,y_1)、幅がw_1、高さがh_1の矩形と、中心座標が(x_2,y_2)、幅がw_2、高さがh_2の矩形があるとします。

図表5-6-7 2つの矩形の座標と大きさ

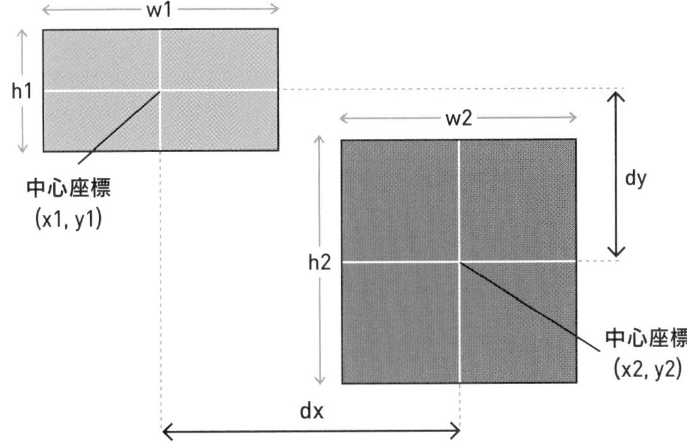

矩形の中心間のx軸方向の距離をdx、y軸方向の距離をdyとします。dxの値が $\frac{w_1}{2}+\frac{w_2}{2}$ 以下、かつ、dyの値が $\frac{h_1}{2}+\frac{h_2}{2}$ 以下なら、これらの矩形は、図表5-6-8のように重なります。

図表5-6-8　矩形が重なる例

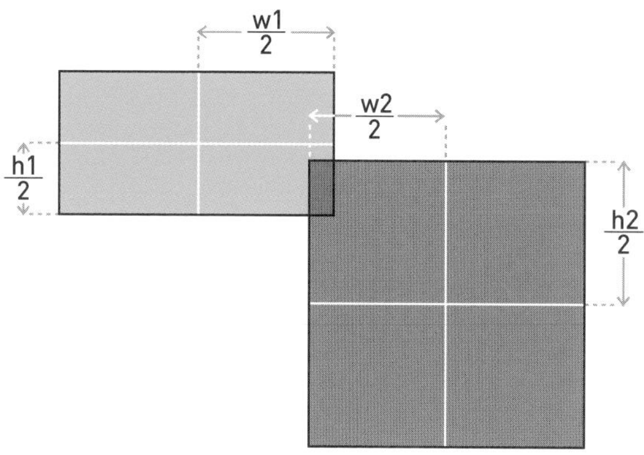

dxの値は x_1-x_2、dyの値は y_1-y_2 で求めることができます。

矩形が重なる条件式を図表5-6-9にまとめます。

図表5-6-9　矩形が重なる条件式

絶対値を用いない式	絶対値を用いない式
$-(\frac{w_1}{2}+\frac{w_2}{2}) \leqq x_1-x_2 \leqq \frac{w_1}{2}+\frac{w_2}{2}$	$\lvert x_1-x_2\rvert \leqq \frac{w_1}{2}+\frac{w_2}{2}$
$-(\frac{h_1}{2}+\frac{h_2}{2}) \leqq y_1-y_2 \leqq \frac{h_1}{2}+\frac{h_2}{2}$	$\lvert y_1-y_2\rvert \leqq \frac{h_1}{2}+\frac{h_2}{2}$

x1-x2やy1-y2の値は、矩形の位置関係によって、負の数、0、正の数のいずれかになります。

x1-x2とy1-y2の絶対値を使って条件式を記述すると、ヒットチェックのif文を簡潔に記述できます。

C言語では絶対値をabs()という関数で求めます。abs()を用いるにはstdlib.hをインクルードします。stdlib.hには絶対値を返す関数、文字列を数値に変換する関数、乱数を扱う関数などが備わっています。

5-6-6 矩形の接触を判定するプログラムの確認

矩形によるヒットチェックを行うプログラムを確認します。このプログラムは、小さい矩形をマウスポインタで動かせます。大きい矩形と接触すると、小さい矩形が黄色、大きい矩形が水色になります。

円によるヒットチェックと矩形によるヒットチェックのアルゴリズムは、計算式に違いはあるものの、距離によって判定する仕組みは共通です。前のhitCheckCircle.cppと見比べて、そのことを確認しましょう。

サンプル5-6-2 Chapter5->hitCheckRect.cpp (※グレー部分は前回のプログラムの流用)

```
#include "DxLib.h"
#include <stdlib.h>

int WINAPI WinMain(HINSTANCE hInstance, HINSTANCE hPrevInstance, LPSTR lpCmdLine, int nCmdShow)
{
    // 定数の宣言
    const int WIDTH = 960, HEIGHT = 640; // ウィンドウの幅と高さのピクセル数
    const int WHITE = GetColor(255, 255, 255); // よく使う色を定義

    SetWindowText("ヒットチェック"); // ウィンドウのタイトル
    SetGraphMode(WIDTH, HEIGHT, 32); // ウィンドウの大きさとカラービット数の指定
    ChangeWindowMode(TRUE); // ウィンドウモードで起動
    if (DxLib_Init() == -1) return -1; // ライブラリ初期化 エラーが起きたら終了
    SetBackgroundColor(0, 0, 0); // 背景色の指定
    SetDrawScreen(DX_SCREEN_BACK); // 描画面を裏画面にする

    int x1 = 0, y1 = 0, w1 = 120, h1 = 80; // マウスで動かせる矩形の座標、幅、高さ
    int x2 = WIDTH / 2, y2 = HEIGHT / 2, w2 = 160, h2 = 240;

    while (1) // メインループ
    {
        ClearDrawScreen(); // 画面をクリアする

        GetMousePoint(&x1, &y1); // 図形をマウスポインタの位置にする
        int col1 = GetColor(255, 0, 0); // 赤い色の値
        int col2 = GetColor(0, 0, 255); // 青い色の値
        int dx = abs((x1 - x2)); // x軸方向の距離
        int dy = abs((y1 - y2)); // y軸方向の距離
        if (dx <= (w1 + w2) / 2 && dy <= (h1 + h2) / 2) // ヒットチェック
        {
```

```
            col1 = GetColor(255, 255, 0);
            col2 = GetColor(0, 255, 255);
        }
        DrawBox(x1 - w1 / 2, y1 - h1 / 2, x1 + w1 / 2, y1 + h1 / 2, col1, TRUE);
        DrawBox(x2 - w2 / 2, y2 - h2 / 2, x2 + w2 / 2, y2 + h2 / 2, col2, TRUE);

        ScreenFlip(); // 裏画面の内容を表画面に反映させる
        WaitTimer(33); // 一定時間待つ
        if (ProcessMessage() == -1) break; // Windows から情報を受け取りエラーが起きたら終了
        if (CheckHitKey(KEY_INPUT_ESCAPE) == 1) break; // ESC キーが押されたら終了
    }

    DxLib_End(); // DX ライブラリ使用の終了処理
    return 0; // ソフトの終了
}
```


図表5-6-10 実行画面

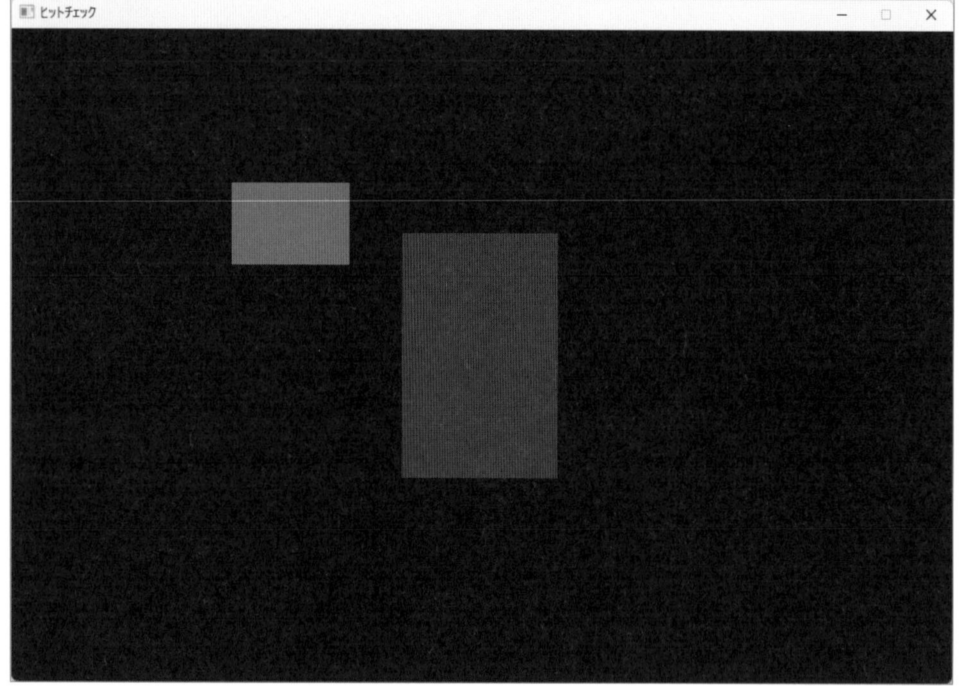

図表5-6-11　実行画面：接触すると色が変わる

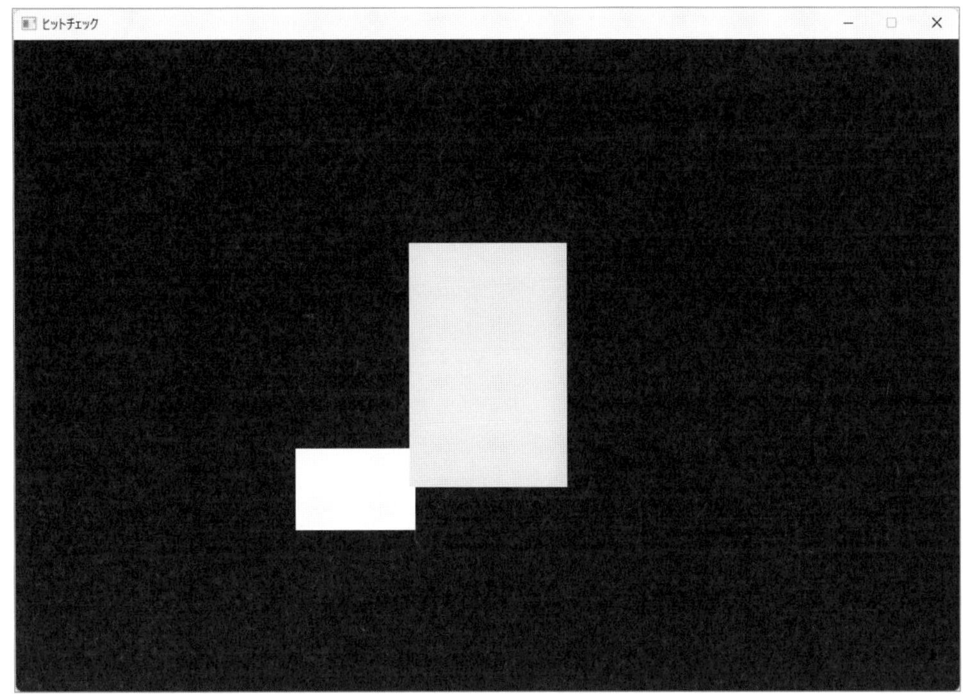

プログラムの基本的な仕組みは、円同士のヒットチェックと同じです。

17〜18行目で、2つの矩形の中心座標、幅と高さを代入する変数を用意しています。

27〜28行目で、矩形のx軸方向の距離とy軸方向の距離を求めています。それらの式で絶対値を求めるabs()を用いています。

29〜33行目のif文で、矩形同士のヒットチェックを行っています。dx <= (w1 + w2) / 2 && dy <= (h1 + h2) / 2という条件式で矩形が重なるかを判定し、重なった時は矩形の色を変えて、接触したことがわかるようにしています。

memo

ゲーム開発において不可欠な、物体同士の接触を判定するアルゴリズムを、みなさんは手に入れました。次の章で、実際にヒットチェックのアルゴリズムを使って、ゲームを制作します。

One Point

必要なヘッダを忘れずに記述しよう

C言語でソフトウェアを開発する際、C++の環境を用いたり、各種のライブラリを用いると、math.hやstdlib.hなどをインクルードしなくても、それらのヘッダが備えた関数を使えることがありますが、そのようなプログラムでは正しい動作は保証されません。必要なヘッダは必ずインクルードしましょう。

Section 5-7 画面遷移

この節では、本格的なゲームを開発する時に必要な知識である、画面遷移を行う仕組みについて学びます。

5-7-1 画面遷移について

コンピューターゲームは、どのジャンルであっても、タイトル画面、ゲームをプレイする画面、メニュー画面、ゲームの結果が表示される画面、ゲームオーバーの画面など、複数の画面によってゲームが構成されています。それらの画面を行き来することを**画面遷移**(せんい)といいます。

ゲームを起動すると、一般的にタイトル画面が表示されます。家庭用ゲーム機はボタンを押す、スマートフォンは画面をタップするなどして、タイトル画面からゲームをプレイする画面に移ります。この時、操作するキャラクターの選択画面や、ステージの選択画面に入った後、ゲームが始まるものもあります。そしてゲームのクリア条件を満たすと、結果などが表示される画面に移ります。また時間切れになったり、ミスをしてゲームオーバーになると、ゲームオーバーの画面に移ります。

memo

本格的なゲームを作る際、
画面遷移を必ず組み込む
ことになります。

5-7-2 どのような仕組みで画面遷移を行うか

本書では、タイトル画面、ゲームプレイ画面、ゲームオーバー画面などの画面を「**シーン**」と呼ぶことにします。シーンを切り替えるには、現在どのシーンの処理を行うかを管理する変数を用意します。

ここではその変数名をsceneとします。sceneの値によって、次の図表のように、それぞれのシーンに処理を分岐させます。

図表5-7-1　シーンを管理する変数と定数の例

scene の値	どのシーンか
TITLE	タイトル画面
PLAY	ゲームプレイ画面
MENU	メニュー画面
CLEAR	ゲームクリア画面
OVER	ゲームオーバー画面

図表5-7-1にあるTITLE、PLAY、MENUなどを定数として用意しておきます。定数の準備を簡潔に行うには、列挙体を宣言するenumを用いて、enum { TITLE, PLAY, MENU, CLEAR, OVER }と記述するとよいでしょう。

const を 用 い て const int TITLE = 0 const int PLAY = 1 … と記述しても構いませんが、enumを使えば1行ですっきりと記述できます。

5-7-3 画面遷移を行うプログラムの確認

画面遷移を行うプログラムを確認しましょう。このプログラムを実行すると、「タイトル画面」という文字列が表示されます。それがタイトル画面です。そこでSキーを押すと「ゲームプレイ画面」に移行します。

ゲームプレイ画面でMキーを押すと「メニュー画面」に移り、メニュー画面でRキーを押すと「ゲーム画面」に戻ります。

またゲーム画面でOキーを押すと「GAME OVER」と表示されたゲームオーバー画面になります。ゲームオーバー画面で一定時間（約5秒）経過すると、自動的にタイトル画面に戻ります。

グレー部分の行は、ここまで学んできたプログラムと共通のコードです。

サンプル5-7-1　Chapter5->screenTranslation.cpp（※グレー部分は前回のプログラムの流用）

```
#include "DxLib.h"

int WINAPI WinMain(HINSTANCE hInstance, HINSTANCE hPrevInstance, LPSTR lpCmdLine, int nCmdShow)
{
    // 定数の宣言
    const int WIDTH = 960, HEIGHT = 640; // ウィンドウの幅と高さのピクセル数
    const int WHITE = GetColor(255, 255, 255); // よく使う色を定義
    const int RED = GetColor(255, 0, 0); // 赤い色を定義

    SetWindowText("画面遷移"); // ウィンドウのタイトル
```

```
    SetGraphMode(WIDTH, HEIGHT, 32); // ウィンドウの大きさとカラービット数の指定
    ChangeWindowMode(TRUE); // ウィンドウモードで起動
    if (DxLib_Init() == -1) return -1; // ライブラリ初期化 エラーが起きたら終了
    SetBackgroundColor(0, 0, 0); // 背景色の指定
    SetDrawScreen(DX_SCREEN_BACK); // 描画面を裏画面にする

    int timer = 0; // 経過時間を数える変数
    enum { TITLE, PLAY, MENU, CLEAR, OVER }; // 各シーンを定める定数
    int scene = TITLE; // どのシーンの処理を行うか

    while (1) // メインループ
    {
        ClearDrawScreen(); // 画面をクリアする
        timer++; // 時間のカウント
        SetFontSize(16);
        DrawFormatString(0, 0, WHITE, "%d", timer);

        switch (scene) // 画面遷移を行う switch 文
        {
        case TITLE: // タイトル画面の処理
            SetFontSize(50);
            DrawString(100, 50, "タイトル画面", WHITE);
            SetFontSize(20);
            DrawString(100, 200, "S キーを押すとゲーム開始", WHITE);
            if (CheckHitKey(KEY_INPUT_S) == 1) scene = PLAY;
            break;

        case PLAY: // ゲームをプレイする処理
            SetFontSize(50);
            DrawString(100, 50, "ゲームプレイ画面", WHITE);
            SetFontSize(20);
            DrawString(100, 200, "M キーでメニュー画面へ", WHITE);
            SetFontSize(20);
            DrawString(100, 300, "O キーでゲームオーバー", RED);
            if (CheckHitKey(KEY_INPUT_M) == 1) scene = MENU;
            if (CheckHitKey(KEY_INPUT_O) == 1)
            {
                scene = OVER;
                timer = 0;
            }
            break;

        case MENU: // メニュー画面の処理
            SetFontSize(50);
```

```
            DrawString(100, 50, "メニュー画面", WHITE);
            SetFontSize(20);
            DrawString(100, 200, "Rキーでゲームに戻る", WHITE);
            if (CheckHitKey(KEY_INPUT_R) == 1) scene = PLAY;
            break;

        case CLEAR: // ゲームクリアの処理
            // このプログラムでは未記入
            break;

        case OVER: // ゲームオーバーの処理
            SetFontSize(50);
            DrawString(100, 50, "GAME OVER", RED);
            if (timer > 30 * 5) scene = TITLE;
            break;
        }

        ScreenFlip(); // 裏画面の内容を表画面に反映させる
        WaitTimer(33); // 一定時間待つ
        if (ProcessMessage() == -1) break; // Windowsから情報を受け取りエラーが起きたら終了
        if (CheckHitKey(KEY_INPUT_ESCAPE) == 1) break; // ESCキーが押されたら終了
    }

    DxLib_End(); // DXライブラリ使用の終了処理
    return 0; // ソフトの終了
}
```

※このプログラムのswitchにはdefaultを用いた処理を記述していませんが、記述が推奨されることがあるので、節末で説明します

図表5-7-2　実行画面

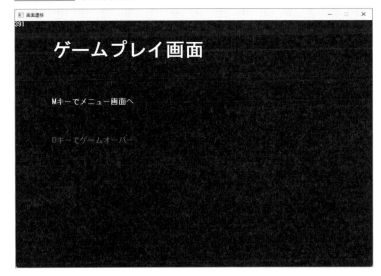

このプログラムは、switch～case を用いて、シーンごとに処理を分けています。次のように画面遷移することを確認しましょう。

図表5-7-3 screenTranslation.cppの画面遷移

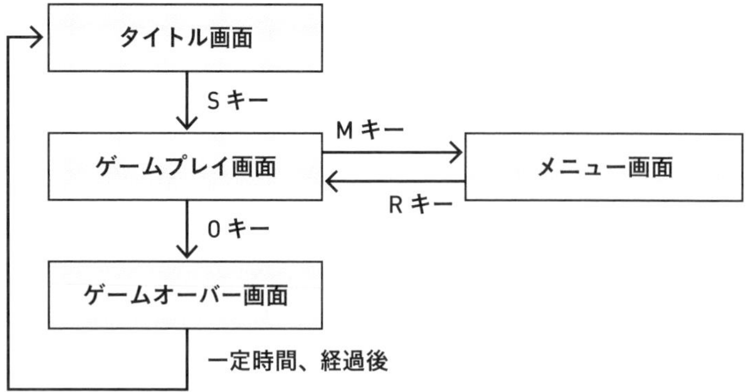

28行目のswitchの()内に変数sceneを記述し、その値によって処理を分岐させます。

30行目のcase TITLE:でタイトル画面の処理、38行目のcase PLAY:でゲームプレイ画面の処理、53行目のcase MENU:でメニュー画面の処理、65行目のcase OVER:でゲームオーバー画面の処理の4つの処理に分岐させています。

case TITLEの処理を抜き出して確認します。

```
30         case TITLE: // タイトル画面の処理
31             SetFontSize(50);
32             DrawString(100, 50, "タイトル画面", WHITE);
33             SetFontSize(20);
34             DrawString(100, 200, "Sキーを押すとゲーム開始", WHITE);
35             if (CheckHitKey(KEY_INPUT_S) == 1) scene = PLAY;
36             break;
```

31行目のSetFontSize()という関数で、文字列の大きさを指定しています。

32行目で「タイトル画面」という文字列を表示しています。

33～34行目で文字列の大きさを指定し、「Sキーを押すとゲーム開始」と表示しています。

35行目でSキーが押されたかを調べ、押されたらsceneにPLAYを代入して、ゲームをプレイする処理に移行します。

タイトル画面の処理はbreakのところまでです。breakでswitch文を抜け、72行目のScreenFlip()に処理が進みます。

いずれのcaseにおいてもbreakで、そのcaseに記述した処理が終わります。このプログラムは、breakの後、72行目のScreenFlip()に進みます。switch～caseの使い方は第2章のP081で学びました。曖昧な方はそちらで復習しましょう。

5-7-4 時間が経過したら自動的に画面遷移する

ゲームプレイ画面でOキーを押すとゲームオーバーに移行します。ゲームオーバー画面で5秒ほど経過した後、自動的にタイトル画面に戻ります。その仕組みを説明します。

46～50行目で、Oキーが押された時にsceneに定数OVERの値を代入し、timerには0を代入して、ゲームオーバー画面に移ります。

65～69行目がゲームオーバー画面の処理です。68行目のif文でtimerの値が30*5を超えたら、sceneにTITLEを代入してタイトル画面に戻しています。

これ以後、時間を管理する変数timerを**タイマー**と呼びます。24行目でタイマーの値を、毎フレーム1ずつ増やしています。

このプログラムは約30fpsで動いており（fpsの意味はP181を参照）、シーン移行時にタイマーをリセットし、タイマーが30*5になるまで待つと、約5秒が経過します。それがtimer>30*5という条件式の意味です。

シーンを管理する変数と、タイマー（経過時間を管理する変数）を用いて、画面遷移を自動的に行うことができます。これはゲーム制作でよく用いられる仕組みですので、理解しておきましょう。

みなさんは画面遷移を行う技術も手に入れ、これで準備は整いました。いよいよ次の章からグラフィックを用いたゲームを制作します。

5-7-5 switchにdefaultを記述するとよい例

switch(変数)～caseで、どのcaseにも分岐しない時、defaultで処理を記述しておくと、それが実行されます。例えばswitchに用いる変数がバグによって意図しない値に変わってしまった時、defaultのブロックで警告メッセージを出力するなどして、プログラムに不具合があることを知ることができます。

column

RGB値による色指定を理解しよう

このコラムでは、図形などを描く時に必要となる、色指定に関する知識をお伝えします。

（RGB値について）

コンピューターで色を指定する時、RGB値による色指定が用いられます。DXライブラリもRGB値で色を指定します。それを行うには光の三原色について理解する必要があります。そこでまず、光の三原色について説明します。

赤（Red)、緑（Green)、青（Blue）の3つの光を三原色といいます。私たちが見る光の色はすべて、これらの3つの色を混ぜて作ることができます。例えば赤と緑が混じると黄に、赤と青が混じるとマゼンタ（明るい紫）に、緑と青が混じるとシアン（明るい水色）になります。赤、緑、青のすべてを混ぜると白になります。光の強さが弱い色（暗い色）同士を混ぜると、混ぜた色も暗い色になります。

図表5-8-1 光の三原色

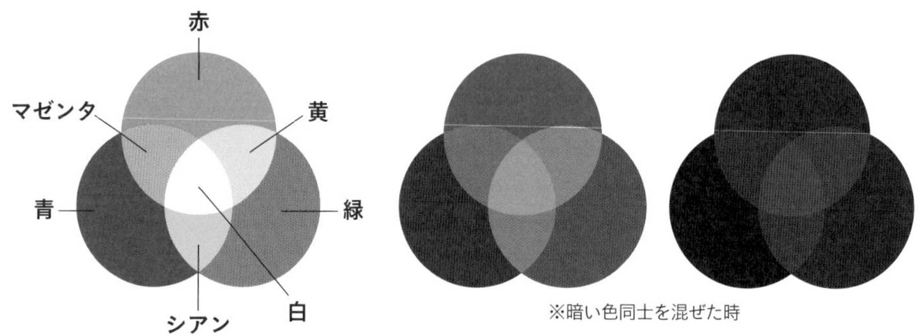

※図表5-8-1は印刷の都合上、正しい色が再現されていません。サンプルファイルの「Chapter5」フォルダ内に「rgb2.png」が入っているので、そちらを見て色の確認をしましょう

コンピューターでは赤（Red)、緑（Green)、青（Blue）のそれぞれの光の強さを、0～255の256段階で表します。例えばR=255は明るい赤を表し、R=128は暗い赤を表します。

R=128、G=128、B=0とすると、暗い赤と暗い緑が混じって暗い黄色になります。R=0、G=255、B=255では、明るい緑と明るい青が混じって明るい水色になります。

memo

Webデザインでは、文字や枠、背景などの色指定で、RGB値以外に、色の英単語を記述することができます。また一部のプログラミング言語では、色の英単語を用いた色指定が可能です。しかしC言語にグラフィックを扱う機能はないので、グラフィックの色指定もありません。RGB値による色指定はDXライブラリに備わる機能です。

RGB値を変化させるプログラムの例

赤、緑、青の各値を0から255に変化させ、それぞれの色の帯をグラデーションで描くプログラムで、色指定への理解を深めましょう。このプログラムはいずれかのキーを押すと終了します。

サンプル5-8-1 Chapter5->color.cpp

```
#include "DxLib.h"

int WINAPI WinMain(HINSTANCE hInstance, HINSTANCE hPrevInstance, LPSTR lpCmdLine, int nCmdShow)
{
    SetWindowText("RGB 値による色指定 "); // ウィンドウのタイトル
    SetGraphMode(1040, 300, 32); // ウィンドウの大きさとカラービット数の指定
    ChangeWindowMode(TRUE); // ウィンドウモードで起動
    if (DxLib_Init() == -1) return -1; // ライブラリ初期化 エラーが起きたら終了
    SetBackgroundColor(128, 128, 128); // 背景色の指定
    ClearDrawScreen(); // 画面をクリアする
    int y = 10;
    for (int i = 0; i <= 255; i++)
    {
        int x = 5 + i * 4;
        DrawBox(x, y, x + 4, y + 80, GetColor(i, 0, 0), TRUE);
        DrawBox(x, y + 100, x + 4, y + 180, GetColor(0, i, 0), TRUE);
        DrawBox(x, y + 200, x + 4, y + 280, GetColor(0, 0, i), TRUE);
    }
    WaitKey(); // キー入力があるまで待つ
    DxLib_End(); // DX ライブラリ使用の終了処理
    return 0; // ソフトの終了
}
```

図表5-8-2 実行画面

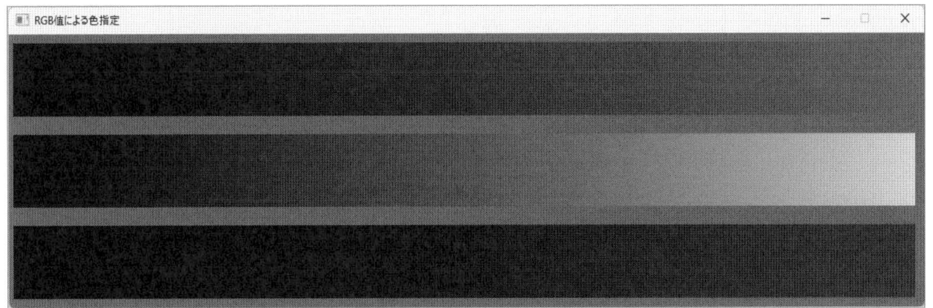

※図表5-8-2は印刷の都合上、正しい色が再現されていません。サンプルファイルの「Chapter5」フォルダ内に「rgb3.png」が入っているので、そちらを見て色の確認をしましょう

12行目のfor文でiの値を0から255まで1ずつ増やしています。15行目で赤の帯、16行目で緑の帯、17行目で青の帯を描いています。GetColor()の引数を、変数iとしていることを確認しましょう。

memo

コンピューターの色指定はR256×G256×B256=16,777,216で、理論上は約1677万色を扱えます。しかし実際に発色できるかは、液晶表示部などのハードの性能が影響し、発色時の色味や、指定通りの色が再現できるかは、機器によって異なります。

16進法の値で色指定する

色指定を16進数で行うこともできます（16進法の値を16進数と呼ぶプログラマーもおり、ここではそう呼んで説明します）。

16進数で指定するには、0～255の10進法の値を16進法に変換して0xRRGGBBと記述します。RRのところに赤の16進数、GGに緑の16進数、BBに青の16進数が入ります。0xはそれに続く記述が16進法であることを意味するC言語の表記ルールです。

例えば黒は0x000000、明るい赤は0xff0000、明るい緑は0x00ff00、マゼンタは0xff00ff、シアンは0x00ffff、灰色は0x808080、白は0xffffffになります。

memo

プログラミングと一括りにいっても、開発するソフトウェアの分野は多岐にわたります。16進数を使う必要が少ない、あるいは必要のないプロジェクトもあれば、頻繁に16進数を使うプロジェクトもあります。ゲーム開発においては16進数を使うケースがよく見られます。筆者もさまざまなゲーム開発で16進数を使ってきました。そこでプロのゲームプログラマーを目指す方には、16進法の意味とその値をきちんと理解し、自分で16進数を使えるようになることをお勧めします。

Chapter 6

テニスゲームを作ろう

この章では、テニスゲームを制作します。はじめに、ボールとラケットを動かす処理をプログラミングします。次に、ヒットチェックのアルゴリズムを組み込み、物体同士の接触を判定します。最後に、画面遷移の仕組みを加え、タイトル画面からゲームプレイへ、そしてゲームオーバーへとシーンが切り替わるようにして完成させます。それらの工程を経て、グラフィックを用いたゲームを開発するための基礎知識を身につけます。

Section 6-1

この章で制作するゲームについて

まずは、本章で完成させるテニスゲームの仕様やゲームルール、制作に必要な素材などについて説明します。また、このゲームを制作することによって学べる知識についても触れます。

6-1-1 ゲームの仕様

この章では、図表6-1-1のようなテニスゲームを制作します。

図表6-1-1 テニスゲームの概要

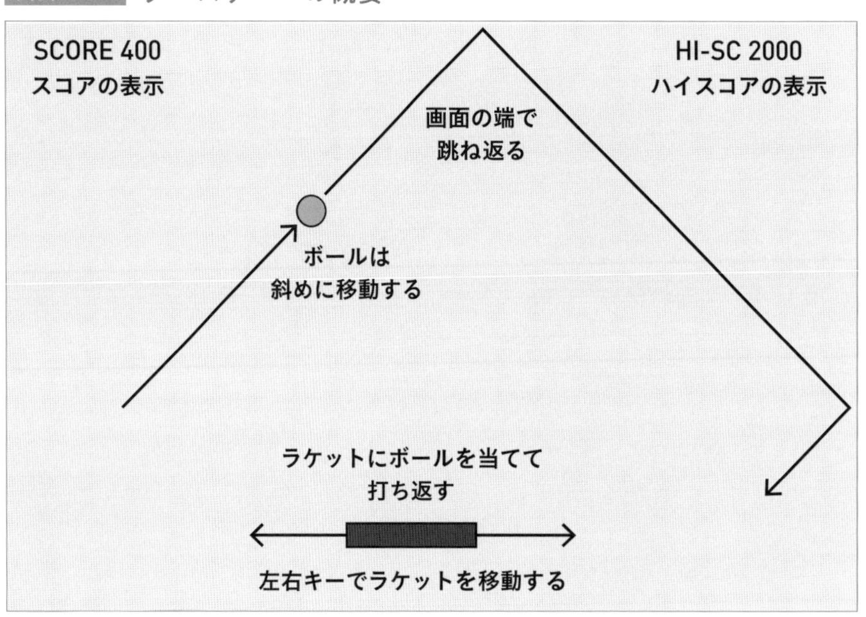

■ゲームルール

- ボールは斜めに移動し、画面の左端、右端、上端で跳ね返る。
- プレイヤーはカーソルキーの左キーと右キーでラケット※を左右に動かす。
- ラケットにボールを当てるとスコアが増える。ラケットに当てたボールは跳ね返る。
- ラケットで打ち返すことができず、ボールが画面の下に達するとゲームオーバーになる。
- ハイスコアを更新することを目指すゲームとする。

※このようなゲームのラケットを、パドルやバーと呼ぶこともありますが、本書ではラケットという呼び方で統一します

グラフィックを用いたゲームを初めて作る方が、処理の内容を理解しやすいように、プログラムをシンプルに記述します。そのため、まず、図表6-1-2のような簡素な画面のゲームを完成させます。その後、章末のコラムで、図表6-1-3のように改良する方法をお伝えします。コラムでは、ゲームのBGMと効果音を追加する方法も説明します。

図表6-1-2 完成したテニスゲームの画面

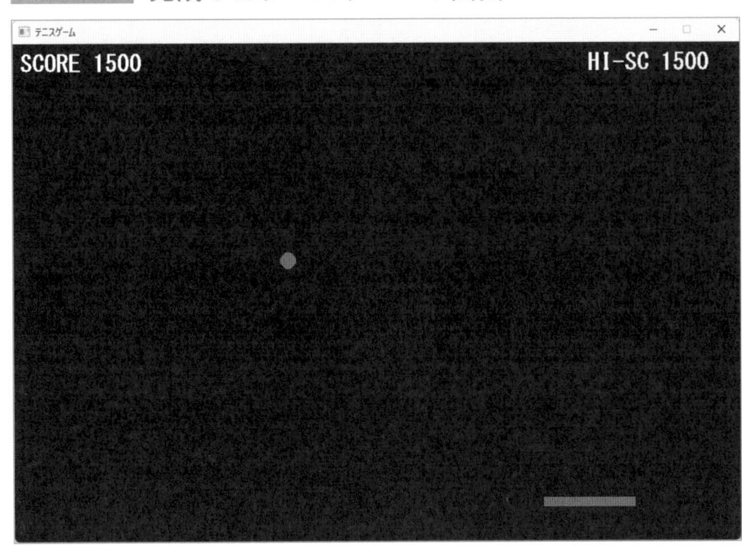

図表6-1-3 改良したテニスゲームの画面

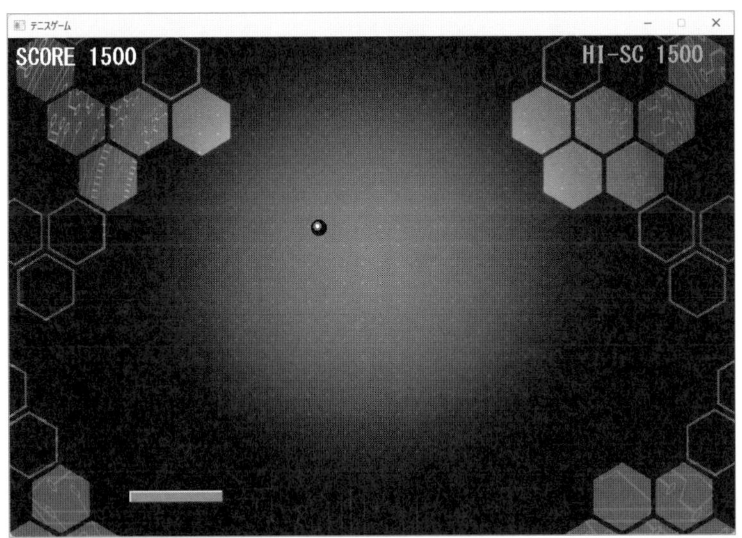

このゲームの世界観を表すイメージキャラクター

ウィンドウの周囲で跳ね返るボールを、ラケットで打ち返す、1人プレイのテニスゲームです。ボールとラケットは図形の描画命令で描きます。いったん完成させ、画像と音を用いて改造バージョンを作るという流れで、アクション要素のあるゲームの作り方を学んでいきましょう。

One Point

最古のビデオゲームの1つ「テニスゲーム」

テニスゲーム（卓球ゲーム）は、コンピューターが世の中に普及し始めた頃に作られた、最も古いビデオゲームの1つです。アメリカのアタリ社というゲームメーカーが、1972年に発売したPONG（ポン）という業務用ゲームが有名です。PONGのヒットを受け、多くの会社が類似ゲームを作りました。その当時に発売されたテニスゲームは、2人でプレイするタイプが主流で、それぞれのプレイヤーがラケットを操作し、互いにボールを打ち返します。日本では1970年代半ばに、テレビにつないで遊ぶテニスゲームの機器を、玩具メーカーや電機メーカーが相次いで発売し、一定の人気を博しました。

6-1-2 テニスゲームを作ることで学べる知識と技術

この章で学ぶ知識と技術について説明します。

■ ①物体を動かすアルゴリズム

この章では、ボールを自動的に動かし、画面の端で跳ね返らせる処理と、左右キーでラケットを動かす処理をプログラミングします。それらのプログラムを組みながら、物体を動かすアルゴリズムについて理解します。

ゲーム制作において、物体を動かす処理は極めて基本的な要素です。その処理をプログラミングできなければ、GUIのゲームを作ることはできません。例えば、アクション、スポーツ、RPGなどのジャンルにおいて、キャラクターを動かす処理が不可欠です。また、どのジャンルにおいても、項目を選ぶカーソルの動作を実装することが多いですが、カーソルの移動も物体を動かす処理の1つになります。

■ ②物体同士が接触したかを調べるヒットチェック

前章で円や矩形によるヒットチェックを学びました。この章では円形のボールと、長方形のラケットが接触したかを調べる方法を学びます。

物体同士が接触したかを調べるヒットチェックは、ゲーム制作に必須のアルゴリズムであり、さまざまなジャンルのゲームに用いられています。

■ ③ゲームルールのプログラミング

スコアとハイスコアの計算と、ゲームオーバーになる判定を組み込み、ゲームルールをプログラムで記述することを学びます。

■ ④画面遷移

タイトル画面→ゲームプレイ画面→ゲームオーバー画面と、シーンを切り替える仕組みを学びます。画面遷移のプログラミングも、ゲームを完成させるために必須のものです。

memo

①〜④を理解すれば、グラフィックを用いたゲームを、丸ごと1本完成させる基礎知識が身につきます。

6-1-3 用いる素材

この章では、**6-6節**でゲームを完成させるまで、画像と音の素材は用いません。章末のコラムでプログラムを改良する時に、図表6-1-4と図表6-1-5の画像と音のファイルを用います。これらの素材は、本書商品ページからダウンロードできるzipファイル内の、Chapter6フォルダにある「image」と「sound」というフォルダに入っています。

音のファイルのアイコンのデザインは、お使いのパソコンの環境によって変わりますので、ファイル名を確認するようにしましょう。

bgm.mp3がゲーム中に流すBGM、gameover.mp3がゲームオーバーになった時のジングル、hit.mp3がボールを打ち返した時の効果音（SE）です。ジングルとは、ゲームなどの演出に用いる短い曲を意味する言葉です。

これらの素材の使い方は、章末のコラムでお伝えします。

図表6-1-4 画像のファイル

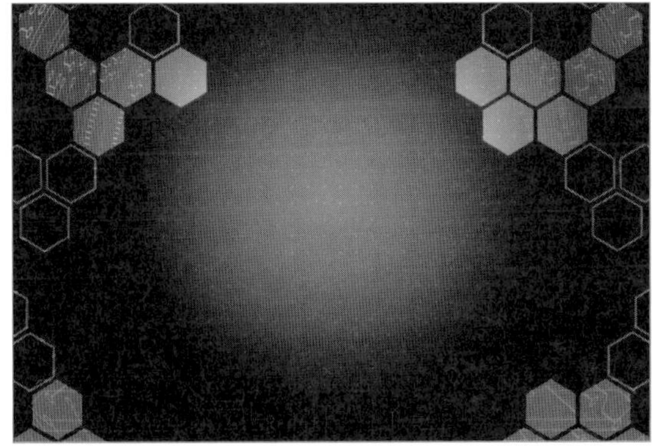

bg.png

図表6-1-5 音のファイル

bgm.mp3

gameover.mp3

hit.mp3

6-1-4 どのようなステップで完成させるか

この章では、次のように5つの段階に分けて処理を組み込み、ゲームを完成させます。

図表6-1-6 完成させるまでの流れ

段階	節	組み込む処理
ステップ1	6-2	ボールを自動的に動かす。
ステップ2	6-3	キー入力でラケットを動かす。
ステップ3	6-4	ラケットでボールを打ち返す（ヒットチェック）。
ステップ4	6-5	点数計算（打ち返したらスコアを増やす）。
ステップ5	6-6	画面遷移を加えて完成させる。

memo

ゲームを完成させるには、さまざまな処理を組み込む必要があります。第6～8章のゲームは、処理を1つずつ実装し、少しずつ完成度を上げていくスタイルで制作します。

6-1-5 この章の開発方針について

この章のプログラムは、次の方針で簡潔に記述し、初めてゲームを作る方に理解していただきやすいものにします。

■開発方針

- ゲームで使う変数をWinMain()の中で宣言する※1
- すべての処理をWinMain()の中に記述し、WinMain()以外に関数を定義しない※2
- 配列を用いない※3
- 構造体を用いない※4
- ボールを1回でも打ち逃すとゲームオーバーとする
- 簡素な画面のゲームとして完成させた後、画像と音を追加した改良版を、章末コラムで確認する

※1 関数の中で宣言した変数を**ローカル変数**、関数の外で宣言した変数を**グローバル変数**といいます。このゲームはローカル変数だけで作ります。グローバル変数は第7章で用います。それらの変数の違いも第7章で説明します
※2 次の章でWinMain()以外の関数を定義します
※3 このゲームは配列を用いずに作れます。配列は次の章で用います
※4 構造体は第8章で用います

本書では、第6章から7章、そして8章へと徐々にプログラミングの難易度を上げ、知識を広げ、深めていきます。段階的に学ぶことによって、一気に情報を詰め込むよりも学習効率が上がり、結果として最短でゲームが作れるようになります。

本格的なゲームを作る際は、各種の処理を関数として定義します。また、配列や構造体で、さまざまなデータを扱います。それらの学習も必要ですので、７～８章で関数、配列、構造体を用います。

6-1-6 変数名の推奨される付け方

この章から、本格的なプログラミングを行うため、多くの変数を用います。プログラミングを始める前に、変数名や配列名の付け方において推奨されるルールを説明します。

代表的な推奨ルールに、**スネークケース**、**ローワーキャメルケース**、**アッパーキャメルケース**があります。ローワーキャメルケースは単にキャメルケースとも呼ばれます。

最高点(high score)を代入する変数を例に、それぞれ、どのような変数名とするかを説明します。

図表6-1-7 変数名の推奨ルール

推奨ルール	変数名	付け方
スネークケース	high_score	小文字の単語をアンダースコアでつなぐ。
ローワーキャメルケース	highScore	先頭の単語は小文字、２つ目以降の単語は先頭を大文字にしてつなぐ。
アッパーキャメルケース	HighScore	各単語の先頭を大文字にしてつなぐ。

第2章のP065で学んだ変数の命名ルールは、必ず守らなくてはならず、それらを守らないと、プログラムをビルドする時にエラーが発生します。

一方、ここで説明したルールは、プログラムの可読性を高めるためのもので、従わなくてもビルド時にエラーは発生しません。

プログラムの変数名の付け方（**命名規則**）には、必ず従うべきルールと、推奨されるルールの２つがあることを知っておきましょう。

この章のプログラムは、ローワーキャメルケースで変数名を付けることにします。

変数名の付け方は人それぞれ好みがあり、どのように付けるかは個人の自由です。ただしプロの開発現場では、チームの方針として、プログラムをこう記述しようというルールを定めることがあります。そのようなプロジェクトでは、そのルールに従いましょう。新人プログラマーとして仕事を始める方は、変数名の付け方などで不安があれば、チームリーダーや先輩プログラマーに助言を求めるとよいでしょう。

6-1-7 新しいプロジェクトを作ろう

Visual Studioを起動し、第5章のP167〜P173で説明した手順で、テニスゲームを作るための新しいプロジェクトを用意しましょう。図表6-1-8ではプロジェクト名をTennisGameとしています。

なお、Visual Studioで新しいプロジェクトを作っただけでは、DXライブラリを使うことはできません。P170〜P173で説明した、DXライブラリを使うための設定を行ってください。

図表6-1-8 テニスゲーム用に新しいプロジェクトを作る

Section 6-2

ボールの移動と跳ね返り

この節では、ボールが画面の端で跳ね返りながら動き続けるアルゴリズムを組み込みます。ボールの動きを管理する変数と、ボールを動かす計算方法について学び、プログラムを記述してボールを動かします。

6-2-1 ボールの動きを管理する変数

物体の動きをコンピューターで表現するには、多くの計算方法や、プログラムのさまざまな記述の仕方があります。この章で作るテニスゲームは、簡素な計算で物体を動かします。その計算を行うために用いる変数について説明します。

必要な変数は、図表6-2-1にある、ボールのx座標、y座標、x軸方向の速さ、y軸方向の速さを代入する変数です。

図表6-2-1 ボールの動きの計算に用いる変数

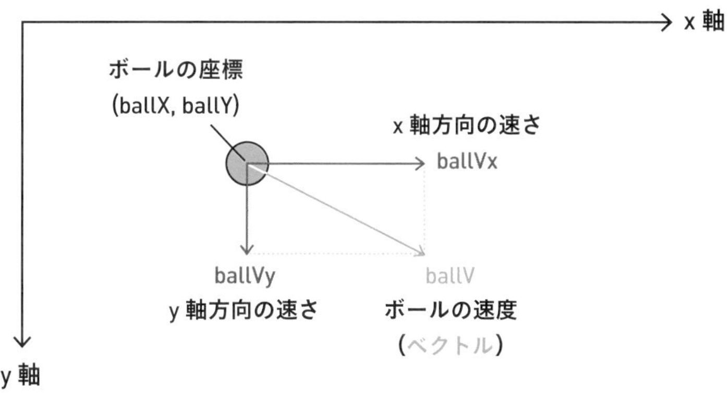

ボールのx座標を代入する変数をballX、y座標を代入する変数をballY、x軸方向の速さを代入する変数をballVx、y軸方向の速さを代入する変数をballVyとします。

図表にあるballVは、ballVxとballVyを合成した速度ベクトルで、ボールの進む速さと向きを示すものです。ballVはballVxとballVyから定まるものであり、変数を用意する必要はありません。ベクトルについては次ページのワンポイントを参照してください。

ボールを動かすために用いる変数を図表6-2-2にまとめました。ballVxとballVyには、ボールの座標が1フレームごとに何ピクセル変化するかという値を代入します。このテニスゲームのプログラムでは、ボールの半径（ピクセル数）を代入する変数も用意します。

図表6-2-2 この節で用いる変数

変数名	用途
ballX	ボールの中心となる x 座標を代入する。
ballY	ボールの中心となる y 座標を代入する。
ballVx	ボールの x 軸方向の速さを代入する。
ballVy	ボールの y 軸方向の速さを代入する。
ballR	ボールの半径（ピクセル数）を代入する。

One Point

ベクトルとスカラー

図表6-2-3 ベクトル

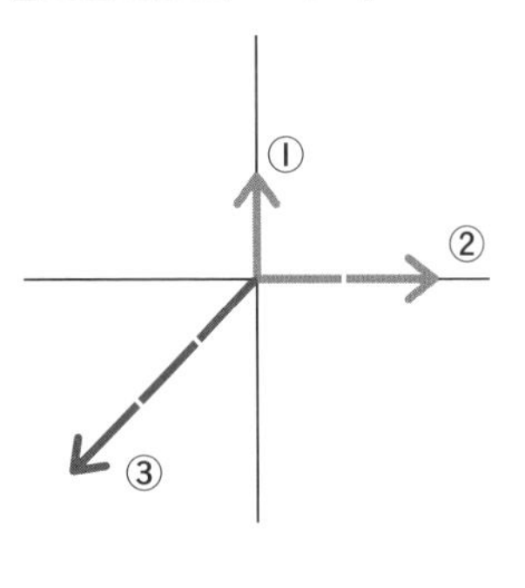

大きさと向きを持つ量をベクトル量といい、大きさだけを持つ量をスカラー量といいます。

この図にある矢印 ①は12時の向きを指しています。矢印 ②は ①の2倍の長さで3時の向き、矢印 ③は ①の3倍の長さで7時半の向きに引かれています。矢印 ①を1という大きさとすると、「矢印 ②は大きさ2で向きは3時」「矢印 ③は大きさ3で向きは7時半」といい表せます。

①は徒歩で北へ進む人、②は速足で東へ進む人、③は走って南西へ進む人の様子を表したものと考えてみると、ベクトル量の意味をつかみやすいでしょう。これらの矢印がベクトル量の例です。

本書では「速さ」と「速度」という言葉を使い分けて説明します。速さは、決められた時間で物体がどれだけ移動するかという値のことで、向きは考えに入れません。速さはスカラー量です。速度は、速さ（大きさ）と向きを持つ値であり、ベクトル量になります。

6-2-2 座標を変化させる計算

ボールの座標を変化させるには、ballXにballVxの値を加え、ballYにballVyの値を加えます。この計算で座標がどう変化するかを考えてみましょう。

図表6-2-4 ボールの座標、移動する向き

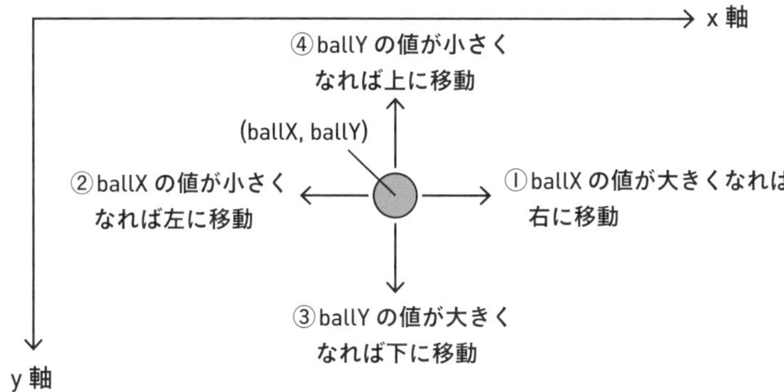

■ ①ballVx>0の時

ballXにballVxを加えると、ballXの値は増え、x座標が大きくなるので、ボールは右へ移動します。

■ ②ballVx<0の時

ballXにballVxを加えると、ballXの値は減り、x座標が小さくなるので、ボールは左へ移動します。

■ ③ballVy>0の時

ballYにballVyを加えると、ballYの値は増え、y座標が大きくなるので、ボールは下へ移動します。

■ ④ballVy<0の時

ballYにballVyを加えると、ballYの値は減り、y座標が小さくなるので、ボールは上へ移動します。

6-2-3 画面の端で跳ね返らせる処理

ボールが画面の上下や左右の端に達した後、そのままボールの座標を減らす、あるいは増やすと、ボールはウィンドウの外に出ていきます。このゲームは、ボールが画面端に達したら、反対向きに進むようにして、端で跳ね返らせます。

ボールの跳ね返りをどのような仕組みで実現するかを、図表6-2-5を使って説明します。

図表6-2-5 画面端でボールを跳ね返らせる（右端で跳ね返らせる場合）

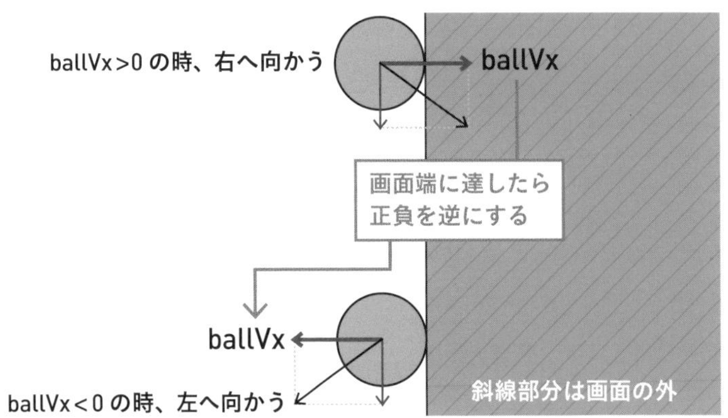

ballVxが正の値の時を考えてみます。**6-2-2**で説明した計算でballXの値は増え、ボールはやがて画面右端に達します。その時はballVxを負の値にすれば、次の計算からballXの値は減り、ボールは左へ進むので、ボールが画面の外へ出ることはなくなります。

次に、ballVxが負の値の時を考えてみましょう。ballXの値は減っていき、ボールはやがて画面左端に達します。その時はballVxを正の値にすれば、次の計算からballXの値は増え、ボールは右へ進むので、画面の外に出ません。

つまり左右の端に達したらballVxの符号を反転すれば、ボールを左端あるいは右端で跳ね返らせることができます。符号の反転とは、正であれば負に、負であれば正にすることです。

y軸方向についても同じことがいえます。上下の端に達した時にballVyの符号を反転すれば、ボールは画面の上端や下端で跳ね返り、画面の外に出ません。

6-2-4 ボールが自動的に動くプログラム

ボールが自動的に動くプログラムを確認します。円を描くDrawCircle()でボールを表示します。ボールはウィンドウの端で跳ね返り、画面内を延々と動き続けます。

グレーの部分は、第5章のキー入力とマウス入力で学んだ、DXライブラリでゲームを開発するひな形となるコードです。

サンプル6-2-1 Chapter6->tennisGame_1.cpp

```
#include "DxLib.h"

int WINAPI WinMain(HINSTANCE hInstance, HINSTANCE hPrevInstance, LPSTR lpCmdLine, int nCmdShow)
{
    const int WIDTH = 960, HEIGHT = 640; // ウィンドウの幅と高さのピクセル数
```

```
06
07      SetWindowText(" テニスゲーム "); // ウィンドウのタイトル
08      SetGraphMode(WIDTH, HEIGHT, 32); // ウィンドウの大きさとカラービット数の指定
09      ChangeWindowMode(TRUE); // ウィンドウモードで起動
10      if (DxLib_Init() == -1) return -1; // ライブラリ初期化 エラーが起きたら終了
11      SetBackgroundColor(0, 0, 0); // 背景色の指定
12      SetDrawScreen(DX_SCREEN_BACK); // 描画面を裏画面にする
13
14      // ボールを動かすための変数
15      int ballX = 40;
16      int ballY = 80;
17      int ballVx = 5;
18      int ballVy = 5;
19      int ballR = 10;
20
21      while (1) // メインループ
22      {
23          ClearDrawScreen(); // 画面をクリアする
24          // ボールの処理
25          ballX = ballX + ballVx;
26          if (ballX < ballR && ballVx < 0) ballVx = -ballVx;
27          if (ballX > WIDTH - ballR && ballVx > 0) ballVx = -ballVx;
28          ballY = ballY + ballVy;
29          if (ballY < ballR && ballVy < 0) ballVy = -ballVy;
30          if (ballY > HEIGHT && ballVy > 0) ballVy = -ballVy;
31          DrawCircle(ballX, ballY, ballR, 0xff0000, TRUE); // ボール
32
33          ScreenFlip(); // 裏画面の内容を表画面に反映させる
34          WaitTimer(16); // 一定時間待つ
35          if (ProcessMessage() == -1) break; // Windows から情報を受け取りエラーが起きたら終了
36          if (CheckHitKey(KEY_INPUT_ESCAPE) == 1) break; // ESC キーが押されたら終了
37      }
38
39      DxLib_End(); // ＤＸライブラリ使用の終了処理
40      return 0; // ソフトの終了
41  }
```

※前章で学んだプログラムは、WaitTimer()の引数を33としていましたが、本章以降で制作するゲームは、その引数を16とし、1秒間に約60回、画面を更新します

※Visual Studioのバージョンにより警告が出ることがあります。その時は3行目をint APIENTRY WinMain(_In_ HINSTANCE hInstance, _In_opt_ HINSTANCE hPrevInstance, _In_ LPSTR lpCmdLine, _In_ int nCmdShow)として試してみましょう

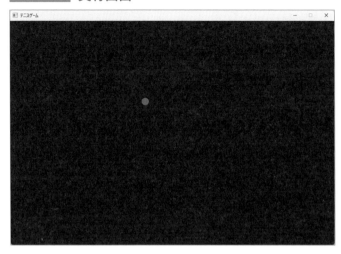

図表6-2-6 実行画面

15～16行目で、ボールの座標を代入する変数ballXとballYを宣言し、初期値を代入しています。

17～18行目で、x軸方向の速さを代入する変数ballVxと、y軸方向の速さを代入する変数ballVyを宣言し、それぞれの初期値を5としています。

19行目でボールの半径を代入する変数ballRを宣言し、10を代入しています。

変数を宣言し、その値を定めることを、変数を定義するといいます。

物体を動かすには、はじめに物体の制御に必要な変数を定義します。

6-2-5 ボールを動かす仕組みを確認する

25～31行目に、ボールの座標計算、画面端で跳ね返らせる処理、ボールの描画処理を記述しています。その部分を抜き出して確認します。

```
24          // ボールの処理
25          ballX = ballX + ballVx;
26          if (ballX < ballR && ballVx < 0) ballVx = -ballVx;
27          if (ballX > WIDTH - ballR && ballVx > 0) ballVx = -ballVx;
28          ballY = ballY + ballVy;
29          if (ballY < ballR && ballVy < 0) ballVy = -ballVy;
30          if (ballY > HEIGHT && ballVy > 0) ballVy = -ballVy;
31          DrawCircle(ballX, ballY, ballR, 0xff0000, TRUE); // ボール
```

25行目でx座標にx軸方向の速さを加えています。28行目でy座標にy軸方向の速さを加えています。ballVx、ballVyとも初期値を5としたので、プログラムの実行直後、ボールは右下へ向かいます。

ボールは画面端に達すると跳ね返り、画面内を移動し続けます。26行目が左端に達したかを調べるif文です。そこに記述した条件式「ballX < ballR && ballVx < 0」は、ボールのx座標が10未満（ballRの値は10）、かつx軸方向の速さが負の時に成り立ちます。その時は「ballVx = -ballVx」という式でballVxの符号を反転し、x軸方向に進む向きを逆にしています。

memo

ballVxが5の時、ballVx=-ballVxで、ballVxは-5になります。またballVxが-5の時、ballVx=-ballVxで、ballVxは5になります。

27行目が右端に達したかを調べるif文、29行目が上端に達したかを調べるif文、30行目が下端に達したかを調べるif文です。それぞれの条件式が成立したら、x軸方向の速さ、あるいはy軸方向の速さの符号を反転し、逆向きに進ませています。

6-2-6 色指定を16進法で行う

31行目のDrawCircle(ballX, ballY, ballR, 0xff0000, TRUE)でボールを描いており、色の引数の値を0xff0000としています。0xff0000は、赤成分が0xff（10進法で255）、緑成分と青成分はともに0x00（10進法で0）の色、つまり明るい赤になります。

この章では16進法で色を指定します。プロのプログラマーを目指す方は、16進法を扱えるようになりましょう。16進法による色指定で、その使い方に慣れていきます。

One Point

プログラムにはいろいろな記述の仕方がある ①

x軸方向に進む向きを反転するif文（26行目と27行目）を、次のように1行で記述できます。

```
if (ballX < ballR || ballX > WIDTH - ballR) ballVx = -ballVx;
```

また29行目と30行目も、次のように1行にできます。

```
if (ballY < ballR || ballY > HEIGHT - ballR) ballVy = -ballVy;
```

ただしこう記述してゲーム途中でボールの速度を変化させると、画面端でボールがバウンドを繰り返して、うまく跳ね返らないバグが発生することがあります。
26〜27行目と29〜30行目のように、条件式にballVxとballVyの正負の判定も入れることで、ゲーム途中でボールの速度を変えても、正しく跳ね返らせることができます。

Section 6-3 カーソルキーでラケットを動かす

この節では、左キーと右キーでラケットを動かす処理を組み込みます。

6-3-1 ラケットの座標を代入する変数

ラケットの座標をracketX、racketYという変数に代入します。ラケットは、矩形を描くDrawBox()で表示します。その際、(racketX,racketY)がラケットの中心座標となるようにします（図表6-3-1）。

図表6-3-1 ラケット用の変数

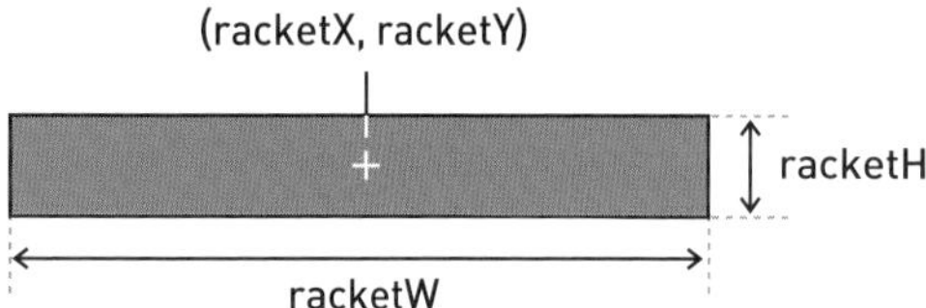

ラケットの幅と高さのピクセル数を代入する変数も用意します。この節で追加する変数は図表6-3-2の通りです。

図表6-3-2 この節で追加する変数

変数名	用途
racketX	ラケットの中心となるx座標の値を代入する。
racketY	ラケットの中心となるy座標の値を代入する。
racketW	ラケットの幅を代入する。
racketH	ラケットの高さを代入する。

このゲームでは、ラケットは左右にのみ動くものとします。左右キーの操作でラケットを動かせるようにするには、左キーが押されたらracketXの値を減らし、右キーが押されたらracketXの値を増やします。racketYの値は、初期値のまま変化させません。

(racketX,racketY)をラケットの中心とすれば、次の節で組み込む、ボールとラケットのヒットチェックの計算式が複雑になりません。

6-3-2 ラケットを動かせるプログラム

左右キーでラケットを動かせるようにしたプログラムを確認しましょう。前のプログラムからの追加、変更箇所を太字で示しています。

サンプル6-3-1 Chapter6->tennisGame_2.cpp

```
#include "DxLib.h"

int WINAPI WinMain(HINSTANCE hInstance, HINSTANCE hPrevInstance, LPSTR lpCmdLine, int nCmdShow)
{
    const int WIDTH = 960, HEIGHT = 640; // ウィンドウの幅と高さのピクセル数

    SetWindowText("テニスゲーム"); // ウィンドウのタイトル
    SetGraphMode(WIDTH, HEIGHT, 32); // ウィンドウの大きさとカラービット数の指定
    ChangeWindowMode(TRUE); // ウィンドウモードで起動
    if (DxLib_Init() == -1) return -1; // ライブラリ初期化 エラーが起きたら終了
    SetBackgroundColor(0, 0, 0); // 背景色の指定
    SetDrawScreen(DX_SCREEN_BACK); // 描画面を裏画面にする

    // ボールを動かすための変数
    int ballX = 40;
    int ballY = 80;
    int ballVx = 5;
    int ballVy = 5;
    int ballR = 10;

    // ラケットを動かすための変数
    int racketX = WIDTH / 2;
    int racketY = HEIGHT - 50;
    int racketW = 120;
    int racketH = 12;

    while (1) // メインループ
    {
        ClearDrawScreen(); // 画面をクリアする
        // ボールの処理
        ballX = ballX + ballVx;
        if (ballX < ballR && ballVx < 0) ballVx = -ballVx;
        if (ballX > WIDTH - ballR && ballVx > 0) ballVx = -ballVx;
        ballY = ballY + ballVy;
        if (ballY < ballR && ballVy < 0) ballVy = -ballVy;
        if (ballY > HEIGHT && ballVy > 0) ballVy = -ballVy;
```

```
37          DrawCircle(ballX, ballY, ballR, 0xff0000, TRUE); // ボール
38
39          // ラケットの処理
40          if (CheckHitKey(KEY_INPUT_LEFT) == 1) // 左キー押し下し
41          {
42              racketX = racketX - 10;
43              if (racketX < racketW / 2) racketX = racketW / 2;
44          }
45          if (CheckHitKey(KEY_INPUT_RIGHT) == 1) // 右キー押し下し
46          {
47              racketX = racketX + 10;
48              if (racketX > WIDTH - racketW / 2) racketX = WIDTH - racketW / 2;
49          }
50          DrawBox(racketX - racketW / 2, racketY - racketH / 2, racketX + racketW / 2, racketY + racketH / 2, 0x0080ff, TRUE); // ラケット
51
52          ScreenFlip(); // 裏画面の内容を表画面に反映させる
53          WaitTimer(16); // 一定時間待つ
54          if (ProcessMessage() == -1) break; // Windowsから情報を受け取りエラーが起きたら終了
55          if (CheckHitKey(KEY_INPUT_ESCAPE) == 1) break; // ESCキーが押されたら終了
56      }
57
58      DxLib_End(); // ＤＸライブラリ使用の終了処理
59      return 0; // ソフトの終了
60  }
```


図表6-3-3 実行画面

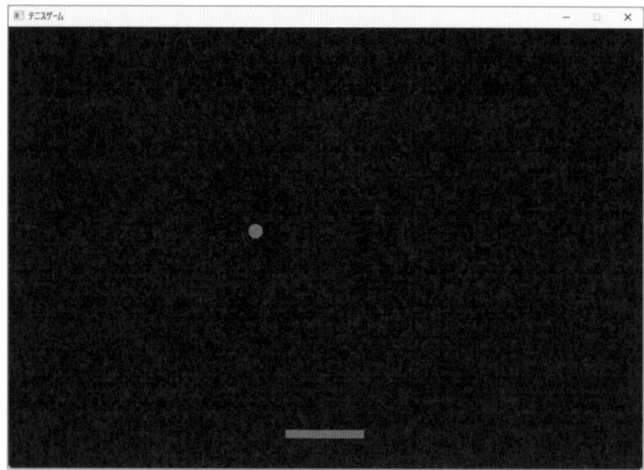

22〜23行目で定義したracketXとracketYが、ラケットの座標を代入する変数です。

24〜25行目で定義したracketWとracketHが、ラケットの幅と高さを代入する変数です。

このゲームはラケットの大きさを変更しないので、幅と高さは、constを用いて定数としても

かまいません。ただしこのプログラムのように変数としておき、後で何らかの条件（例えばアイテムを取った時など）でラケットが長くなったり短くなったりする改造を加えると、より面白いゲームになるでしょう。そのような改造を想定して、この章では幅と高さを変数に代入しておきます。

40〜50行目が、左右キーでラケットを動かす処理です。その部分を抜き出して確認します。

```
39          // ラケットの処理
40          if (CheckHitKey(KEY_INPUT_LEFT) == 1) // 左キー押し下し
41          {
42              racketX = racketX - 10;
43              if (racketX < racketW / 2) racketX = racketW / 2;
44          }
45          if (CheckHitKey(KEY_INPUT_RIGHT) == 1) // 右キー押し下し
46          {
47              racketX = racketX + 10;
48              if (racketX > WIDTH - racketW / 2) racketX = WIDTH - racketW / 2;
49          }
50          DrawBox(racketX - racketW / 2, racketY - racketH / 2, racketX + racketW / 2, racketY + racketH / 2, 0x0080ff, TRUE); // ラケット
```

50行目のラケットを描くDrawBox()から確認します。左上角の座標を(racketX-racketW/2, racketY-racketH/2)、右下角の座標を(racketX+racketW/2, racketY+racketH/2)とする矩形を、0x0080ffの値の色で描いています。0x0080ffは、赤成分が0x00（10進法で0）、緑成分が0x80（10進法で128）、青成分が0xff（10進法で255）の色です。

図表6-3-4 DrawBoxでラケットを描く

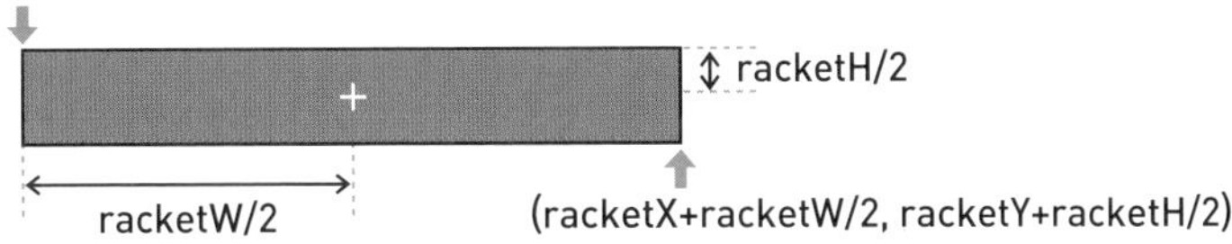

40〜44行目のif文を確認しましょう。if文の中に別のif文が入っています。外側のif文のCheckHitKey()で左キーが押されたかを調べ、押されていればラケットのx座標の値を減らしています。そして内側のif文でracketXがracketW/2未満になった時、raketXにracketW/2を代入し、ラケットが画面左端の外に出ないようにしています。

45〜49行目のif文と、その内側のif文で、右キーが押されたらラケットを右へ動かし、画面右端から出ないようにしています。

ifの入れ子はプログラミングの大切な知識の1つです。if文を入れ子にして行っている処理の内容を、よく確認しておきましょう。

Section 6-4 ラケットでボールを打ち返す

この節では、ボールとラケットのヒットチェックを組み込み、ボールを打ち返せるようにします。

6-4-1 ヒットチェックについて

ヒットチェックは、ゲームに登場する物体が、別の物体と接触しているかを調べるアルゴリズムです。第5章で円同士が接触しているかを調べる方法と、矩形同士が接触しているかを調べる方法を学びました。

図表6-4-1 第5章で学んだヒットチェック

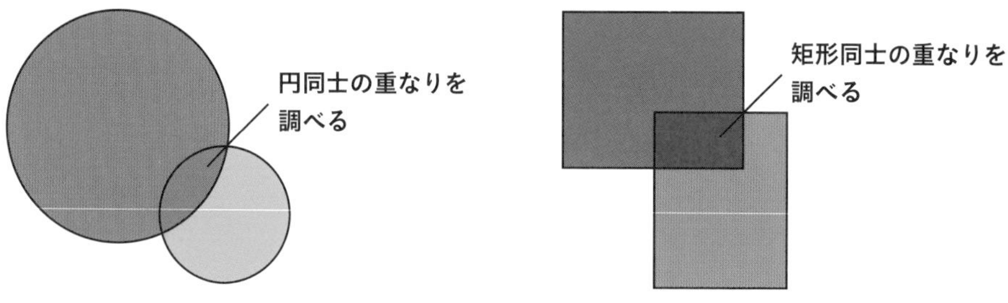

このテニスゲームのボールは円で、ラケットは矩形です。ボールを打ち返せるようにするには、円と矩形が接触したかを調べる必要があります。

円と矩形の重なりを正確に調べるには、複雑な計算が必要です。しかし、円の中心座標が、ある範囲内にあるかを調べることで、簡易的なヒットチェックを行うことができます。このゲームには、その簡易的なヒットチェックを組み込みます。

6-4-2 ボールとラケットのヒットチェック

この節で組み込むヒットチェックを、図表6-4-2を使って説明します。

図表6-4-2 ボールとラケットのヒットチェック

ボールの中心座標が斜線の範囲内にあるかを調べることで、ヒットチェックを行います。ボールの中心がこの範囲に入ったら、上に向かって跳ね返らせます。

判定範囲をラケットの上側とするのは、ボールを打ち返す様子を自然に見せるためです。ラケットと同じ位置で判定すると、ボールがラケットにめり込んでから接触したことになり、打ち返す様子に違和感が生じます。

このヒットチェックは、円と矩形の接触を厳密に調べるものではありませんが、次のプログラムの動作を確認すると、この判定でボールを問題なく打ち返せることがわかります。

6-4-3 ラケットでボールを打ち返すプログラム

ボールを打ち返せるようにしたプログラムを確認します。前のプログラムからの追加、変更箇所を太字で示しています。

ラケットを左右に動かしてボールを打ち返しましょう。打ち返した時、ボールのy軸方向の速さがランダムに変化するようにしています。

サンプル6-4-1 Chapter6->tennisGame_3.cpp

```
#include "DxLib.h"
#include <stdlib.h>

int WINAPI WinMain(HINSTANCE hInstance, HINSTANCE hPrevInstance, LPSTR lpCmdLine, int nCmdShow)
{
    const int WIDTH = 960, HEIGHT = 640; // ウィンドウの幅と高さのピクセル数

※起動時の処理、前のプログラムの通りなので省略

    // ボールを動かすための変数
※変数宣言、前のプログラムの通りなので省略

    // ラケットを動かすための変数
※変数宣言、前のプログラムの通りなので省略

    while (1) // メインループ
    {
        ClearDrawScreen(); // 画面をクリアする
        // ボールの処理
        ballX = ballX + ballVx;
        if (ballX < ballR && ballVx < 0) ballVx = -ballVx;
        if (ballX > WIDTH - ballR && ballVx > 0) ballVx = -ballVx;
        ballY = ballY + ballVy;
        if (ballY < ballR && ballVy < 0) ballVy = -ballVy;
        if (ballY > HEIGHT && ballVy > 0) ballVy = -ballVy;
```

```
38         DrawCircle(ballX, ballY, ballR, 0xff0000, TRUE); // ボール
39 
40         // ラケットの処理
41         if (CheckHitKey(KEY_INPUT_LEFT) == 1) // 左キー押し下し
42         {
43             racketX = racketX - 10;
44             if (racketX < racketW / 2) racketX = racketW / 2;
45         }
46         if (CheckHitKey(KEY_INPUT_RIGHT) == 1) // 右キー押し下し
47         {
48             racketX = racketX + 10;
49             if (racketX > WIDTH - racketW / 2) racketX = WIDTH - racketW / 2;
50         }
51         DrawBox(racketX - racketW / 2, racketY - racketH / 2, racketX + racketW / 2, racketY + racketH / 2, 0x0080ff, TRUE); // ラケット
52 
53         // ヒットチェック
54         int dx = ballX - racketX; // x 軸方向の距離
55         int dy = ballY - racketY; // y 軸方向の距離
56         if (-racketW / 2 - 10 < dx && dx < racketW / 2 + 10 && -20 < dy && dy < 0) ballVy = -5 - rand() % 5;
57 
58         ScreenFlip(); // 裏画面の内容を表画面に反映させる
59         WaitTimer(16); // 一定時間待つ
60         if (ProcessMessage() == -1) break; // Windows から情報を受け取りエラーが起きたら終了
61         if (CheckHitKey(KEY_INPUT_ESCAPE) == 1) break; // ESC キーが押されたら終了
62     }
63 
64     DxLib_End(); // ＤＸライブラリ使用の終了処理
65     return 0; // ソフトの終了
66 }
```

実行画面は前のプログラムの通りなので、省略します。

ボールがラケットに当たったかを調べ、当たったら、ボールを上に向けて跳ね返らせる処理を、54～56行目に記述しています（プログラムの太字部分）。その処理について説明します。

ボールの中心のx座標と、ラケットの中心のx座標の差を、変数dxに代入しています。また、それぞれの中心のy座標の差を、変数dyに代入しています。

dxとdyの値がif文の条件式を満たす時、次の図表の斜線の範囲に、ボールの中心座標があります。

図表6-4-3 ボールとバーのヒットチェック

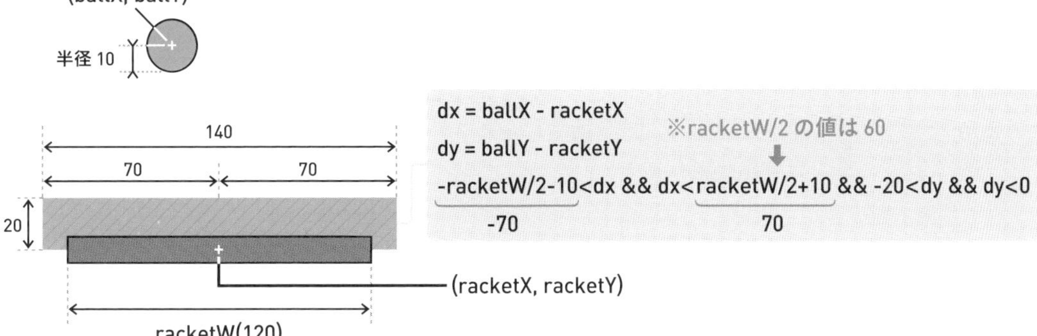

やや難しい条件式ですが、ボールとラケットの位置と、dx、dyの値を具体的に考えると、この式の意味が理解できます。

例えばボールがバーのすぐ近くで、バーの中心の真上辺りにあるとします。その時は、dxの値は0前後で、dyの値は-20〜-10くらいになります。それらの値で条件式が成り立ち、ボールとラケットが接触したことになります。

次に斜線部分の、ちょうど左上角にボールがあると考えてみましょう。その時はdxが-70、dyが-20になり、条件式が成り立ちます。また斜線部分の右下角にボールがある時は、dxが70、dyが0で、これも条件式が成り立ちます。

ボールが斜線部分の左下角と右上角にある時も考えてみましょう。

6-4-4 ボールを打ち返す時のy軸方向の速さについて

ボールを打ち返す時、ballVyに-5-rand()%5を代入しています。乱数を発生させるrand()を用いるので、2行目でstdlib.hをインクルードしています。

ballVyの値を乱数で変え、ボールが跳ね返る速度（速さと向き）に変化を持たせています。rand()%5は0、1、2、3、4のいずれかの整数で、-5-rand()%5は-5、-6、-7、-8、-9のいずれかになります。

乱数ではなく、-5などの決まった値をballVyに代入すると、ラケットに当たったボールは、いつも同じ速さで、同じ向きに跳ね返ります。それではプレイする人は、ボールの動きを簡単に覚えることができ、延々とプレイし続けることでしょう。そこで、ボールの速度をランダムに変化させ、少し難しくなるようにしています。

DXライブラリには、次の乱数の関数が備わっており、これらを用いることもできます。

図表6-4-4 DXライブラリの乱数の関数

関数名	説明
int GetRand(int max);	最大値を引数で与えて、乱数を発生させる
int SRand(int seed);	乱数の種を設定する

Section 6-5 スコアとハイスコアの計算を入れる

この節では、スコアとハイスコアの計算を追加します。ボールを打ち返した時にスコアを増やし、スコアがハイスコアを超えたら、ハイスコアを更新します。

6-5-1 スコアとハイスコアを代入する変数

スコアを代入するscoreという変数と、ハイスコアを代入するhiScoreという変数を用意します。

図表6-5-1 この節で追加する変数

変数名	用途
score	スコアを代入する
hiScore	ハイスコアを代入する

スコア（score）の値は、ラケットでボールを打ち返した時に、100ずつ増やします。

ハイスコア（hiScore）は、score>hiScoreという条件式が成り立つ時、hiScoreにscoreを代入することで、値を更新します。

6-5-2 点数計算を入れたプログラム

スコアとハイスコアを計算し、それらの値を表示するプログラムを確認しましょう。前のプログラムからの追加、変更箇所を太字で示しています。

ラケットでボールを打ち返すとスコアが増え、スコアがハイスコアを超えると、ハイスコアが更新されることを確認しましょう。

このプログラムは、ラケットの下にボールを当てると、スコアが200点以上増えます。しかし次の節でボールを打ち逃すとゲームオーバーにするので、ラケットの下にボールが当たることはなくなります。ですから、その時の点数計算をバグと考える必要はありません。

サンプル6-5-1 Chapter6->tennisGame_4.cpp

```
#include "DxLib.h"
#include <stdlib.h>

int WINAPI WinMain(HINSTANCE hInstance, HINSTANCE hPrevInstance, LPSTR lpCmdLine, int nCmdShow)
```

```
{
    const int WIDTH = 960, HEIGHT = 640; // ウィンドウの幅と高さのピクセル数

※起動時の処理、前のプログラムの通りなので省略

    // ボールを動かすための変数
※変数宣言、前のプログラムの通りなので省略

    // ラケットを動かすための変数
※変数宣言、前のプログラムの通りなので省略

    int score = 0; // スコアを代入
    int highScore = 1000; // ハイスコアを代入

    while (1) // メインループ
    {
        ClearDrawScreen(); // 画面をクリアする
        // ボールの処理
※ボールの座標計算と跳ね返らせる処理、前のプログラムの通りなので省略
        DrawCircle(ballX, ballY, ballR, 0xff0000, TRUE); // ボール

        // ラケットの処理
        if (CheckHitKey(KEY_INPUT_LEFT) == 1) // 左キー押し下し
        {
            racketX = racketX - 10;
            if (racketX < racketW / 2) racketX = racketW / 2;
        }
        if (CheckHitKey(KEY_INPUT_RIGHT) == 1) // 右キー押し下し
        {
            racketX = racketX + 10;
            if (racketX > WIDTH - racketW / 2) racketX = WIDTH - racketW / 2;
        }
        DrawBox(racketX - racketW / 2, racketY - racketH / 2, racketX + racketW / 2, racketY + racketH / 2, 0x0080ff, TRUE); // ラケット

        // ヒットチェック
        int dx = ballX - racketX; // x 軸方向の距離
        int dy = ballY - racketY; // y 軸方向の距離
        if (-racketW / 2 - 10 < dx && dx < racketW / 2 + 10 && -20 < dy && dy < 0)
        {
            ballVy = -5 - rand() % 5;
            score = score + 100;
            if (score > highScore) highScore = score; // ハイスコアの更新
        }

```

```
66            SetFontSize(30); // スコアとハイスコアの文字の大きさ
67            DrawFormatString(10, 10, 0xffffff, "SCORE %d", score);
68            DrawFormatString(WIDTH - 200, 10, 0xffff00, "HI-SC %d", highScore);
69
70            ScreenFlip(); // 裏画面の内容を表画面に反映させる
71            WaitTimer(16); // 一定時間待つ
72            if (ProcessMessage() == -1) break; // Windowsから情報を受け取りエラーが起きたら終了
73            if (CheckHitKey(KEY_INPUT_ESCAPE) == 1) break; // ESCキーが押されたら終了
74        }
75
76        DxLib_End(); // ＤＸライブラリ使用の終了処理
77        return 0; // ソフトの終了
78    }
```

図表6-5-2 実行画面

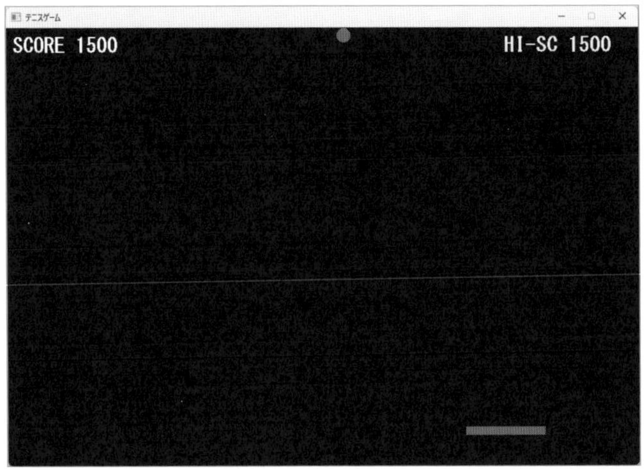

28行目でスコアを代入する変数scoreを初期値0で定義しています。

29行目でハイスコアを代入する変数hiScoreを初期値1000で定義しています。

62行目のscore = score + 100がスコアを増やす計算です。この式をヒットチェックのif文のブロックに記述し、ラケットにボールが当たった時にスコアを増やします。

63行目のif文で、scoreがhiScoreの値を超えたら、hiScoreにscoreを代入しています。これでハイスコアが更新されます。

66～68行目で、スコアとハイスコアの値を表示しています。SetFontSize()は文字列の大きさを指定する関数です。DrawFormatString()は書式を指定して文字列を出力する関数です。

スコアやハイスコアの計算は、ゲームルールの組み込みの最も基本となる計算です。スコアは足し算の式を記述すれば計算できますが、ハイスコアはif文を使って、スコア>ハイスコアとなった時に更新します。

Section 6-6

画面遷移を入れて完成させる

本節のプログラミングによって、画面遷移を組み込み、テニスゲームを完成させます。

6-6-1 画面遷移を管理する変数

このゲームは、図表6-6-1のように3つのシーンで構成します。

図表6-6-1 テニスゲームの画面遷移

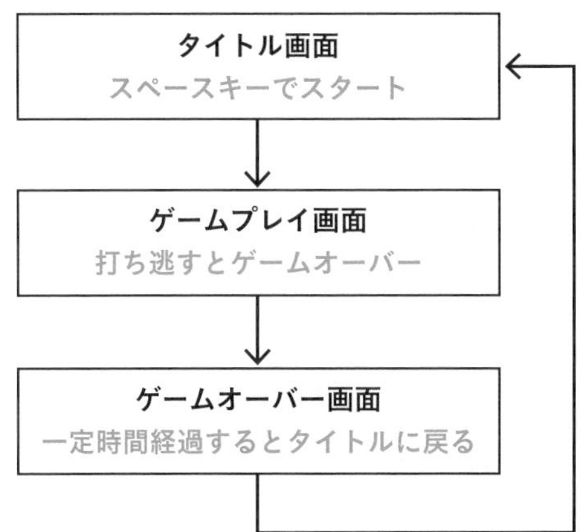

シーンを管理するsceneという変数を用いて、タイトル画面、ゲームプレイ画面、ゲームオーバー画面に処理を分岐します。また時間を管理するtimerという変数を用いて、ゲームオーバー画面からタイトル画面に自動的に戻るようにします。

図表6-6-2 この節で追加する変数

変数名	用途
scene	現在、どのシーンかを管理する
timer	ゲーム内の時間の進行を管理する

sceneに代入する、各シーンの定数は次の通りです。TITLE、PLAY、OVERを、列挙体を記述するenumを用いて、列挙定数として用意します。

図表6-6-3 sceneの値について

sceneの値	どのシーンか
TITLE	タイトル画面
PLAY	ゲームプレイ画面
OVER	ゲームオーバー画面

memo

画面遷移の方法を第5章で学びました。それと同じ仕組みで、図表6-6-1のように画面を遷移します。

6-6-2 完成版のプログラムの確認

完成版のプログラムを確認します。前の節から、太字部分を追加、変更しています。

今回の追加、変更で1つ注意点があります。switch～case内で新たな変数を宣言したC言語のプログラムは、正常な動作が保証されません（switch～case内で変数宣言して正常に動作させる記述の仕方もありますが、一般的にすすめられるものではなく、本書では用いません）。そこで、このプログラムは、ヒットチェックで使う変数dxとdyを34行目で宣言するように変更しています。

サンプル6-6-1 Chapter6->tennisGameVer1.cpp

```
01 #include "DxLib.h"
02 #include <stdlib.h>
03 
04 int WINAPI WinMain(HINSTANCE hInstance, HINSTANCE hPrevInstance, LPSTR lpCmdLine, int nCmdShow)
05 {
06     const int WIDTH = 960, HEIGHT = 640; // ウィンドウの幅と高さのピクセル数
07 
08     SetWindowText("テニスゲーム"); // ウィンドウのタイトル
09     SetGraphMode(WIDTH, HEIGHT, 32); // ウィンドウの大きさとカラービット数の指定
10     ChangeWindowMode(TRUE); // ウィンドウモードで起動
11     if (DxLib_Init() == -1) return -1; // ライブラリ初期化 エラーが起きたら終了
12     SetBackgroundColor(0, 0, 0); // 背景色の指定
13     SetDrawScreen(DX_SCREEN_BACK); // 描画面を裏画面にする
14 
15     // ボールを動かすための変数
16     int ballX = 40;
17     int ballY = 80;
18     int ballVx = 5;
19     int ballVy = 5;
20     int ballR = 10;
21 
22     // ラケットを動かすための変数
23     int racketX = WIDTH / 2;
24     int racketY = HEIGHT - 50;
```

```
    int racketW = 120;
    int racketH = 12;

    // ゲーム進行に関する変数、スコアを代入する変数
    enum { TITLE, PLAY, OVER };
    int scene = TITLE;
    int timer = 0;
    int score = 0; // スコアを代入
    int highScore = 1000; // ハイスコアを代入
    int dx, dy; // ヒットチェック用の変数宣言

    while (1) // メインループ
    {
        ClearDrawScreen(); // 画面をクリアする
        timer++;

        switch (scene) // タイトル、ゲームをプレイ、ゲームオーバーの分岐
        {
        case TITLE: // タイトル画面の処理
            SetFontSize(50);
            DrawString(WIDTH / 2 - 50 / 2 * 12 / 2, HEIGHT / 3, "Tennis Game", 0x00ff00);
            if (timer % 60 < 30) { // 文字を点滅表示
                SetFontSize(30);
                DrawString(WIDTH / 2 - 30 / 2 * 21 / 2, HEIGHT * 2 / 3, "Press SPACE to start.", 0x00ffff);
            }
            if (CheckHitKey(KEY_INPUT_SPACE) == 1) // スペースキー押し下し
            {
                ballX = 40;
                ballY = 80;
                ballVx = 5;
                ballVy = 5;
                racketX = WIDTH / 2;
                racketY = HEIGHT - 50;
                score = 0;
                scene = PLAY;
            }
            break;

        case PLAY: // ゲームをプレイする処理
            // ボールの処理
            ballX = ballX + ballVx;
            if (ballX < ballR && ballVx < 0) ballVx = -ballVx;
            if (ballX > WIDTH - ballR && ballVx > 0) ballVx = -ballVx;
            ballY = ballY + ballVy;
```

```
            if (ballY < ballR && ballVy < 0) ballVy = -ballVy;
//            if (ballY > HEIGHT && ballVy > 0) ballVy = -ballVy;
            if (ballY > HEIGHT) // ボールが下端に達した時
            {
                scene = OVER;
                timer = 0;
                break;
            }
            DrawCircle(ballX, ballY, ballR, 0xff0000, TRUE); // ボール

            // ラケットの処理
            if (CheckHitKey(KEY_INPUT_LEFT) == 1) // 左キー押し下し
            {
                racketX = racketX - 10;
                if (racketX < racketW / 2) racketX = racketW / 2;
            }
            if (CheckHitKey(KEY_INPUT_RIGHT) == 1) // 右キー押し下し
            {
                racketX = racketX + 10;
                if (racketX > WIDTH - racketW / 2) racketX = WIDTH - racketW / 2;
            }
            DrawBox(racketX - racketW / 2, racketY - racketH / 2, racketX + racketW / 2, racketY + racketH / 2, 0x0080ff, TRUE); // ラケット

            // ヒットチェック
            dx = ballX - racketX; // x 軸方向の距離
            dy = ballY - racketY; // y 軸方向の距離
            if (-racketW / 2 - 10 < dx && dx < racketW / 2 + 10 && -20 < dy && dy < 0)
            {
                ballVy = -5 - rand() % 5;
                score = score + 100;
                if (score > highScore) highScore = score; // ハイスコアの更新
            }
            break;

        case OVER: // ゲームオーバーの処理
            SetFontSize(40);
            DrawString(WIDTH / 2 - 40 / 2 * 9 / 2, HEIGHT / 3, "GAME OVER", 0xff0000);
            if (timer > 60 * 5) scene = TITLE;
            break;
        }

        SetFontSize(30); // スコアとハイスコアの文字の大きさ
        DrawFormatString(10, 10, 0xffffff, "SCORE %d", score);
        DrawFormatString(WIDTH - 200, 10, 0xffff00, "HI-SC %d", highScore);
```

```
113
114             ScreenFlip(); // 裏画面の内容を表画面に反映させる
115             WaitTimer(16); // 一定時間待つ
116             if (ProcessMessage() == -1) break; // Windowsから情報を受け取りエラーが起きたら終了
117             if (CheckHitKey(KEY_INPUT_ESCAPE) == 1) break; // ESCキーが押されたら終了
118         }
119
120         DxLib_End(); // ＤＸライブラリ使用の終了処理
121         return 0; // ソフトの終了
122 }
```

※ラケットを動かす処理とヒットチェックのプログラムの内容は、ここまでに組み込んだ通りですが、switch～caseを用いたことで、字下げ位置が変わっています

図表6-6-4 実行画面

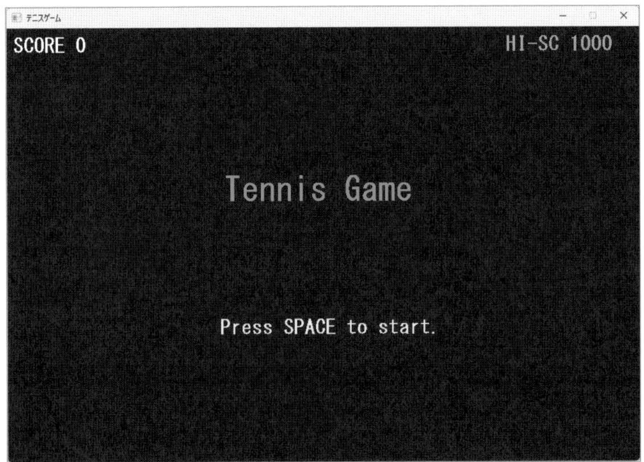

ボールを打ち返してハイスコアを目指しましょう。このゲームは難易度が低く、延々とプレイできる方もいるでしょう。章末のコラムでゲームの改造方法を説明します。難しいゲームにしたい方は、そちらを参考に改造しましょう。

6-6-3 シーンを分岐させるための定数

29行目のenum { TITLE, PLAY, OVER }で列挙定数を用意しています。この記述により、TITLEが0、PLAYが1、OVERが2になります。

30行目でシーンを分岐させるための変数sceneを宣言し、初期値にTITLEを代入しています。プログラムを起動直後に、タイトル画面に入ります。

31行目でタイマーとして用いる変数timerを定義しています。この変数をゲームオーバー画面から自動的にタイトル画面に戻る処理で使っています。

6-6-4 switch ~ case の仕組みを理解しよう

41〜108行目に記述したswitchと3つのcaseで、タイトル画面の処理、ゲームをプレイする処理、ゲームオーバー画面の処理に分岐させています。それぞれの処理について説明します。

■ ①タイトル画面（43〜61行目）

「Tennis Game」と「Press SPACE to start.」という文字列を表示しています。「Press SPACE to start.」は、46行目のif (timer % 60 < 30)で、timerを60で割った余りが30未満の時に表示しています。このプログラムは60fpsで動いており、この条件分岐により、1秒のうち0.5秒程度、文字列を表示して、「Press SPACE to start.」を点滅させています。

50〜60行目のif文で、スペースキーを押した時に、ボールとラケットの座標をゲーム開始時の位置にし、スコアを0にし、sceneにPLAYを代入して、ゲームをプレイする処理に移ります。

■ ②ゲームプレイ画面（63〜101行目）

この部分は、ほぼ、前の節までに組み込んだプログラムになります。追加した個所は、71〜76行目のif文です。そのif文で、ボールが画面下に達したら、sceneにOVERを、timerに0を代入して、ゲームオーバーの処理に移ります。70行目の画面下端でボールを跳ね返らせる処理は不要なのでコメントアウトしています。

■ ③ゲームオーバー画面（103〜107行目）

GAME OVERという文字列を表示しています。ゲームオーバーに移行後、106行目のif文で5秒（60フレーム×5）経過したかを調べ、経過したらsceneにTITLEを代入して、タイトル画面に戻しています。

タイトルからゲームオーバーまでの一連の流れを組み込んで、完全なゲームとして完成させました。シンプルな内容ですが、このプログラムには、物体を動かすアルゴリズム、ヒットチェック、ゲームルールの実装など、アクション系のゲームを作るための知識が、ぎっしりと詰まっています。ゲームプログラマーを目指す方は、これらの処理を自分で組み込めるようになりましょう。

column

グラフィックとサウンドでゲームを豪華にしよう

このコラムでは、前の節で一通り完成したテニスゲームに画像と音を追加して、より本格的なゲームにします。

プログラムを確認しよう

本書商品ページからダウンロードできるzipファイル内のChapter6フォルダに、tennisGameVer2.cppというプログラムが入っています。tennisGameVer2.cppは**6-6節**のプログラムを改良したものです。

この改良版は画像と音の素材を用います。テニスゲームのプロジェクトのフォルダに、**6-1節**のP221で説明した「image」と「sound」のフォルダを、フォルダごと配置してから、プログラムをビルドして動作を確認しましょう。

図表6-7-1 改良したテニスゲーム

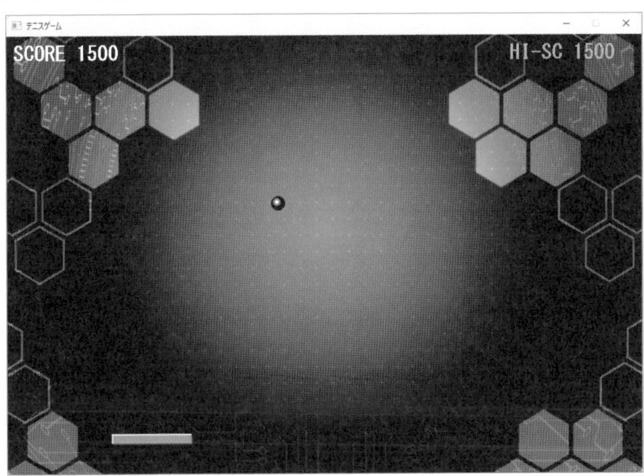

サンプル6-7-1 Chapter6->tennisGameVer2.cpp（※変更箇所を太字で示しています）

```
#include "DxLib.h"
#include <stdlib.h>

int WINAPI WinMain(HINSTANCE hInstance, HINSTANCE hPrevInstance,
LPSTR lpCmdLine, int nCmdShow)
{
    const int WIDTH = 960, HEIGHT = 640; // ウィンドウの幅と高さのピクセル数

:
※起動時の処理、変数宣言、前のプログラムの通りなので省略

```

```
    // ゲーム進行に関する変数、スコアを代入する変数
    enum { TITLE, PLAY, OVER };
    int scene = TITLE;
    int timer = 0;
    int score = 0; // スコアを代入
    int highScore = 1000; // ハイスコアを代入
    int dx, dy; // ヒットチェック用の変数宣言

    int imgBg = LoadGraph("image/bg.png"); // 背景画像の読み込み

    // サウンドの読み込みと音量設定
    int bgm = LoadSoundMem("sound/bgm.mp3");
    int jin = LoadSoundMem("sound/gameover.mp3");
    int se = LoadSoundMem("sound/hit.mp3");
    ChangeVolumeSoundMem(128, bgm);
    ChangeVolumeSoundMem(128, jin);

    while (1) // メインループ
    {
        ClearDrawScreen(); // 画面をクリアする
        DrawGraph(0, 0, imgBg, FALSE); // 背景の描画
        timer++;

        switch (scene) // タイトル、ゲームをプレイ、ゲームオーバーの分岐
        {
        case TITLE: // タイトル画面の処理
            SetFontSize(50);
            DrawString(WIDTH / 2 - 50 / 2 * 12 / 2, HEIGHT / 3, 
"Tennis Game", 0x00ff00);
            if (timer % 60 < 30) { // 文字を点滅表示
                SetFontSize(30);
                DrawString(WIDTH / 2 - 30 / 2 * 21 / 2, HEIGHT * 2 / 
3, "Press SPACE to start.", 0x00ffff);
            }
            if (CheckHitKey(KEY_INPUT_SPACE) == 1) // スペースキー押し下し
            {
                ballX = 40;
                ballY = 80;
                ballVx = 5;
                ballVy = 5;
                racketX = WIDTH / 2;
                racketY = HEIGHT - 50;
                score = 0;
                scene = PLAY;
                PlaySoundMem(bgm, DX_PLAYTYPE_LOOP); // BGMをループ再生
```

```
            }
            break;

        case PLAY: // ゲームをプレイする処理
            // ボールの処理
            ballX = ballX + ballVx;
            if (ballX < ballR && ballVx < 0) ballVx = -ballVx;
            if (ballX > WIDTH - ballR && ballVx > 0) ballVx = -ballVx;
            ballY = ballY + ballVy;
            if (ballY < ballR && ballVy < 0) ballVy = -ballVy;
//            if (ballY > HEIGHT && ballVy > 0) ballVy = -ballVy;
            if (ballY > HEIGHT) // ボールが下端に達した時
            {
                scene = OVER;
                timer = 0;
                StopSoundMem(bgm); // BGMを停止
                PlaySoundMem(jin, DX_PLAYTYPE_BACK); // ジングルを出力
                break;
            }
            DrawCircle(ballX, ballY, ballR, 0xff0000, TRUE); // ボール
            DrawCircle(ballX - ballR / 4, ballY - ballR / 4, ballR / 2, 0xffa0a0, TRUE);
            DrawCircle(ballX - ballR / 4, ballY - ballR / 4, ballR / 4, 0xffffff, TRUE);

            // ラケットの処理
            if (CheckHitKey(KEY_INPUT_LEFT) == 1) // 左キー押し下し
            {
                racketX = racketX - 10;
                if (racketX < racketW / 2) racketX = racketW / 2;
            }
            if (CheckHitKey(KEY_INPUT_RIGHT) == 1) // 右キー押し下し
            {
                racketX = racketX + 10;
                if (racketX > WIDTH - racketW / 2) racketX = WIDTH - racketW / 2;
            }
            DrawBox(racketX - racketW / 2 - 2, racketY - racketH / 2 - 2, racketX + racketW / 2, racketY + racketH / 2, 0x40c0ff, TRUE);
            DrawBox(racketX - racketW / 2, racketY - racketH / 2, racketX + racketW / 2 + 2, racketY + racketH / 2 + 2, 0x204080, TRUE);
            DrawBox(racketX - racketW / 2, racketY - racketH / 2, racketX + racketW / 2, racketY + racketH / 2, 0x0080ff, TRUE); // ラケット

            // ヒットチェック
            dx = ballX - racketX; // x軸方向の距離
            dy = ballY - racketY; // y軸方向の距離
```

```
112             if (-racketW / 2 - 10 < dx && dx < racketW / 2 + 10 && -20 < dy && dy < 0)
113             {
114                 ballVy = -5 - rand() % 5;
115                 score = score + 100;
116                 if (score > highScore) highScore = score; // ハイスコアの更新
117                 PlaySoundMem(se, DX_PLAYTYPE_BACK); // 効果音を出力
118             }
119             break;
120 
121         case OVER: // ゲームオーバーの処理
122             SetFontSize(40);
123             DrawString(WIDTH / 2 - 40 / 2 * 9 / 2, HEIGHT / 3, "GAME OVER", 0xff0000);
124             if (timer > 60 * 5) scene = TITLE;
125             break;
126         }
127 
128         SetFontSize(30); // スコアとハイスコアの文字の大きさ
129         DrawFormatString(10, 10, 0xffffff, "SCORE %d", score);
130         DrawFormatString(WIDTH - 200, 10, 0xffff00, "HI-SC %d", highScore);
131 
132         ScreenFlip(); // 裏画面の内容を表画面に反映させる
133         WaitTimer(16); // 一定時間待つ
134         if (ProcessMessage() == -1) break; // Windowsから情報を受け取りエラーが起きたら終了
135         if (CheckHitKey(KEY_INPUT_ESCAPE) == 1) break; // ESCキーが押されたら終了
136     }
137 
138     DxLib_End(); // ＤＸライブラリ使用の終了処理
139     return 0; // ソフトの終了
140 }
```

改良した個所を説明します。

■画像の読み込みと表示

36行目のLoadGraph()で、imgBgという変数に背景画像を読み込んでいます。

48行目のDrawGraph()で、背景画像を表示しています。

■ボールとラケットのグラフィックの改良

前のtennisGameVer1.cppのプログラムでは、ボールを単なる赤い円として描きましたが、このプログラムには91〜92行目を追記し、光の当たっている部分を描いて、ボールが立体的に見えるようにしました。

またラケットの形状も、105～106行目を追記して、立体的に見えるように改良しました。

■サウンドの読み込みと出力

39～41行目のLoadSoundMem()で、BGM、ジングル、効果音を、それぞれbgm、jin、seという変数に読み込んでいます。

42～43行目のChangeVolumeSoundMem()で、BGMとジングルの音量を設定しています。

スペースキーを押してゲームを開始する時、70行目のPlaySoundMem()でBGMをループ出力しています。

ゲームーオーバーになった時、86行目のStopSoundMem()でBGMを停止し、87行目でジングルを出力しています。

ボールとラケットが接触した時、117行目で効果音を出力しています。

■ゲームの難易度を変えよう

ボールの速度を上げるほど、このゲームは難しくなります。ただし速くし過ぎると、ヒットチェックの判定範囲をボールが飛び越えることがあります。そうなると、ボールを打ち返せなくなります。

ボールの動きを速くして打ち返せなくなったら、判定範囲を広くする必要があるので、ヒットチェックを行うif (-racketW / 2 - 10 < dx && dx < racketW / 2 + 10 && -20 < dy && dy < 0)の数値を見直しましょう。

このプログラムは乱数の種を設定していないので、起動するたびに、ボールは同じ軌跡を描きます。乱数の種の設定が必要と感じる方は、srand()を追記しましょう。乱数の種の意味とsrand()の使い方は、第3章P125以下で学習済みです。曖昧な方は復習しましょう。

プログラムを改造すると、そのプログラムへの理解が深まります。ご自身でアイデアを出し、ゲームの改造にチャレンジすることをお勧めします。初心者の方は、簡単な改造から始めてみてはいかがでしょうか。簡単な改造例として、画像の変更があります。例えばファンタジーRPGが好きな方は、ボールをスライムに、ラケットを盾や勇者に、背景を森や草原の絵に差し替えてみるのです。その際、ヒットチェックの範囲を変える必要があるでしょう。その後、難しい改造にも挑戦し、技術力を伸ばしていきましょう。

Chapter 7

カーレースを作ろう

この章では、カーレースを制作します。前の章と同様に、物体を動かすアルゴリズムや、物体同士の接触を判定するヒットチェックを用いて、ゲームを組み立てていきます。その中で、配列を使って、複数の物体を動かす仕組みを学びます。またゲーム制作における関数の作り方を学びます。

Section 7-1 この章で制作するゲームについて

まずは、ゲームの仕様やルール、用いる素材など、設計面の説明をします。その後、このゲームを作ることで、学べる知識と技術について、まとめてお伝えします。

7-1-1 ゲームの仕様

この章では、次のようなカーレースを制作します。このゲームはマウスで操作します。

図表7-1-1 カーレースゲームの概要

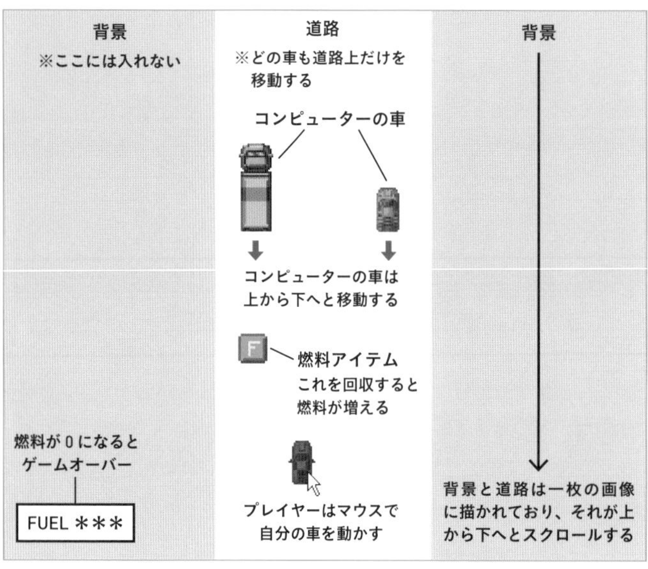

■ゲームルール

- 背景が自動的にスクロールする
- プレイヤーの車はマウスポインタの位置に移動する※1
- 複数の他の車が出現する。それらを追い抜くとスコアが増える※2
- 走り続ける間、燃料を消費していく
- 他の車に接触すると、燃料が大幅に減る
- アイテムを取ると、燃料が増える
- 燃料が0になるとゲームオーバー
- ハイスコアを更新することを目指すゲームとする※3

※1 アクセルとブレーキの操作はありません
※2 他の車とは、コンピューターが座標を計算して動かす車のことです
※3 コンピューターの車を、何台、追い抜けるか（どれだけ走り続けられるか）を楽しむゲームとします

図表7-1-2　完成したカーレースゲームの画面

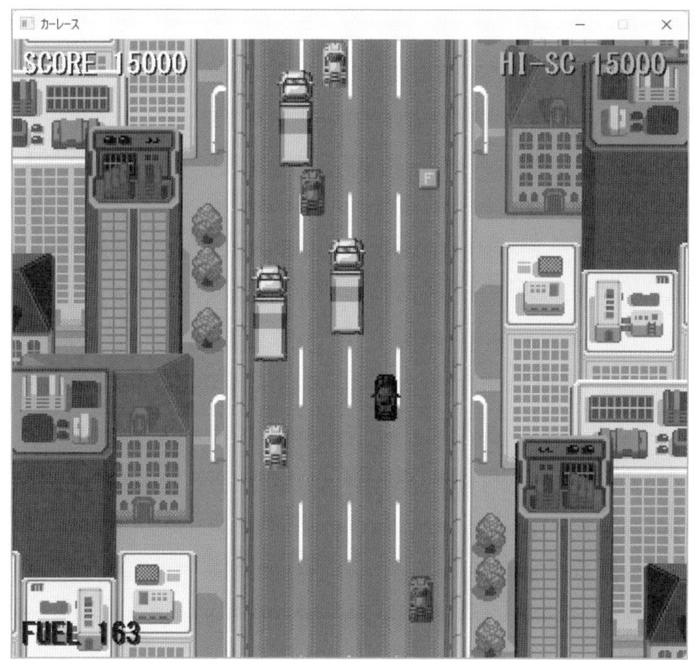

このゲームの世界観を表す
イメージキャラクター

7-1-2　カーレースを作ることで学べる知識と技術

この章で学ぶ知識と技術について説明します。

①画面のスクロール処理

この章では、背景をスクロールする技法を学びます。スクロールを行うための、いくつかの技法がありますが、このカーレースは、一枚絵を用いることで、簡単なプログラムにより、道路と周囲の建物をスクロールさせます。画面をスクロールさせることは、ゲームを開発する上で必要な技術の1つになります。

②配列を用いて複数のデータを管理する方法

このゲームには、コンピューターが座標を計算して動かす、複数の車を登場させます。この章では、配列を使って、その計算を効率よく行う方法を学びます。配列を用いてデータを効率よく扱うことは、ゲーム開発だけでなく、多くのソフトウェア開発の分野で要求される大切な知識になります。

③複数の物体とのヒットチェック

プレイヤーの車とコンピューターの車とが衝突したかを調べ、その結果をゲームルールに反映します。前の章でも、2つの物体の当たり判定のアルゴリズム（ヒットチェック）を学びましたが、この章では、それを発展させ、複数の物体とヒットチェックを行う方法を学びます。

④ゲームルールの組み込み

他の車を追い抜いたかどうかを、フラグを用いて正しく判定する方法を学びます。

フラグとは、最初に0などのわかりやすい値を代入し、ある条件が成立した時に値を変更して、その値によって行うべきことを判断するために用いる変数や配列のことです。

フラグは多くのソフトウェア開発に用いられるもので、ゲーム開発においても頻繁に使われます。ゲームプログラマーになるには、フラグを扱えるようにする必要があるといえます。

memo

本格的なゲームを制作するための知識の習得を目指して、前の章よりも発展した処理を学びます。

7-1-3 用いる素材

図表7-1-3の画像と図表7-1-4の音の素材を用いてカーレースを制作します。

図表7-1-3

bg.png

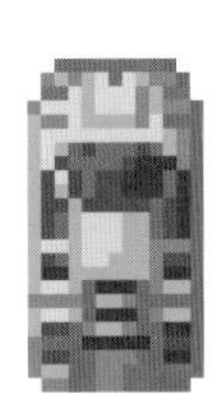
car_blue.png

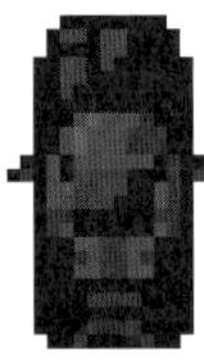
car_red.png

truck.png

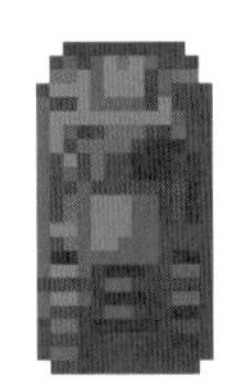
car_yellow.png

fuel.png

※印刷の都合上、正しい色が再現されていません。サンプルファイルの「Chapter7」→「image」フォルダ内に画像が入っているので、そちらを見て色の確認をしましょう

プレイヤーは赤い車（car_red.png）を操作します。他の車とトラックはコンピューターが座標を計算して動かします。fuel.pngは燃料が増えるアイテムです。

図表7-1-4 音のファイル

bgm.mp3

crash.mp3

fuel.mp3

gameover.mp3

※音のファイルのアイコンのデザインは、お使いのパソコンの環境によって変わります

bgm.mp3がゲーム中に流れるBGM、crash.mp3が衝突した時の効果音（SE）、fuel.mp3が燃料アイテムを取った時の効果音、gameover.mp3がゲームオーバーのジングルです。

これらの素材は、本書商品ページからダウンロードできるzipファイル内の「Chapter7」フォルダにある、「image」と「sound」というフォルダに入っています。これらの素材を、「image」フォルダ、「sound」フォルダごと、カーレースを制作するプロジェクトのフォルダ内に配置してください。

memo

Visual Studioを起動して、カーレースを制作するための新規のプロジェクトを用意し、DXライブラリを用いるための設定を行いましょう。手順はこれまで学んだ通りです。

7-1-4 どのようなステップで完成させるか

この章では、10段階に分けて処理を組み込み、ゲームを完成させます。

図表7-1-5 完成させるまでの流れ

段階	節	組み込む内容
ステップ1	7-2	背景のスクロール（一枚絵を使ったスクロールの技法）
ステップ2	7-3	複数の画像を配列に読み込む。それらを表示する関数を定義する
ステップ3	7-4	マウスでプレイヤーの車を動かす
ステップ4	7-5	コンピューターの車を一台、動かす
ステップ5	7-6	配列を使って複数の車を動かす
ステップ6	7-7	プレイヤーとコンピューターの車の衝突を判定する（ヒットチェック）
ステップ7	7-8	影の付いた文字列を表示する関数を定義する
ステップ8	7-9	点数計算を行う（コンピューターの車を追い抜いたらスコアを増やす）
ステップ9	7-10	燃料アイテムを出現させる
ステップ10	7-11	画面遷移と音の出力を加えて完成させる

このゲームには、前の章で制作したゲームより、多くの処理を組み込みます。プログラムする内容を明確にするために、プレイヤーの車、コンピューターの車、燃料アイテムの処理の概要を説明します。

図表7-1-6　ゲーム中の主要な処理

制御する物体	処理の概要
プレイヤーの車	・マウスポインタの位置に車を移動させる
コンピューターの車	・複数の車を同時に出現させ、画面の上から下へと移動させる ・移動の速さを車ごとに変える（スピードの遅い車と速い車を用意する） ・画面の下から外に出たら、画面上部の新たな位置に出現させる ・プレイヤーの車に追い抜かれたら、スコアを増やす ・プレイヤーの車と接触したら、燃料を大幅に減らす
燃料アイテム	・画面の上から下に一定の速さで移動させる ・画面の下から外に出たら、画面上部の新たな位置に出現させる ・プレイヤーの車と接触したら（以後は回収と表現します）、燃料を増やす ・回収したアイテムを消して、新たな位置に出現させる

memo

本格的なゲームを完成させるには、多くの処理を記述する必要があります。もし、これだけの処理を組み込めるか心配される方がいらっしゃる場合でも、前の章で行ったように、処理を順に組み込んでいくので、心配はいりません。ゲーム開発の知識と技術を1つずつ身につけていきましょう。

7-1-5 この章の開発方針について

この章では、次の方針でプログラムを組みます。

■開発方針

- WinMain関数の他に、2つの関数を定義し、ゲーム制作における便利な関数の作り方を学ぶ
- 関数プロトタイプ宣言は行わず、WinMainから呼び出す関数を、WinMainの前で定義する※
- 構造体を用いない※
- マウス操作で遊ぶゲームの作り方を学ぶことで、多様な入力系に対応できるようにする

※関数プロトタイプ宣言と構造体は、次の章のゲーム制作で用います

これら方針には、どなたでも処理の内容を理解しながら、開発力をしっかり伸ばしていただくという意図があります。前にも述べた通り、一度に多くを詰め込むよりも、徐々に知識の幅を広げるほうが、それぞれの知識をしっかりと理解することができます。本書では、その方針に基づいて、章を追うごとに新しい知識を増やしながら、ゲーム制作の技術を学んでいきます。

memo

ボタン（キー）操作のゲームだけでなく、マウスで操作したり、液晶画面をタップして遊ぶゲームが、たくさんあります。さまざまな入力系のゲームを作れるようになりましょう。

Section 7-2

背景をスクロールする

カーレースでは、車が前に向かって走っていることをプレイヤーに示すために、背景をスクロールさせています。この節ではどのように背景をスクロールさせる処理を組み込むのかを解説します。

7-2-1 一枚の絵を使ったスクロール処理

このゲームでは、背景全体を描いた画像を使って、画面をスクロールさせます。その仕組みを説明します。

図表7-2-1 一枚の画像を使ったスクロール処理

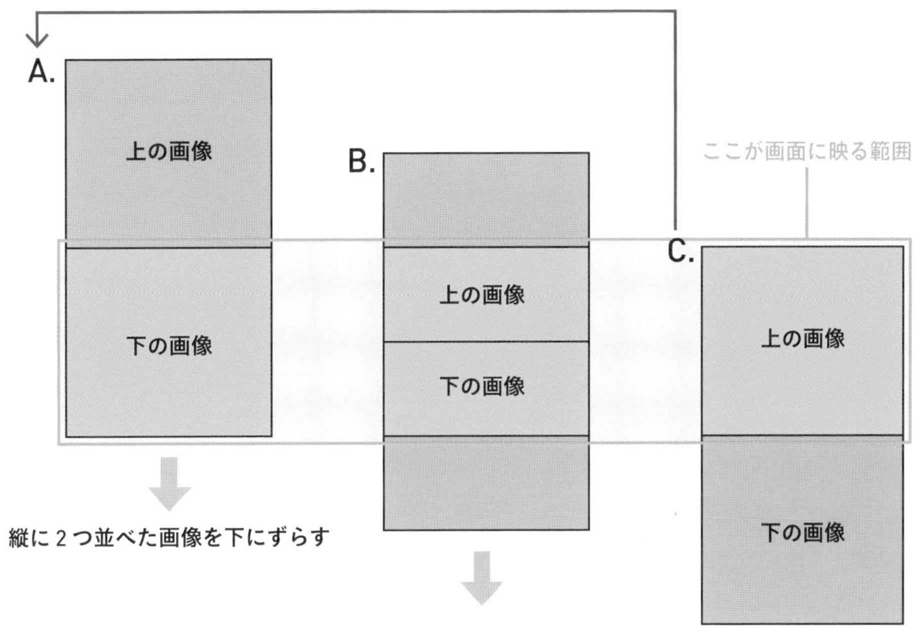

このゲームは画面の大きさを、幅720ピクセル、高さ640ピクセルとします。背景は、それと同じ大きさで、一枚の画像ファイルに描かれています。その画像を縦に2つ並べ、次の仕組みで背景をスクロールさせます。

■ スクロールの仕組み

①画像の表示位置を代入する変数を用意する。その変数をbgYとする。
②bgY＋(1回の計算で動かすピクセル数)という式で、bgYの値を毎フレーム増やす。
③bgYの値が画面の高さ以上になったら、bgYから画面の高さの値を引く。
④上に位置する画像を(0, bgY-画面の高さ)の座標に表示する。
　下に位置する画像を(0, bgY)の座標に表示する。

②～④の座標の計算と画像の描画をリアルタイムに繰り返します。すると、図表7-2-1のA→B→Cの順に画像の表示位置がずれ、再びAに戻ります。これにより、背景がどこまでも続くように見せることができます。

ゲームメーカーが作るゲームは、建物や木立などさまざまなグラフィックデータを用意して、ゲーム画面を構成しますが、この章で作るカーレースは、道路と周りの景色の動きを1枚の絵で表現します。

7-2-2 背景をスクロールするプログラム

背景をスクロールするプログラムを確認します。このゲームは、画面の大きさを幅720×高さ640ピクセルとし、約60fpsで画面を更新します。グレーの部分は、第5章のキー入力とマウス入力で学んだ、DXライブラリでゲームを開発するひな形となるコードです。

サンプル7-2-1　Chapter7->carRace_1.cpp

```
#include "DxLib.h"

int WINAPI WinMain(HINSTANCE hInstance, HINSTANCE hPrevInstance, LPSTR lpCmdLine, int nCmdShow)
{
    // 定数
    const int WIDTH = 720, HEIGHT = 640; // ウィンドウの幅と高さのピクセル数

    SetWindowText("カーレース"); // ウィンドウのタイトル
    SetGraphMode(WIDTH, HEIGHT, 32); // ウィンドウの大きさとカラービット数の指定
    ChangeWindowMode(TRUE); // ウィンドウモードで起動
    if (DxLib_Init() == -1) return -1; // ライブラリ初期化 エラーが起きたら終了
    SetBackgroundColor(0, 0, 0); // 背景色の指定
    SetDrawScreen(DX_SCREEN_BACK); // 描画面を裏画面にする

    int bgY = 0; // 道路をスクロールさせるための変数
    int imgBG = LoadGraph("image/bg.png"); // 背景の画像
```

```
17
18     while (1) // メインループ
19     {
20         ClearDrawScreen(); // 画面をクリアする
21
22         // 背景のスクロール処理
23         bgY = bgY + 10;
24         if (bgY >= HEIGHT) bgY = bgY - HEIGHT;
25         DrawGraph(0, bgY - HEIGHT, imgBG, FALSE);
26         DrawGraph(0, bgY, imgBG, FALSE);
27
28         ScreenFlip(); // 裏画面の内容を表画面に反映させる
29         WaitTimer(16); // 一定時間待つ
30         if (ProcessMessage() == -1) break; // Windowsから情報を受け取りエラーが起きたら終了
31         if (CheckHitKey(KEY_INPUT_ESCAPE) == 1) break; // ESCキーが押されたら終了
32     }
33
34     DxLib_End(); // ＤＸライブラリ使用の終了処理
35     return 0; // ソフトの終了
36 }
```

※Visual Studioのバージョンによって3行目で警告が出る場合、int APIENTRY wWinMain(_In_ HINSTANCE hInstance, _In_opt_ HINSTANCE hPrevInstance, _In_ LPWSTR lpCmdLine, _In_ int nCmdShow)という記述を試してみましょう

図表7-2-2 実行画面

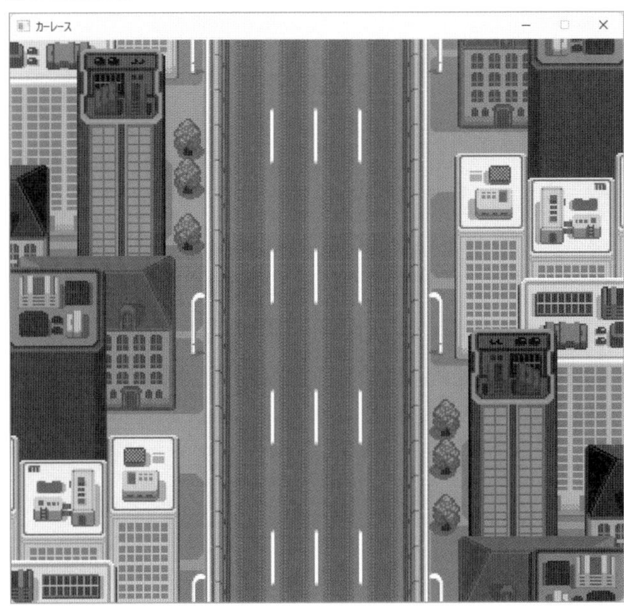

15行目で、背景の表示位置を代入する変数bgYを宣言し、初期値0を代入しています。

16行目で、変数imgBGに背景画像を読み込んでいます。

7-2-3 背景を動かす仕組みを確認する

23〜24行目で、bgYを10ずつ増やし、その値がHEIGHT（640）以上になったら、HEIGHTを引いています。この計算により、0から始まったbgYの値は、10→20→30→……→610→620→630と増えていき、再び0に戻ります。

24行目をif (bgY >= HEIGHT) bgY = 0と記述することもできます。ただし、そう記述した場合、7や11など、640を割り切ることができない数をbgYに加えていくと、bgYを0に戻すタイミングで、背景が一瞬、揺れるように表示されます。

bgYの値がHEIGHT以上になったら、bgYからHEIGHTを引く計算を行えば、スクロールの速さ（bgYに加える値）をどのように変えても、滑らかに背景をスクロールさせることができます。

25〜26行目で、(0, bgY-HEIGHT)と(0, bgY)の座標に画像を表示し、背景を縦に2つ並べています。並べた背景画像の、ウィンドウ内に表示される範囲を、次の図表で確認します。

図表7-2-3 ウィンドウ内に表示される背景の範囲

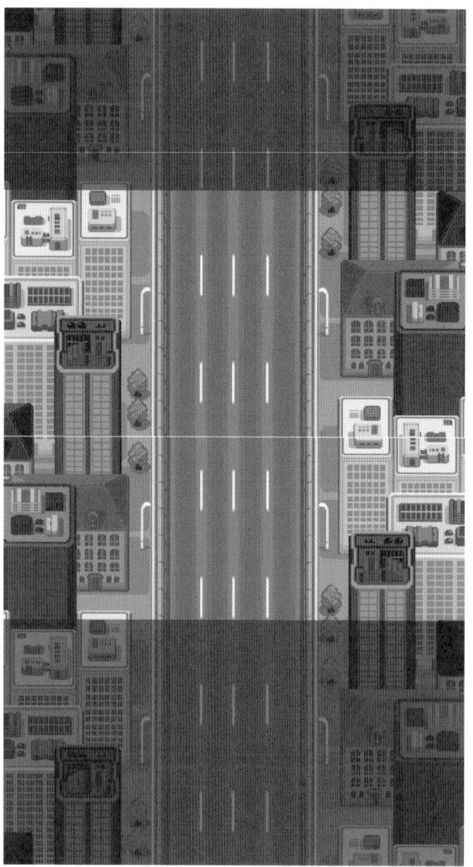

上に位置する 画像
表示位置は (0, bgY-HEIGHT)

画面（ウィンドウ内）に
映る範囲

下に位置する画像
表示位置は (0, bgY)

One Point

プログラムにはいろいろな記述の仕方がある②

23〜24行目の式とif文を、余りを求める演算子%を使って、次のように1行で記述できます。

```
bgY = bgY + 10;
if (bgY >= HEIGHT) bgY = bgY - HEIGHT;
```

↓1行で記述

```
bgY = (bgY + 10) % HEIGHT;
```

bgY = (bgY+10)%HEIGHTは「bgYに10を加え、それをHEIGHT（640）で割った余りを、bgYに代入する」という式です。この式により、bgYの値は、10→20→30→····→610→620→630と増えていきます。

bgYが630の時、bgY = (bgY+10)%HEIGHTは、bgY = (640)%640ということになります。これは640を640で割った余りである0をbgYに代入する式なので、bgYは0に戻ります。

余りを求める演算子を用いると、処理を簡潔に記述できることがあります。**7-11節**でカーレースを完成させる際に、bgY = (bgY+10)%HEIGHTの式で、bgYの値を変化させるようにします。

Section 7-3 複数の画像の管理／車を表示する関数を作る

このゲームには、赤、黄色、青の車と、トラックの、計4種類の車両を登場させます。この節では、それらの画像を配列に読み込み、指定の車両を表示する関数を定義します。

7-3-1 画像をどう表示するかを決める

第5章で犬のキャラクターのアニメーションの仕組みを学んだ時、複数の画像を配列に読み込みました。このカーレースも、4種類の車両の画像を配列に読み込んで扱います。

この章で用いる画像は、車種によって大きさが違います。大きさがまちまちの画像を用いる場合は、はじめに画像の表示に関するルールを決めておかないと、物体を動かす計算やヒットチェックの判定などが煩雑になります。

このゲームでは、中心座標を指定して画像を表示するようにします。そのようなルールを定めることで、物体の動きを計算しやすくなり、また各種の判定もしやすくなります。

図表7-3-1 中心座標を指定して車両を表示

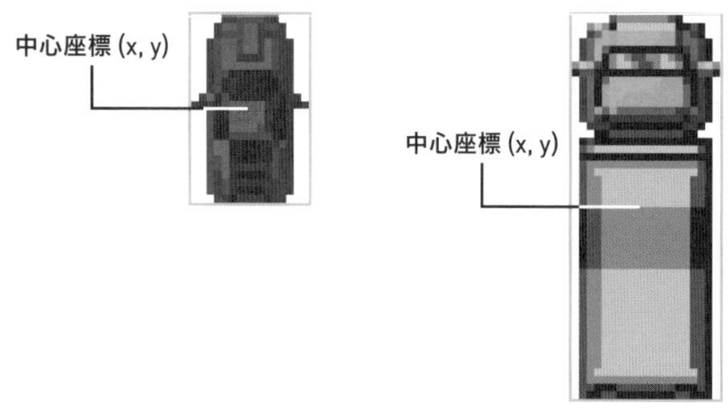

7-3-2 配列に画像を読み込み、それらを表示する関数を作る

中心座標を指定して画像を表示する関数を定義します。

図表7-3-2 この節で定義する関数

関数名	引数
void drawCar(int x, int y, int type);	(x, y) が画像の中心位置、type が車種

void型のdrawCar()という関数名とし、x、y、typeの3つの引数を設けます。関数を定義する際は、その関数がどのような機能を持つのかがわかりやすい関数名にしましょう。引数の名称も、その引数でどのようなデータを扱うのかわかりやすいものにすることが大切です。

車種を指定しやすいように、enum { RED, YELLOW, BLUE, TRUCK }と記述して、列挙定数を用意します。drawCar()を呼び出す際、赤い車はRED、黄色の車はYELLOW、青い車はBLUE、トラックはTRUCKで引数のtypeを指定します。

中心座標を指定して画像を描くには、各画像の幅と高さを配列に代入しておき、車両を表示する際、それらの値を使って表示位置をずらします。その仕組みをプログラムの動作確認後に説明します。

この章では、車両の大きさを配列に代入し、画像表示とヒットチェックで、それらの値を使いますが、DXライブラリには画像の幅と高さを取得するint GetGraphSize(int handle, int *sizeX, int *sizeY)という関数があるので、画像サイズを使う計算で、その関数を用いることもできます。

7-3-3 複数の車両を表示するプログラム

車とトラックの画像を読み込み、それらを表示する関数を定義したプログラムを確認します。前**7-2節**のプログラムからの追加、変更箇所を太字で示しています。

サンプル7-3-1 Chapter7->carRace_2.cpp

```
#include "DxLib.h"

// 車の画像を管理する定数と配列
enum { RED, YELLOW, BLUE, TRUCK };
const int CAR_MAX = 4;
int imgCar[CAR_MAX];
const int CAR_W[CAR_MAX] = { 32, 26, 26,  40 };
const int CAR_H[CAR_MAX] = { 48, 48, 48, 100 };

// 車を表示する関数
void drawCar(int x, int y, int type)
{
    DrawGraph(x - CAR_W[type] / 2, y - CAR_H[type] / 2, imgCar[type], TRUE);
}

int WINAPI WinMain(HINSTANCE hInstance, HINSTANCE hPrevInstance, LPSTR lpCmdLine, int nCmdShow)
{
```

```
    // 定数
    const int WIDTH = 720, HEIGHT = 640; // ウィンドウの幅と高さのピクセル数

    SetWindowText("カーレース"); // ウィンドウのタイトル
    SetGraphMode(WIDTH, HEIGHT, 32); // ウィンドウの大きさとカラービット数の指定
    ChangeWindowMode(TRUE); // ウィンドウモードで起動
    if (DxLib_Init() == -1) return -1; // ライブラリ初期化 エラーが起きたら終了
    SetBackgroundColor(0, 0, 0); // 背景色の指定
    SetDrawScreen(DX_SCREEN_BACK); // 描画面を裏画面にする

    int bgY = 0; // 道路をスクロールさせるための変数
    int imgBG = LoadGraph("image/bg.png"); // 背景の画像

    // 車の画像を配列に読み込む
    imgCar[RED] = LoadGraph("image/car_red.png");
    imgCar[YELLOW] = LoadGraph("image/car_yellow.png");
    imgCar[BLUE] = LoadGraph("image/car_blue.png");
    imgCar[TRUCK] = LoadGraph("image/truck.png");

    while (1) // メインループ
    {
        ClearDrawScreen(); // 画面をクリアする

        // 背景のスクロール処理
        bgY = bgY + 10;
        if (bgY >= HEIGHT) bgY = bgY - HEIGHT;
        DrawGraph(0, bgY - HEIGHT, imgBG, FALSE);
        DrawGraph(0, bgY, imgBG, FALSE);

        // 車両の表示 ※制作過程
        drawCar(300, 360, RED);      // 赤
        drawCar(340, 360, YELLOW);   // 黄色
        drawCar(380, 360, BLUE);     // 青
        drawCar(420, 360, TRUCK);    // トラック

        ScreenFlip(); // 裏画面の内容を表画面に反映させる
        WaitTimer(16); // 一定時間待つ
        if (ProcessMessage() == -1) break; // Windowsから情報を受け取りエラーが起きたら終了
        if (CheckHitKey(KEY_INPUT_ESCAPE) == 1) break; // ESCキーが押されたら終了
    }

    DxLib_End(); // DXライブラリ使用の終了処理
    return 0; // ソフトの終了
}
```

図表7-3-3　実行画面

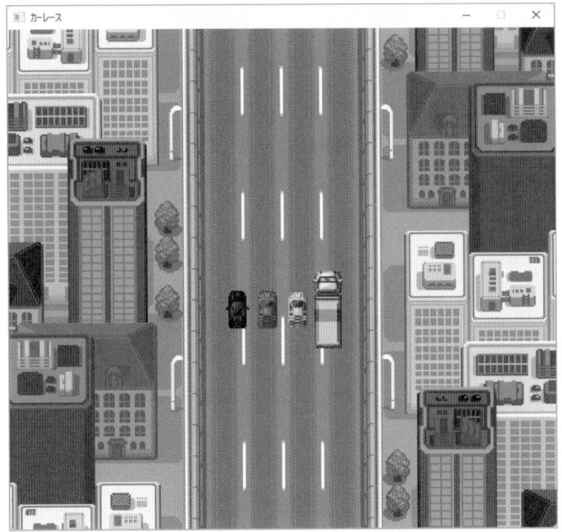

4行目で用意した、RED、YELLOW、BLUE、TRUCKという列挙定数で、表示する車種を指定します。REDの値は0、YELLOWは1、BLUEは2、TRUCKは3になります。5行目で、車両の種類をCAR_MAXという定数で定めています。6行目が画像を読み込むための配列の宣言です。ここでは宣言だけを行い、32〜35行目で、imgCar[RED]からimgCar[TRUCK]に画像を読み込んでいます。4〜5行目をenum { RED, YELLOW, BLUE, TRUCK, CAR_MAX };と、1行にまとめることもできます。7行目で各車両の幅のピクセル数をCAR_Wという配列に代入し、8行目で高さのピクセル数をCAR_Hという配列に代入しています。

これらの定数や配列は、WinMain関数の外側に記述したので、すべてグローバル変数になります（ここでは4〜8行目の定数と配列を、まとめてグローバル変数と呼んで説明します）。グローバル変数について、この後、**7-3-5**で詳しく説明します。

7-3-4　車を表示するdrawCar()関数

このプログラムには、車を表示する、次のような関数を定義しました。

```
10 // 車を表示する関数
11 void drawCar(int x, int y, int type)
12 {
13     DrawGraph(x - CAR_W[type] / 2, y - CAR_H[type] / 2, imgCar[type], TRUE);
14 }
```

この関数には、画像の中心座標と、表示する車の種類を指定する引数を設けています。車の種類はRED、YELLOW、BLUE、TRUCKいずれかで指定します。

13行目に、DXライブラリに備わる画像描画関数のDrawGraph()だけを記述しています。処理は単純ですが、座標の計算を工夫して、引数の(x,y)が画像の中心になるようにしています。

その座標計算を確認します。x座標をx-CAR_W[type]/2、y座標をy-CAR_H[type]/2としています。x座標から画像の幅の1/2を引き、y座標から画像の高さの1/2を引いた位置に表示すると、図表7-3-4のように、(x,y)が画像の中心になります。

幅の半分の値と、高さの半分の値を引かずに、単にDrawGraph(x, y, imgCar[type], TRUE)とした場合、(x,y)は画像の左上角になります。

図表7-3-4 画像の表示位置をずらす

(x-CAR_W[type]/2, y-CAR_H[type]/2)
幅の半分
高さの半分
(x, y)

48〜51行目でdrawCar()を呼び出して、赤、黄色、青の車と、トラックを表示しています。それらの記述は、プログラムの動作確認をするためのもので、後で削除します。

7-3-5 グローバル変数とローカル変数

関数の外側で宣言した変数をグローバル変数、関数の内側で宣言した変数をローカル変数といいます。

変数は宣言した位置によって、使える範囲が変わります。変数の使える範囲をスコープといいます。

グローバル変数は、宣言後、プログラム内のどの関数でも値を参照したり、値を変更できます。一方、ローカル変数は、それを宣言した関数内だけで使えます。

グローバル変数とローカル変数のスコープを、図表7-3-5で確認します。

4〜8行目の列挙定数、定数CAR_MAX、配列imgCar[]、CAR_W[]、CAR_H[]は、関数の外側で宣言したものなので、それらはすべての関数から使うことができます。一方、WinMain関数内の19行目で宣言したWIDTHとHEIGHTはローカル変数であり、drawCar()関数内にWIDTHとHEIGHTを記述することはできません。

グローバル変数とローカル変数のスコープのルールは、配列にも当てはまります。また、constで宣言した定数や、enumで宣言した列挙定数にも当てはまります。変数のスコープはプログラミングの大切な知識の1つですので、きちんと理解しておきましょう。

念のためお伝えしますが、constで宣言したグローバル変数（定数）は、どの関数からも値を参照できますが、値の変更はできません。変数を変更できなくするconstの機能は、グローバル変数でもローカル変数でも変わりはありません。

図表7-3-5 グローバル変数とローカル変数のスコープ

```
// 車の画像を管理する定数と配列
enum { RED, YELLOW, BLUE, TRUCK };
const int CAR_MAX = 4;
int imgCar[CAR_MAX];
const int CAR_W[CAR_MAX] = { 32, 26, 26, 40 };
const int CAR_H[CAR_MAX] = { 48, 48, 48, 100 };
```

グローバル変数

すべての関数で使える

車を表示する関数

```
void drawCar(int x, int y, int type)
{
  DrawGraph(x - CAR_W[type] / 2, y - CAR_H[type] / 2, imgCar[type], TRUE);
}
```

WinMain 関数

```
int WINAPI WinMain(HINSTANCE hInstance, HINSTANCE hPrevInstance, LPSTR lpCmdLine, int nCmdShow)

  const int WIDTH = 720, HEIGHT = 640; // ウィンドウの幅と高さのピクセル数

  int bgY = 0; // 道路をスクロールさせるための変数
  int imgBG = LoadGraph("image/bg.png"); // 背景の画像

}
```

ローカル変数　宣言した関数内だけで使える

7-3-6 グローバル変数は乱用すべきでない

グローバル変数は、すべての関数で読み書きできる便利さがあります。しかし、どこからでもアクセスできるため、誤って中身を書き換えてしまうことがないとはいえず、開発したソフトウェアのバグを引き起こす原因となることがあります。

C言語のプログラムでは、関数の引数と、関数内のローカル変数を用いて、データを扱うことができます。そのため、特に理由がなければ、グローバル変数の使用は避けることが推奨されています。

ただし、本書はプログラミングとゲーム開発の学習書であり、グローバル変数の使い方を知って頂くために、この章と次の章で、グローバル変数を用いてゲームを制作します。

memo

筆者自身の開発経験では、小規模プロジェクトで、そのチームのプログラマーたちの意思の疎通がしっかりしていれば、グローバル変数の使用を恐れることはありません。しかし多数のプログラマーが参加する大規模プロジェクトでは、グローバル変数を安易に用いたことで不具合が発生する可能性があります。複数人が参加する開発では、一般的に各種のルール（開発方針）が、プロジェクトごとに定められます。新人プログラマーの方が、複数人で開発するプロジェクトに参加する時は、プロジェクトの方針を確認してからプログラミングをスタートしましょう。

プレイヤーの車をマウスで動かす

このゲームは、プレイヤーの車をマウスで操作します。この節では、マウスポインタの位置に車を移動する処理を組み込みます。

7
カーレースを作ろう

7-4-1 マウスの状態を知る方法の復習

第5章でキー入力とマウス入力について学びました。ここでマウス入力の方法を簡単に復習します。

①マウスポインタの座標を取得する

x座標とy座標を代入する変数を用意します。その変数名をmouseX、mouseYとして説明します。

GetMousePoint(&mouseX, &mouseY)を実行すると、mouseXにマウスポインタのx座標、mouseYにy座標が代入されます。GetMousePoint()の引数に&を付けることを忘れないようにします。

②マウスボタンが押されているかを知る

GetMouseInput()関数を用いて、GetMouseInput() & MOUSE_INPUT_RIGHTやGetMouseInput() & MOUSE_INPUT_LEFTと記述します。それらの値が0でなければ、右ボタン、あるいは左ボタンが押されています。

この節ではGetMousePoint()を用います。GetMouseInput()は、ゲームを完成させる際に、タイトル画面でマウスボタンを押すとレースが始まるようにすることに用います。

memo

if((GetMouseInput()&MOUSE_INPUT_MIDDLE)!=0)で中央のボタンが押されているかを知ることができます。4ボタン以上あるマウスでは、MOUSE_INPUT_4やMOUSE_INPUT_5とAND演算して、4番目以降のボタンが押されているかを知ることができます。

7-4-2 車の座標を代入する変数

プレイヤーの車を動かすために、車の座標を代入する変数を用意します。これらの変数はWinMain関数内だけで用いるので、WinMainの中でローカル変数として定義します。

図表7-4-1 プレイヤーの車を動かすための変数

変数名	用途
playerX、playerY	車の (x,y) 座標を代入する

7-4-3 プレイヤーの車をマウスで動かすプログラム

マウスポインタの位置にプレイヤーの車を移動する処理を確認します。前の**7-3節**から、太字部分を追加、変更しています。

サンプル7-4-1 Chapter7->carRace_3.cpp

```
#include "DxLib.h"

// 車の画像を管理する定数と配列
enum { RED, YELLOW, BLUE, TRUCK };
const int CAR_MAX = 4;
int imgCar[CAR_MAX];
const int CAR_W[CAR_MAX] = { 32, 26, 26,  40 };
const int CAR_H[CAR_MAX] = { 48, 48, 48, 100 };

// 車を表示する関数
void drawCar(int x, int y, int type)
{
    DrawGraph(x - CAR_W[type] / 2, y - CAR_H[type] / 2, imgCar[type], TRUE);
}

int WINAPI WinMain(HINSTANCE hInstance, HINSTANCE hPrevInstance, LPSTR lpCmdLine, int nCmdShow)
{
    // 定数
    const int WIDTH = 720, HEIGHT = 640; // ウィンドウの幅と高さのピクセル数

    SetWindowText("カーレース"); // ウィンドウのタイトル
    SetGraphMode(WIDTH, HEIGHT, 32); // ウィンドウの大きさとカラービット数の指定
    ChangeWindowMode(TRUE); // ウィンドウモードで起動
    if (DxLib_Init() == -1) return -1; // ライブラリ初期化 エラーが起きたら終了
    SetBackgroundColor(0, 0, 0); // 背景色の指定
    SetDrawScreen(DX_SCREEN_BACK); // 描画面を裏画面にする

    int bgY = 0; // 道路をスクロールさせるための変数
    int imgBG = LoadGraph("image/bg.png"); // 背景の画像

    // 車の画像を配列に読み込む
    imgCar[RED] = LoadGraph("image/car_red.png");
```

```
    imgCar[YELLOW] = LoadGraph("image/car_yellow.png");
    imgCar[BLUE] = LoadGraph("image/car_blue.png");
    imgCar[TRUCK] = LoadGraph("image/truck.png");

    // プレイヤーの車用の変数
    int playerX = WIDTH / 2;
    int playerY = HEIGHT / 2;
    int playerType = RED;

    while (1) // メインループ
    {
        ClearDrawScreen(); // 画面をクリアする

        // 背景のスクロール処理
        bgY = bgY + 10;
        if (bgY >= HEIGHT) bgY = bgY - HEIGHT;
        DrawGraph(0, bgY - HEIGHT, imgBG, FALSE);
        DrawGraph(0, bgY, imgBG, FALSE);

        // 車両の表示　※制作過程
        drawCar(300, 360, RED);      // 赤
        drawCar(340, 360, YELLOW);   // 黄色
        drawCar(380, 360, BLUE);     // 青
        drawCar(420, 360, TRUCK);    // トラック

        // プレイヤーの車を動かす処理
        GetMousePoint(&playerX, &playerY);
        if (playerX < 260) playerX = 260;
        if (playerX > 460) playerX = 460;
        if (playerY < 40) playerY = 40;
        if (playerY > 600) playerY = 600;
        drawCar(playerX, playerY, playerType);

        ScreenFlip(); // 裏画面の内容を表画面に反映させる
        WaitTimer(16); // 一定時間待つ
        if (ProcessMessage() == -1) break; // Windows から情報を受け取りエラーが起きたら終了
        if (CheckHitKey(KEY_INPUT_ESCAPE) == 1) break; // ESC キーが押されたら終了
    }

    DxLib_End(); // ＤＸライブラリ使用の終了処理
    return 0; // ソフトの終了
}
```

図表7-4-2 実行画面

38～39行目で、車の座標を代入する変数playerXとplayerYを定義しています。playerXにWIDTH/2、playeYにHEIGHT/2を代入していますが、それらの座標は、59行目からの処理によって、プログラムの起動後にマウスポインタの座標に合わせて変化します。

40行目で、プレイヤーの車種を代入するplayerTypeという変数を宣言し、REDを代入しています。例えばplayerTypeにTRUCKを代入すると、プレイヤーの車がトラックになります。

7-4-4 プレイヤーの車を動かす処理を確認する

59行目のGetMousePoint()の引数を、&playerX、&playerYとし、それらの変数にマウスポインタの座標を代入しています。たったこれだけで、車をマウスポインタの位置に移動できます。

車を動かす際、道路の外に出ないように、また、画面の上下に寄り過ぎないように、60～63行目のif文で、移動する範囲を限定しています。

x座標の値が260以上、460以下が、背景画像の道路の範囲になります。60行目でplayerXが260より小さくならないようにし、61行目で460より大きくならないようにしています。

また、車が上下の端に寄り過ぎないように、62行目でplayerYが40未満にならないようにし、63行目で600を超えないようにしています。

前の節で定義したdrawCar()を64行目で呼び出す際、playerX、playerY、playerTypeを引数で渡し、(playerX, playerY)がプレイヤーの車の中心座標となるようにしています。

4つの車両を横に並べて表示する
53～56行目の記述は、次の節で
削除します。

Section 7-5 コンピューターの車を1台、動かす

この節と次の節で、コンピューターに車の動きを計算させる処理を組み込みます。この節では、まず車を1台、動かし、次の節でコンピューターの車を8台に増やします。

7-5-1 コンピューターの車の座標を代入する変数

コンピューターの車の座標を代入する変数を用意します。これらの変数は、WinMain関数内だけで用いるので、ローカル変数とします。

図表7-5-1 コンピューターの車を動かすための変数

変数名	用途
computerX、computerY	車の(x,y)座標を代入する

コンピューターの車は、画面の上部のウィンドウの外側から現れ、画面の下に向かって動くようにします。そうすることで、プレイヤーの車がコンピューターの車を追い抜いていく様子を表現します。

memo

ゲームを完成させる時、タイトル画面ではコンピューターの車を上に動かし、プレイヤーの車を追い抜く様子を表現します。

7-5-2 コンピューターの車を動かすプログラム

コンピューターの車が画面の上から下に向かって動くプログラムを確認します。前の**7-4節**から、太字部分を追加、変更しています。

サンプル7-5-1 Chapter7->carRace_4.cpp

```
#include "DxLib.h"
#include <stdlib.h>

// 車の画像を管理する定数と配列
enum { RED, YELLOW, BLUE, TRUCK };
const int CAR_MAX = 4;
int imgCar[CAR_MAX];
const int CAR_W[CAR_MAX] = { 32, 26, 26,  40 };
```

```
const int CAR_H[CAR_MAX] = { 48, 48, 48, 100 };

// 車を表示する関数
void drawCar(int x, int y, int type)
{
    DrawGraph(x - CAR_W[type] / 2, y - CAR_H[type] / 2, imgCar[type], TRUE);
}

int WINAPI WinMain(HINSTANCE hInstance, HINSTANCE hPrevInstance, LPSTR lpCmdLine, int nCmdShow)
{
    // 定数
    const int WIDTH = 720, HEIGHT = 640; // ウィンドウの幅と高さのピクセル数

    SetWindowText("カーレース"); // ウィンドウのタイトル
    SetGraphMode(WIDTH, HEIGHT, 32); // ウィンドウの大きさとカラービット数の指定
    ChangeWindowMode(TRUE); // ウィンドウモードで起動
    if (DxLib_Init() == -1) return -1; // ライブラリ初期化 エラーが起きたら終了
    SetBackgroundColor(0, 0, 0); // 背景色の指定
    SetDrawScreen(DX_SCREEN_BACK); // 描画面を裏画面にする

    int bgY = 0; // 道路をスクロールさせるための変数
    int imgBG = LoadGraph("image/bg.png"); // 背景の画像

    // 車の画像を配列に読み込む
    imgCar[RED] = LoadGraph("image/car_red.png");
    imgCar[YELLOW] = LoadGraph("image/car_yellow.png");
    imgCar[BLUE] = LoadGraph("image/car_blue.png");
    imgCar[TRUCK] = LoadGraph("image/truck.png");

    // プレイヤーの車用の変数
    int playerX = WIDTH / 2;
    int playerY = HEIGHT / 2;
    int playerType = RED;

    // コンピューターが動かす車用の変数
    int computerX = WIDTH / 2;
    int computerY = -100;
    int computerType = YELLOW;

    while (1) // メインループ
    {
        ClearDrawScreen(); // 画面をクリアする

        // 背景のスクロール処理
```

```
        bgY = bgY + 10;
        if (bgY >= HEIGHT) bgY = bgY - HEIGHT;
        DrawGraph(0, bgY - HEIGHT, imgBG, FALSE);
        DrawGraph(0, bgY, imgBG, FALSE);

        // プレイヤーの車を動かす処理
        GetMousePoint(&playerX, &playerY);
        if (playerX < 260) playerX = 260;
        if (playerX > 460) playerX = 460;
        if (playerY < 40) playerY = 40;
        if (playerY > 600) playerY = 600;
        drawCar(playerX, playerY, playerType);

        // コンピューターの車を動かす処理
        computerY = computerY + 4;
        if (computerY > HEIGHT + 100) // 画面の下から外に出たか
        {
            computerX = rand() % 180 + 270;
            computerY = -100;
            computerType = YELLOW + rand() % 3;
        }
        drawCar(computerX, computerY, computerType);

        ScreenFlip(); // 裏画面の内容を表画面に反映させる
        WaitTimer(16); // 一定時間待つ
        if (ProcessMessage() == -1) break; // Windowsから情報を受け取りエラーが起きたら終了
        if (CheckHitKey(KEY_INPUT_ESCAPE) == 1) break; // ESCキーが押されたら終了
    }

    DxLib_End(); // ＤＸライブラリ使用の終了処理
    return 0; // ソフトの終了
}
```

※前の節のプログラムにあった、4つの車両を横に並べて表示する記述を削除しました

図表7-5-2 実行画面

コンピューターの車が画面の下から外に出て、再び画面上部に現れる際、x座標と車種を乱数によって変化させます。rand()を用いるので、2行目でstdlib.hをインクルードしています。

44〜46行目で、コンピューターの車の座標と車種を代入する、computerX、computerY、computerTypeの3つの変数を定義しています。

本書で用いている開発環境では、stdlib.hをインクルードしなくてもrand()が使えますが、C言語に備わった関数を使う時は、必要なヘッダをインクルードしましょう。C言語を学ぶ上で、どのライブラリに、どの関数が備わっているかを知るのは大切なことですし、ヘッダをインクルードしないと不具合が発生するおそれがあります。

7-5-3 コンピューターの車を動かす処理を確認する

コンピューターに車の動きを計算させている部分を抜き出して確認します。

```
        // コンピューターの車を動かす処理
        computerY = computerY + 4;
        if (computerY > HEIGHT + 100) // 画面の下から外に出たか
        {
            computerX = rand() % 180 + 270;
            computerY = -100;
            computerType = YELLOW + rand() % 3;
        }
        drawCar(computerX, computerY, computerType);
```

67行目でコンピューターの車のy座標の値を4ずつ増やしています。

68〜73行目のif文で、y座標がHEIGHT+100より大きいかを調べています。HEIGHT+100を超えたら、車のx座標を270以上450未満のランダムな値に変え、y座標を-100にし、車種を黄色い車、青い車、トラックのいずれかに変更しています。

このプログラムはcomputerXの範囲を、270以上、450未満とし、道路のすぐ端には車が出現しないようにしましたが、プレイヤーの車のx座標の範囲と同様に、260以上、460以下としてもかまいません。

プログラムを組み立てる過程がわかりやすいように、ここでは1台のコンピューターの車が動くようにしました。次の節で、車の変数を配列に置き換えて、複数の車を動かします。

memo

コンピューターの車の表示をdrawCar()で行っています。前の節で、プレイヤーの車を表示する処理を組み込んだ時も、drawCar()を用いました。プログラムの複数個所で使う処理を、関数として定義することで、無駄がなく可読性の高いプログラムになります。

Section 7-6 コンピューターの車を複数、動かす

この節では、コンピューターの車を動かすための変数を、配列に置き換えて、複数の車が同時に動くようにします。

7-6-1 配列を用いる

コンピューターの車の座標を代入する変数computerXとcomputerYを、computerX[]とcomputerY[]という配列に置き換えます。

図表7-6-1 変数を配列に置き換える

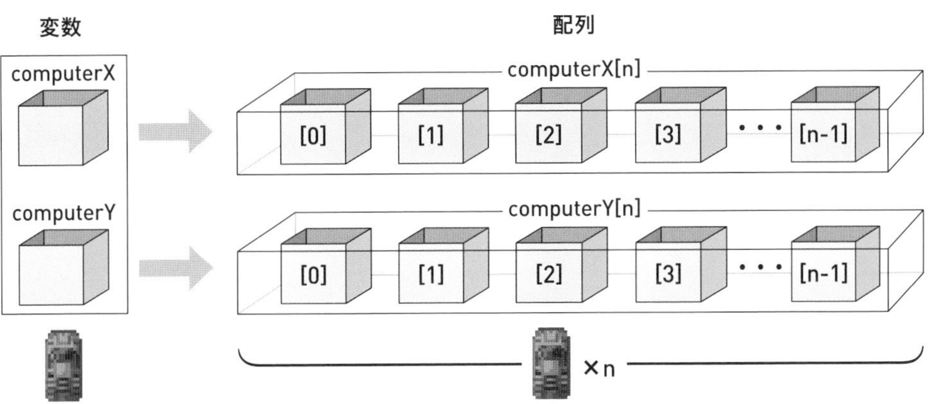

コンピューターが座標を計算する車を8台に増やします。プログラムの複数個所で、8という数字を用いることになります。そのような場合、プログラムのあちこちに、8という数字を書くべきではありません。何度も用いる値や大切な値は、constで定数として定義し、その定数をプログラムの各処理に記述するようにします。これはソフトウェア開発において守るべきルールの1つです。次のワンポイントを確認して、その理由を理解しましょう。

One Point

マジックナンバーを記述しない

これから確認するプログラムは、8という数を記述するところに、定数として用意したCOM_MAXを記述しています。そうすれば、後でコンピューターの車の台数を変更したい時、const int COM_MAX =の値を変えるだけで済みます。

プログラム内に書かれた数字で、そのプログラムを記述した人しか理解できないような値を、マジックナンバーといいます。マジックナンバーがあるプログラムは、メンテナンスや改良を行う際に不便が生じます。プログラミングの学習段階から、マジックナンバーを記述しないように心掛けましょう。

ただし、それは本格的なソフトウェアを開発する際や、チームで開発する際の心得です。学習のために短いプログラムを打ち込んで動作確認する時は、マジックナンバーを記述して構いません。学習用のプログラム内のすべての数字を、#define、const、enumなどを用いて定義していたら、時間が無駄になって学習効率が落ちてしまいます。

7-6-2 複数のコンピューターの車が同時に動くプログラム

複数のコンピューターの車を同時に動かすプログラムを確認します。前の**7-5節**から、太字部分を追加、変更しています。コンピューターの車の変数を配列に置き換えた他に、車の座標の初期値を代入する処理を追記しています。

サンプル7-6-1 Chapter7->carRace_5.cpp

```
#include "DxLib.h"
#include <stdlib.h>

// 車の画像を管理する定数と配列
enum { RED, YELLOW, BLUE, TRUCK };
const int CAR_MAX = 4;
int imgCar[CAR_MAX];
const int CAR_W[CAR_MAX] = { 32, 26, 26,  40 };
const int CAR_H[CAR_MAX] = { 48, 48, 48, 100 };

// 車を表示する関数
void drawCar(int x, int y, int type)
{
    DrawGraph(x - CAR_W[type] / 2, y - CAR_H[type] / 2, imgCar[type], TRUE);
}

int WINAPI WinMain(HINSTANCE hInstance, HINSTANCE hPrevInstance, LPSTR lpCmdLine, int nCmdShow)
{
    // 定数
    const int WIDTH = 720, HEIGHT = 640; // ウィンドウの幅と高さのピクセル数
```

```
    SetWindowText("カーレース"); // ウィンドウのタイトル
    SetGraphMode(WIDTH, HEIGHT, 32); // ウィンドウの大きさとカラービット数の指定
    ChangeWindowMode(TRUE); // ウィンドウモードで起動
    if (DxLib_Init() == -1) return -1; // ライブラリ初期化 エラーが起きたら終了
    SetBackgroundColor(0, 0, 0); // 背景色の指定
    SetDrawScreen(DX_SCREEN_BACK); // 描画面を裏画面にする

    int bgY = 0; // 道路をスクロールさせるための変数
    int imgBG = LoadGraph("image/bg.png"); // 背景の画像

    // 車の画像を配列に読み込む
    imgCar[RED] = LoadGraph("image/car_red.png");
    imgCar[YELLOW] = LoadGraph("image/car_yellow.png");
    imgCar[BLUE] = LoadGraph("image/car_blue.png");
    imgCar[TRUCK] = LoadGraph("image/truck.png");

    // プレイヤーの車用の変数
    int playerX = WIDTH / 2;
    int playerY = HEIGHT / 2;
    int playerType = RED;

    // コンピューターが動かす車用の配列
    const int COM_MAX = 8;
    int computerX[COM_MAX], computerY[COM_MAX], computerType[COM_MAX];
    for (int i = 0; i < COM_MAX; i++) // 初期値の代入
    {
        computerX[i] = rand() % 180 + 270;
        computerY[i] = -100;
        computerType[i] = YELLOW + rand() % 3;
    }

    while (1) // メインループ
    {
        ClearDrawScreen(); // 画面をクリアする

        // 背景のスクロール処理
        bgY = bgY + 10;
        if (bgY >= HEIGHT) bgY = bgY - HEIGHT;
        DrawGraph(0, bgY - HEIGHT, imgBG, FALSE);
        DrawGraph(0, bgY, imgBG, FALSE);

        // プレイヤーの車を動かす処理
        GetMousePoint(&playerX, &playerY);
        if (playerX < 260) playerX = 260;
```

```
        if (playerX > 460) playerX = 460;
        if (playerY < 40) playerY = 40;
        if (playerY > 600) playerY = 600;
        drawCar(playerX, playerY, playerType);

        // コンピューターの車を動かす処理
        for (int i = 0; i < COM_MAX; i++)
        {
            computerY[i] = computerY[i] + 1 + i;
            // 画面の下から外に出たかを判定
            if (computerY[i] > HEIGHT + 100)
            {
                computerX[i] = rand() % 180 + 270;
                computerY[i] = -100;
                computerType[i] = YELLOW + rand() % 3;
            }
            drawCar(computerX[i], computerY[i], computerType[i]);
        }

        ScreenFlip(); // 裏画面の内容を表画面に反映させる
        WaitTimer(16); // 一定時間待つ
        if (ProcessMessage() == -1) break; // Windows から情報を受け取りエラーが起きたら終了
        if (CheckHitKey(KEY_INPUT_ESCAPE) == 1) break; // ESC キーが押されたら終了
    }

    DxLib_End(); // ＤＸライブラリ使用の終了処理
    return 0; // ソフトの終了
}
```


図表7-6-2 実行画面

前の節で組み込んだ変数computerX、computerY、computerTypeを、それぞれ配列に変更しました。配列を宣言し、初期値を代入している部分を確認します。

```
43      // コンピューターが動かす車用の配列
44      const int COM_MAX = 8;
45      int computerX[COM_MAX], computerY[COM_MAX], computerType[COM_MAX];
46      for (int i = 0; i < COM_MAX; i++) // 初期値の代入
47      {
48          computerX[i] = rand() % 180 + 270;
49          computerY[i] = -100;
50          computerType[i] = YELLOW + rand() % 3;
51      }
```

コンピューターに座標を計算させる車の台数を、COM_MAXという定数に代入しています。その値を書き換えれば、出現する車の台数が変わります。

int computerX[COM_MAX], computerY[COM_MAX], computerType[COM_MAX]が、配列の宣言です。これらの配列は、初期値を代入せずに宣言だけを行っています。初期値を代入しない変数や配列を宣言した時の注意点を、**7-6-4**で説明します。

46〜51行目で、プログラム起動直後の車の座標と車種を、配列に代入しています。

7-6-3 for文で配列を扱う

コンピューターの車を、8台、同時に動かす処理を確認します。

```
        // コンピューターの車を動かす処理
        for (int i = 0; i < COM_MAX; i++)
        {
            computerY[i] = computerY[i] + 1 + i;
            //画面の下から外に出たかを判定
            if (computerY[i] > HEIGHT + 100)
            {
                computerX[i] = rand() % 180 + 270;
                computerY[i] = -100;
                computerType[i] = YELLOW + rand() % 3;
            }
            drawCar(computerX[i], computerY[i], computerType[i]);
        }
```

for文で、変数iの値を0からCOM_MAX-1まで1ずつ増やしています。forのブロックで、computerX[i]、computerY[i]、computerTpye[i]と、配列の添え字をiで指定し、配列の0番からCOM_MAX-1番までを順に計算しています。

for文内の処理は、前の節で組み込んだ通りの内容です。車のy座標を増やし、HEIGHT+100を超えたら、y座標を画面上のウィンドウの外側の値である-100とし、再び画面上部から出現させています。

この時、前の節では、y座標の計算をcomputerY = computerY + 4として、4ピクセルずつ下に動かしましたが、このプログラムではcomputerY[i] = computerY[i] + 1 + iとして、(1+i)ピクセルずつ動かしています。この計算により、車の番号（配列の添え字の値）によって、車の速さが変わります。

memo

配列とfor文は、一般的に組み合わせて用います。この組み合わせは、ゲーム開発だけでなく、多くのソフトウェア開発で必要とされるものです。for文を使って、効率的に配列を扱う方法を学びましょう。

7-6-4 変数や配列の宣言における注意点

このプログラムは、computerX[]、computerY[]、computerType[]の宣言時に、それらの初期値を定めていません。それらの配列はWinMain関数内で宣言したローカル配列です。そのように関数内で初期値を代入せずに宣言した変数や配列の中身は、どのような値であるかは保証されず、不定値となります。

関数内で宣言した変数や配列は、宣言時に初期値を代入するか、宣言後に値を代入してから使うようにしましょう。

一方、C言語において、関数の外側で宣言した変数は、例えばint valとだけ記述しても、valの初期値は0になります。また関数の外側で、例えばint ary[3]と配列を宣言すると、ary[0]、ary[1]、ary[2]のすべてに0が代入されます。

memo

初期値を代入せずに宣言したローカル変数を計算に用いるC言語のプログラムであっても、開発環境によってはビルドすることができます。しかしそのような実行ファイルは、正常な動作が保証されず、バグが発生する可能性が高くなります。変数や配列は必ず値を代入してから使いましょう。

Section 7-7

車のヒットチェックを行う

この節では、プレイヤーの車と、コンピューターの車の、当たり判定を行うアルゴリズム（ヒットチェック）を組み込みます。

7-7-1 車同士のヒットチェック

このゲームの車は長方形に近い形をしているので、矩形によるヒットチェックが向いています。矩形によるヒットチェックは、2つの矩形の中心座標がx軸方向にどれくらい離れているかと、y軸方向にどれくらい離れているかを調べて、接触しているかを判断します。

図表7-7-1 車同士のヒットチェック

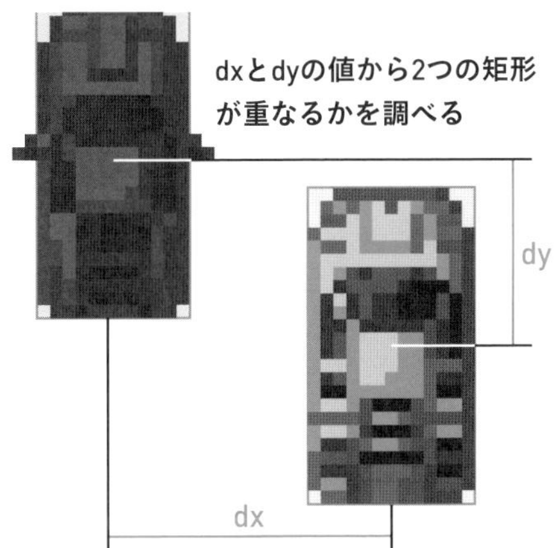

第5章で学んだ矩形のヒットチェックを用いて、プレイヤーとコンピューターの車の接触を調べます。

7-7-2 ヒットチェックを行うプログラム

プレイヤーとコンピューターの車が接触した時に、プレイヤーの車の上に半透明の矩形を表示するプログラムを確認します。

この節では、処理を追加した部分だけを掲載します。前の**7-6節**のプログラムの、コンピューターの車を動かすfor文の中に、当たり判定の処理を追記しています（82〜93行目の太字部分）。

サンプル7-7-1 Chapter7->carRace_6.cpp

```
        // コンピューターの車を動かす処理
        for (int i = 0; i < COM_MAX; i++)
        {
            computerY[i] = computerY[i] + 1 + i;
            // 画面の下から外に出たかを判定
            if (computerY[i] > HEIGHT + 100)
            {
                computerX[i] = rand() % 180 + 270;
                computerY[i] = -100;
                computerType[i] = YELLOW + rand() % 3;
            }
            // ヒットチェック
            int dx = abs(computerX[i] - playerX); // x軸方向のピクセル数
            int dy = abs(computerY[i] - playerY); // y軸方向のピクセル数
            int wid = CAR_W[playerType] / 2 + CAR_W[computerType[i]] / 2 - 4;
            int hei = CAR_H[playerType] / 2 + CAR_H[computerType[i]] / 2 - 4;
            if (dx < wid && dy < hei) // 接触しているか
            {
                int col = GetColor(rand() % 256, rand() % 256, rand() % 256); // 重ねる色
                SetDrawBlendMode(DX_BLENDMODE_ADD, 255); // 色を加算する設定
                DrawBox(playerX - CAR_W[playerType] / 2, playerY - CAR_H[playerType] / 2, 
playerX + CAR_W[playerType] / 2, playerY + CAR_H[playerType] / 2, col, TRUE);
                SetDrawBlendMode(DX_BLENDMODE_NOBLEND, 0); // 通常の描画に戻す
            }
            drawCar(computerX[i], computerY[i], computerType[i]);
        }
```

図表7-7-2 実行画面

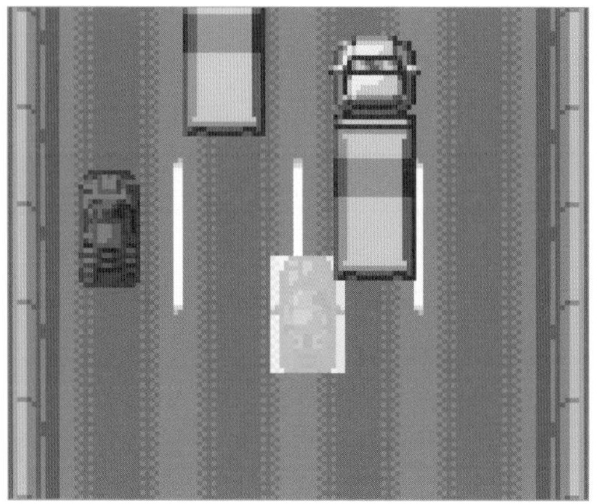

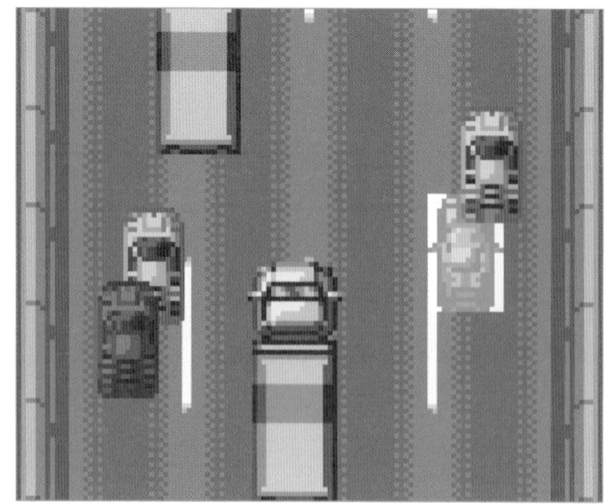

すべてのコンピューターの車と、プレイヤーの車との間で、ヒットチェックを行っています。

7-7-3 ヒットチェックの詳細

(playerX, playerY) と (computerX[i], computerY[i]) が、どれくらい離れているかを調べています。

83〜84行目で、変数dxにx軸方向に何ピクセル離れているか、dyにy軸方向に何ピクセル離れているかを代入しています。その計算に、絶対値を求めるabs()を用いています。abs()はstdlib.hをインクルードして使用する関数であり、stdlib.hは**7-5節**で追記済みです。

85行目で、接触したかを判断するためのx軸方向の距離を、変数widに代入しています。また86行目で、接触を判断するy軸方向の距離を、変数heiに代入しています。

87行目のif文で、dxがwidより小さく、かつ、dyがheiより小さいなら、2台の車は衝突したと判定しています。この判定に用いるwidとheiの値の意味を、次の図表で確認します。

図表7-7-3 車同士がぶつかるピクセル数

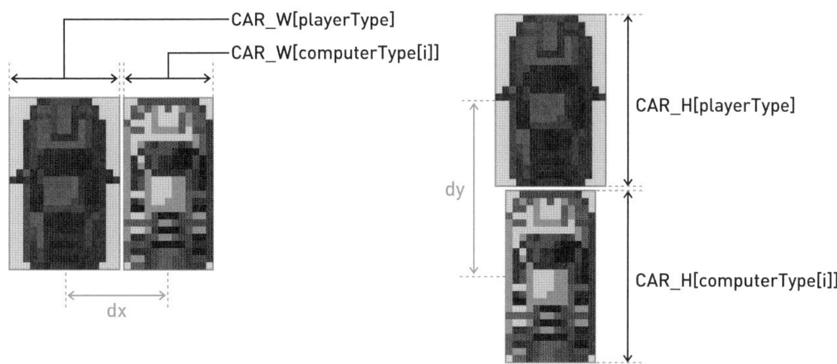

※車種ごとに画像の大きさが違います。各画像の幅と高さのピクセル数を、CAR_W[]とCAR_H[]に代入しており、それらの値をヒットチェックの計算に用いています

CAR_W[playerType]/2とCAR_W[computerType[i]]/2を合わせたより、dxの値が小さく、かつ、CAR_H[playerType]/2とCAR_H[computerType[i]]/2を合わせたより、dyの値が小さいなら、2つの画像は重なっています。

ただし車の絵は、画像ファイル全体には描かれていません。そこでwidとheiに代入する値を、CAR_W[playerType]/2+CAR_W[computerType[i]]/2-4、CAR_H[playerType]/2+CAR_H[computerType[i]]/2-4として、それぞれ4を引いた値としています。

4を引くことで、接触したと判断する範囲を狭めます。こうすれば、2つの画像が多少触れ合っても、接触したことにはなりません。

memo

4を引くことで、プレイヤーの車のサイドミラーが、コンピューターの車に触れても、ぶつかったことにならなくなります。これはヒットチェックを甘くして、遊びやすくする工夫になります。現実世界では、もちろんサイドミラーの接触であっても、あってはならないことです。

7-7-4 接触した時の演出について

プレイヤーとコンピューターの車が接触すると、プレイヤーの車の上に半透明の矩形を重ね、車がチカチカと点滅するようにしています。その演出を行っている部分を確認します。

```
89 int col = GetColor(rand() % 256, rand() % 256, rand() % 256); // 重ねる色
90 SetDrawBlendMode(DX_BLENDMODE_ADD, 255); // 色を加算する設定
91 DrawBox(playerX - CAR_W[playerType] / 2, playerY - CAR_H[playerType] / 2,
   playerX + CAR_W[playerType] / 2, playerY + CAR_H[playerType] / 2, col, TRUE);
92 SetDrawBlendMode(DX_BLENDMODE_NOBLEND, 0); // 通常の描画に戻す
```

89行目で、プレイヤーの車に重ねる色の値を乱数で決め、変数colに代入しています。

90行目のSetDrawBlendMode()で、グラフィックを描く際に色を重ねるように指定しています。この指定により、図形や画像を半透明で重ねる描画が行われます。

91行目で、プレイヤーの車の上にcolの色で矩形を重ねて表示しています。

92行目で、色のブレンドの設定を解除し、通常の描画方法に戻しています。

SetDrawBlendMode()は、図形や画像を描画する時、どのようにブレンドするかを指定する関数です。コンピューター・グラフィックスにおけるブレンドとは、異なる色や画像を合成することを意味し、例えば色の足し算や引き算などを行って、図形や画像を描くことです。ブレンドモードを指定するSetDrawBlendMode()の引数を**7-7-5**で説明します。

7-7-5 SetDrawBlendMode()について

SetDrawBlendMode()の引数について説明します。

図表7-7-4 DXライブラリのブレンドモード設定関数

関数名	説明
int SetDrawBlendMode(int mode, int parameter);	描画時のブレンドモードを設定する

第一引数を図表7-7-5のいずれかで指定します。第二引数には0〜255のパラメーターを与えます。例えば、第一引数をDX_BLENDMODE_ADDとして加算ブレンドを行う場合、第二引数の値が255に近いほど、描画する図形や画像の色が濃く反映されます。

図表7-7-5 主なブレンドモード

引数	説明
DX_BLENDMODE_NOBLEND	ブレンドしない（デフォルトの状態）
DX_BLENDMODE_ALPHA	αブレンドを行う
DX_BLENDMODE_ADD	色を加算したブレンドを行う
DX_BLENDMODE_SUB	色を減算したブレンドを行う
DX_BLENDMODE_MULA	色を乗算したブレンドを行う
DX_BLENDMODE_INVSRC	色を反転したブレンドを行う

SetDrawBlendMode()の使い方について、詳しくは第5章で紹介した「DXライブラリ　関数リファレンスページ」（P175）でご確認ください。

参考に、光の三原色を重ね合わせて表示するプログラムを掲載します。このプログラムは、いずれかのキーを押すと終了します。

サンプル7-7-2 Chapter7->blendMode_sample.cpp

```
#include "DxLib.h"

int WINAPI WinMain(HINSTANCE hInstance, HINSTANCE hPrevInstance, LPSTR lpCmdLine, int nCmdShow)
{
    SetWindowText("RGB値による色指定"); // ウィンドウのタイトル
    SetGraphMode(600, 600, 32); // ウィンドウの大きさとカラービット数の指定
    ChangeWindowMode(TRUE); // ウィンドウモードで起動
    if (DxLib_Init() == -1) return -1; // ライブラリ初期化 エラーが起きたら終了
    SetBackgroundColor(0, 0, 0); // 背景色の指定
    ClearDrawScreen(); // 画面をクリアする
    SetDrawBlendMode(DX_BLENDMODE_ADD, 255); // ブレンドモードの指定
    DrawCircle(300, 220, 200, GetColor(255, 0, 0), TRUE); // Red
    DrawCircle(200, 380, 200, GetColor(0, 255, 0), TRUE); // Green
    DrawCircle(400, 380, 200, GetColor(0, 0, 255), TRUE); // Blue
    WaitKey(); // キー入力があるまで待つ
    DxLib_End(); // ＤＸライブラリ使用の終了処理
    return 0; // ソフトの終了
}
```

図表7-7-6 実行画面

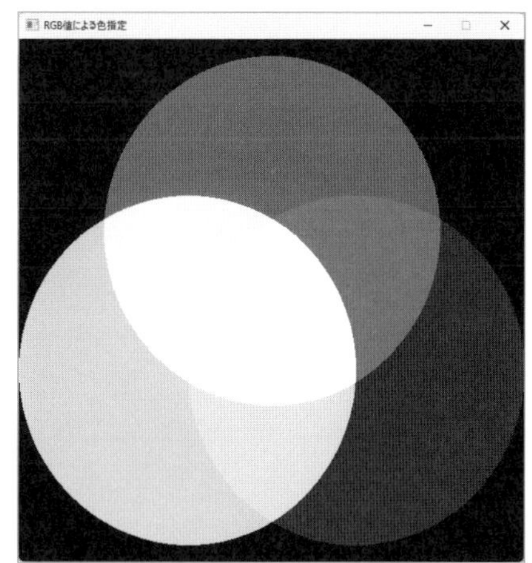

αブレンドでは、α値（グラフィックの透明度を表す数値）に応じて、色をどう重ね合わせるかの計算が行われます。乗算ブレンドでは、元の色×重ねる色÷255という基本の式に、第二引数のパラメーターが加わり、多くの場合において暗い色で表示されます。ブレンドについて詳しくなるには、ブレンドモードの引数を変え、いろいろなRGB値の色を重ねて、実際に目で確認するのが一番です。

Section 7-8 影付きの文字列を表示する関数を作る

この節では、影の付いた文字列を表示する関数を定義します。その関数を使って、スコアや燃料の値を、ゲーム画面に見やすく表示します。

7-8-1 文字に影を付ける仕組み

黒い色で文字列を表示し、少しずらした位置に、別の色の文字列を重ねることで、影の付いた文字列を描くことができます。

図表7-8-1 影付き文字の描き方

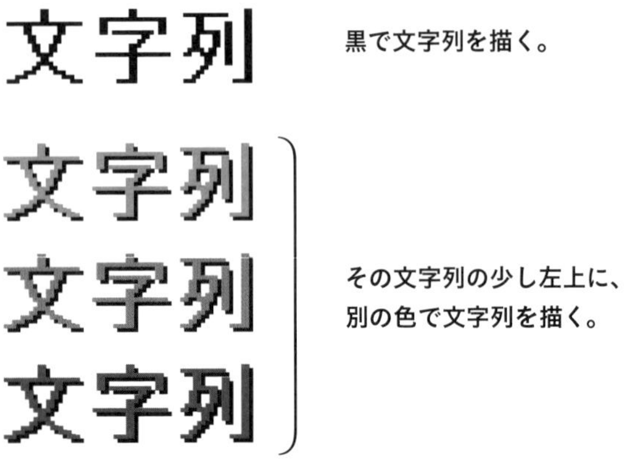

文字列

黒で文字列を描く。

文字列
文字列
文字列

その文字列の少し左上に、
別の色で文字列を描く。

memo

ゲーム画面に表示する文字列に影を付けると、情報を視認しやすくなるだけでなく、画面の見栄えを向上させることができます。

7-8-2 影付き文字を表示する関数を組み込んだプログラム

スコアと燃料の文字列を、影を付けて表示するプログラムを確認します。前の**7-7節**から、太字部分を追加、変更しています。

サンプル7-8-1 Chapter7->carRace_7.cpp

```
#include "DxLib.h"
#include <stdlib.h>

// 車の画像を管理する定数と配列
enum { RED, YELLOW, BLUE, TRUCK };
const int CAR_MAX = 4;
```

```
int imgCar[CAR_MAX];
const int CAR_W[CAR_MAX] = { 32, 26, 26,  40 };
const int CAR_H[CAR_MAX] = { 48, 48, 48, 100 };

// 車を表示する関数
void drawCar(int x, int y, int type)
{
    DrawGraph(x - CAR_W[type] / 2, y - CAR_H[type] / 2, imgCar[type], TRUE);
}

// 影を付けた文字列を表示する関数
void drawText(int x, int y, int col, const char* txt, int val, int siz)
{
    SetFontSize(siz);
    DrawFormatString(x + 2, y + 2, 0x000000, txt, val);
    DrawFormatString(x, y, col, txt, val);
}

int WINAPI WinMain(HINSTANCE hInstance, HINSTANCE hPrevInstance, LPSTR lpCmdLine, int nCmdShow)
{
    // 定数
    const int WIDTH = 720, HEIGHT = 640; // ウィンドウの幅と高さのピクセル数

※起動時に呼ぶ各関数、画像の読み込み、変数の宣言等、前のプログラムの通り

    while (1) // メインループ
    {
        ClearDrawScreen(); // 画面をクリアする

        // 背景のスクロール処理
        bgY = bgY + 10;
        if (bgY >= HEIGHT) bgY = bgY - HEIGHT;
        DrawGraph(0, bgY - HEIGHT, imgBG, FALSE);
        DrawGraph(0, bgY, imgBG, FALSE);

        // プレイヤーの車を動かす処理
※前のプログラムの通り

        // コンピューターの車を動かす処理
        for (int i = 0; i < COM_MAX; i++)
        {
※前のプログラムの通り
        }

```

```
        // スコアなどの表示
        drawText(10, 10, 0x00ffff, "SCORE %d", 111, 30);
        drawText(WIDTH - 200, 10, 0xffff00, "HI-SC %d", 22222, 30);
        drawText(10, HEIGHT - 40, 0x00ff00, "FUEL %d", 333, 30);

        ScreenFlip(); // 裏画面の内容を表画面に反映させる
        WaitTimer(16); // 一定時間待つ
        if (ProcessMessage() == -1) break; // Windowsから情報を受け取りエラーが起きたら終了
        if (CheckHitKey(KEY_INPUT_ESCAPE) == 1) break; // ESCキーが押されたら終了
    }

    DxLib_End(); // ＤＸライブラリ使用の終了処理
    return 0; // ソフトの終了
}
```

図表7-8-2 実行画面

18〜23行目に影を付けた文字列を表示する関数を定義しています。その関数を抜き出して確認します。

```
17 // 影を付けた文字列を表示する関数
18 void drawText(int x, int y, int col, const char* txt, int val, int siz)
19 {
20     SetFontSize(siz);
21     DrawFormatString(x + 2, y + 2, 0x000000, txt, val);
22     DrawFormatString(x, y, col, txt, val);
23 }
```

文字列を表示するx座標、y座標、文字列の色col、文字列のフォーマット*txt、表示する値val、フォントの大きさsizの6つの引数を設けています。

SetFontSize()は、DrawString()やDrawFormatString()で表示する文字列の大きさを指定する関数です。SetFontSize()の引数は、おおよそのピクセル数になります。

21行目で、(x+2, y+2)の座標に、黒い色で文字列を表示しています。続く22行目で、(x, y)の座標に、引数の色で文字列を表示しています。DrawFormatString()を2回呼び出し、斜めの方向に文字列をずらして表示することで、影の付いた文字列となるようにしています。

この関数を106〜108行目で呼び出し、スコア(SCORE)、ハイスコア(HI-SC)、燃料(FUEL)の値を表示しています。ここでは確認用に、スコアを111、ハイスコアを22222、燃料を333という値にしました。この先の節で、それらの値を、スコアや燃料の値を代入する変数の値に置き換えます。

memo

プログラムの中で何度も行う処理を関数として定義します。そうすればソフトウェア開発の効率がアップします。また、バグが発生するリスクを減らすことができます。

Section 7-9 コンピューターの車を追い抜いたことを判定する

この節では、プレイヤーの車がコンピューターの車を追い抜いたかを判定し、追い抜いたらスコアを増やす処理を組み込みます。併せてハイスコアを更新する計算も追加します。

7-9-1 スコアとハイスコアの変数、フラグ用の配列を用意する

スコアを代入する変数と、ハイスコアを代入する変数を用意します。また、コンピューターの車を追い抜いたかを判定するための配列を用意します。これらの変数と配列は、WinMain関数内だけで用いるので、WinMainの中で定義します。

図表7-9-1 この節で追加する変数と配列

変数名、配列名	用途
score	スコアを代入する
highScore	ハイスコアを代入する
computerFlag[]	プレイヤーの車が追い抜いたかを判断するフラグとして用いる

スコア（score）の値は、プレイヤーの車がコンピューターの車を追い抜いたら100増やします。ハイスコア（highScore）は、スコアがハイスコアを超えた時に更新します。

computerFlag[]には、はじめに0を代入しておき、プレイヤーの車に追い抜かれたら1を代入し、追い抜いた車であることがわかるようにします。その判定方法を説明します。

7-9-2 どのようなアルゴリズムで追い抜きを判定するか

プレイヤーの車がコンピューターの車を追い抜いたことを、どのような仕組みで判断するのかを、次の図表で説明します。

図表7-9-2 他の車を追い抜いたことの判定方法

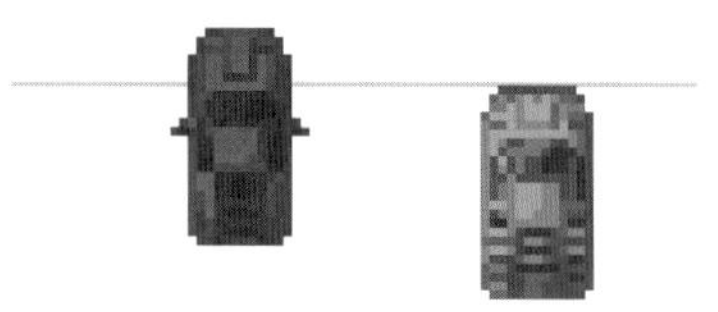

y座標の比較による追い抜き

プレイヤーの車とコンピューターの車のy座標を比較することで、追い抜いたかがわかる。具体的にはplayerY<computerY[n]が成り立ったn番のコンピューターの車を追い抜いたことになる

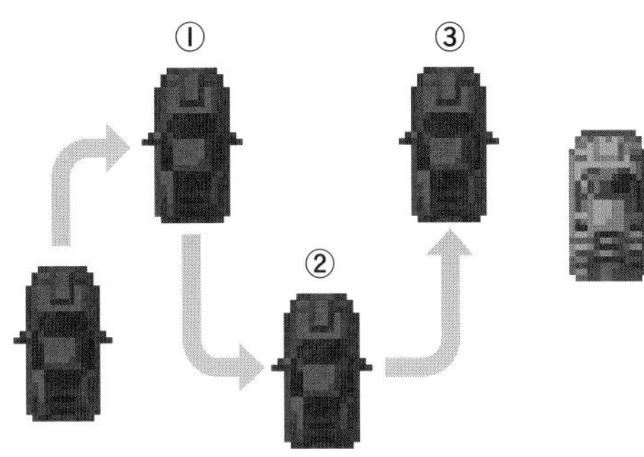

正しく判定する必要性

ただし、playerY<computerY[n]が成り立つかを調べるだけでは、追い抜いた後、スコアが増え続けてしまう。また、一度追い抜いて、プレイヤーの車をコンピューターの車より下の位置に移動し、再びコンピューターの車より上に移動すると、また追い抜いたことになる。例えば左のように移動すると、①と③のタイミングで追い抜いたことになる

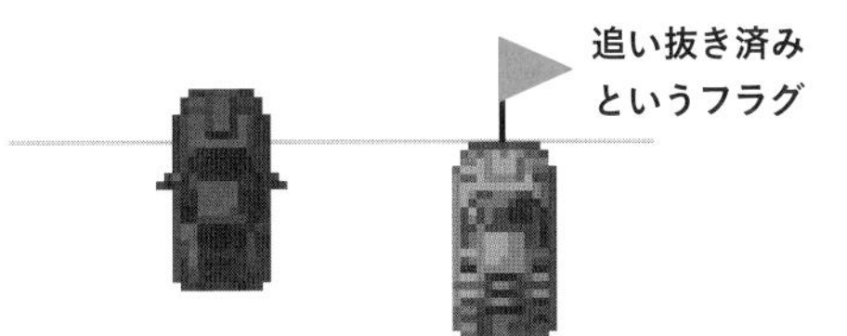

フラグの設定

追い抜いた時に一度だけスコアを増やし、その後は増やさないようにするには、追い抜いたコンピューターの車に、追い抜き済みであることがわかるフラグを設ける

7-9-3 車を追い抜いた時にスコアを増やすプログラム

コンピューターの車を追い抜いた時にスコアを増やし、スコアがハイスコアを超えたら、ハイスコアを更新するプログラムを確認しましょう。前の**7-8節**のプログラムからの追加、変更箇所を太字で示しています。

サンプル7-9-1 Chapter7->carRace_8.cpp

```
#include "DxLib.h"
#include <stdlib.h>

// 車の画像を管理する定数と配列
enum { RED, YELLOW, BLUE, TRUCK };
const int CAR_MAX = 4;
int imgCar[CAR_MAX];
const int CAR_W[CAR_MAX] = { 32, 26, 26,  40 };
const int CAR_H[CAR_MAX] = { 48, 48, 48, 100 };

// 車を表示する関数
void drawCar(int x, int y, int type)
{
    DrawGraph(x - CAR_W[type] / 2, y - CAR_H[type] / 2, imgCar[type], TRUE);
}

// 影を付けた文字列を表示する関数
void drawText(int x, int y, int col, const char* txt, int val, int siz)
```

```
{
    SetFontSize(siz);
    DrawFormatString(x + 2, y + 2, 0x000000, txt, val);
    DrawFormatString(x, y, col, txt, val);
}

int WINAPI WinMain(HINSTANCE hInstance, HINSTANCE hPrevInstance, LPSTR lpCmdLine, int nCmdShow)
{
    // 定数
    const int WIDTH = 720, HEIGHT = 640; // ウィンドウの幅と高さのピクセル数

    SetWindowText("カーレース"); // ウィンドウのタイトル
    SetGraphMode(WIDTH, HEIGHT, 32); // ウィンドウの大きさとカラービット数の指定
    ChangeWindowMode(TRUE); // ウィンドウモードで起動
    if (DxLib_Init() == -1) return -1; // ライブラリ初期化 エラーが起きたら終了
    SetBackgroundColor(0, 0, 0); // 背景色の指定
    SetDrawScreen(DX_SCREEN_BACK); // 描画面を裏画面にする

    int bgY = 0; // 道路をスクロールさせるための変数
    int imgBG = LoadGraph("image/bg.png"); // 背景の画像

    // 車の画像を配列に読み込む
    imgCar[RED] = LoadGraph("image/car_red.png");
    imgCar[YELLOW] = LoadGraph("image/car_yellow.png");
    imgCar[BLUE] = LoadGraph("image/car_blue.png");
    imgCar[TRUCK] = LoadGraph("image/truck.png");

    // プレイヤーの車用の変数
    int playerX = WIDTH / 2;
    int playerY = HEIGHT / 2;
    int playerType = RED;

    // コンピューターが動かす車用の配列
    const int COM_MAX = 8;
    int computerX[COM_MAX], computerY[COM_MAX], computerType[COM_MAX], computerFlag[COM_MAX];
    for (int i = 0; i < COM_MAX; i++) // 初期値の代入
    {
        computerX[i] = rand() % 180 + 270;
        computerY[i] = -100;
        computerType[i] = YELLOW + rand() % 3;
        computerFlag[i] = 0;
    }

    // スコアとハイスコアを代入する変数
```

```
    int score = 0;
    int highScore = 5000;

    while (1) // メインループ
    {
        ClearDrawScreen(); // 画面をクリアする

        // 背景のスクロール処理
        bgY = bgY + 10;
        if (bgY >= HEIGHT) bgY = bgY - HEIGHT;
        DrawGraph(0, bgY - HEIGHT, imgBG, FALSE);
        DrawGraph(0, bgY, imgBG, FALSE);

        // プレイヤーの車を動かす処理
        GetMousePoint(&playerX, &playerY);
        if (playerX < 260) playerX = 260;
        if (playerX > 460) playerX = 460;
        if (playerY < 40) playerY = 40;
        if (playerY > 600) playerY = 600;
        drawCar(playerX, playerY, playerType);

        // コンピューターの車を動かす処理
        for (int i = 0; i < COM_MAX; i++)
        {
            computerY[i] = computerY[i] + 1 + i;
            // 画面の下から外に出たかを判定
            if (computerY[i] > HEIGHT + 100)
            {
                computerX[i] = rand() % 180 + 270;
                computerY[i] = -100;
                computerType[i] = YELLOW + rand() % 3;
                computerFlag[i] = 0;
            }
            // ヒットチェック
            int dx = abs(computerX[i] - playerX); // x軸方向のピクセル数
            int dy = abs(computerY[i] - playerY); // y軸方向のピクセル数
            int wid = CAR_W[playerType] / 2 + CAR_W[computerType[i]] / 2 - 4;
            int hei = CAR_H[playerType] / 2 + CAR_H[computerType[i]] / 2 - 4;
            if (dx < wid && dy < hei) // 接触しているか
            {
                int col = GetColor(rand() % 256, rand() % 256, rand() % 256); // 重ねる色
                SetDrawBlendMode(DX_BLENDMODE_ADD, 255); // 色を加算する設定
                DrawBox(playerX - CAR_W[playerType] / 2, playerY - CAR_H[playerType] / 2, playerX + CAR_W[playerType] / 2, playerY + CAR_H[playerType] / 2, col, TRUE);
                SetDrawBlendMode(DX_BLENDMODE_NOBLEND, 0); // 通常の描画に戻す
```

```
107             }
108             // 追い抜いたかを判定
109             if (computerY[i] > playerY && computerFlag[i] == 0)
110             {
111                 computerFlag[i] = 1;
112                 score += 100;
113                 if (score > highScore) highScore = score;
114             }
115             drawCar(computerX[i], computerY[i], computerType[i]);
116         }
117 
118         // スコアなどの表示
119         drawText(10, 10, 0x00ffff, "SCORE %d", score, 30);
120         drawText(WIDTH - 200, 10, 0xffff00, "HI-SC %d", highScore, 30);
121         drawText(10, HEIGHT - 40, 0x00ff00, "FUEL %d", 333, 30);
122 
123         ScreenFlip(); // 裏画面の内容を表画面に反映させる
124         WaitTimer(16); // 一定時間待つ
125         if (ProcessMessage() == -1) break; // Windowsから情報を受け取りエラーが起きたら終了
126         if (CheckHitKey(KEY_INPUT_ESCAPE) == 1) break; // ESCキーが押されたら終了
127     }
128 
129     DxLib_End(); // ＤＸライブラリ使用の終了処理
130     return 0; // ソフトの終了
131 }
```

※119行目と120行目の引数を変更しています

図表7-9-3 実行画面

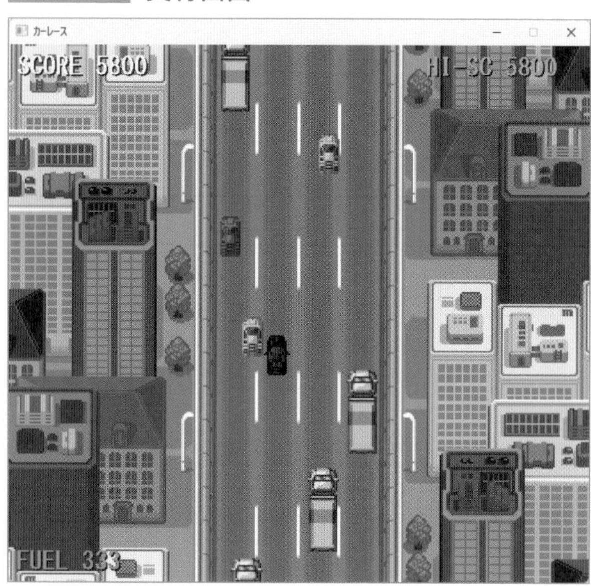

53行目のコンピューターの車の配列の宣言に、computerFlag[]を追記しています。

59行目でcomputerFlag[]に0を代入しています。

63〜64行目で、スコアとハイスコアを代入する変数scoreとhighScoreを定義しています。highScoreの初期値を5000としています。

7-9-4 フラグの使い方を理解する

コンピューターの車を動かすfor文の中に、プレイヤーの車がコンピューターの車を追い抜いたかを判定する処理を追記しました。その部分を抜き出して確認しましょう。

```
108            // 追い抜いたかを判定
109            if (computerY[i] > playerY && computerFlag[i] == 0)
110            {
111                computerFlag[i] = 1;
112                score += 100;
113                if (score > highScore) highScore = score;
114            }
```

computerY[i] > playerY && computerFlag[i] == 0という条件式がポイントです。この条件式は、プレイヤーの車がコンピューターの車を追い抜き、かつ、フラグが立っていないなら、という意味です。この条件が成り立つなら、computerFlag[i]を1にし（これがフラグを立てた状態)、スコアを増やしています。

追い抜いた車にはフラグが立ち、以後はcomputerFlag[i] == 0が成り立たなくなるので、スコアが2回以上、加算されることはありません。

コンピューターの車を画面の上部に出現させる時、94行目でcomputerFlag[i]に0を代入している（これがフラグを下ろした状態）ことも確認しましょう。フラグを下げ忘れると、新たに出現した車を追い抜いても、スコアが加算されないバグが発生します。

One Point

ゲームの中で用いられているフラグ

ゲームルールの組み込みで、フラグがよく用いられます。2つの例を挙げます。

① ロールプレイングゲームで、行く手を阻むボスキャラを倒したら、それを倒したというフラグを立てる。そのフラグが立てば、以後はボスを出現させない、あるいは、次のエリアに進めるようにするなど、ゲームに応じた展開があるようにする

② アクションゲームの中で、閉ざされたゲートを開けることができたら、それを開けたというフラグを立てる。そのフラグが立てば、以後はゲートを開いたままにし、自由に通過できるようにしたり、行き先が変化するなど、新たな展開があるようにする

Section 7-10 アイテムの処理／燃料計算を入れる

この節では、燃料のアイテムを出現させ、それを取ると燃料が増える処理を組み込みます。

7-10-1 アイテム用の変数を用意する

燃料の量を代入する変数、アイテムの座標を代入する変数、アイテムの画像を読み込む変数を用意します。これらの変数はWinMain関数内だけで用いるので、WinMainの中で定義します。

図表7-10-1 この節で追加する変数

変数名	用途
fuel	燃料の量を代入する
fuelX	アイテムのｘ座標を代入する
fuelY	アイテムのｙ座標を代入する
imgFuel	アイテムの画像を読み込む

7-10-2 燃料アイテムの処理を組み込んだプログラム

アイテムが画面の上部から出現し、下へと移動し、それを回収すると燃料が増えるプログラムを確認します。このプログラムでは、コンピューターの車と衝突した時に、燃料が大幅に減るようにしました。

画面左下のFUELの文字列と値は、200未満で赤、400未満でオレンジ、400以上なら緑で表示されます。前の**7-9節**のプログラムからの追加、変更箇所を太字で示しています。

サンプル7-10-1 Chapter7->carRace_9.cpp

```
#include "DxLib.h"
#include <stdlib.h>

// 車の画像を管理する定数と配列
※前のプログラムの通り

// 車を表示する関数
void drawCar(int x, int y, int type)
※前のプログラムの通り

```

```
// 影を付けた文字列を表示する関数
※前のプログラムの通り

int WINAPI WinMain(HINSTANCE hInstance, HINSTANCE hPrevInstance, LPSTR lpCmdLine, int nCmdShow)
{
    // 定数
    const int WIDTH = 720, HEIGHT = 640; // ウィンドウの幅と高さのピクセル数

※起動時に呼び出す各種の関数、前のプログラム通り

    int bgY = 0; // 道路をスクロールさせるための変数
    int imgBG = LoadGraph("image/bg.png"); // 背景の画像

    // 車の画像を配列に読み込む
※前のプログラムの通り

    // プレイヤーの車用の変数
※前のプログラムの通り

    // コンピューターが動かす車用の配列
※前のプログラムの通り

    // スコアとハイスコアを代入する変数
    int score = 0;
    int highScore = 5000;

    // 燃料アイテム用の変数
    int fuel = 0;
    int fuelX = WIDTH / 2;
    int fuelY = 0;
    int imgFuel = LoadGraph("image/fuel.png");

    while (1) // メインループ
    {
        ClearDrawScreen(); // 画面をクリアする

        // 背景のスクロール処理
※前のプログラムの通り

        // プレイヤーの車を動かす処理
※前のプログラムの通り

        // コンピューターの車を動かす処理
        for (int i = 0; i < COM_MAX; i++)
```

```
        {
            computerY[i] = computerY[i] + 1 + i;
            //画面の下から外に出たかを判定
            if (computerY[i] > HEIGHT + 100)
            {
                computerX[i] = rand() % 180 + 270;
                computerY[i] = -100;
                computerType[i] = YELLOW + rand() % 3;
                computerFlag[i] = 0;
            }
            // ヒットチェック
            int dx = abs(computerX[i] - playerX); // x軸方向のピクセル数
            int dy = abs(computerY[i] - playerY); // y軸方向のピクセル数
            int wid = CAR_W[playerType] / 2 + CAR_W[computerType[i]] / 2 - 4;
            int hei = CAR_H[playerType] / 2 + CAR_H[computerType[i]] / 2 - 4;
            if (dx < wid && dy < hei) // 接触しているか
            {
                int col = GetColor(rand() % 256, rand() % 256, rand() % 256); // 重ねる色
                SetDrawBlendMode(DX_BLENDMODE_ADD, 255); // 色を加算する設定
                DrawBox(playerX - CAR_W[playerType] / 2, playerY - CAR_H[playerType] / 2, playerX + CAR_W[playerType] / 2, playerY + CAR_H[playerType] / 2, col, TRUE);
                SetDrawBlendMode(DX_BLENDMODE_NOBLEND, 0); // 通常の描画に戻す
                fuel -= 10;
            }
            // 追い抜いたかを判定
            if (computerY[i] > playerY && computerFlag[i] == 0)
            {
                computerFlag[i] = 1;
                score += 100;
                if (score > highScore) highScore = score;
            }
            drawCar(computerX[i], computerY[i], computerType[i]);
        }

        // 燃料アイテムの処理
        fuelY += 4;
        if (fuelY > HEIGHT) fuelY = -100;
        if (abs(fuelX - playerX) < CAR_W[playerType] / 2 + 12 && abs(fuelY - playerY) < CAR_H[playerType] / 2 + 12)
        {
            fuelX = rand() % 180 + 270;
            fuelY = -500;
            fuel += 200;
        }
        DrawGraph(fuelX - 12, fuelY - 12, imgFuel, TRUE);
```

```
135
136             // スコアなどの表示
137             drawText(10, 10, 0x00ffff, "SCORE %d", score, 30);
138             drawText(WIDTH - 200, 10, 0xffff00, "HI-SC %d", highScore, 30);
139             int col = 0x00ff00; // 燃料の値を表示する色
140             if (fuel < 400) col = 0xffc000;
141             if (fuel < 200) col = 0xff0000;
142             drawText(10, HEIGHT - 40, col, "FUEL %d", fuel, 30);
143
144             ScreenFlip(); // 裏画面の内容を表画面に反映させる
145             WaitTimer(16); // 一定時間待つ
146             if (ProcessMessage() == -1) break; // Windowsから情報を受け取りエラーが起きたら終了
147             if (CheckHitKey(KEY_INPUT_ESCAPE) == 1) break; // ESCキーが押されたら終了
148         }
149
150         DxLib_End(); // ＤＸライブラリ使用の終了処理
151         return 0; // ソフトの終了
152 }
```

※113行目にfuel -= 10;を追記しています。また、142行目の2つの引数を変更しています

図表7-10-2 実行画面

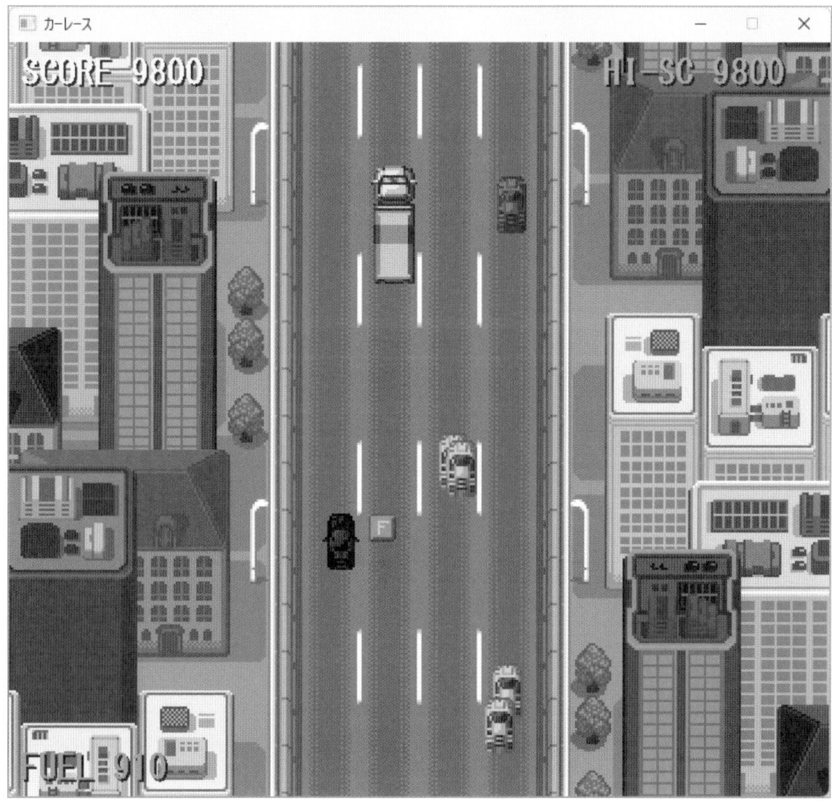

67～70行目で、燃料の量、アイテムの座標、アイテムの画像を読み込む変数を定義しています。

燃料の量をfuelという変数で扱います。プレイヤーとコンピューターの車のヒットチェックを行う107～114行目のif文のブロックに、fuel -= 10という式を追記して、衝突時に燃料を大幅に減らすようにしました。

7-10-3 燃料アイテムの処理を確認する

アイテムの移動と、プレイヤーの車と接触したら、燃料を増やし、アイテムを画面から消す処理を確認します。

```
125         // 燃料アイテムの処理
126         fuelY += 4;
127         if (fuelY > HEIGHT) fuelY = -100;
128         if (abs(fuelX - playerX) < CAR_W[playerType] / 2 + 12 && abs(fuelY - playerY) < CAR_H[playerType] / 2 + 12)
129         {
130             fuelX = rand() % 180 + 270;
131             fuelY = -500;
132             fuel += 200;
133         }
134         DrawGraph(fuelX - 12, fuelY - 12, imgFuel, TRUE);
```

アイテムのy座標を代入する変数fuelYの値を4ずつ増やし、画面の上から下へと動かしています。fuelYが画面の高さ（HEIGHT）を超えたら、-100を代入し、再び画面の上部から出現させています。

128行目のif文で、プレイヤーの車とのヒットチェックを行っています。この条件式は、プレイヤーとコンピューターの車のヒットチェックを行う式と同じものであり、+12はアイテムの画像の大きさを元に記述した値です。

図表7-10-3 アイテムの大きさ（ピクセル数）

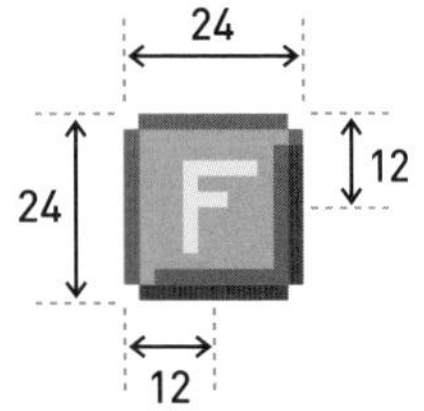

この12という数はマジックナンバーなので、厳密には定数とするとよいものです。ただしこのプログラムでは、ここでしか用いないので、記述を簡略化するために、直接、12を記しました。

7-10-4 燃料の量の表示を確認する

画面左下のFUELの値は、200未満で赤、400未満でオレンジ、400以上なら緑で表示されるようにしています。その部分を抜き出して確認します。

```
        int col = 0x00ff00; // 燃料の値を表示する色
        if (fuel < 400) col = 0xffc000;
        if (fuel < 200) col = 0xff0000;
        drawText(10, HEIGHT - 40, col, "FUEL %d", fuel, 30);
```

colが文字列の色を代入する変数で、初期値を0x00ff00（明るい緑）にしています。

fuelが400未満の時と、200未満の時に、それぞれcolに代入する値を変えています。0xffc000がオレンジ、0xff0000が赤です。

影付きの文字列を表示するdrawText()の色の引数をcolで指定し、燃料の値の色を変えています。

One Point

ユーザーフレンドリーな設計を目指そう

優れたゲームを作るには、ユーザーフレンドリーな設計が欠かせません。ゲームにおけるユーザーフレンドリーな設計の例を挙げます。

① **難易度の選択機能**：これがあると、より多くのユーザー層が、そのゲームを楽しめます
② **チュートリアルやヒント**：初めてプレイする方が、戸惑うことなく遊べるようになります
③ **操作のシンプル化**：入力に対するストレスが減り、より多くの層が戸惑わずにプレイできます

ゲームでは、重要なパラメーターを、条件によって色を変えて表示することがよく行われます。例えば、ロールプレイングゲームやアクションゲームでは、主人公の体力ゲージを青や緑で表示し、体力が減るにつれてオレンジ、黄色、赤などに変化させます。そうすることで、プレイヤーは重要なパラメーターの状態を一目で確認できます。そのような設計も、ユーザーフレンドリーな設計の1つになります。

Section 7-11 画面遷移とサウンドを入れて完成させる

タイトル画面→ゲームプレイ画面→ゲームオーバー画面とシーンが切り替わるようにします。またBGM、ジングル、効果音が流れるようにして、ゲームを完成させます。

7-11-1 画面遷移を管理する変数

このゲームは、次のように3つのシーンで構成します。

図表7-11-1 カーレースの画面遷移

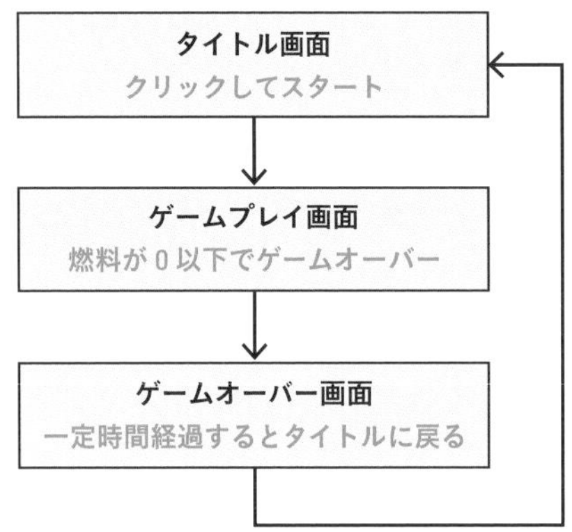

どのシーンにあるかを管理するsceneという変数を用いて、処理を分岐します。また処理の進行時間を管理するtimerという変数を用いて、ゲームオーバー画面からタイトル画面に自動的に戻るようにします。これらの変数をWinMain関数内で定義します。

図表7-11-2 この節で追加する変数

変数名	用途
scene	現在、どのシーンかを管理する
timer	ゲーム内の時間の進行を管理する

図表7-11-3 sceneの値について

scene の値	どのシーンか
TITLE	タイトル画面
PLAY	ゲームプレイ画面
OVER	ゲームオーバー画面

TITLE、PLAY、OVERは、列挙体を定義するenumを用いて、列挙定数として用意します。

7-11-2 完成版のプログラムの確認

完成版のプログラムを確認します。前の**7-10節**から、太字部分を追加、変更しています。画面をクリックしてゲームを開始し、コンピューターの車を避けて走り、ハイスコアを目指しましょう。

サンプル7-11-1 Chapter7->carRace.cpp

```
#include "DxLib.h"
#include <stdlib.h>

// 車の画像を管理する定数と配列
enum { RED, YELLOW, BLUE, TRUCK };
const int CAR_MAX = 4;
int imgCar[CAR_MAX];
const int CAR_W[CAR_MAX] = { 32, 26, 26,  40 };
const int CAR_H[CAR_MAX] = { 48, 48, 48, 100 };

// 車を表示する関数
void drawCar(int x, int y, int type)
{
    DrawGraph(x - CAR_W[type] / 2, y - CAR_H[type] / 2, imgCar[type], TRUE);
}

// 影を付けた文字列を表示する関数
void drawText(int x, int y, int col, const char* txt, int val, int siz)
{
    SetFontSize(siz);
    DrawFormatString(x + 2, y + 2, 0x000000, txt, val);
    DrawFormatString(x, y, col, txt, val);
}

int WINAPI WinMain(HINSTANCE hInstance, HINSTANCE hPrevInstance, LPSTR lpCmdLine, int nCmdShow)
{
    // 定数
    const int WIDTH = 720, HEIGHT = 640; // ウィンドウの幅と高さのピクセル数

    SetWindowText("カーレース"); // ウィンドウのタイトル
    SetGraphMode(WIDTH, HEIGHT, 32); // ウィンドウの大きさとカラービット数の指定
    ChangeWindowMode(TRUE); // ウィンドウモードで起動
    if (DxLib_Init() == -1) return -1; // ライブラリ初期化 エラーが起きたら終了
    SetBackgroundColor(0, 0, 0); // 背景色の指定
    SetDrawScreen(DX_SCREEN_BACK); // 描画面を裏画面にする
```

```

int bgY = 0; // 道路をスクロールさせるための変数
int imgBG = LoadGraph("image/bg.png"); // 背景の画像

// 車の画像を配列に読み込む
imgCar[RED] = LoadGraph("image/car_red.png");
imgCar[YELLOW] = LoadGraph("image/car_yellow.png");
imgCar[BLUE] = LoadGraph("image/car_blue.png");
imgCar[TRUCK] = LoadGraph("image/truck.png");

// プレイヤーの車用の変数
int playerX = WIDTH / 2;
int playerY = HEIGHT / 2;
int playerType = RED;

// コンピューターが動かす車用の配列
const int COM_MAX = 8;
int computerX[COM_MAX], computerY[COM_MAX], computerType[COM_MAX], computerFlag[COM_MAX];
for (int i = 0; i < COM_MAX; i++) // 初期値の代入
{
    computerX[i] = rand() % 180 + 270;
    computerY[i] = -100;
    computerType[i] = YELLOW + rand() % 3;
    computerFlag[i] = 0;
}

// スコアとハイスコアを代入する変数
int score = 0;
int highScore = 5000;

// 燃料アイテム用の変数
int fuel = 0;
int fuelX = WIDTH / 2;
int fuelY = 0;
int imgFuel = LoadGraph("image/fuel.png");

// ゲーム進行に関する変数
enum { TITLE, PLAY, OVER };
int scene = TITLE;
int timer = 0;

// サウンドの読み込みと音量設定
int bgm = LoadSoundMem("sound/bgm.mp3");
int jin = LoadSoundMem("sound/gameover.mp3");
```

7 カーレースを作ろう

```
    int seFuel = LoadSoundMem("sound/fuel.mp3");
    int seCrash = LoadSoundMem("sound/crash.mp3");
    ChangeVolumeSoundMem(128, bgm);
    ChangeVolumeSoundMem(128, jin);

    while (1) // メインループ
    {
        ClearDrawScreen(); // 画面をクリアする

        // 背景のスクロール処理
        if (scene == PLAY) bgY = (bgY + 10) % HEIGHT; // プレイ中にだけスクロール
        DrawGraph(0, bgY - HEIGHT, imgBG, FALSE);
        DrawGraph(0, bgY, imgBG, FALSE);

        // プレイヤーの車を動かす処理
        if (scene == PLAY) // プレイ中にだけ動かす
        {
            GetMousePoint(&playerX, &playerY);
            if (playerX < 260) playerX = 260;
            if (playerX > 460) playerX = 460;
            if (playerY < 40) playerY = 40;
            if (playerY > 600) playerY = 600;
        }
        drawCar(playerX, playerY, playerType);

        // コンピューターの車を動かす処理
        for (int i = 0; i < COM_MAX; i++)
        {
            if (scene == PLAY) // プレイ中の車の処理
            {
                computerY[i] = computerY[i] + 1 + i;
                //画面の下から外に出たかを判定
                if (computerY[i] > HEIGHT + 100)
                {
                    computerX[i] = rand() % 180 + 270;
                    computerY[i] = -100;
                    computerType[i] = YELLOW + rand() % 3;
                    computerFlag[i] = 0;
                }
                // ヒットチェック
                int dx = abs(computerX[i] - playerX); // x軸方向のピクセル数
                int dy = abs(computerY[i] - playerY); // y軸方向のピクセル数
                int wid = CAR_W[playerType] / 2 + CAR_W[computerType[i]] / 2 - 4;
                int hei = CAR_H[playerType] / 2 + CAR_H[computerType[i]] / 2 - 4;
```

```
                if (dx < wid && dy < hei) // 接触しているか
                {
                    int col = GetColor(rand() % 256, rand() % 256, rand() % 256); // 重ねる色
                    SetDrawBlendMode(DX_BLENDMODE_ADD, 255); // 色を加算する設定
                    DrawBox(playerX - CAR_W[playerType] / 2, playerY - CAR_H[playerType] / 2, playerX + CAR_W[playerType] / 2, playerY + CAR_H[playerType] / 2, col, TRUE);
                    SetDrawBlendMode(DX_BLENDMODE_NOBLEND, 0); // 通常の描画に戻す
                    PlaySoundMem(seCrash, DX_PLAYTYPE_BACK); // 効果音
                    fuel -= 10;
                }
                // 追い抜いたかを判定
                if (computerY[i] > playerY && computerFlag[i] == 0)
                {
                    computerFlag[i] = 1;
                    score += 100;
                    if (score > highScore) highScore = score;
                }
            }
            else // タイトル画面とゲームオーバー画面での車の動き
            {
                computerY[i] = computerY[i] - 1 - i;
                if (computerY[i] < -100) computerY[i] = HEIGHT + 100;
            }
            drawCar(computerX[i], computerY[i], computerType[i]);
        }

        // 燃料アイテムの処理
        if (scene == PLAY) // ゲーム中だけ出現
        {
            fuelY += 4;
            if (fuelY > HEIGHT) fuelY = -100;
            if (abs(fuelX - playerX) < CAR_W[playerType] / 2 + 12 && abs(fuelY - playerY) < CAR_H[playerType] / 2 + 12)
            {
                fuelX = rand() % 180 + 270;
                fuelY = -500;
                fuel += 200;
                PlaySoundMem(seFuel, DX_PLAYTYPE_BACK); // 効果音
            }
            DrawGraph(fuelX - 12, fuelY - 12, imgFuel, TRUE);
        }

        timer++; // タイマーをカウント
        switch (scene) // タイトル、ゲームプレイ、ゲームオーバーの分岐
        {
```

```
        case TITLE: // タイトル画面の処理
            drawText(160, 160, 0xffffff, "Car Race", 0, 100);
            if (timer % 60 < 30) drawText(210, 400, 0x00ff00, "Click to start.", 0, 40);
            if (GetMouseInput() & MOUSE_INPUT_LEFT)
            {
                playerX = WIDTH / 2;
                playerY = HEIGHT / 2;
                for (int i = 0; i < COM_MAX; i++)
                {
                    computerY[i] = HEIGHT + 100;
                    computerFlag[i] = 0;
                }
                fuelX = WIDTH / 2;
                fuelY = -100;
                score = 0;
                fuel = 1000;
                scene = PLAY;
                PlaySoundMem(bgm, DX_PLAYTYPE_LOOP); // ＢＧＭをループ再生
            }
            break;

        case PLAY: // ゲームをプレイする処理
            fuel -= 1;
            if (fuel < 0)
            {
                fuel = 0;
                scene = OVER;
                timer = 0;
                StopSoundMem(bgm); // ＢＧＭを停止
                PlaySoundMem(jin, DX_PLAYTYPE_BACK); // ジングルを出力
            }
            break;

        case OVER: // ゲームオーバーの処理
            drawText(180, 240, 0xff0000, "GAME OVER", 0, 80);
            if (timer > 60 * 5) scene = TITLE;
            break;
        }

        // スコアなどの表示
        drawText(10, 10, 0x00ffff, "SCORE %d", score, 30);
        drawText(WIDTH - 200, 10, 0xffff00, "HI-SC %d", highScore, 30);
        int col = 0x00ff00; // 燃料の値を表示する色
        if (fuel < 400) col = 0xffc000;
```

```
        if (fuel < 200) col = 0xff0000;
        drawText(10, HEIGHT - 40, col, "FUEL %d", fuel, 30);

        ScreenFlip(); // 裏画面の内容を表画面に反映させる
        WaitTimer(16); // 一定時間待つ
        if (ProcessMessage() == -1) break; // Windowsから情報を受け取りエラーが起きたら終了
        if (CheckHitKey(KEY_INPUT_ESCAPE) == 1) break; // ESCキーが押されたら終了
    }

    DxLib_End(); // ＤＸライブラリ使用の終了処理
    return 0; // ソフトの終了
}
```

※プレイヤーの車、コンピューターの車、燃料アイテムの処理は、if (scene == PLAY)を追記したことで、前のプログラムから字下げ位置が変わっています

図表7-11-4 実行画面

■ 主な追加、変更箇所

・スクロールの計算（bgYの値を増やす計算）を、%演算子を用いる式に変えるとともに、ゲームプレイ中にだけ、その計算を行うようにしました。
・プレイヤーの車をゲームプレイ中にだけ動かすようにしました。
・コンピューターの車の進む方向を、ゲームプレイ中と、それ以外の時で変えるようにしました。
・燃料アイテムがゲームプレイ中にだけ出現するようにしました。
・switch～caseを用いて、タイトル画面、ゲームプレイ画面、ゲームオーバー画面に処理に分岐させました。

これらの追加、変更について、順に説明します。

7-11-3 プレイヤーの車、コンピューターの車、燃料アイテムの処理

プレイヤーの車を動かす処理を、95～103行目に記述しています。処理の内容は、ここまでに組み込んだ通りですが、if (scene == PLAY)を追記し、ゲームプレイ中にだけ車を動かせるようにしています。

コンピューターの車を動かし、ヒットチェックを行い、プレイヤーの車が追い抜いたかを判定する処理を、106～147行目に記述しています。コンピューターの車は、ゲームプレイ中と、それ以外（タイトルとゲームオーバーの画面）で、進む向きを変えるようにしました。それを行うために、if (scene == PLAY)とelseの条件分岐を追記しています。
ゲームプレイ中の処理は、ここまでに組み込んだ通りです。
タイトルとゲームオーバーの画面では、コンピューターの車が画面の下から上へと移動するようにしました。これにより、プレイヤーの車を追い越す様子を表現しています。

燃料アイテムの処理を、150～162行目に記述しています。処理の内容は、ここまでに組み込んだ通りですが、if (scene == PLAY)を追記し、ゲームプレイ中にだけアイテムを出すようにしています。

7-11-4 画面遷移の仕組み

165〜204行目のswitchと3つのcaseで、画面遷移を実現しています。プレイヤーの車、コンピューターの車、燃料アイテムの処理は、このswicthの前で行っています。

■①タイトル画面（167〜186行目）

「Car Race」と「Click to start.」の文字列を、**7-8節**で定義したdrawText()で表示しています。

170行目のif (GetMouseInput() & MOUSE_INPUT_LEFT)が、マウスの左ボタンが押されたかを判定するif文です。ボタンをクリックしたら、プレイヤーの車の座標の変数、コンピューターの車の座標の配列、燃料アイテムの座標の変数に、ゲーム開始時の座標の値を代入しています。また、スコアを0、燃料を1000にし、sceneにPLAYを代入して、ゲームプレイに移行しています。

その際、コンピューターの車のy座標の配列にHEIGHT + 100を代入しています。コンピューターの車は、画面の下から外に出たら、画面の上部から出現するようにしています。そのため、computerY[i]にHEIGHT + 100を代入すれば、ゲーム開始後に上から出現します。

■②ゲームプレイ画面（188〜198行目）

燃料を1ずつ減らし、無くなったら、ゲームオーバーに移行する処理を記述しています。

■③ゲームオーバー画面（200〜203行目）

「GAME OVER」の文字列を表示しています。ゲームオーバーに移行して、60*5フレームが経過したら、sceneにTITLEを代入して、タイトル画面に戻しています。

7-11-5 サウンドの出力について

78〜81行目で、音のファイルを変数に読み込んでいます。

図表7-11-5 音を読み込む変数

変数名	ファイル名	音の内容
bgm	bgm.mp3	ゲーム中に流れるBGM
jin	gameover.mp3	ゲームオーバーになった時のジングル
seFuel	fuel.mp3	燃料アイテムを取った時の効果音
seCrash	crash.mp3	コンピューターの車と衝突した時の効果音

タイトル画面でマウスボタンをクリックしてゲームに移行する際、184行目でBGMを出力しています。

燃料が0未満になり、ゲームオーバーに移行する際、195行目でBGMを停止し、196行目でゲームオーバーのジングルを出力しています。

プレイヤーとコンピューターの車が接触した時、130行目で衝突した効果音を出力しています。

プレイヤーの車が燃料アイテムに触れ、それを回収する時、159行目で効果音を出力しています。

memo

さまざまな処理を組み込んで完成させました。難しい項目があった方は、後で復習しましょう。ゲームを改造することで、元のプログラムへの理解が深まります。改造にもチャレンジして、知識と技術を固めていきましょう。次のコラムで改造のヒントをお伝えします。

column

ゲームを改造しよう

このコラムでは、カーレースを改造するヒントをお伝えします。プログラムを改造することで、そのプログラムへの理解が深まり、それが技術力の向上につながります。

数値を変更するだけでできる改造例

■コンピューターの車の数を増やす

int COM_MAX = 8がコンピューターの車の台数の定義です。この値を増やせば、ゲームが難しくなり、減らせば簡単になります。

■ヒットチェックを甘くする、厳しくする

122～123行目のwidとheiを小さな値にすれば、コンピューターの車と接触しにくくなり、燃料が大幅に減ることが少なくなります。逆にそれらの値を大きくすると、ヒットチェックが厳しくなり、プレイヤーの車とコンピューターの車が少し触れただけで燃料が減ります。また、コンピューターの車と接触した時に減る燃料の量を調整して、難易度を変更できます。

■スクロールの速さを変える

bgYに加える値を変えれば、背景がスクロールする速さが変わります。速さを変えても、ゲームの難易度に直接は影響しませんが、“スピード感” が変わるので、試してみましょう。

プログラムを追記、変更して行う改造例

■コンピューターの車のx座標を変化させる

x座標を変える計算を行って、例えばコンピューターの車がプレイヤーの車に近付くようにします。そのような改造を行うと、ゲームの緊張感が増すことでしょう。

■ゲームを進めると車の台数が増える

例えば最初は1台だけコンピューターの車が現れ、先へ進むにつれ、台数が増えるようにすれば、ゲームを始めてしばらくは簡単ですが、先へ進むほど難しくなります。

■追い抜いていく車を作る

コンピューターの車のうち何台かを、画面の下から上へ向かうようにy座標を変化させ、プレイヤーの車を追い抜くようにすれば、より本格的なゲームになるでしょう。

コンピューターの車が上からも下からも現れると、難易度は上がります。車の台数の調整や、ヒットチェックの範囲の調整なども行い、ゲーム全体のバランスを整えるとよいでしょう。

Chapter 8

シューティングゲームを作ろう

この章では、シューティングゲームを制作します。このゲームの制作にも、物体を動かすアルゴリズムやヒットチェックを用います。この章ではさらに、自機から弾を発射する処理や、敵機の種類ごとに動きを変える仕組みをプログラミングします。物体の制御の他に、エフェクト（画面演出、視覚効果）のプログラミングも行い、より本格的なゲームを作れるようになるための知識を増やします。

Section 8-1 この章で制作するゲームについて

まずはこの章で完成させるゲームの仕様やルール、用いる素材、学べる知識と技術など基本的な事柄について説明します。その後、このゲームの開発の流れと開発方針を説明します。

8-1-1 ゲームの仕様

この章では、次のようなシューティングゲームを制作します。このゲームはカーソルキーとスペースキーで操作します。

図表8-1-1 シューティングゲームの概要

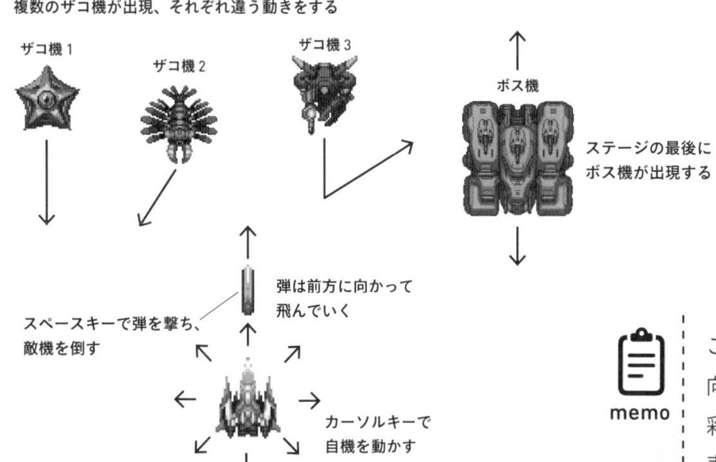

複数のザコ機が出現、それぞれ違う動きをする
ザコ機 1
ザコ機 2
ザコ機 3
ボス機
ステージの最後に
ボス機が出現する
弾は前方に向かって
飛んでいく
スペースキーで弾を撃ち、
敵機を倒す
カーソルキーで
自機を動かす

memo

この章では、更なる技術向上を目指し、物体の多彩な動きをプログラムで表現することを学びます。

■ゲームルール

・敵機ごとに、動きのパターンとシールドの値（耐久力）が異なる※1
・プレイヤーは、カーソルキーで自機を8方向に動かし、スペースキーで弾を発射する
・弾が当たった敵機は、シールドの値が減り、それが0になると破壊される
・画面は自動的にスクロールし、一定の距離を進むと、ボス機が出現する
・ボス機はシールドを大きく設定し、何度も撃たないと倒せないものとする
・ボス機を倒すとステージクリアとなり、次のステージに進む
・ステージが進むほど、敵機のシールドの値が大きくなる（先のステージほど敵が固くなる）
・パワーアップアイテムが出現し、それを回収すると、次のいずれかの効果がある
　自機の移動速度が上がる／シールドの回復／撃ち出される弾数が増える※2

※1：プレイヤーが操作する機体を「自機」、コンピューターが座標を計算する敵の機体を「敵機」と呼んで説明します
敵機は、数発の弾を撃ち込めば倒せる「ザコ機」3種類と、何発も弾を当てて倒す「ボス機」1種類を用意します
※2：パワーアップアイテムの詳細は**8-13節**で説明します

図表8-1-2 完成したシューティングゲームの画面

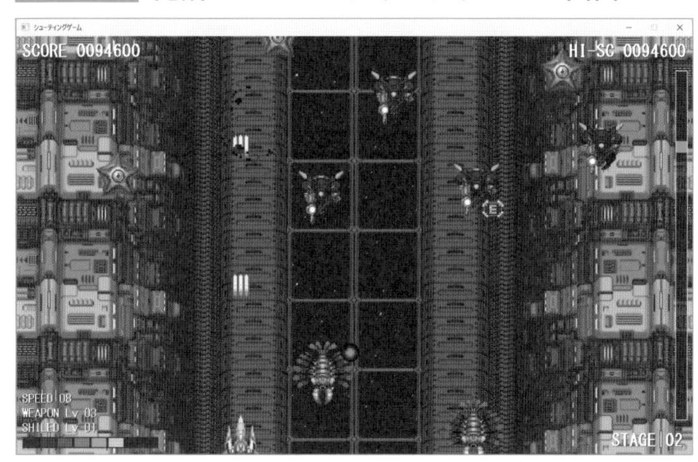

このゲームの世界観を表す
イメージキャラクター

8-1-2 シューティングゲームを作ることで学べる知識と技術

この章で学ぶ知識と技術について説明します。

①ゲームを作る上での土台となる知識の総復習

第6～7章のテニスゲームとカーレースの制作で学んだ、物体の制御、ヒットチェック、画面遷移を実装し、ゲームを作る上での土台となる知識を固めます。

②背景の多重スクロール処理

背景を3つの層に分けてスクロールし、画面の重厚感を表現します。グラフィックの豪華さもコンピューターゲームを楽しいものにする要素です。その表現技法の1つを学びます。

③エフェクト（画面演出）

敵機を撃ち落とした時のエフェクトと、自機のシールドが回復する時のエフェクトをプログラミングします。エフェクトを組み込むと、ゲームは見た目にも楽しいものになります。

④構造体や、複数の関数の活用法

C言語を用いたソフトウェア開発に必須の知識である、構造体と、関数プロトタイプ宣言を学びます。各種の機能を持つ関数を定義することで、関数定義の知識を定着させます。

memo

この章で作るシューティングゲームは、1980年代から90年代に人気を博した、レトロゲーム（古典的ゲーム）と呼ばれるタイプのゲームですが、シューティングゲームを作るために必要な知識は、現代の最新のアクションゲームを作るための知識と、大きな部分で共通点があります。つまり、この章で学ぶ内容は、アクション要素を持つ、さまざまなタイプのゲームに応用できるものになります。

8-1-3 用いる素材

次の画像と音の素材を用いて制作します。

図表8-1-3 画像ファイル

背景用の画像

bg0.png

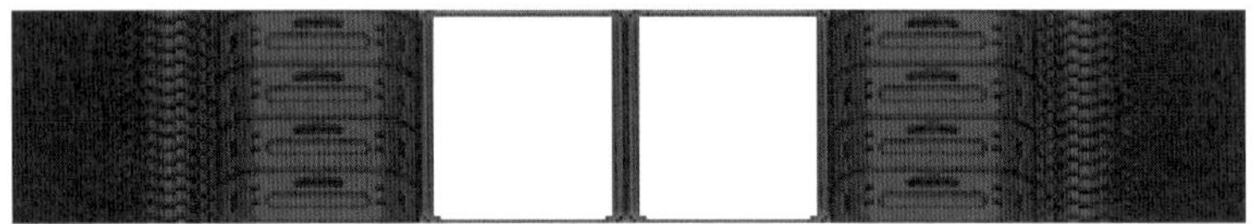

bg1.png

bg2.png　bg3.png

自機、弾

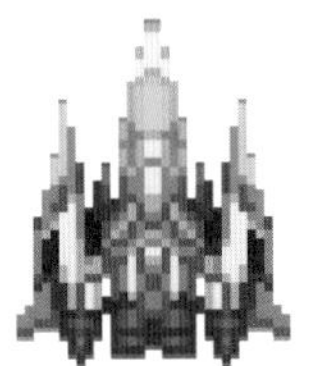

fighter.png

bullet.png

※印刷の都合上、正しい色が再現されていません。サンプルファイルの「Chapter8」→「image」フォルダ内に画像が入っているので、そちらを見て色の確認をしましょう

敵機

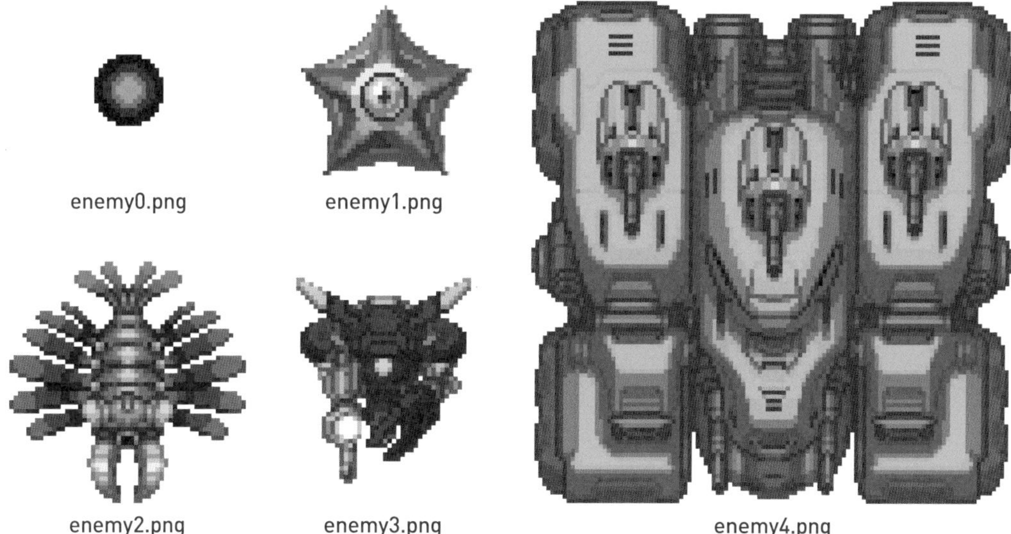

※enemy0.pngは敵機が撃つ弾ですが、敵機と同じ関数で制御します

アイテム（1枚の画像ファイルに3種類のアイテムが並びます）

item.png

爆発演出（1枚の画像ファイルに7パターンの演出が並びます）

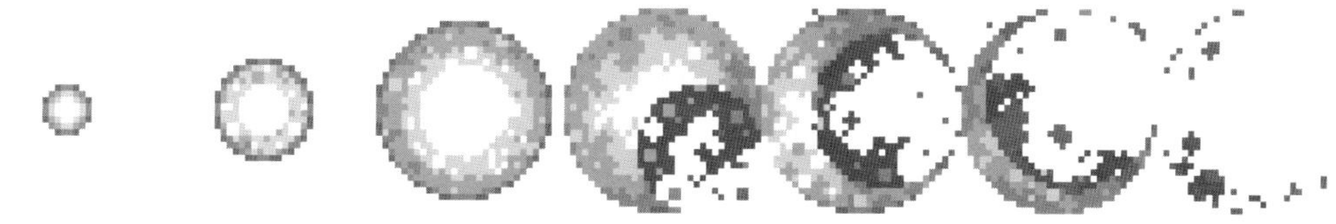

explosion.png

※アイテムと爆発演出の画像は、それぞれ必要な部分を切り出して表示します

図表8-1-4　音のファイル

※音のファイルのアイコンのデザインは、お使いのパソコンの環境によって変わります

bgm.mp3がゲーム中に流れるBGM、explosion.mp3が機体の爆発音（SE)、gameover.mp3がゲームオーバー時のジングル、item.mp3がアイテム回収時の効果音（SE)、shot.mp3が自機の弾の発射音（SE)、stageclear.mp3がステージクリア時のジングルです。

これらの素材は、本書商品ページからダウンロードできるzipファイル内の「Chapter8」フォルダにある、「image」と「sound」というフォルダに入っています。「image」と「sound」のフォルダごと、シューティングゲームを開発するプロジェクトのフォルダに配置しましょう。

memo

Visual Studioを起動し、シューティングゲームを制作するプロジェクトを用意し、DXライブラリを用いるための設定を行いましょう。

8-1-4 どのようなステップで完成させるか

この章では、12段階に分けて処理を組み込み、ゲームを完成させます。

図表8-1-5 完成させるまでの流れ

段階	節	組み込む内容
ステップ1	8-3	ヘッダーとソースに、プログラムの基本となる構造を記述する
ステップ2	8-4	初期化用の関数を定義して、素材を読み込む
ステップ3	8-5	背景の多重スクロールの実装（複数の絵を使ったスクロール技法）
ステップ4	8-6	自機を8方向に動かせるようにする
ステップ5	8-7	自機から弾を発射できるようにする
ステップ6	8-8	敵機を出現させる。敵機の基本的な動きを組み込む
ステップ7	8-9	敵機の特殊な動きを組み込む。ボス機を出現させる
ステップ8	8-10	自機の弾で敵機を撃ち落とせるようにする
ステップ9	8-11	自機と敵機が接触した時に、自機のシールドを減らす
ステップ10	8-12	機体を破壊した時の爆発演出を組み込む
ステップ11	8-13	自機の能力を上げるアイテムが出現するようにする
ステップ12	8-14	画面遷移を加えてゲームを完成させる

8-1-5 この章の開発方針について

この章では、本格的なゲームの開発技術の習得を目指し、次の方針でプログラムを組みます。

■開発方針

- 完成させるために必要な各種の処理を、関数として定義する
- 構造体を用いて、複数のパラメーターを効率よく扱う
- ボス機を出現させ、それを倒すとステージクリアとなるようにする
- ゲームスタートからステージクリアまでの、多くのゲームに共通するゲーム全体の処理の組み込み方法を理解する

第6章のテニスゲームと、第7章のカーレースの制作と同じように、必要な処理を順に組み込んで完成を目指します。その際、この章では、はじめに用意したヘッダーファイルとソースファイルにコードを書き加えて、ゲームの完成度を上げていきます。C言語によるプログラミングの流儀を身につけられるように、プロの開発者がプログラムを記述する方法と同じようにして、シューティングゲームを制作します。

この章で関数定義と構造体宣言を行う意味について補足します。処理を関数ごとに分ける、構造体を用いてデータを扱うようにすることで、プログラムの可読性や判読性が高まります。プロのプログラマーには、メンテナンスしやすいプログラムを記述する力が要求されます。この章の学習内容は、その能力を習得できるように配慮されています。

One Point

ゲームの全体設計について

ゲームメーカーに所属して開発を行うプログラマーは、行き当たりばったりでプログラミングを始めることはしません。プロのプログラマーは、プロジェクトの開始時に、ゲームの全体を見通して、必要な処理を洗い出し、大まかな、あるいは詳細をまとめたドキュメントやフローチャートを用意するなどして、開発に臨みます。そうすることで、効率的な開発が可能となり、開発中に起きる問題を最小限に抑えることができます。
ただし、経験豊かな開発者の中には、完成までに必要な処理を頭の中に描けるプログラマーもおり、そのような人たちは、直接、プログラミングを開始することもあります。

Section 8-2 ヘッダーファイルを用意する

本章のゲームは、拡張子.cppのファイルと、拡張子.hのヘッダーファイルの両方を用いて制作します。この節では、ヘッダーファイルを説明した後、Visual Studioでヘッダーファイルを用意します。

8-2-1 ヘッダーファイルについて

「ヘッダー」は「ヘッダ」と伸ばさずに呼ぶことも多いですが、ここからはVisual Studioの画面の表記に合わせて、ヘッダーと呼ぶことにします。

ヘッダーファイルの拡張子は「.h」です。

C言語の開発では、一般的に、次の項目をヘッダーファイルに記述します。

図表8-2-1 ヘッダーファイルに記述する主なもの

項目	内容
マクロ定義	#defineを用いた定数などを記述する
構造体宣言	構造体の宣言を書き出す
関数プロトタイプ宣言	関数宣言を書き出し、他のファイルから、その関数を呼び出せるようにする
外部変数宣言	他のファイルで参照するグローバル変数を宣言する

この章のプログラムでは、ヘッダーファイルに構造体宣言と関数プロトタイプ宣言を記述します。外部変数宣言は本書では用いません。

8-2-2 ヘッダーファイルを用意する

シューティングゲームを制作するプロジェクトに、ヘッダーファイルを追加します。メニューバーの［プロジェクト］から［新しい項目の追加］を選びましょう（図表8-2-2）。

図表8-2-2 ［新しい項目の追加］を選ぶ

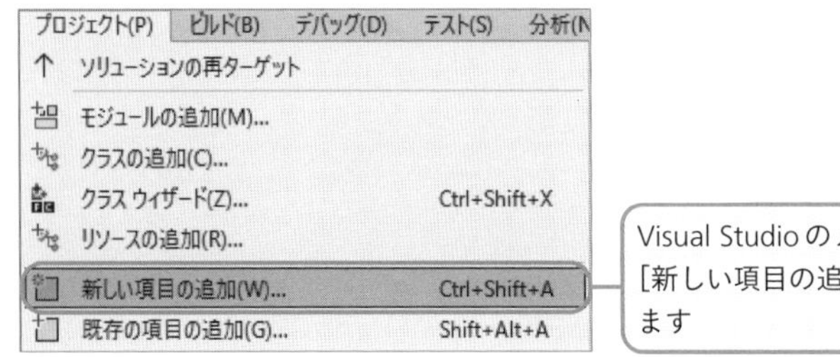

あるいは、[ソリューション エクスプローラー] の [ソースファイル] の上で、マウスの右ボタンをクリックし、[追加] → [新しい項目] を選ぶこともできます（図表8-2-3）。

図表8-2-3 [ソリューション エクスプローラー] から [新しい項目] を選ぶ

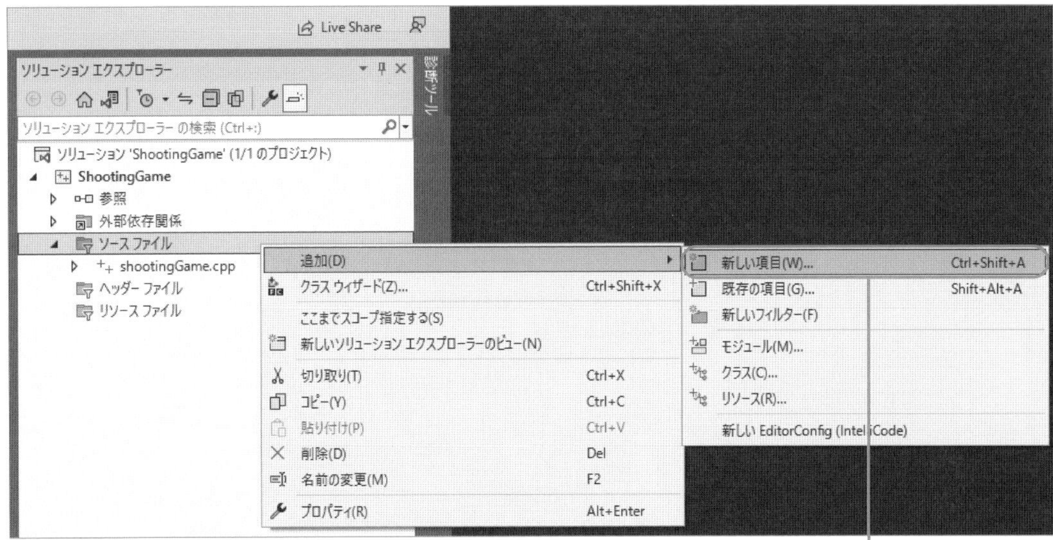

この時、次のような [コンパクト ビュー] のダイアログが表示された場合は、[すべてのテンプレートの表示] をクリックしてください（図表8-2-4）。

図表8-2-4 [コンパクト ビュー]

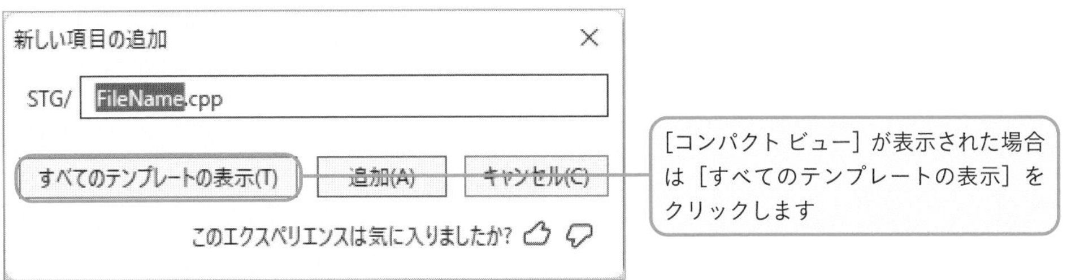

新しい項目の追加の画面で、[ヘッダーファイル(.h)] を選び、ファイル名を付けて、[追加] をクリックします。図表8-2-5ではshootingGame.hというファイル名にしています。

図表8-2-5　新しい項目の追加

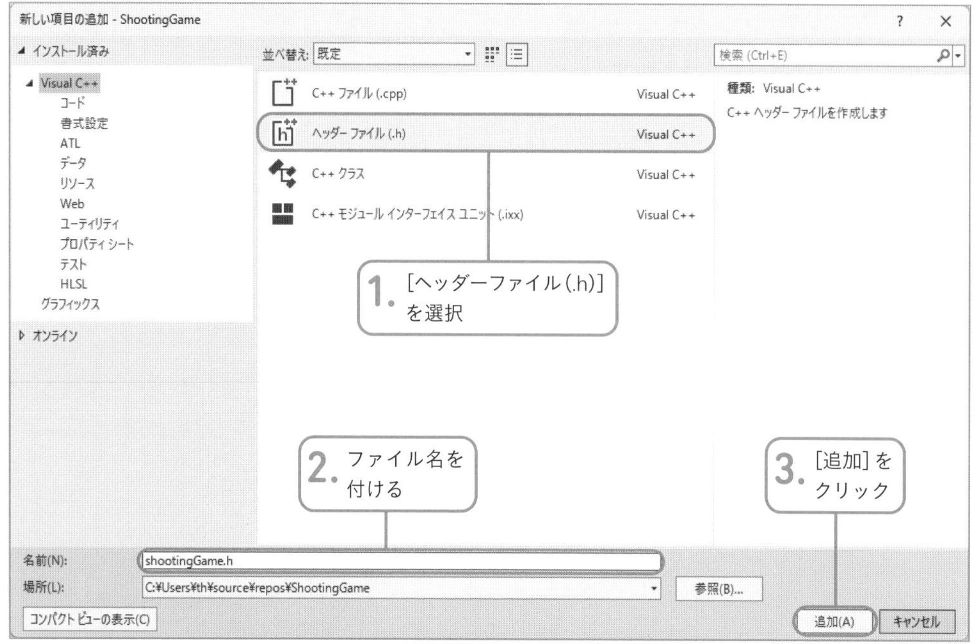

これでヘッダーファイルが作られます（図表8-2-6）。

図表8-2-6　ヘッダーファイル

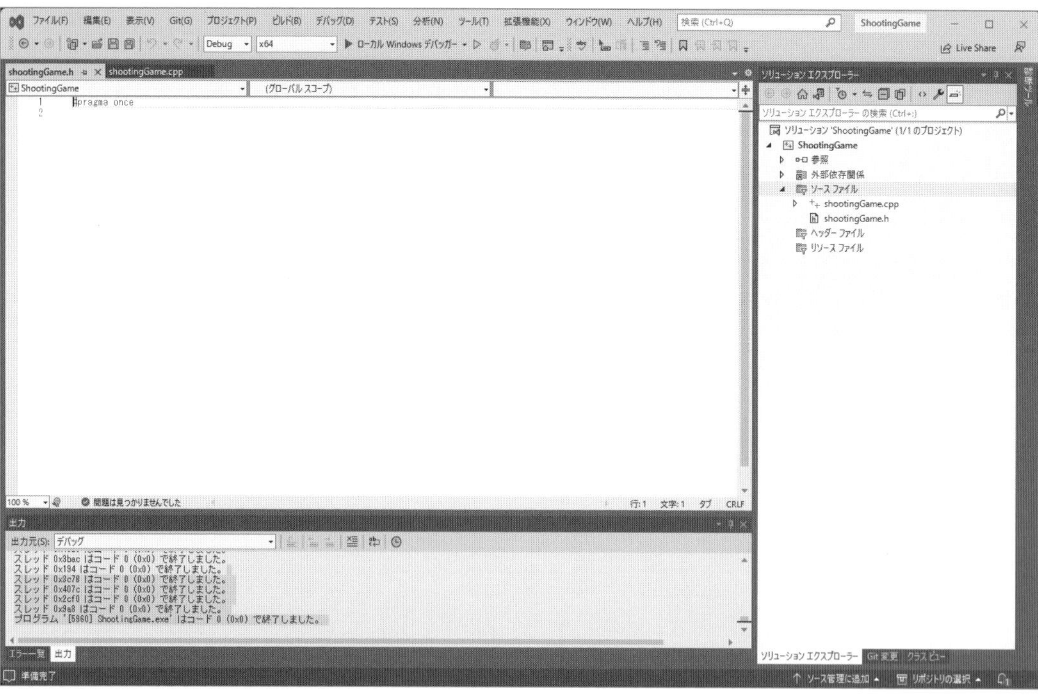

8　シューティングゲームを作ろう

ヘッダーファイルの最初の行に、自動的に#pragma onceという記述がされます。これはプログラムのコンパイル時に、コンパイラがヘッダーファイルを1回だけインクルードするという指定です。#pragma onceを使用すると、同じファイルを、再度、読み込むことがないので、ビルド時間を短縮できます。また、各種の定義が二重に行われるのを防ぐことができます。

このシューティングゲームは、1つのヘッダーファイルと、1つのソースファイルだけで制作し、#pragma onceを記さなくても問題はありませんが、大規模な開発では、#pragma onceは大切な役割を果たします。この章では#pragma onceを記述したままゲームを制作するようにします。

memo

#pragma onceは多くのコンパイラでサポートされていますが、拡張的な機能であるため、一部のコンパイラで使えない可能性もあります。

Section 8-3

ヘッダーとソースに基本的な構造を記述する

この節では、ヘッダーファイルに、自機や敵機のパラメーターを扱うための構造体宣言を記述します。また、ソースファイルに、DXライブラリでゲームを作る基本となるコードを記述します。

8-3-1 どこに何を記述するかを明確にする

この節では、ヘッダーファイル（拡張子.hのファイル）で構造体を宣言し、ソースファイル（拡張子.cppのファイル）にWinMain関数を定義します。それと併せて、このゲームを完成させるために必要な処理をどこに記述するかを、それぞれのファイルにコメントで記します。

■ この章のファイル名についての注意点

この章ではヘッダーファイルとソースファイルの両方に、プログラムを追記していきます。処理を追加する過程を確認しやすいように、各節に掲載した制作中のプログラムのファイル名を、shootingGame_番号.h、shootingGame_番号.cppとしています。ただしみなさんは、ヘッダーとソースのファイル名を、制作過程で変更する必要はありません。例えば、はじめにshootingGame.h、shootingGame.cppというファイルを作ったなら、制作中にそれらのファイル名を変更せずに、各節に掲載された処理を追記していきましょう。

8-3-2 プログラムの全体像

シューティングゲームのプログラムの全体像を、次の図表で確認します。

図表8-3-1 プログラムの全体像

ヘッダーファイルの基本構造

- 構造体宣言
- 関数プロトタイプ宣言

ソースファイルの基本構造

- ヘッダーのインクルード
- constやenumによる定数定義
- グローバル変数の定義
- 構造体変数と構造体の配列の定義
- WinMain関数
- このゲームの処理に必要な各種の関数の定義

この章のプログラムは、完成時点でヘッダーファイルが38行、ソースファイルが約570行になります。本書の中で最も長いプログラムですが、理解を深め、知識と技術力を一層伸ばすことを目標に、ご自身で入力されることをお勧めします。

8-3-3 ヘッダーファイルに記述する

ヘッダーファイルで構造体宣言を行います。また、関数プロトタイプ宣言を行う位置に、コメントでその旨を記します。ヘッダーファイルに次のプログラムを記述しましょう。

サンプル8-3-1 Chapter8->shootingGame_1.h

```
01 #pragma once
02 
03 // 構造体の宣言
04 struct OBJECT // 自機や敵機用
05 {
06     int x;      // x座標
07     int y;      // y座標
08     int vx;     // x軸方向の速さ
09     int vy;     // y軸方向の速さ
10     int state;    // 存在するか
11     int pattern; // 敵機の動きのパターン
12     int image;    // 画像
13     int wid;      // 画像の幅（ピクセル数）
14     int hei;      // 画像の高さ
15     int shield;   // シールド（耐久力）
16     int timer;    // タイマー
17 };
18 
19 // 関数プロトタイプ宣言
20 // ここにプロトタイプ宣言を記述する
```

4〜17行目に、自機や敵機のパラメーターを扱う構造体を宣言しています。この構造体はタグ名をOBJECTとしました。OBJECT構造体には11種類のメンバを用意しました。それらのメンバで、どのようなデータを扱うかをコメントで記しています。メンバの詳細は、後の節で構造体変数や構造体の配列を作る時に説明します。

19〜20行目に、関数プロトタイプ宣言を記述する旨をコメントで記しました。次の節から各種の関数を定義しますが、それらの関数のプロトタイプ宣言を、ここに追記していきます。

8-3-4 ソースファイルに記述する

ソースファイルにWinMain関数を定義します。次のプログラムを記述しましょう。

サンプル8-3-2 Chapter8->shootingGame_1.cpp

```
#include "DxLib.h"
#include "shootingGame.h" // ヘッダーファイルをインクルード

// 定数の定義
const int WIDTH = 1200, HEIGHT = 720; // ウィンドウの幅と高さのピクセル数
const int FPS = 60; // フレームレート

// グローバル変数
// ここでゲームに用いる変数や配列を定義する

int WINAPI WinMain(HINSTANCE hInstance, HINSTANCE hPrevInstance, LPSTR lpCmdLine, int nCmdShow)
{
    SetWindowText("シューティングゲーム"); // ウィンドウのタイトル
    SetGraphMode(WIDTH, HEIGHT, 32); // ウィンドウの大きさとカラービット数の指定
    ChangeWindowMode(TRUE); // ウィンドウモードで起動
    if (DxLib_Init() == -1) return -1; // ライブラリ初期化 エラーが起きたら終了
    SetBackgroundColor(0, 0, 0); // 背景色の指定
    SetDrawScreen(DX_SCREEN_BACK); // 描画面を裏画面にする

    while (1) // メインループ
    {
        ClearDrawScreen(); // 画面をクリアする

        // ゲームの骨組みとなる処理を、ここに記述する

        ScreenFlip(); // 裏画面の内容を表画面に反映させる
        WaitTimer(1000/FPS); // 一定時間待つ
        if (ProcessMessage() == -1) break; // Windowsから情報を受け取りエラーが起きたら終了
        if (CheckHitKey(KEY_INPUT_ESCAPE) == 1) break; // ESCキーが押されたら終了
    }

    DxLib_End(); // DXライブラリ使用の終了処理
    return 0; // ソフトの終了
}

// ここから下に自作した関数を記述する
```

ここに記述した各種の関数と処理は、第5章で学んだ、DXライブラリを用いる、ひな形となるコードと同じ内容です。このプログラムをビルドすると、黒く塗られたウィンドウが作られます。

図表8-3-2 実行画面

DXライブラリを用いるための基本的な記述を行いましたが、ゲームに関する処理は記述していないので、画面に動きはありません。

8-3-5 ソースファイルの内容を確認する

2行目でヘッダーファイルをインクルードしています。P331に掲載したヘッダーファイルの名称を「サンプル8-3-1 Chapter8->shootingGame_1.h」としていますが、2行目は #include "shootingGame.h" と、_1を記述していないことを、念のためにお伝えします。**8-3-1**で説明したように、はじめに用意したヘッダーとソースのファイル名を変更せずに、各節の処理を書き加えていきましょう。

このゲームの画面は、幅1200ピクセル、高さ720ピクセルで設計します。それらのピクセル数を、5行目でWIDTHとHEIGHTという定数で定義しています。

このゲームのフレームレートは60FPSとし、1秒間に約60回、画面を更新します。60という数字を、6行目でFPSという定数で定義しています。FPSに60を代入し、27行目のWaitTimer()の引数を1000/FPS（1000/FPSは16）として、16ミリ秒間、処理を一時停止しています。

24行目に、ゲームの骨組みとなる処理を記述する旨をコメントし、36行目に、自作した関数を記述する旨をコメントしています。次の節から、それらの位置に、必要な処理や、定義した関数を記述していきます。

Section 8-4 初期化用の関数を定義する

この節では、画像と音の素材を読み込む役割を担う関数を定義します。自作する関数のプロトタイプ宣言をヘッダーファイルで行い、その関数の本体をソースファイルに記述します。

8-4-1 初期化用の関数について

コンピューターゲームは、通常、さまざまなグラフィック素材とサウンド素材を用いて開発します。また、それぞれのジャンルに応じた、各種のデータも用います。例えばロールプレイングゲームやアクションゲームの開発では、それらのゲームの世界を構成するマップデータをプログラムで扱います。

素材やデータを扱う際、コンピューターのメモリ上に、それらを読み込む必要があります。DXライブラリでは、画像や音を用いる前に、それらを変数や配列に読み込んでおきます。

この節では、素材を読み込む処理を1つにまとめて、関数として定義します。本書では、画像と音を読み込む役割を担う関数を、「初期化用の関数」と呼んで説明します。

memo

商用のゲーム開発では多数の画像や音楽の素材を用います。ゲームの起動時に、それらをすべて読み込むと、メモリを圧迫してしまいます。そこで商用ゲームの多くは、ステージごと、シーンごとなどに分けて、画像や音楽を読み込むようになっています。しかし、本書で制作するゲームは、使用する画像と音のファイル数が限られており、起動時にすべて読み込んでも問題ないので、そのような作りとします。

8-4-2 関数プロトタイプ宣言と関数定義の順序について

この章では、ヘッダーファイル、ソースファイルの順にプログラムを掲載しており、関数プロトタイプ宣言を先に記述することになります。

関数プロトタイプ宣言と関数定義の順序に明確なルールはありませんが、一般的にプログラムの判読性や保守性を高める意味で、プロトタイプ宣言を先にすることが推奨されています。

ただし、どちらを先に記述するかは、組むプログラムの規模や内容によって変わってきます。例えば、関数の本体とプロトタイプ宣言を同じファイルに記述するなら、関数定義後にプロトタイプ宣言をしても問題はありません。また小規模のプログラムなら、関数定義の順番を工夫すると、プロトタイプ宣言無しで完成させることができます（第7章のカーレースの制作でそれを行っています）。

関数のプロトタイプ宣言と定義のどちらから記述するか、変数名や関数名の付け方、短いif文やfor文で{}を省くかなど、プログラマーの好みによって、コーディングスタイルが変わるものがあります。ただし一般論として、保守しやすくする、可読性や判読性を高める、効率よい処理を心掛けるという観点で、プログラムを組むことが大切です。プログラミングに慣れていないうちは、保守性や可読性、効率などの概念が難しいと感じられるでしょうが、それらのキーワードを心に留めておくことは、技術力を向上させるために必要なことです。

8-4-3 ヘッダーでプロトタイプ宣言を行う／ソースに関数を定義する

この節では、initGame()という初期化用の関数を定義します。その関数のプロトタイプ宣言をヘッダーファイルで行い、関数本体をソースファイルに記述します。

ソースファイルで、素材を読み込むためのグローバル変数と配列を定義します。また、動作確認のために、BGMをループ出力し、星空の背景画像を表示する処理を、WinMain関数に記述します。

ヘッダーファイルとソースファイルに、次の太字の処理を記述しましょう。

サンプル8-4-1 Chapter8->shootingGame_2.h

```
#pragma once

// 構造体の宣言
struct OBJECT // 自機や敵機用
{
:
省略
};

// 関数プロトタイプ宣言
// ここにプロトタイプ宣言を記述する
void initGame(void);
```

サンプル8-4-2 Chapter8->shootingGame_2.cpp

```
#include "DxLib.h"
#include "shootingGame.h" // ヘッダーファイルをインクルード

// 定数の定義
const int WIDTH = 1200, HEIGHT = 720; // ウィンドウの幅と高さのピクセル数
const int FPS = 60; // フレームレート
const int IMG_ENEMY_MAX = 5; // 敵の画像の枚数（種類）

// グローバル変数
```

```c
// ここでゲームに用いる変数や配列を定義する
int imgGalaxy, imgFloor, imgWallL, imgWallR; // 背景画像
int imgFighter, imgBullet; // 自機と自機の弾の画像
int imgEnemy[IMG_ENEMY_MAX]; // 敵機の画像
int imgExplosion; // 爆発演出の画像
int imgItem; // アイテムの画像
int bgm, jinOver, jinClear, seExpl, seItem, seShot; // 音の読み込み用

int WINAPI WinMain(HINSTANCE hInstance, HINSTANCE hPrevInstance, LPSTR lpCmdLine, int nCmdShow)
{
    SetWindowText("シューティングゲーム"); // ウィンドウのタイトル
    SetGraphMode(WIDTH, HEIGHT, 32); // ウィンドウの大きさとカラービット数の指定
    ChangeWindowMode(TRUE); // ウィンドウモードで起動
    if (DxLib_Init() == -1) return -1; // ライブラリ初期化 エラーが起きたら終了
    SetBackgroundColor(0, 0, 0); // 背景色の指定
    SetDrawScreen(DX_SCREEN_BACK); // 描画面を裏画面にする

    initGame(); // 初期化用の関数を呼び出す
    PlaySoundMem(bgm, DX_PLAYTYPE_LOOP); //【仮】ＢＧＭの出力

    while (1) // メインループ
    {
        ClearDrawScreen(); // 画面をクリアする

        // ゲームの骨組みとなる処理を、ここに記述する
        DrawGraph(0, 0, imgGalaxy, FALSE); //【仮】星空を表示

        ScreenFlip(); // 裏画面の内容を表画面に反映させる
        WaitTimer(1000/FPS); // 一定時間待つ
        if (ProcessMessage() == -1) break; // Windowsから情報を受け取りエラーが起きたら終了
        if (CheckHitKey(KEY_INPUT_ESCAPE) == 1) break; // ESCキーが押されたら終了
    }

    DxLib_End(); // ＤＸライブラリ使用の終了処理
    return 0; // ソフトの終了
}

// ここから下に自作した関数を記述する
// 初期化用の関数
void initGame(void)
{
    // 背景用の画像の読み込み
    imgGalaxy = LoadGraph("image/bg0.png");
    imgFloor = LoadGraph("image/bg1.png");
```

```
54        imgWallL = LoadGraph("image/bg2.png");
55        imgWallR = LoadGraph("image/bg3.png");
56        // 自機と自機の弾の画像の読み込み
57        imgFighter = LoadGraph("image/fighter.png");
58        imgBullet = LoadGraph("image/bullet.png");
59        // 敵機の画像の読み込み
60        for (int i = 0; i < IMG_ENEMY_MAX; i++) {
61            char file[] = "image/enemy*.png";
62            file[11] = (char)('0' + i);
63            imgEnemy[i] = LoadGraph(file);
64        }
65        // その他の画像の読み込み
66        imgExplosion = LoadGraph("image/explosion.png"); // 爆発演出
67        imgItem = LoadGraph("image/item.png"); // アイテム
68
69        // サウンドの読み込みと音量設定
70        bgm = LoadSoundMem("sound/bgm.mp3");
71        jinOver = LoadSoundMem("sound/gameover.mp3");
72        jinClear = LoadSoundMem("sound/stageclear.mp3");
73        seExpl = LoadSoundMem("sound/explosion.mp3");
74        seItem = LoadSoundMem("sound/item.mp3");
75        seShot = LoadSoundMem("sound/shot.mp3");
76        ChangeVolumeSoundMem(128, bgm);
77        ChangeVolumeSoundMem(128, jinOver);
78        ChangeVolumeSoundMem(128, jinClear);
79    }
```

図表8-4-1 実行画面

プログラムを実行すると、星空が表示され、BGMがループ出力されます。

ソースファイルの11～16行目で、画像と音の読み込みに用いる変数と配列を定義しています。

画像を読み込む変数名と配列名は、img（imageの略）と英単語を組み合わせ、画像を扱うことがわかりやすいようにしました。また、音を読み込む変数は、bgm, jinOver, jinClear, seExpl, seItem, seShotという変数名にしました。ジングルは頭にjinを、効果音は頭にseを付けることで、こちらもわかりやすい変数としています。

8-4-4 関数プロトタイプ宣言について

ヘッダーファイルに記述した関数プロトタイプ宣言について説明します。プロトタイプ宣言は、関数の型、関数名、引数を記述します。この時、()の後に、必ずセミコロンを記述します。

図表8-4-2 関数プロトタイプ宣言と関数本体の定義

ヘッダーでの関数プロトタイプ宣言	ソースでの関数本体の定義

void initGame(void);	void initGame(void)
	{
	  処理
	}

8-4-5 連番のファイルを読み込む

49～79行目に、素材を読み込むinitGame()関数を定義しました。これまで学んだ通り、LoadGraph()で変数に画像を読み込み、LoadSoundMem()で変数に音を読み込んでいます。この関数でＢＧＭとジングルの音量設定も行うようにしました。

initGame()関数では、敵機の画像ファイルの読み込みを工夫して行っています。敵機のファイル名はenemy0.pngからenemy4.pngまでの連番になっており、次のプログラムで、それらをimgEnemy[]という配列に読み込んでいます。

```
59      // 敵機の画像の読み込み
60      for (int i = 0; i < IMG_ENEMY_MAX; i++) {
61          char file[] = "image/enemy*.png";
62          file[11] = (char)('0' + i);
63          imgEnemy[i] = LoadGraph(file);
64      }
```

敵機の画像の枚数（種類）を、7行目でIMG_ENEMY_MAXという定数に定義しています。この定数には5を代入しています。

60行目のfor文で、iの値を0からIMG_ENEMY_MAX-1まで、つまり4まで1ずつ増やしています。

61行目で「image/enemy*.png」という文字列を代入したfile[]という配列を用意し、62行目で配列の＊をiの値の文字に変更しています。続く63行目でLoadGraph()の引数をfileとし、連番の画像ファイルをimgEnemy[0]からimgEnemy[4]に読み込んでいます。

One Point

プログラムにはいろいろな記述の仕方がある③

60行目からの処理は、単純に次のように記述できます。

```
60      imgEnemy[0] = LoadGraph("image/enemy0.png");
61      imgEnemy[1] = LoadGraph("image/enemy1.png");
62      imgEnemy[2] = LoadGraph("image/enemy2.png");
63      imgEnemy[3] = LoadGraph("image/enemy3.png");
64      imgEnemy[4] = LoadGraph("image/enemy4.png");
```

LoadGraph()を5回も記すので、冗長な記述に見えますが、行数は元のプログラムと同じ5行なので、記述の労力は変わらないでしょう。こちらはコピペして数値を書き換えれば済むので、この方が記述は楽かもしれません。
しかし、例えば連番の画像が100枚あるとすると、LoadGraph()を100回記述するのは、効率が悪い上に、記述ミスをするおそれがあります。データを連番で用意すれば、forループを使って、まとめて読み込めることを覚えておきましょう。

8-4-6 型変換について

initGame()関数の画像の読み込み処理で、(char)値;という記述を用いて型変換を行いました。char、int、doubleなどは、変数の宣言や定義に用いる他に、(char)、(int)、(double)と記述して、明示的に型を変換する際に用います。明示的な型変換を**キャスト**といい、(char)、(int)、(double)などを**キャスト演算子**といいます。

例えばchar c = (char)65とすると、変数cに'A' が代入されます。コンピューターの内部で'A' という文字は65という番号で管理されています。その番号をアスキーコードといいます。プログラマーはコンピューター内部で文字がどのように管理されているかを知っておく必要があります。次のワンポイントで、そのことを学んでおきましょう。

One Point

文字コードについて

コンピューターで扱う文字には番号が割り振られており、文字とその番号の対応を文字コードといいます。有名な文字コードにアスキーコードとユニコードがあります。
アスキーコード（ASCII）は、多くの機器で使われる標準的な文字コードで、半角文字と制御コードを1byteで扱う。厳密には、このコードは7bitの値である0〜127で文字を扱うが、実質的に半角1文字を1byte(8bit)で扱うことになる。アスキーコードで半角スペースは32、「!」は33、「0」〜「9」は48〜57、「A」〜「Z」は65〜90という値になる。
ユニコード（Unicode）は、世界中で使われるさまざまな言語を扱う文字コード。国際的な文字コードで、多数の国の言語の文字が登録されている。例えば全角の「あ」は12354、全角の「１」は65297。半角のアルファベットや数字はアスキーコードと共通の値。

Section 8-5

背景の多重スクロールを組み込む

この節では、背景を3つの層に分けてスクロールする関数を定義します。その際、背景の表示位置を管理する変数を、staticを付けて関数内で定義します。ここではstaticの使い方についても説明します。

8-5-1 多重スクロールについて

2Dのゲームの背景を複数の層で構成し、それらを個別にスクロールさせることを、多重スクロールといいます。多重スクロールするゲーム画面は、奥行き感があり、魅力的な画面構成になります。

このゲームでは、図表8-5-1のように画像を重ね、多重スクロールを行います。

図表8-5-1 多重スクロールの仕組み

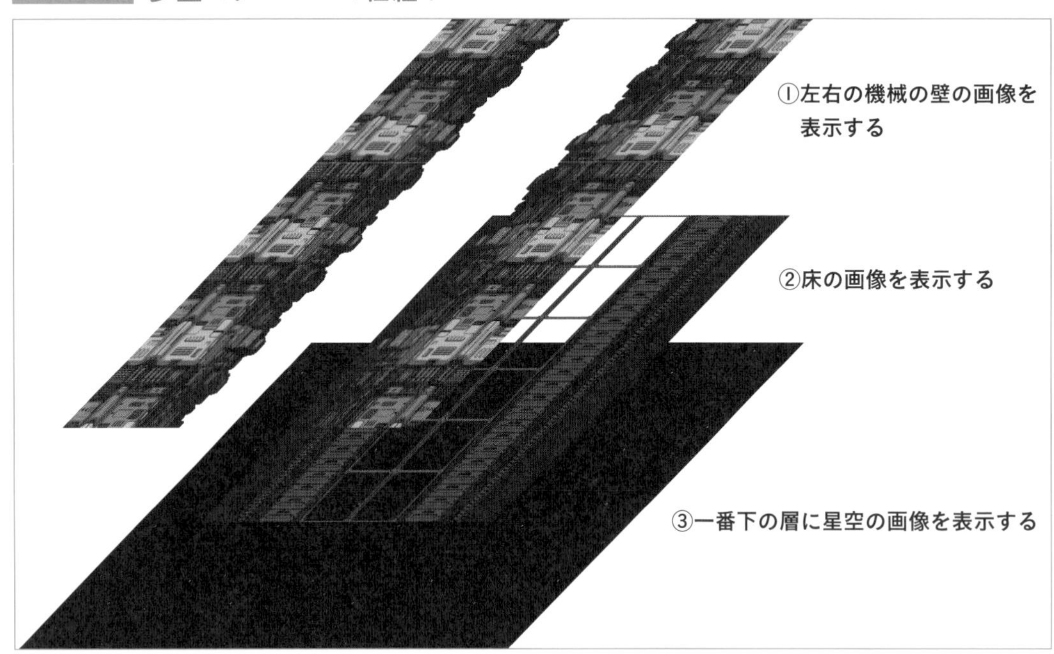
①左右の機械の壁の画像を表示する
②床の画像を表示する
③一番下の層に星空の画像を表示する

②の床の画像は、繰り返しパターンで描かれており、forループで縦に並べます。

①の画像は、説明のために“壁”と称しますが、このゲームには壁（入れない場所）と床（入れる場所）の区別はありません。自機も敵機も画面全体を移動できるものとします。

memo

多重スクロールを用いると、重厚な世界観や、独特の世界観を作り出せます。

8-5-2 多重スクロールを行う関数を定義する

背景のスクロール処理を担うscrollGB()という関数を定義します。関数プロトタイプ宣言をヘッダーファイルで行い、関数本体をソースファイルに記述します。

ソースファイルのWinMain関数のwhile(1)のループ内で、scrollGB()を呼び出し、画面をスクロールさせます。前**8-4節**のプログラムに、次の太字部分を追記しましょう。

サンプル8-5-1 Chapter8->shootingGame_3.h

関数プロトタイプ宣言

```
#pragma once

// 構造体の宣言
struct OBJECT // 自機や敵機用
{
省略
};

// 関数プロトタイプ宣言
// ここにプロトタイプ宣言を記述する
void initGame(void);
void scrollBG(int spd);
```

サンプル8-5-2 Chapter8->shootingGame_3.cpp

背景をスクロールする関数を定義し、それを呼び出す

```
#include "DxLib.h"
#include "shootingGame.h" // ヘッダーファイルをインクルード

// 定数の定義
省略
// グローバル変数
省略

int WINAPI WinMain(HINSTANCE hInstance, HINSTANCE hPrevInstance, LPSTR lpCmdLine, int nCmdShow)
{
省略

    while (1) // メインループ
    {
        ClearDrawScreen(); // 画面をクリアする

        // ゲームの骨組みとなる処理を、ここに記述する
```

```
        scrollBG(1); // 【仮】背景のスクロール

        ScreenFlip(); // 裏画面の内容を表画面に反映させる
        WaitTimer(1000/FPS); // 一定時間待つ
        if (ProcessMessage() == -1) break; // Windows から情報を受け取りエラーが起きたら終了
        if (CheckHitKey(KEY_INPUT_ESCAPE) == 1) break; // ESC キーが押されたら終了
    }

    DxLib_End(); // ＤＸライブラリ使用の終了処理
    return 0; // ソフトの終了
}

// ここから下に自作した関数を記述する
// 初期化用の変数
void initGame(void)
{
省略
}

// 背景のスクロール
void scrollBG(int spd)
{
    static int galaxyY, floorY, wallY; // スクロール位置を管理する変数(静的記憶領域に保持される)
    galaxyY = (galaxyY + spd) % HEIGHT; // 星空（宇宙）
    DrawGraph(0, galaxyY - HEIGHT, imgGalaxy, FALSE);
    DrawGraph(0, galaxyY, imgGalaxy, FALSE);
    floorY = (floorY + spd * 2) % 120;  // 床
    for (int i = -1; i < 6; i++) DrawGraph(240, floorY + i * 120, imgFloor, TRUE);
    wallY = (wallY + spd * 4) % 240;    // 左右の壁
    DrawGraph(0, wallY - 240, imgWallL, TRUE);
    DrawGraph(WIDTH - 300, wallY - 240, imgWallR, TRUE);
}
```

※前の節のプログラムにあった星空の表示DrawGraph(0, 0, imgGalaxy, FALSE)は、動作確認用の仮の記述であり、ここで削除しました

図表8-5-2 実行画面

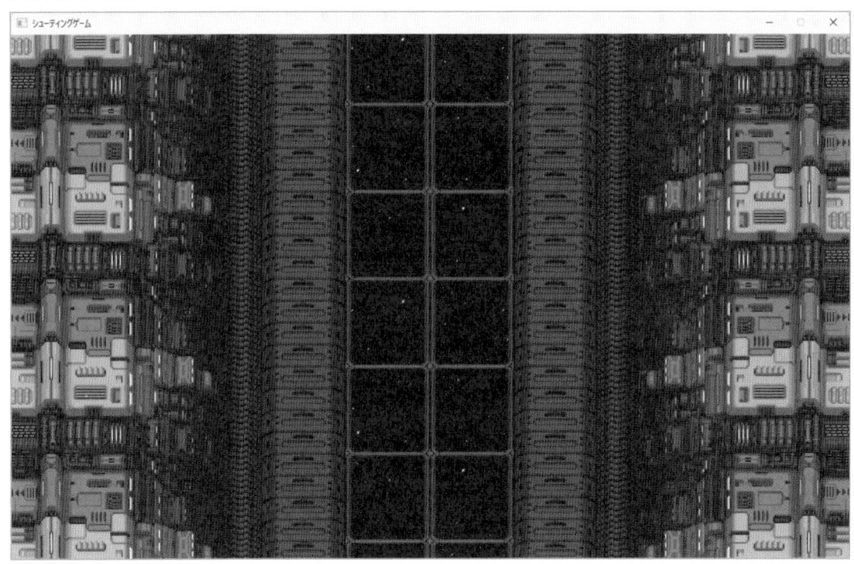

多重スクロール処理を行う、void型のscrollBG()という関数を、ソースファイルに定義しました。この関数にはspdという引数を設け、画面のスクロールの速さを変えられるようにしています。

WinMain関数のwhile(1)のリアルタイム処理の中で、scrollBG()を引数1で呼び出し、画面をスクロールさせています。

scrollBG()関数では、staticを付けた3つの変数を宣言しています。それらの変数について説明します。

8-5-3 staticを付けた変数

staticを付けた変数を理解するために、C言語の変数や配列の記憶域期間について説明します。

図表8-5-3 変数や配列の記憶域期間

記憶域期間	宣言方法	変数や配列の性質
自動記憶域期間	関数の中でstaticを付けずに定義した変数や配列	初期値を設定しない場合、中身は不定値（どのような値であるかは保証されない）。 ブロックに制御が渡るとメモリ上に作られ、ブロックの終わりで破棄される。
静的記憶域期間	関数の外で定義した変数や配列、および、関数の中でstatic宣言した変数や配列	初期値を設定しない場合、0で初期化される。 定義後は常にメモリ上に存在し、プログラムの終了時に破棄される。

※記憶域期間を生存期間や寿命ということもあります

scrollBG()関数の冒頭で、static int galaxyY, floorY, wallYと、3つの変数を定義しています。それらの変数に初期値を設定していませんが、その場合、static宣言した変数の初期値は0になります。

図表8-5-4 背景の表示位置を保持する変数

変数名	用途	値の範囲
galaxyY	星空の表示位置のy座標	0以上HEIGHT未満を繰り返す（毎フレームspdずつ増える）
floorY	床の表示位置のy座標	0以上120未満を繰り返す（毎フレームspd*2ずつ増える）
wallY	左右の壁の表示位置のy座標	0以上240未満を繰り返す（毎フレームspd*4ずつ増える）

これらはローカル変数であり、scrollBG()内だけで扱えるもので、外部からは参照できません。

scrollBG()を呼び出すと、galaxyY = (galaxyY + spd) % HEIGHT、floorY = (floorY + spd * 2) % 120、wallY = (wallY + spd * 4) % 240の3つの式により、それぞれの変数の値が変化します。変化した値は関数を抜けても保持され、再びこの関数が呼び出された時、以前の値を元に計算が行われます。

星空の画像は縦に2つ並べて表示し、galaxyYの値を用いて表示位置をずらして、スクロールさせています。

床の画像は高さ120ピクセルで描かれており、for文で縦に7つ並べています。その際、floorYの値を用いて表示位置をずらし、床がスクロールするように見せています。

左右の壁の画像は、縦に240ピクセルずつ、同じ模様を繰り返して描かれています。wallYの値を用いて、240ピクセルずらすことを繰り返し、延々と続いていくように見せています。

星空、床、壁の画像の大きさは、まちまちですが、座標をずらして表示し、延々と続いていくように見せる技法は、第7章のカーレースで学んだスクロールと同じ仕組みになります。

memo

galaxyY、floorY、wallYの値を計算する式で、それぞれの変数が、どのように変化するかを考えてみましょう。%を用いて計算する方法は、前の章のカーレースで説明しました。曖昧な方は、**7-2節**のワンポイント（P265）で復習しましょう。

8-5-4 星空の画像について

前の節で星空の画像を画面全体に表示しましたが、ここでその上に床と壁を重ねたので、画面の中央部分にしか星空が見えなくなりました。このような画面構成では、星空の画像から必要な部分を切り出して表示してもよいでしょう。ただし、星空全体をスクロールさせておくと、例えば奇数ステージは宇宙要塞内を移動し（ここで組み込んだ多重スクロール）、偶数ステージは宇宙空間を移動する（その時は床と壁の描画をしない）という改造が楽に行えます。星空の描画は中央部分に限定せず、このまま制作を進めます。

Section 8-6

自機をカーソルキーで動かす

この節では、カーソルキーで自機を移動する関数を定義します。また、自機の座標を扱う変数などにゲーム開始時の値を代入する関数と、中心座標を指定して画像を表示する関数を定義します。

8-6-1 自機の操作と自機を扱う変数について

このゲームは、カーソルキーで自機を動かし、スペースキーで弾を発射します。この節では、移動処理までを組み込み、次の節で弾を発射できるようにします。

DXライブラリのキー入力関数は、2つのキーを同時に押したことを判定できます。このゲームの自機は、左キーと上キーを一緒に押せば左上へ移動し、右キーと下キーを一緒に押せば右下へ移動するというように、斜めにも移動できるようにします（図表8-6-1）。

図表8-6-1 自機の移動

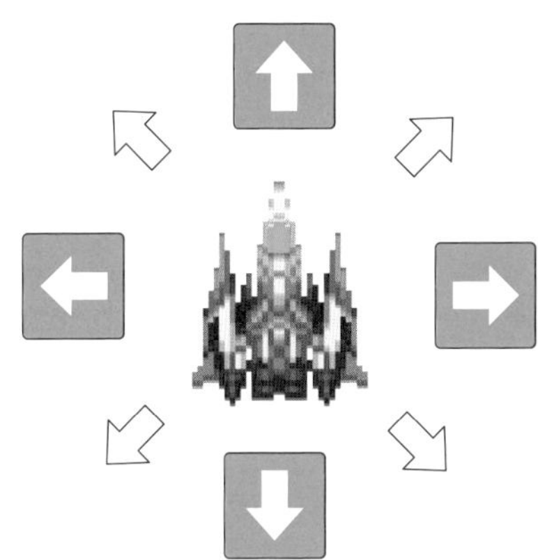

※カーソルキーは、2つのキーの同時押しが可能です。ただしキーの種類によっては、ハードウェア的に同時押しできないキーがあります

自機を扱う変数は、ヘッダーファイルで宣言した構造体を用いて、図表8-6-2のように記述して用意します。

これでplayerという構造体変数が作られます。構造体変数のメンバは、player.x、player.yと、ドット(.)を用いて扱います。

図表8-6-2 自機を扱う構造体変数の定義

```
struct OBJECT player;
```

図表8-6-3 自機のパラメーター

メンバ	パラメーターの内容
player.x	x 座標
player.y	y 座標
player.vx	x 軸方向の速さ（1 フレームごとに移動するピクセル数）
player.vy	y 軸方向の速さ（1 フレームごとに移動するピクセル数）

※この節では、これら4つのメンバだけを扱いますが、後の節で、player.shieldに自機のシールドの値（耐久力）を代入して扱います

8-6-2 画像の中心座標を指定して表示する

第7章のカーレースで、中心座標を指定して車両を表示する関数を定義しました。このシューティングゲームも、自機や敵機の中心座標を指定して表示する関数を定義します。中心座標を指定して画像を表示すれば、物体の動きの計算や、各種の判定を行う式が煩雑にならずに済みます。

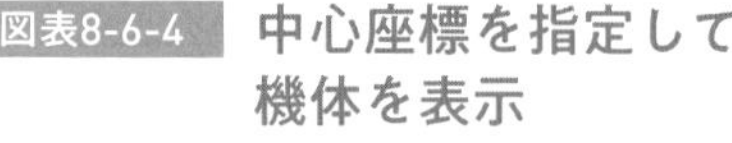
図表8-6-4 中心座標を指定して機体を表示

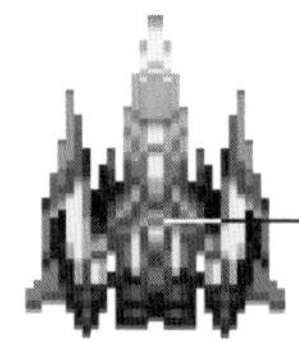

8-6-3 3つの関数を定義する

カーソルキーで自機を動かすmovePlayer()という関数を定義します。定義した関数を、WinMain関数のwhile(1)のリアルタイム処理の中で呼び出し、自機を動かせるようにします。

また、自機用の変数などにゲーム開始時の値を代入するinitVariable()という関数と、画像の中心座標を指定して表示するdrawImage()という関数も定義します。

ヘッダーファイルとソースファイルに追記する処理を掲載します。太字が前**8-5節**のプログラムから追加した部分です。追記した処理を中心に掲載し、前の節から変更のないところは省きます。

サンプル8-6-1 Chapter8->shootingGame_4.h

関数プロトタイプ宣言

```
// 関数プロトタイプ宣言
// ここにプロトタイプ宣言を記述する
void initGame(void);
void scrollBG(int spd);
void initVariable(void);
void drawImage(int img, int x, int y);
void movePlayer(void);
```

サンプル8-6-2 Chapter8->shootingGame_4.cpp

自機用の構造体変数を定義する

```
09 // グローバル変数
 : 省略
17
18 struct OBJECT player; // 自機用の構造体変数
```

※17行目を空行としています

while(1)に入る前にinitVariable()を呼び出す。while(1)内でmovePlayer()を呼び出す

```
    initGame(); // 初期化用の関数を呼び出す
    initVariable(); //【仮】ゲームを完成させる際に呼び出し位置を変える

    while (1) // メインループ
    {
        ClearDrawScreen(); // 画面をクリアする

        // ゲームの骨組みとなる処理を、ここに記述する
        scrollBG(1); //【仮】背景のスクロール
        movePlayer(); // 自機の操作
```

※前の節のプログラムに記述していた、BGM出力のPlaySoundMem(bgm, DX_PLAYTYPE_LOOP)を削除し、その位置にinitVariable()を記述しました

3つの関数を定義する

```
// ゲーム開始時の初期値を代入する関数
void initVariable(void)
{
    player.x = WIDTH / 2;
    player.y = HEIGHT / 2;
    player.vx = 5;
    player.vy = 5;
}

// 中心座標を指定して画像を表示する関数
void drawImage(int img, int x, int y)
{
    int w, h;
    GetGraphSize(img, &w, &h);
    DrawGraph(x - w / 2, y - h / 2, img, TRUE);
}

// 自機を動かす関数
void movePlayer(void)
{
    if (CheckHitKey(KEY_INPUT_UP)) { // 上キー
        player.y -= player.vy;
        if (player.y < 30) player.y = 30;
    }
    if (CheckHitKey(KEY_INPUT_DOWN)) { // 下キー
        player.y += player.vy;
        if (player.y > HEIGHT - 30) player.y = HEIGHT - 30;
    }
    if (CheckHitKey(KEY_INPUT_LEFT)) { // 左キー
```

```
127         player.x -= player.vx;
128         if (player.x < 30) player.x = 30;
129     }
130     if (CheckHitKey(KEY_INPUT_RIGHT)) { // 右キー
131         player.x += player.vx;
132         if (player.x > WIDTH - 30) player.x = WIDTH - 30;
133     }
134     drawImage(imgFighter, player.x, player.y); // 自機の描画
135 }
```

図表8-6-5 実行画面

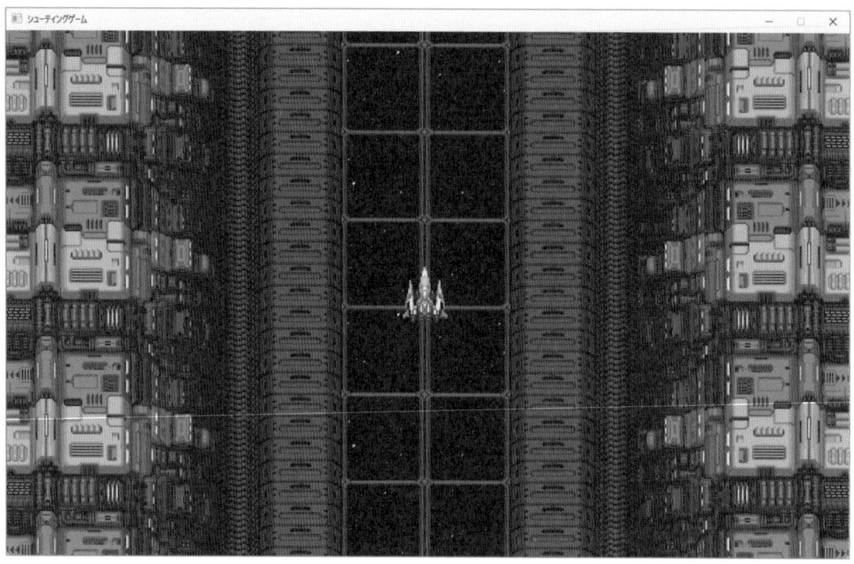

カーソルキーで自機を8方向に動かせることを確認しましょう。また、自機が画面の端まで来ると、それ以上、外側にはいかないことも確認しましょう。

initVariable()、drawImage()、movePlayer()の3つの関数を定義しました。各関数の処理について説明します。

8-6-4 定義した関数の処理

initVariable()関数で、ソースファイルの18行目で定義したplayerという構造体変数のメンバに、ゲーム開始時（この節の段階ではプログラム起動時）の値を代入しています。自機のx座標であるplayer.xに画面の幅の半分の値、y座標であるplayer.yに画面の高さの半分の値を代入し、ゲーム開始時に自機が画面中央に位置するようにしています。

またこの関数では、player.vxに自機のx軸方向の速さ、player.vyにy軸方向の速さを代入しています。player.vxとplayer.vyは、カーソルキーを押した時、1フレームごとに各軸方向に自

機が何ピクセル移動するかという値です。

drawImage()関数は、引数imgで表示する画像の変数を受け取り、xとyで中心座標を受け取ります。この関数に記述したGetGraphSize(img, &w, &h)で、変数wに画像の幅のピクセル数を、hに高さのピクセル数を代入しています。DrawGraph()で画像を表示する際、xからw/2を引いた値をx座標とし、yからh/2を引いた値をy座標とすることで、(x,y)が画像の中心座標となるようにしています。

movePlayer()関数では、4つのif文とCheckHitKey()で、上下左右のキーが押されているかを判定し、押されているなら、それぞれの方向に座標を変化させ、自機を動かしています。

その際、画面の端から外へ出ないようにするために、if (player.y < 30)やif (player.x > WIDTH - 30)などのif文で、自機の座標を調べています。具体的には、上キーが押されると、player.y -= player.vyで、y座標をplayer.vyの値分、減らします。そしてif (player.y < 30) player.y = 30で、y座標が30未満なら、30を代入し直して、画面上部の外側に出ないようにしています。

上キーと左キーを同時に押すと、自機が左上に移動します。この時、if (CheckHitKey(KEY_INPUT_UP))とif (CheckHitKey(KEY_INPUT_LEFT))の2つの条件式が成り立ち、y座標の計算とx座標の計算が同時に行われています。他の斜め方向についても、2つのキーが押された時に、x座標とy座標の計算が同時に行われます。なお、上下キーの同時押しでは、y座標に足し引きする値が等しいので、座標は変化しません。左右キーの同時押しについても同様です。

8-6-5 自機の移動速度について

ここで組み込んだプログラムでは、player.vx、player.vyともに5を代入しています。そしてカーソルキーが押された時、それらの値を自機のx座標やy座標に足し引きしています。

例えば左キーを押すとx座標が1フレームにつき5ピクセルずつ減ります。この時、同時に上キーを押すと、y座標も5ピクセルずつ減るので、$5 \times \sqrt{2} \fallingdotseq 7$ピクセルの距離を移動します。そのため斜め方向へ移動させると、縦や横への移動よりも速く動くように感じられます。

図表8-6-6 自機が移動するピクセル数

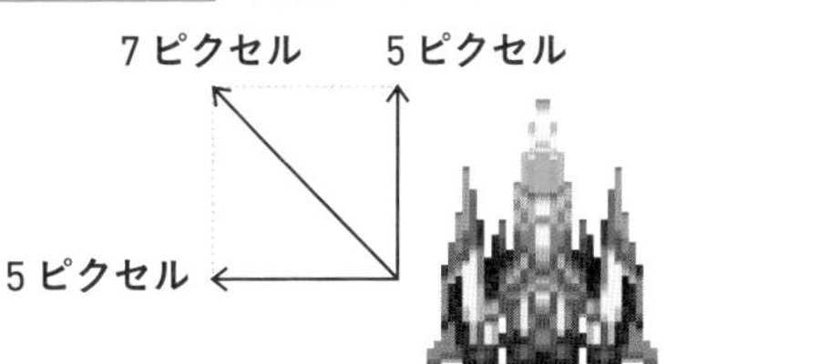

8-13節でパワーアップアイテムを出現させ、自機の移動速度を増やすアイテムを回収すると、player.vxとplayer.vyの値を増やし、自機の移動速度が上がるようにします。

商用のゲームソフトやゲームアプリで、どの方向へもキャラクターを動かせるゲームでは、たいてい、縦方向や横方向と、斜め方向への移動速度が等しくなる計算が行われています。

Section 8-7

自機から弾を発射できるようにする

この節では、弾の発射と移動の処理を組み込んで、スペースキーで弾を撃てるようにします。それを行うために、弾をセットする関数と、弾を動かす関数の、2つの関数を定義します。

8-7-1 自機の発射する弾について

次のタイミングで弾を発射するものとします。

A.スペースキーを押すたびに（いったんキーを離し、再び押すと）発射する
B.スペースキーを押し続けると、一定間隔で発射する

図表8-7-1 弾の発射

スペースキーを押すたびに発射し、押し続けた時は一定間隔で発射する

SPACE

前の節で組み込んだmovePlayer()関数で、スペースキーを押した時に、弾をセットする関数を呼び出します。ただしAとBを同時に組み込むと、処理が理解しにくくなるかもしれませんので、いったんスペースキーを押せば弾が出るようにし、その後、AとBの仕様を満たすように改良します。

8-7-2 複数の弾を管理する構造体の配列

構造体の配列を用いて、複数の弾を発射できるようにします。このゲームでは、自機の撃つ弾の配列の要素数を100とし、それをBULLET_MAXという定数で定義します。

図表8-7-2 弾の最大値の定義、弾用の構造体の配列の定義

```
const int BULLET_MAX = 100;
struct OBJECT bullet[BULLET_MAX];
```

構造体の配列の次のメンバで、弾の動きを計算します。

図表8-7-3 弾のパラメーター

メンバ	パラメーターの内容
bullet[].x	x 座標
bullet[].y	y 座標
bullet[].vx	x 軸方向の速さ（1 フレームごとに移動するピクセル数）
bullet[].vy	y 軸方向の速さ（1 フレームごとに移動するピクセル数）
bullet[].state	その弾が存在するか（発射された状態か）

bullet[n].stateが0なら、n番目の配列は空いているものとします（その弾は発射されていない状態）。bullet[n].stateが1なら、発射した弾が、画面上方に向かって飛ぶ状態とします。

8-7-3 弾をセットする関数と、動かす関数の定義

弾をセットするsetBullet()という関数と、弾を動かすmoveBullet()という関数を定義します。

setBullet()をmovePlayer()関数から呼び出し、moveBullet()をWinMain関数のwhile(1)の中で呼び出します。

ヘッダーファイルとソースファイルに追記する処理を掲載します。太字が前**8-6節**のプログラムから追加した部分です。

サンプル8-7-1 Chapter8->shootingGame_5.h

関数プロトタイプ宣言

```
// 関数プロトタイプ宣言
// ここにプロトタイプ宣言を記述する
省略
void setBullet(void);
void moveBullet(void);
```

サンプル8-7-2 Chapter8->shootingGame_5.cpp

弾の最大数を定義し、弾用の構造体の配列を用意する

```
const int BULLET_MAX = 100; // 自機が発射する弾の最大数
省略
struct OBJECT player; // 自機用の構造体変数
struct OBJECT bullet[BULLET_MAX]; // 弾用の構造体の配列
```

while(1)内で弾を動かす関数を呼び出す

```
    while (1) // メインループ
    {
        ClearDrawScreen(); // 画面をクリアする

```

```
        // ゲームの骨組みとなる処理を、ここに記述する
        scrollBG(1); // 【仮】背景のスクロール
        movePlayer(); // 自機の操作
        moveBullet(); // 弾の制御

        ScreenFlip(); // 裏画面の内容を表画面に反映させる
```

movePlayer()関数の中で、弾をセットする関数を呼び出す

```
// 自機を動かす関数
void movePlayer(void)
{
省略
    if (CheckHitKey(KEY_INPUT_SPACE)) setBullet(); // スペースキー
    drawImage(imgFighter, player.x, player.y); // 自機の描画
}
```

弾をセットする関数と動かす関数を定義

```
// 弾のセット（発射）
void setBullet(void)
{
    for (int i = 0; i < BULLET_MAX; i++) {
        if (bullet[i].state == 0) { // 空いている配列に弾をセット
            bullet[i].x = player.x;
            bullet[i].y = player.y - 20;
            bullet[i].vx = 0;
            bullet[i].vy = -40; // y軸方向の速さ（1回の計算で移動するピクセル数）
            bullet[i].state = 1; // 弾を存在する状態にする
            break;
        }
    }
    PlaySoundMem(seShot, DX_PLAYTYPE_BACK); // 効果音
}

// 弾の移動
void moveBullet(void)
{
    for (int i = 0; i < BULLET_MAX; i++) {
        if (bullet[i].state == 0) continue; // 空いている配列なら処理しない
        bullet[i].x += bullet[i].vx; // ┬ 座標を変化させる
        bullet[i].y += bullet[i].vy; // ┘
        drawImage(imgBullet, bullet[i].x, bullet[i].y); // 弾の描画
        if (bullet[i].y < -100) bullet[i].state = 0; // 画面外に出たら、存在しない状態にする
    }
}
```

図表8-7-4　実行画面

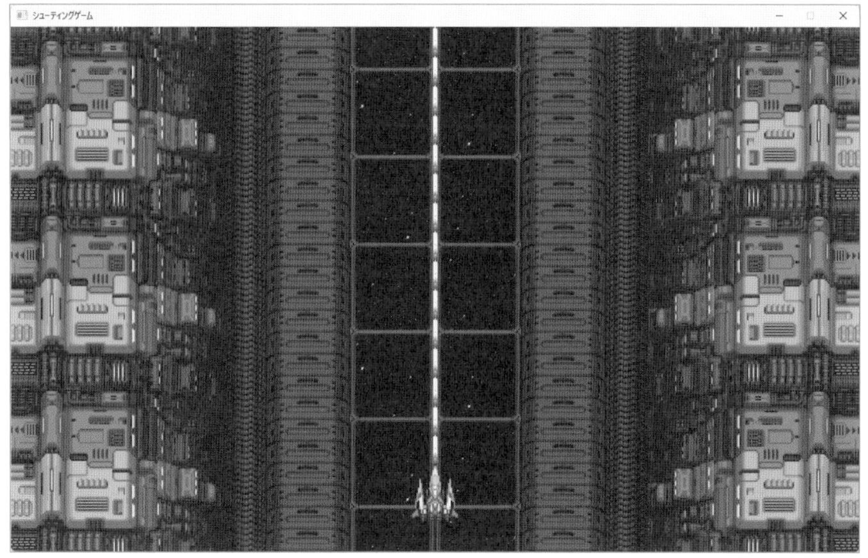

スペースキーを押すと弾が発射されます。このプログラムは、スペースキーが押されている時、常に弾をセットするため、キーを押していると間断なく撃ち出されます。組み込んだ2つの関数の処理を確認した後、**8-7-5**で弾の発射タイミングを調整します。

8-7-4　弾をセットする関数と動かす関数の仕組み

弾をセットするsetBullet()と、弾を動かすmoveBullet()という関数を、ソースファイルに定義しました。

setBullet()では、for (int i = 0; i < BULLET_MAX; i++)で、iの値を0からBULLET_MAX-1まで1ずつ増やし、if (bullet[i].state == 0)で、空いている弾の配列を探しています。空いている配列が見つかったら、弾のx座標、y座標、x軸方向の速さ、y軸方向の速さをbullet[i]のメンバに代入し、bullet[i].stateを1にして、弾が存在する状態にしています。

moveBullet()では、for (int i = 0; i < BULLET_MAX; i++)と、if (bullet[i].state == 0) continueで、発射していない弾の処理を行わないようにしています。発射した弾があれば、座標を変化させ、画面の上端から外に出たら、bullet[i].stateを0にして、その弾を存在しない状態にしています。

座標を変化させる計算は、x座標にx軸方向の速さを加え、y座標にy軸方向の速さを加えることで行っています。自機から発射された弾は、真っ直ぐ上に飛ぶので、x座標を変化させる必要はありません。ただし、後から斜めや真横に弾が飛ぶ改造を行いたい場合、x軸方向の計算も必要になります。そのような改造を想定して、bullet[i].vx = 0とbullet[i].x += bullet[i].vxの記述を入れたまま制作を続けます。

8-7-5 弾をセットするタイミングを改良する

setBullet()を呼び出すタイミングを改良し、この節のはじめで説明した、

A. スペースキーを押すたびに（いったんキーを離し、再び押すと）発射する
B. スペースキーを押し続けると、一定間隔で発射する

という仕様を組み込みます。

発射タイミングを改良したmovePlayer()関数は次のようになります。太字部分が改良個所です。

サンプル8-7-3 Chapter8->shootingGame_5_2.cpp

```
// 自機を動かす関数
void movePlayer(void)
{
    static char oldSpcKey; // 1つ前のスペースキーの状態を保持する変数
    static int countSpcKey; // スペースキーを押し続けている間、カウントアップする変数
    if (CheckHitKey(KEY_INPUT_UP)) { // 上キー
        player.y -= player.vy;
        if (player.y < 30) player.y = 30;
    }
    if (CheckHitKey(KEY_INPUT_DOWN)) { // 下キー
        player.y += player.vy;
        if (player.y > HEIGHT - 30) player.y = HEIGHT - 30;
    }
    if (CheckHitKey(KEY_INPUT_LEFT)) { // 左キー
        player.x -= player.vx;
        if (player.x < 30) player.x = 30;
    }
    if (CheckHitKey(KEY_INPUT_RIGHT)) { // 右キー
        player.x += player.vx;
        if (player.x > WIDTH - 30) player.x = WIDTH - 30;
    }
    if (CheckHitKey(KEY_INPUT_SPACE)) { // スペースキー
        if (oldSpcKey == 0) setBullet(); // 押した瞬間、発射
        else if (countSpcKey % 20 == 0) setBullet(); // 一定間隔で発射
        countSpcKey++;
    }
    oldSpcKey = CheckHitKey(KEY_INPUT_SPACE); // スペースキーの状態を保持
    drawImage(imgFighter, player.x, player.y); // 自機の描画
}
```

これでAとBのタイミングで弾が発射されるようになります。実行画面は省略します。

改良した部分を説明します。1つ前のフレームのスペースキーの状態（押していたか、離していたか）を保持するoldSpcKeyという変数と、スペースキーが押されている間、値を1ずつ増やすcountSpcKeyという変数を、関数の冒頭でstatic宣言しました。それらの変数はstaticを付けて定義したので、movePlayer()関数を抜けても、値が保持されます。

139〜143行目のスペースキーを押した判定のif文内に記述した、140行目のif文で、前のフレームでキーが離されていたら弾をセットしています（Aのタイミング）。また141行目のelse ifで、20フレームに1回、弾をセットしています（Bのタイミング）。

スペースキーを押し続けた時に発射するタイミングは、countSpcKeyを用いて計算しています。スペースキーを押している間、142行目のcountSpcKey++でcountSpcKeyの値を1ずつ増やし、141行目の条件式countSpcKey % 20 == 0により、20フレームに1回、発射しています。144行目でスペースキーの状態をoldSpcKeyに代入しています。次のフレームでmovePlayer()を呼び出した際、oldSpcKeyの値が1フレーム前のスペースキーの状態になります。

memo

141行目の20を変更して、弾の発射間隔を短くしたり、間隔をもっと空けることができます。

One Point

発射タイミングの改良

スペースキーを押したり離したりを繰り返すと、一瞬、高速に連射されることがあります。気になる方は、次のelseの処理（色付きの3行）を加えると、修正できます。

```
    if (CheckHitKey(KEY_INPUT_SPACE)) { // スペースキー
        if (oldSpcKey == 0) setBullet(); // 押した瞬間、発射
        else if (countSpcKey % 20 == 0) setBullet(); // 一定間隔で発射
        countSpcKey++;
    }
    else {
        countSpcKey = 0;
    }
```

Section 8-8 敵機を動かす1（基本的な動きを組み込む）

この節では、敵機をセットする関数と、敵機を動かす関数の、2つの関数を定義し、複数の敵が次々と出現するようにします。

8-8-1 敵機の種類と動きについて

この節と次の節に分けて、複数の敵機の処理を組み込みます。はじめに、どのような動きをプログラミングするかを確認します。

図表8-8-1 敵機の種類と動き

種類（列挙定数）	ファイル名	画像	動き
ENE_BULLET	enemy0.png		ENE_ZAK03 と、ENE_BOSS が発射する弾。ENE_ZAK03 の撃つ弾は、画面の真下に向かう。ENE_BOSS の撃つ弾は、画面全体に広がる。
ENE_ZAK01	enemy1.png		画面の上から下へ、直線上をゆっくり移動する。
ENE_ZAK02	enemy2.png		出現時に、左下、真下、右下のどちらに向かうかを決め、その向きに移動する（自機の存在する方に進む）。
ENE_ZAK03	enemy3.png		画面上部から高速で飛来し、急ブレーキをかけるように止まって弾を撃ち、右上に飛び去る。
ENE_BOSS	enemy4.png		画面の中央上部から出現し、画面の下部と上部を往復する。上部に戻った時、複数の弾を撃ち出す。

敵機の種類を列挙定数で、enum { ENE_BULLET, ENE_ZAK01, ENE_ZAK02, ENE_ZAK03, ENE_BOSS } と定義します。ENE_BULLET は敵機が撃つ弾、ENE_ZAK01～ENE_ZAK03がザコ機、ENE_BOSSがボス機です。

この節では、ENE_ZAK01とENE_ZAK02の処理を組み込み、次の節で、ENE_ZAK03とボス機の処理を追加します。

この節と次の節で、敵機の移動と弾の発射までを組み込みます。**8-10節**で、自機から発射した弾で敵機を撃ち落とせるようにします。

8-8-2 複数の敵機を制御する構造体の配列

構造体の配列を用いて、複数の敵機を制御します。敵機用の配列の要素数は100とし、ENEMY_MAXという定数で定義します。

図表8-8-2 敵機の最大数の定義、敵機用の構造体の配列の定義

```
const int ENEMY_MAX = 100;
struct OBJECT enemy[ENEMY_MAX];
```

構造体の配列の次のメンバを用いて、敵機の動きを計算します。enemy[].patternには、ENE_BULLET、ENE_ZAK01、ENE_ZAK02、ENE_ZAK03、ENE_BOSSのいずれかを代入します。

図表8-8-3 敵機のパラメーター

メンバ	パラメーターの内容
enemy[].x	x 座標
enemy[].y	y 座標
enemy[].vx	x 軸方向の速さ（1 フレームごとに移動するピクセル数）
enemy[].vy	y 軸方向の速さ（1 フレームごとに移動するピクセル数）
enemy[].state	その敵機が存在するか
enemy[].pattern	飛行パターン
enemy[].image	敵機の画像
enemy[].wid	画像の幅（ピクセル数）
enemy[].hei	画像の高さ（ピクセル数）
enemy[].shield	シールド値

※灰色の文字のメンバは、8-10でヒットチェックを組み込む際に用います

このゲームでは、enemy[].patternを、敵機の種類、および、飛行パターンを定めるメンバとして用います。つまりこれから確認するプログラムは、敵機の種類＝飛行パターンとなっていますが、プログラムを少し改良するだけで、同じ種類のザコ機に複数の飛行パターンを設けることができます。飛行パターンを簡単に変えられることは、この節の後半で説明します。

筆者はこれまで複数のゲーム開発本を執筆してきました。どの本でも、各種の改良がしやすいように配慮して、プログラムを作っています。

8-8-3 敵機を一定の間隔で出現させる

敵機をセットするsetEnemy()という関数と、敵機を動かすmoveEnemy()という関数を定義します。

動作確認のために、WinMain()のwhile(1)内で、60フレームに1回、ENE_ZAKO1とENE_ZAKO2のいずれかをsetEnemy()関数で出現させます。moveEnemy()関数もwhile(1)内で呼び出します。

敵機を一定間隔で出現させるために、distanceという変数を用います。

図表8-8-4 この節で追加する変数

変数名	用途
distance	ステージのどこまで進んだか

この節では、ザコ機の出現タイミングを計ることだけにdistanceを用いますが、後の節で、自機がステージのどこまで進んだかを管理する変数としても用います。

8-8-4 敵機をセットする関数と、動かす関数の定義

敵機をセットするsetEnemy()関数と、動かすmoveEnemy()関数を定義し、複数のザコ機が出現するようにしたプログラムを確認します。

ヘッダーファイルとソースファイルに追記する処理を掲載します。太字が前**8-7節**のプログラムから追加した部分です。

サンプル8-8-1 Chapter8->shootingGame_6.h

関数プロトタイプ宣言

```
// 関数プロトタイプ宣言
// ここにプロトタイプ宣言を記述する
省略
int setEnemy(int x, int y, int vx, int vy, int ptn, int img, int sld);
void moveEnemy(void);
```

サンプル8-8-2 Chapter8->shootingGame_6.cpp

乱数を使うのでstdlib.hをインクルード

```
#include <stdlib.h>
```

敵機の最大数、ステージの長さの定数、敵機の種類の列挙定数、ステージのどこにいるか（終端までの距離）を扱う変数、敵機用の構造体の配列を用意

```
const int ENEMY_MAX = 100; // 敵機の数の最大値
const int STAGE_DISTANCE = FPS*60; // ステージの長さ
enum { ENE_BULLET, ENE_ZAKO1, ENE_ZAKO2, ENE_ZAKO3, ENE_BOSS }; // 敵機の種類

```

```
// グローバル変数
省略
int distance = 0; // ステージ終端までの距離

struct OBJECT player; // 自機用の構造体変数
struct OBJECT bullet[BULLET_MAX]; // 弾用の構造体の配列
struct OBJECT enemy[ENEMY_MAX]; // 敵機用の構造体の配列
```

distanceに初期値を代入。定義した関数をwhile(1)内で呼び出す

```
    distance = STAGE_DISTANCE; //【記述位置は仮】ステージの長さを代入

    while (1) // メインループ
    {
        ClearDrawScreen(); // 画面をクリアする

        // ゲームの骨組みとなる処理を、ここに記述する
        scrollBG(1); //【仮】背景のスクロール
        if (distance > 0) distance--; // 距離の計算
        DrawFormatString(0, 0, 0xffff00, "distance=%d", distance); //【仮】確認用
        if (distance % 60 == 1) //【仮】ザコ機の出現
        {
            int x = 100 + rand() % (WIDTH - 200); // 出現位置 x座標
            int y = -50;                          // 出現位置 y座標
            int e = 1 + rand() % 2; // 出現するザコ機の種類
            if (e == ENE_ZAKO1) setEnemy(x, y, 0, 3, ENE_ZAKO1, imgEnemy[ENE_ZAKO1], 1);
            if (e == ENE_ZAKO2) {
                int vx = 0;
                if (player.x < x - 50) vx = -3;
                if (player.x > x + 50) vx = 3;
                setEnemy(x, -100, vx, 5, ENE_ZAKO2, imgEnemy[ENE_ZAKO2], 3);
            }
        }
        moveEnemy(); // 敵機の制御
        movePlayer(); // 自機の操作
        moveBullet(); // 弾の制御
```

敵をセットする関数と動かす関数を定義

```
// 敵機をセットする
int setEnemy(int x, int y, int vx, int vy, int ptn, int img, int sld)
{
    for (int i = 0; i < ENEMY_MAX; i++) {
        if (enemy[i].state == 0) {
            enemy[i].x = x;
```

```
204                 enemy[i].y = y;
205                 enemy[i].vx = vx;
206                 enemy[i].vy = vy;
207                 enemy[i].state = 1;
208                 enemy[i].pattern = ptn;
209                 enemy[i].image = img;
210 //              enemy[i].shield = sld * stage; // ステージが進むほど敵が固くなる
211 //              GetGraphSize(img, &enemy[i].wid, &enemy[i].hei); // 画像の幅と高さを代入
212                 return i;
213             }
214         }
215         return -1;
216 }
217 
218 // 敵機を動かす
219 void moveEnemy(void)
220 {
221         for (int i = 0; i < ENEMY_MAX; i++) {
222             if (enemy[i].state == 0) continue; // 空いている配列なら処理しない
223             enemy[i].x += enemy[i].vx; //┬敵機の移動
224             enemy[i].y += enemy[i].vy; //┘
225             drawImage(enemy[i].image, enemy[i].x, enemy[i].y); // 敵機の描画
226             // 画面外に出たか？
227             if (enemy[i].x < -200 || WIDTH + 200 < enemy[i].x || enemy[i].y < -200 || HEIGHT + 200 < enemy[i].y) enemy[i].state = 0;
228         }
229 }
```

※210～211行目の処理は、ここでは不要なのでコメント文とし、後の節でコメントを外して用います

図表8-8-5 実行画面

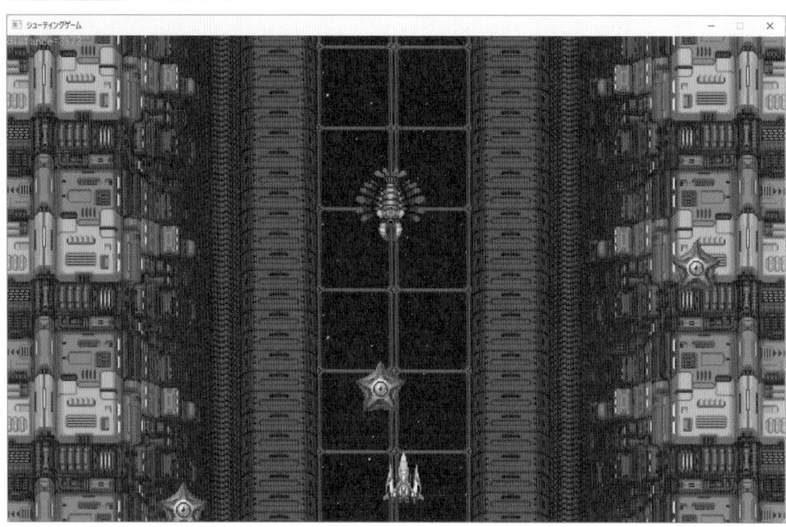

画面左上に表示したdistanceの値が0になるまで、ENE_ZAK01かENE_ZAK02のいずれかが、60フレームに1回（約1秒間隔で）出現します。

WinMain関数のwhile(1)内に記述した、if (distance % 60 == 1)のタイミングで、敵機をセットするsetEnemy()を呼び出しています。

distanceには、10行目で定義したSTAGE_DISTANCE（値は60*60の3600）を代入し、毎フレーム1ずつ減らしています。このプログラムではザコ機の出現タイミングを計ることだけに、この変数を使っていますが、後の節でステージマップを表示し、この変数の値を用いて、ステージのどこまで進んだかを視覚的にわかるようにします。

8-8-5 敵機をセットする関数と動かす関数の仕組み

敵機をセットするsetEnemy()関数と、敵機を動かすmoveEnemy()関数を定義しました。それぞれの関数の処理について説明します。

setEnemy()関数には、x、y、vx、vy、ptn、img、sldの7つの引数を設けています。xとyで出現する敵機の座標、vxでx軸方向の速さ、vyでy軸方向の速さ、ptnで飛行パターン（敵機の種類）、imgで敵機の画像の変数、sldでシールドの値を受け取り、構造体の配列のメンバに値を代入しています。

この関数は、パラメーターをセットした配列の添え字（インデックス）を戻り値として返しています。これは後の節で、ボス機をどの要素にセットしたかわかるようにするためです。具体的には、倒したボス機が爆発する演出を行う際、配列の添え字が必要になるので、それを手に入れられるようにしています。

moveEnemy()関数では、for (int i = 0; i < ENEMY_MAX; i++)で変数iを0からENEMY_MAX-1まで1ずつ増やし、出現している敵機があれば、座標を変化させ、画面に表示しています。

また、if (enemy[i].x < -200 || WIDTH + 200 < enemy[i].x || enemy[i].y < -200 || HEIGHT + 200 < enemy[i].y) enemy[i].state = 0で、敵機が画面の外に出たら、enemy[i].stateを0にして、存在しない状態にしています。

敵機の座標計算を、第6章のテニスゲームのボールの制御で学んだ方法で行っており、次の**8-8-6**で説明します。

memo

この章では既に、自機が発射した弾の移動を、テニスゲームのボールの制御で学んだ方法で行っています。本書で採用した物体を動かす計算は、古くからさまざまなゲームに用いられてきたもので、汎用性があり、あらゆるジャンルのゲームに応用できる計算方法になります。ここでよく理解しておきましょう。

8-8-6 敵機の移動処理について

x座標にx軸方向の速さを加え、y座標にy軸方向の速さを加えることで、敵機の座標を変化させています。この計算方法を用いると、各軸方向の速さを変えることで、物体のさまざまな動きを表現できます。

ENE_ZAK01とENE_ZAK02が、同じ計算で違う動きをしていることを確認します。

図表8-8-6 敵機の座標変化について

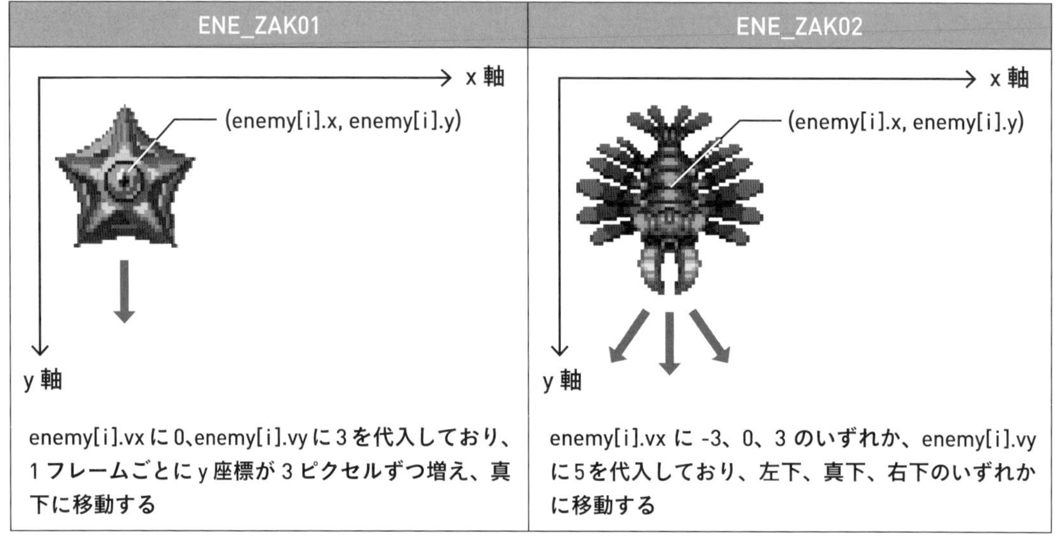

ENE_ZAK01	ENE_ZAK02
enemy[i].vxに0、enemy[i].vyに3を代入しており、1フレームごとにy座標が3ピクセルずつ増え、真下に移動する	enemy[i].vxに-3、0、3のいずれか、enemy[i].vyに5を代入しており、左下、真下、右下のいずれかに移動する

ENE_ZAK02を出現させる時、enemy[i].vxに、いったん0を代入し、if (player.x < x - 50)で自機が敵機より左にいるかを判定し、その時は-3を代入し、if (player.x > x + 50)で自機が敵機より右にいるかを判定し、その時は3を代入しています。その後は、ENE_ZAK01、ENE_ZAK02とも、同じ計算式で移動処理を行っています。

次の節で組む込む3種類目のザコ機とボス機は、各軸方向の速さを変化させ、複雑な動きを表現します。

この計算方法は、ゲームに登場する物体の制御を行う大切なアルゴリズムの1つになります。

Section
8-9

敵機を動かす2（特殊な動きを組み込む）

ここでは、前の節で組み込んだ敵機を動かす関数に、3種類目のザコ機と、ボス機の処理を追記します。ボス機はステージの最後で登場するようにします。また、ステージマップを表示する関数も定義します。

8-9-1 ステージマップについて

この節では、自機がステージのどの辺りを飛行しているかを知らせる、次のようなマップ表示を追加します。これを「ステージマップ」と呼ぶことにします。

図表8-9-1 ステージマップ

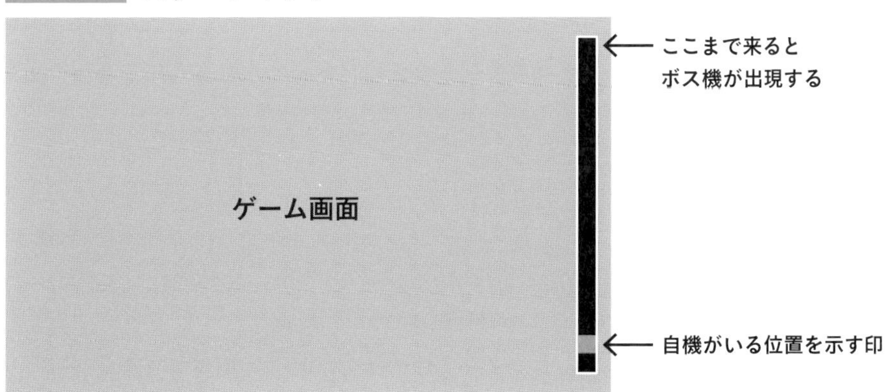

ステージマップ上に自機の位置を示す印を設けます。印は画面上に向かって移動し、マップの上端に達した時にボス機が出現するようにします。stageMap()という関数を定義して、ステージマップを表示します。

8-9-2 ボスをセットした配列の添え字を保持する

ボス機をステージの終端で出現させる際、ボス機をセットした配列の添え字を、bossIdxという変数に代入します。この節では変数への値の代入だけを行い、先の節でボス機を倒した時の爆発演出を組み込む際に、この変数を用います。

図表8-9-2 この節で追加する変数

変数名	用途
bossIdx	ボス機をセットした配列の添え字を保持する

8-9-3 敵機を動かす関数の改良、ステージマップ表示関数の追加

3種類目のザコ機と、ボス機の処理を追加したプログラムを確認します。

ヘッダーファイルとソースファイルに追記する処理を掲載します。太字が前**8-8節**のプログラムから追加した部分です。

サンプル8-9-1 Chapter8->shootingGame_7.h

関数プロトタイプ宣言

```
void stageMap(void);
```

サンプル8-9-2 Chapter8->shootingGame_7.cpp

グローバル変数の追加

```
int bossIdx = 0; // ボスを代入した配列のインデックス
```

WinMain関数のwhile(1)内に、ザコ機3とボス機を出現させる処理を追記。stageMap()を呼び出す

```
    while (1) // メインループ
    {
        ClearDrawScreen(); // 画面をクリアする

        // ゲームの骨組みとなる処理を、ここに記述する
        scrollBG(1); // 【仮】背景のスクロール
        if (distance > 0) distance--; // 【記述位置は仮】距離の計算
        DrawFormatString(0, 0, 0xffff00, "distance=%d", distance); // 【仮】確認用
        if (distance % 60 == 1) // 【仮】ザコ機の出現
        {
省略
        }
        if (distance % 120 == 1) // 【仮】ザコ機３の出現
        {
            int x = 100 + rand() % (WIDTH - 200); // 出現位置 x座標
            setEnemy(x, -100, 0, 40 + rand() % 20, ENE_ZAKO3, imgEnemy[ENE_ZAKO3], 5);
        }
        if (distance == 1) bossIdx = setEnemy(WIDTH / 2, -120, 0, 1, ENE_BOSS, imgEnemy[ENE_BOSS], 200); // ボス出現
        moveEnemy(); // 敵機の制御
        movePlayer(); // 自機の操作
        moveBullet(); // 弾の制御
        stageMap(); // ステージマップ
```

moveEnemy()関数にザコ機3とボス機の処理を追記

```
// 敵機を動かす
void moveEnemy(void)
{
    for (int i = 0; i < ENEMY_MAX; i++) {
        if (enemy[i].state == 0) continue; // 空いている配列なら処理しない
        if (enemy[i].pattern == ENE_ZAKO3) // ザコ機3
        {
            if (enemy[i].vy > 1) // 減速
            {
                enemy[i].vy *= 0.9;
            }
            else if (enemy[i].vy > 0) // 弾発射、飛び去る
            {
                setEnemy(enemy[i].x, enemy[i].y, 0, 6, ENE_BULLET, imgEnemy[ENE_
BULLET], 0); // 弾
                enemy[i].vx = 8;
                enemy[i].vy = -4;
            }
        }
        if (enemy[i].pattern == ENE_BOSS) // ボス機
        {
            if (enemy[i].y > HEIGHT - 120) enemy[i].vy = -2;
            if (enemy[i].y < 120) // 画面上端
            {
                if (enemy[i].vy < 0) // 弾発射
                {
                    for (int bx = -2; bx <= 2; bx++) // 二重ループのfor
                        for (int by = 0; by <= 3; by++)
                        {
                            if (bx == 0 && by == 0) continue;
                            setEnemy(enemy[i].x, enemy[i].y, bx * 2, by * 3,
ENE_BULLET, imgEnemy[ENE_BULLET], 0);
                        }
                }
                enemy[i].vy = 2;
            }
        }
        enemy[i].x += enemy[i].vx; //┬敵機の移動
        enemy[i].y += enemy[i].vy; //┘
        drawImage(enemy[i].image, enemy[i].x, enemy[i].y); // 敵機の描画
        // 画面外に出たか？
        if (enemy[i].x < -200 || WIDTH + 200 < enemy[i].x || enemy[i].y < -200
|| HEIGHT + 200 < enemy[i].y) enemy[i].state = 0;
```

```
266         }
267 }
```

※251行目のfor文の波括弧を省いていますが、本来は記述が推奨されます。本書では、行数を減らしコード全体を見渡しやすくするために、波括弧を省いた個所があります

stageMap()関数の追加

```
// ステージマップ
void stageMap(void)
{
    int mx = WIDTH - 30, my = 60; // マップの表示位置
    int wi = 20, he = HEIGHT - 120; // マップの幅、高さ
    int pos = (HEIGHT - 140) * distance / STAGE_DISTANCE; // 自機の飛行している位置
    SetDrawBlendMode(DX_BLENDMODE_SUB, 128); // 減算による描画の重ね合わせ
    DrawBox(mx, my, mx + wi, my + he, 0xffffff, TRUE);
    SetDrawBlendMode(DX_BLENDMODE_NOBLEND, 0); // ブレンドモードを解除
    DrawBox(mx-1, my-1, mx + wi + 1, my + he + 1, 0xffffff, FALSE); // 枠線
    DrawBox(mx, my + pos, mx + wi, my + pos + 20, 0x0080ff, TRUE); // 自機の位置
}
```

図表8-9-3 実行画面1 ザコ機3が登場

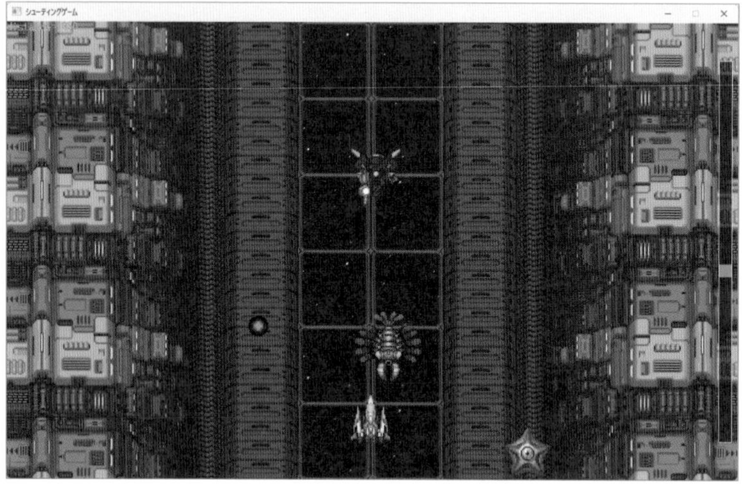

memo

ステージマップの表示で、ブレンドモードを指定するSetDrawBlendMode()を用いています。

図表8-9-4 実行画面2 ステージ終端でボス機が登場

8-9-4 追加した敵機の処理について

moveEnemy()関数に、ザコ機3とボス機の処理を追記しました。

3種類目のザコ機は、if (enemy[i].vy > 1) 〜 else if (enemy[i].vy > 0)の条件分岐で、y軸方向の速さが1より大きい間、速さに0.9を掛けて減速させています。y軸方向の速さが1以下になった時に、setEnemy(enemy[i].x, enemy[i].y, 0, 6, ENE_BULLET, imgEnemy[ENE_BULLET], 0)により弾を発射しています。そしてx軸方向とy軸方向の速さを代入し直し、右上に飛び去るようにしています。

ボス機は、if (enemy[i].y > HEIGHT - 120) と if (enemy[i].y < 120)の2つの条件分岐で、画面の上部と下部を往復させています。その際、上に戻ったタイミングで、変数bxとbyを用いたforの二重ループで、周囲に弾をばらまくように発射しています。

8-9-5 ステージマップの関数

ステージマップを表示するstageMap()という関数を定義しました。この関数は、画面右側に帯状のマップを表示し、自機の位置を水色の矩形（長方形）で表示します。自機がステージのどこを飛行しているかを、変数distanceで管理しています。

WinMain関数にある次の処理も併せて確認しましょう。

- **distanceにSTAGE_DISTANCE（ステージの長さの値）を代入する（39行目）。**
- **distanceが0より大きい間、1ずつ減らしていく（47行目）。**
- **distanceが1になった時、ボス機を出現させる（67行目）。**

Section 8-10 自機の弾で敵機を撃ち落とせるようにする

この節では、敵機にシールドを設定し、自機から撃ち出す弾を当てると、その値が減り、シールドが0になると敵機が破壊されるようにします。敵機にダメージを与える処理を、関数として定義します。

8-10-1 敵機と弾のヒットチェックについて

敵機と、自機が発射した弾とのヒットチェックについて説明します。

敵機をセットする際に、敵機の画像の幅をenemy[i].widに、高さをenemy[i].heiに代入します。

敵機の中心座標は(enemy[i].x, enemy[i].y)です。

自機の弾は幅10ピクセル、高さ40ピクセルで、中心座標は(bullet[i].x, bullet[i].y)です。

敵機と弾の中心座標のx軸方向の距離を変数dxに、y軸方向の距離を変数dyに代入します。ここでいう距離とはピクセル数のことです。

図表8-10-1 敵機と弾の大きさ、各軸方向の距離

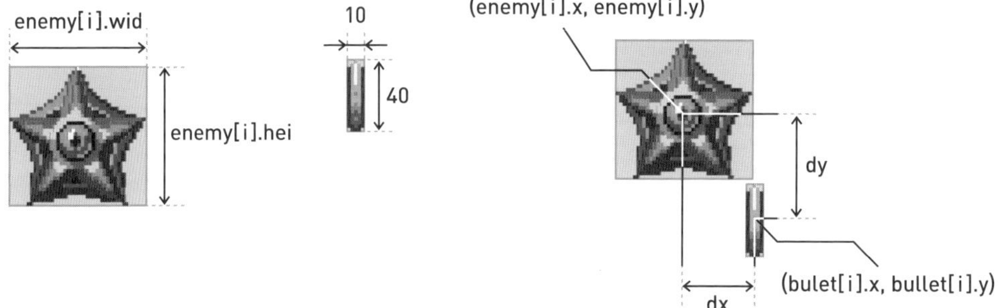

dxの絶対値<enemy[i].wid/2、かつ、dyの絶対値<enemy[i].hei/2という条件式が成り立てば、弾の中心座標は、敵機の画像の枠内（図表8-10-1の敵機の周りに描いた枠の内側）にあります。この時に弾が敵機に当たったものとします。これは矩形による当たり判定のアルゴリズムそのものです。

8-10-2 ステージ、スコア、ハイスコアの変数を用意する

ここでは、ステージ番号を代入する変数を用意します。また、スコアとハイスコアを代入する変数を用意し、スコアの加算とハイスコアの更新も組み込みます。

setEnemy()関数で敵機のシールドの値を代入する際、ステージが進むほど、その値を大きくします。**8-8節**でsetEnemy()関数を定義した際に、シールドの値を代入する式をコメント文で記述しています。ここで//を外して、その計算式を有効にします。

図表8-10-2 この節で追加する変数

変数名	用途
stage	ステージの番号
score	スコア
hisco	ハイスコア

8-10-3 敵機にダメージを与える関数について

敵機にダメージを与える処理を記述した、damageEnemy()という関数を定義します。damageEnemy()関数には、シールドを減らす計算の他に、スコアの加算とハイスコアの更新を記述します。また、敵機の上に半透明の赤い円を重ねて描き、弾を当てたことを視認しやすくします。

この関数は、次の節で、敵機と自機が接触した処理を行う際にも用います。

敵機に弾を当てた時、いくつかの処理を行います。そのような処理のまとまりを関数として定義すると、すっきりとしたプログラムになります。すっきりしたプログラムは、バグが発生した際に原因を特定しやすく、メンテナンスしやすいものになります。

8-10-4 敵機と自機の弾とのヒットチェックを組み込む

弾を当てると敵機のシールドが減り、シールドが無くなった敵機を消すプログラムを確認します。

ヘッダーファイルとソースファイルに追記する処理を掲載します。太字が前**8-9節**のプログラムから追加した部分です。

サンプル8-10-1 Chapter8->shootingGame_8.h

関数プロトタイプ宣言

```
void damageEnemy(int n, int dmg);
```

サンプル8-10-2 Chapter8->shootingGame_8.cpp

abs()を用いるのでstdlib.hをインクルード（8-8節でrand()を使うときに記述済み）

```
#include <stdlib.h>
```

グローバル変数の追加

```
int stage = 1; // ステージ
int score = 0; // スコア
int hisco = 10000; // ハイスコア
```

仮でスコアとハイスコアを表示

```
DrawFormatString(0, 0, 0xffff00, "SCORE %d  HI-SCO %d", score, hisco); // 【仮】確認用
```

※distanceの値を表示していたDrawFormatString()で、scoreとhiscoreを表示します

敵機をセットする関数で、222行目と223行目の//を外す

```
210 // 敵機をセットする
211 int setEnemy(int x, int y, int vx, int vy, int ptn, int img, int sld)
212 {
 :  省略
222             enemy[i].shield = sld * stage; // ステージが進むほど敵が固くなる
223             GetGraphSize(img, &enemy[i].wid, &enemy[i].hei); // 画像の幅と高さを代入
224             return i
```

敵機を動かす処理にヒットチェックの処理を追記

```
// 敵機を動かす
void moveEnemy(void)
{
    for (int i = 0; i < ENEMY_MAX; i++) {
        if (enemy[i].state == 0) continue; // 空いている配列なら処理しない
省略
        enemy[i].x += enemy[i].vx; //┬敵機の移動
        enemy[i].y += enemy[i].vy; //┘
        drawImage(enemy[i].image, enemy[i].x, enemy[i].y); // 敵機の描画
        // 画面外に出たか？
        if (enemy[i].x < -200 || WIDTH + 200 < enemy[i].x || enemy[i].y < -200 || HEIGHT + 200 < enemy[i].y) enemy[i].state = 0;
        // 当たり判定のアルゴリズム
        if (enemy[i].shield > 0) // ヒットチェックを行う敵機（弾以外）
        {
            for (int j = 0; j < BULLET_MAX; j++) { // 自機の弾とヒットチェック
                if (bullet[j].state == 0) continue;
                int dx = abs((int)(enemy[i].x - bullet[j].x)); //┬中心座標間のピクセル数
                int dy = abs((int)(enemy[i].y - bullet[j].y)); //┘
                if (dx < enemy[i].wid / 2 && dy < enemy[i].hei / 2) // 接触しているか
                {
                    bullet[j].state = 0; // 弾を消す
                    damageEnemy(i, 1); // 敵にダメージ
                }
            }
        }
    }
}
```

敵機にダメージを与える関数を定義

```
// 敵機のシールドを減らす（ダメージを与える）
void damageEnemy(int n, int dmg)
{
    SetDrawBlendMode(DX_BLENDMODE_ADD, 192); // 加算による描画の重ね合わせ
    DrawCircle(enemy[n].x, enemy[n].y, (enemy[n].wid + enemy[n].hei) / 4, 0xff0000, TRUE);
    SetDrawBlendMode(DX_BLENDMODE_NOBLEND, 0); // ブレンドモードを解除
    score += 100; // スコアの加算
    if (score > hisco) hisco = score; // ハイスコアの更新
    enemy[n].shield -= dmg; // シールドを減らす
    if (enemy[n].shield <= 0)
    {
        enemy[n].state = 0; // シールド0以下で消す
    }
}
```

図表8-10-3　実行画面

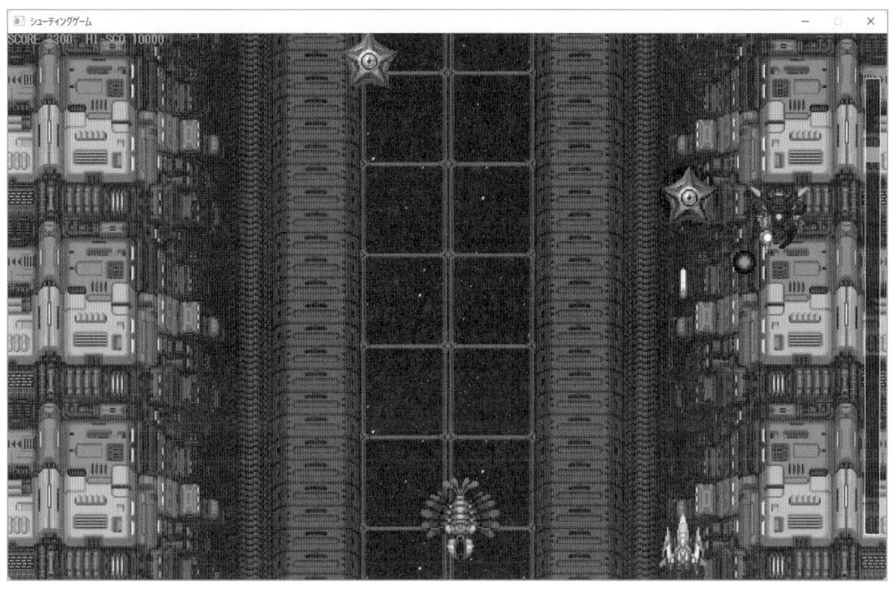

自機から発射した弾と、敵機との当たり判定のアルゴリズムを組み込みました。何度かプレイして、自機の弾と敵機の弾（赤い敵が撃ち出す弾）は、ヒットチェックを行っていないことを確認しましょう。弾同士のヒットチェックを行わない方法は8-10-6で説明します。

8-10-5 画像サイズを用いたヒットチェックについて

moveEnemy()関数に記述したヒットチェックでは、自機の弾の中心座標が、敵機の画像サイズの内側にあるかを判定しています。その判定に敵機の画像の幅と高さを用いています。画像の幅と高さは、setEnemy()関数のGetGraphSize(img, &enemy[i].wid, &enemy[i].hei)で、enemy[i].widとenemy[i].heiに代入しています。

本書は多くの方にゲーム開発を学んで頂けるように、できる限りわかりやすい処理を採用しています。そこで、画像サイズを用いた簡易的な当たり判定のアルゴリズムを組み込みましたが、商用のゲームソフトやゲームアプリでは、もっと厳密なヒットチェックが求められることを、お伝えしておきます。

8-10-6 自機の弾と敵機の弾はヒットチェックを行わない

自機の弾と敵機の弾は、ぶつかっても何も起きず、素通りするようにしています。その仕組みですが、ヒットチェックを行う際、if (enemy[i].shield > 0)という条件分岐で、シールドの値が0より大きなものだけを判定しています。ザコ機とボス機はシールドを1以上でセットしているので、ヒットチェックが行われます。一方、敵機の撃つ弾はシールドを0でセットしているので、ヒットチェックは行われません。

8-10-7 damageEnemy()関数の引数について

敵機にダメージを与えるdamageEnemy()関数を定義しました。この関数で行っている処理の内容は、**8-10-3**で説明した通りです。

この関数は第二引数のdmgで、ダメージの大きさ（シールドから引く値）を指定できるようにしました。このプログラムでは、damageEnemy(敵の配列の添え字, 1)として、ダメージを1という固定値で呼び出していますが、例えばゲームを改造して大ダメージを与えられる武器を追加する際、ダメージの大きさを指定できると、関数を便利に使うことができます。そのような理由から、ダメージの値を引数で指定できるようにしています。

memo

関数は汎用性を持たせて定義すると、後々の改造やメンテナンスで役に立ちます。汎用性とは使い回ししやすいという意味です。この言葉を難解に感じる方もいらっしゃるでしょうが、プログラミングを続けていくと、汎用性とは具体的にどのようなものかを理解できるようになります。

Section 8-11 自機と敵機が衝突した時の処理を組み込む

この節では、自機と敵機の当たり判定のアルゴリズムを組み込みます。このゲームは、自機が敵機と接触するとシールドが減り、自機のシールドが無くなるとゲームオーバーになるようにします。

8-11-1 自機と敵機のヒットチェックについて

前の節で、自機の弾と敵機とのヒットチェックを組み込みました。それと同様に、矩形による当たり判定のアルゴリズムで、自機と敵機が接触したかを判定します。その概要を説明します。

自機の画像の幅をplayer.wid、高さをplayer.heiに代入します。敵機の画像の幅と高さは、前の節で、enemy[i].widとenemy[i].heiに代入しています。

自機の中心座標(player.x, player.y)と、敵機の中心座標のx軸方向の距離をdx、y軸方向の距離をdyに代入します。ここでいう距離とはピクセル数のことです。

図表8-11-1 敵機と自機の大きさ、各軸方向の距離

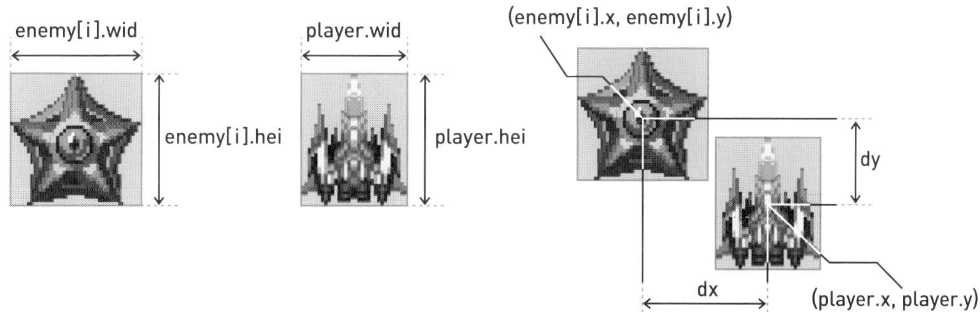

dxの絶対値<enemy[i].wid/2+player.wid/2、かつ、dyの絶対値<enemy[i].hei/2+player.hei/2という条件が成り立てば、自機と敵機の画像は重なっています。この時、2つの機体は衝突したものとして、自機のシールドを減らします。

8-11-2 自機のシールドメーターを表示する

シールドの値を表示するdrawParameter()という関数を定義します。この関数を「自機のパラメーター表示関数」と呼んで説明します。自機のパラメーター表示関数では、先の節で、自機の移動速度と武器レベルも表示するようにします。

影付きの文字列を表示する関数を併せて定義し、シールドの値を視認しやすくします。数値以外にもメーター（横長のバー）でシールドを表示し、ゲームルールに関する最も大切な値が一目でわかるようにします。

自機のシールドの値はplayer.shieldに代入します。その最大値をPLAYER_SHIELD_MAXという定数で定義します。

memo

シールドの最大値を定数で定義しておけば、ゲームの難易度調整がしやすくなります。

8-11-3 無敵状態について

自機と敵機が接触したら、一定時間、ヒットチェックを行わないようにします。そのような状態をゲーム用語で無敵状態と呼びます。

シューティングゲームやアクションゲームでは、ダメージを受けた際に無敵になる時間を設けないと、複数の敵と次々に接触するなどして、あっという間にゲームオーバーになりかねません。無敵状態はアクション系のゲームを作る時に欠かせない仕様です。

無敵状態を組み込むには、無敵のフレーム数をカウントする変数を用意します。

図表8-11-2 この節で追加する変数

変数名	用途
noDamage	無敵状態のフレーム数を数える

この変数に60（このゲームでは約1秒間のフレーム数）を代入します。noDamageが0より大きいなら値を1ずつ減らし、その間はヒットチェックを行わないようにします。

memo

ゲームメーカーが開発・配信するアクション系のゲームには、敵と触れたり、敵の攻撃を受けた後、無敵状態になる仕様が必ず組み込まれています。アイテムを取ることで、しばらくの間、無敵になるゲームもあります。

8-11-4 自機のパラメーター表示関数と、ヒットチェックを組み込む

敵機と自機のヒットチェックを追加したプログラムを確認します。自機のパラメーター表示関数と、影付きの文字列を表示する関数の定義も行っています。

ヘッダーファイルとソースファイルに追記する処理を掲載します。太字が前**8-10節**のプログラムから追加した部分です。

サンプル8-11-1 Chapter8->shootingGame_9.h

関数プロトタイプ宣言

```
void drawText(int x, int y, const char* txt, int val, int col, int siz);
void drawParameter(void);
```

サンプル8-11-2 Chapter8->shootingGame_9.cpp

自機のシールドの最大値を定義

```
const int PLAYER_SHIELD_MAX = 8; // 自機のシールドの最大値
enum { ENE_BULLET, ENE_ZAKO1, ENE_ZAKO2, ENE_ZAKO3, ENE_BOSS }; // 敵機の種類
```

無敵状態のフレーム数を数える変数を定義

```
int noDamage = 0; // 無敵状態
```

WinMain関数のwhile(1)内で、drawParameter()を呼び出す

```
drawParameter(); // 自機のシールドなどのパラメーターを表示
```

ゲーム開始時の初期値を代入する関数で、自機のシールドの値、幅と高さをメンバに代入

```
// ゲーム開始時の初期値を代入する関数
void initVariable(void)
{
    player.x = WIDTH / 2;
    player.y = HEIGHT / 2;
    player.vx = 5;
    player.vy = 5;
    player.shield = PLAYER_SHIELD_MAX;
    GetGraphSize(imgFighter, &player.wid, &player.hei); // 自機の画像の幅と高さを代入
}
```

自機を動かす関数で、noDamageを1ずつ減らし、自機を点滅させる

```
// 自機を動かす関数
void movePlayer(void)
{
省略
    if (noDamage > 0) noDamage--; // 無敵時間のカウント
    if (noDamage % 4 < 2) drawImage(imgFighter, player.x, player.y); // 自機の描画
}
```

敵機を動かす関数に、自機とのヒットチェックを組み込む

```
// 敵機を動かす
void moveEnemy(void)
{
    for (int i = 0; i < ENEMY_MAX; i++) {
```

```
省略
        if (noDamage == 0) // 無敵状態でない時、自機とヒットチェック
        {
            int dx = abs(enemy[i].x - player.x); //┬中心座標間のピクセル数
            int dy = abs(enemy[i].y - player.y); //┘
            if (dx < enemy[i].wid / 2 + player.wid / 2 && dy < enemy[i].hei / 2 + player.hei / 2)
            {
                if (player.shield > 0) player.shield--; // シールドを減らす
                noDamage = FPS; // 無敵状態をセット
                damageEnemy(i, 1); // 敵にダメージ
            }
        }
    }
}
```

影付き文字の表示関数と、自機のパラメーター表示関数を定義

```
// 影を付けた文字列と値を表示する関数
void drawText(int x, int y, const char* txt, int val, int col, int siz)
{
    SetFontSize(siz); // フォントの大きさを指定
    DrawFormatString(x + 1, y + 1, 0x000000, txt, val); // 黒で文字列を表示
    DrawFormatString(x, y, col, txt, val); // 引数の色で文字列を表示
}

// 自機に関するパラメーターを表示
void drawParameter(void)
{
    int x = 10, y = HEIGHT - 30; // 表示位置
    DrawBox(x, y, x + PLAYER_SHIELD_MAX * 30, y + 20, 0x000000, TRUE);
    for (int i = 0; i < player.shield; i++) // シールドのメーター
    {
        int r = 128 * (PLAYER_SHIELD_MAX - i) / PLAYER_SHIELD_MAX; // RGB 値を計算
        int g = 255 * i / PLAYER_SHIELD_MAX;
        int b = 160 + 96 * i / PLAYER_SHIELD_MAX;
        DrawBox(x + 2 + i * 30, y + 2, x + 28 + i * 30, y + 18, GetColor(r, g, b), TRUE);
    }
    drawText(x, y - 25, "SHIELD Lv %02d", player.shield, 0xffffff, 20); // シールド値
}
```

図表8-11-3　実行画面

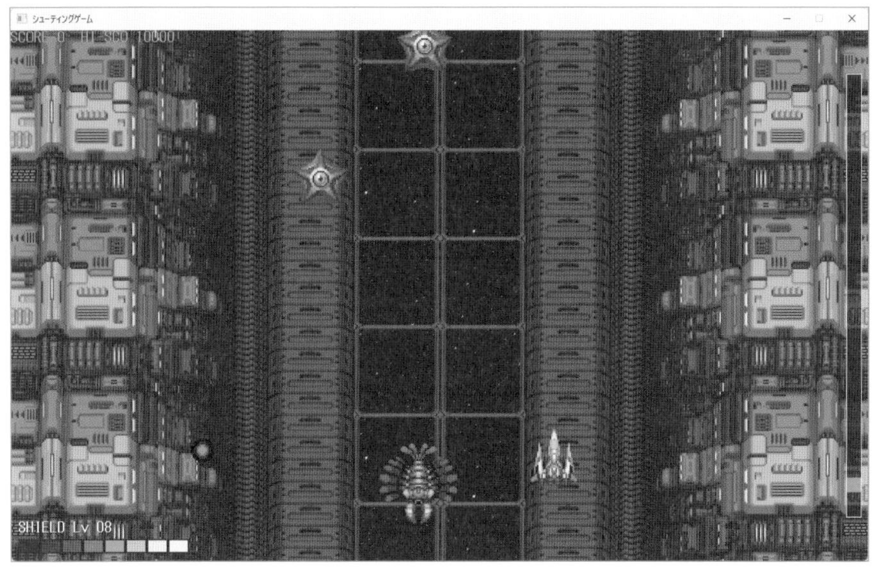

シールドは画面左下に8つの目盛りで表示されます。自機が敵機とぶつかると、目盛りが1つずつ減ることを確認しましょう。

図表8-11-4　シールドメーター

シールドの最大値をPLAYER_SHIELD_MAXという定数で定義し、その値を8としています。ゲーム開始時に自機の座標などを代入するinitVariable()関数で、player.shieldにPLAYER_SHIELD_MAXを代入しています。

自機と敵機とのヒットチェックを組み込みました。また、自機のパラメーター表示関数を定義しました。それらの処理について説明します。影付きの文字列を表示する関数は、前章のカーレースで組み込んだ関数と同じ内容なので、説明は省略します。

8-11-5 敵機とのヒットチェックについて

自機と敵機のヒットチェックは、すべての敵機に対して行う必要があるので、敵機を動かすmoveEnemy()関数のfor文内に組み込みました。無敵状態でない時（noDamageが0の時）にヒットチェックを行っています（290〜300行目）。

自機が敵機と接触したらnoDamageにFPSを代入しています。FPSはフレームレートを定義した定数で、このゲームでは60としています。つまり約1秒間、無敵状態が継続します。

自機を動かすmovePlayer()関数で、noDamageが0より大きければ、値を1ずつ減らしています。またnoDamageが0より大きい間、自機を点滅させています（184〜185行目）。

8-11-6 自機の点滅表示について

自機の点滅表示について説明します。185行目に記述したif (noDamage % 4 < 2) drawImage(imgFighter, player.x, player.y)のnoDamage % 4 < 2は、「無敵状態の変数の値を4で割った余りが2未満」という意味の条件式です。

敵機と衝突してnoDamageに60が代入された後、その値は59→58→57→56→55→54→53→52→…と0になるまで減ります。noDamageを4で割った余りは、3→2→1→0→3→2→1→0→…で、3〜0が繰り返されます。noDamage % 4 < 2は、noDamageを4で割った余りが1と0の時に成り立ちます。つまり、2フレーム間は自機を表示し、次の2フレームは表示しないことになります。この計算により点滅表示を行っています。

memo

無敵状態の間、自機や主人公キャラを点滅させることは、昔から多くのゲームで使われてきた演出です。その演出は、ここで組み込んだように、無敵状態の時間の変数の値だけで実現できます。

8-11-7 パラメーター表示関数について

自機のパラメーターを表示するdrawParameter()という関数を定義しました。この関数でシールド（player.shieldの値）を横長のメーターで描いています。またこの関数では、影付き文字を表示するdrawText()を呼び出し、シールドを数値で表示しています。

メーターは、for文でiを0からplayer.shield-1まで1ずつ増やし、目盛りの色のRGB値を計算し、DrawBox()で矩形を並べて描いています。目盛りの色を紫から水色のグラデーションとしました。RGB値による色指定は、5章のコラムで説明しています。RGB値について曖昧な方は、そちらで復習しましょう。

memo

RGB値で色指定ができれば、コンピューターの画面上に鮮やかで豊かな色を表現できます。RGB値を扱えることは、質の高い表現力や作品の美しさに直結するわけです。そのような理由から、ゲーム業界を目指す方は、デザイナーはもちろん、プログラマーも、RGB値による色指定に慣れることをお勧めします。

Section 8-12 爆発演出を組み込む

この節では、機体が破壊される時のエフェクトである、爆発演出を組み込みます。

8-12-1 エフェクトについて

コンピューターゲームは、さまざまなエフェクト（画面演出や視覚効果）を用いて、私たちを楽しませてくれます。エフェクトは、ゲームのエンターテインメント性を高めるために欠かせないものであり、本格的なゲーム制作に必要不可欠といえるでしょう。

このシューティングゲームには、機体が破壊される時の爆発演出と、自機のシールドが回復する時の演出を組み込みます。

この節では、ザコ機に爆発演出を表示します。シールドの回復演出は次の節で組み込みます。また、**8-14節**でゲームを完成させる際、自機のシールドが無くなりゲームオーバーになる時と、ボス機を破壊した時に、ここで組み込む関数を使って、派手な爆発演出を行うようにします。

8-12-2 爆発演出の画像素材について

シューティングゲームのプロジェクトの「image」フォルダに入っている、explosion.pngを確認しましょう。

図表8-12-1 爆発演出に用いる画像（explosion.png）

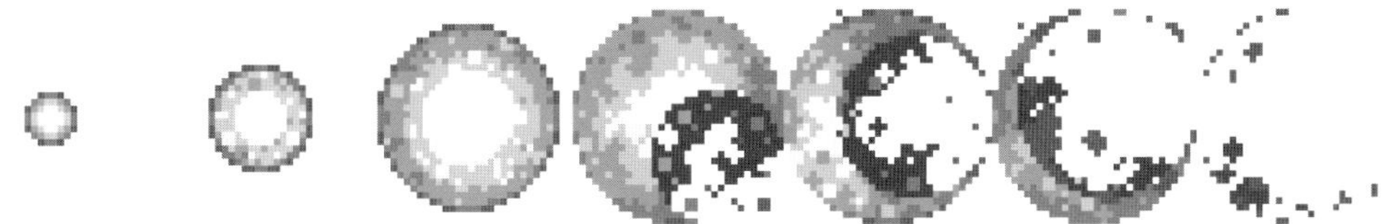

explosion.pngには、1枚の画像に7つの絵のパターンで並んでいます。これらは左から順に表示すると、爆発のアニメーションになるように描かれています。

DXライブラリには画像の一部を切り出して表示する、DrawRectGraph()という関数があります。その関数を用いて、爆発のパターンを1つずつ切り出して表示します。

8-12-3 複数のエフェクトを表示するための構造体の配列

構造体の配列を用いて、複数のエフェクトを管理します。エフェクト用の配列の要素数は100とし、EFFECT_MAXという定数で定義します。エフェクトの種類は列挙定数で定義します。

図表8-12-2 エフェクトの最大数と種類の定義、エフェクト用の構造体の配列の定義

```
const int EFFECT_MAX = 100; // エフェクトの最大数
enum { EFF_EXPLODE, EFF_RECOVER }; // エフェクトの種類
struct OBJECT effect[EFFECT_MAX]; // エフェクト用の構造体の配列
```

図表8-12-3 エフェクトのパラメーター

メンバ	パラメーターの内容
effect[].x	x 座標
effect[].y	y 座標
effect[].state	エフェクトが存在するか
effect[].pattern	エフェクトの種類
effect[].timer	エフェクトの表示時間

effect[].patternには、EFF_EXPLODEあるいはEFF_RECOVERを代入します。

effect[].timerで、爆発エフェクトのどのパターンを表示するかを管理します。

8-12-4 エフェクトをセットする関数と、表示する関数の定義

エフェクトをセットするsetEffect()という関数と、エフェクトを表示するdrawEffect()という関数を定義します。

setEffect()は、敵機を撃ってシールドを0にし、その敵機を消すタイミングで呼び出します。drawEffect()は、WinMain関数のwhile(1)内で呼び出し続けます。

ヘッダーファイルとソースファイルに追記する処理を掲載します。太字が前**8-11節**のプログラムから追加した部分です。

サンプル8-12-1 Chapter8->shootingGame_10.h

関数プロトタイプ宣言

```
void setEffect(int x, int y, int ptn);
void drawEffect(void);
```

サンプル8-12-2 Chapter8->shootingGame_10.cpp

エフェクトの最大値と、エフェクトの種類の列挙定数を定義

```
const int EFFECT_MAX = 100; // エフェクトの最大数
enum { ENE_BULLET, ENE_ZAKO1, ENE_ZAKO2, ENE_ZAKO3, ENE_BOSS }; // 敵機の種類
enum { EFF_EXPLODE, EFF_RECOVER }; // エフェクトの種類
```

エフェクト用の構造体の配列を定義

```
struct OBJECT effect[EFFECT_MAX]; // エフェクト用の構造体の配列
```

WinMain関数のwhile(1)内でdrawEffect()を呼び出す

```
        drawEffect(); // エフェクト
        stageMap(); // ステージマップ
        drawParameter(); // 自機のシールドなどのパラメーターを表示
```

※ステージマップやシールドのメーターを画面の一番手前にするために、stageMap()とdrawParameter()の前でdrawEffect()を呼び出します

damageEnemy()関数で敵機のシールドが無くなった時にsetEffect()を呼び出す

```
// 敵機のシールド値を減らす（ダメージを与える）
void damageEnemy(int n, int dmg)
{
省略
    if (enemy[n].shield <= 0)
    {
        enemy[n].state = 0; // シールド0以下で消す
        setEffect(enemy[n].x, enemy[n].y, EFF_EXPLODE); // 爆発演出
    }
}
```

エフェクトをセットする関数と表示する関数の定義

```
// エフェクトのセット
void setEffect(int x, int y, int ptn)
{
    static int eff_num;
    effect[eff_num].x = x;
    effect[eff_num].y = y;
    effect[eff_num].state = 1;
    effect[eff_num].pattern = ptn;
    effect[eff_num].timer = 0;
    eff_num = (eff_num + 1) % EFFECT_MAX;
    if (ptn == EFF_EXPLODE) PlaySoundMem(seExpl, DX_PLAYTYPE_BACK); // 効果音
}

// エフェクトの描画
```

```
void drawEffect(void)
{
    int ix;
    for (int i = 0; i < EFFECT_MAX; i++)
    {
        if (effect[i].state == 0) continue;
        switch (effect[i].pattern) // エフェクトごとに処理を分ける
        {
        case EFF_EXPLODE: // 爆発演出
            ix = effect[i].timer * 128; // 画像の切り出し位置
            DrawRectGraph(effect[i].x - 64, effect[i].y - 64, ix, 0, 128, 128, 
imgExplosion, TRUE, FALSE);
            effect[i].timer++;
            if (effect[i].timer == 7) effect[i].state = 0;
            break;

        case EFF_RECOVER: // 回復演出
            // アイテムを組み込む時に記述
            break;
        }
    }
}
```


図表8-12-4 実行画面

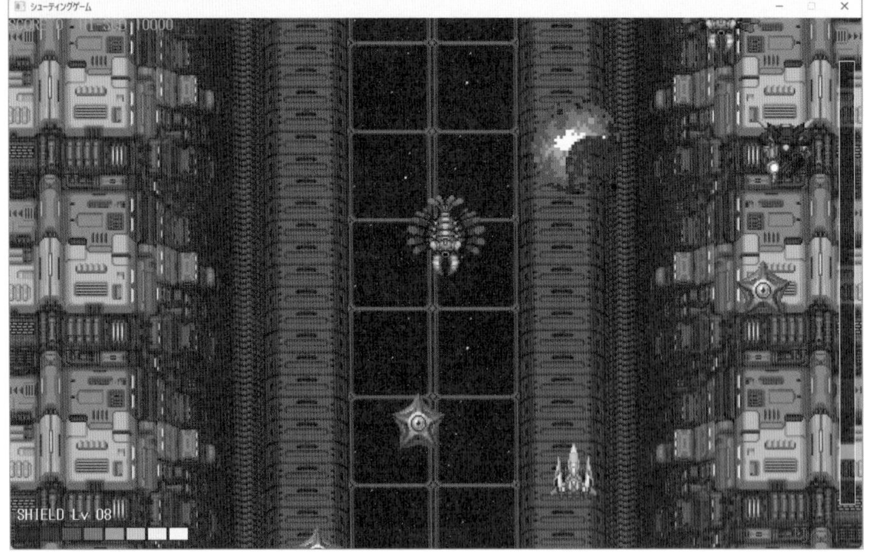

敵機を撃ち落とした時に爆発演出が表示されることを確認しましょう。

エフェクトをセットするsetEffect()と、エフェクトを表示するdrawEffect()を、プログラムのどこで呼び出しているかを確認しましょう。

8-12-5 エフェクト関数の処理を確認する

setEffect()関数では、引数x、yでエフェクトの座標(x,y)を指定し、引数ptnで表示するエフェクトの種類を指定します。この関数では、エフェクト用の構造体の配列のメンバに、値を代入することだけを行っています。

エフェクトの種類は、列挙定数のEFF_EXPLODEかEFF_RECOVERのいずれかとします。ここではEFF_EXPLODEの演出を制作しました。

drawEffect()関数でエフェクトを表示しています。この関数をリアルタイム処理の中で呼び出し続けています。この関数で行っている具体的な処理について説明します。

for文で、エフェクト用の配列のすべての要素に対し、処理を行っています。ただしeffect[i].stateが0ならエフェクトは存在しないので、continueで処理を飛ばしています。

エフェクトが存在する場合、switch～case文でeffect[i].patternの値により処理を分けています。effect[i].patternがエフェクトの種類です。ここではcase EFF_EXPLODEの処理を組み込みました。

爆発演出では、effect[i].timerを0から1ずつ増やし、その値を使って画像の切り出し位置を計算し、爆発パターンを1つずつ表示しています。effect[i].timerが7になったら、effect[i].stateを0にして、そのエフェクトが存在しない状態にしています。

次の節で、この関数にシールド回復のエフェクトを追加します。

エフェクトをセットする関数と、表示する関数の、2つを用意することで、さまざまな場面で画面演出や視覚効果を行うことが容易になります。

One Point

エフェクトをプログラミングしよう

ゲーム開発では分業が進んでおり、エフェクト制作は主にデザイナーの仕事となっています。筆者の知る限り、大規模プロジェクトや大手企業では、プログラマーが1からエフェクトをプログラミングする機会は少ないです。一方、小規模プロジェクトや小さなゲーム制作会社では、プログラマーがエフェクト制作も含めてプログラミングを行う機会があります。筆者自身も、小さな法人である自社でエフェクトのプログラミングを、長年、行ってきました。
筆者は、ゲームプログラマーを目指す方に、エフェクト・プログラミングを積極的に行うことをお勧めします。その理由は以下の通りです。

1. エフェクト・プログラミングには数学的な知識を要求されることがあり、プログラミングの技術力を高めることができる
2. 演出内容を自ら考案する必要があるため、クリエイターとして新しいものを作り出す力を鍛えることができる

筆者自身の経験から、エフェクト制作にも積極的に取り組むことが、ゲームプログラマーとしてのスキルアップにつながると考えています。
派手な演出やユニークな演出を、うまくプログラムできた時は、嬉しく満足感があります。そういったところにもプログラミングの楽しさがあるでしょう。本書では第9章で三角関数を用いたエフェクト・プログラミングを学びます。三角関数は難しい知識ですが、そちらも楽しみながら学んで頂ければと思います。

Section 8-13 パワーアップアイテムを組み込む

この節では、自機のパワーアップアイテムを組み込みます。アイテムの効果として、自機の移動速度の増加、シールドの回復、武器のレベルアップの3つを用意します。

8-13-1 パワーアップアイテムについて

コンピューターゲームの多くに、ゲームを進めることが有利になるアイテムが登場します。本書では、そのようなアイテムを「パワーアップアイテム」と呼んで説明します。このシューティングゲームには、次のパワーアップアイテムを用意します。

図表8-13-1 パワーアップアイテムの種類

名称	画像	効果
スピードアップ		自機の移動速度（1フレームで増減する各軸方向のピクセル数）が増える。移動速度ははじめ5で、このアイテムを回収するごとに3増え、最大20まで増える
シールド回復		・シールドが減っている時、1増える ・シールドが満タンの時は回収しても効果はない
武器レベルアップ		1回の発射で撃ち出される弾数が増える。このアイテムを取るごとに増え、最大、同時に10発の弾が発射されるようになる

パワーアップアイテムは画面に1つだけ出現し、下に移動しながら、約2秒ごとに、スピードアップ→シールド回復→武器レベルアップ→再びスピードアップと変化するようにします。

パワーアップアイテムは、さまざまなジャンルのゲームに用意されています。特にシューティングゲームを含めたアクション要素のあるゲームにおいて、ゲームの攻略に欠かせない重要な要素となります。

8-13-2 自機とアイテムとのヒットチェックについて

8-10節で組み込んだ自機の弾と敵機のヒットチェックと、**8-11節**で組み込んだ自機と敵機のヒットチェックには、矩形が重なるかを調べるアルゴリズムを用いました。この節では、パワーアップアイテムと自機のヒットチェックを、円が重なるかを調べ

図表8-13-2 アイテムと自機を円に見立てる

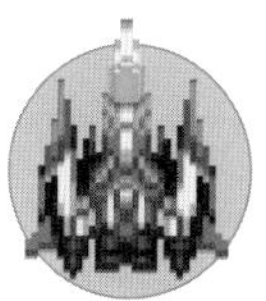

るアルゴリズムで行います。本書はC言語とゲーム開発の学習書であり、さまざまなアルゴリズムを学んで知識と技術を増やすために、2つのアルゴリズムを組み込むものとします。

8-13-3 アイテム用の構造体変数

パワーアップアイテムを扱う構造体変数を用意します。

図表8-13-3 アイテム用の構造体変数の定義

```
struct OBJECT item;
```

次のメンバでアイテムの動きなどを計算します。

図表8-13-4 アイテムのパラメーター

メンバ	パラメーターの内容
item.x	x 座標
item.y	y 座標
item.vx	x 軸方向の速さ（1 フレームごとに移動するピクセル数）
item.vy	y 軸方向の速さ（1 フレームごとに移動するピクセル数）
item.state	アイテムが存在するか
item.pattern	アイテムの種類
item.timer	アイテムの動きの制御に用いる

このゲームのアイテムは1つずつ出現させるので、変数で扱いますが、複数のアイテムを同時に出すゲームを作るなら、配列を用います。

8-13-4 アイテムの処理を行う関数を定義する

自機の弾、敵機、エフェクトの制御で、各物体をセットする関数と、動かす関数を用意しました。パワーアップアイテムも同様に、アイテムをセットする関数と動かす関数を定義して、処理を行います。

ヘッダーファイルとソースファイルに追記する処理を掲載します。太字が前**8-12節**のプログラムから追加した部分です。

サンプル8-13-1 Chapter8->shootingGame_11.h

関数プロトタイプ宣言

```
void setItem(void);
void moveItem(void);
```

サンプル8-13-2 Chapter8->shootingGame_11.cpp

アイテムの種類、同時に発射される弾数の最大値、移動速度の最大値を定義

```
const int ITEM_TYPE = 3; // アイテムの種類
const int WEAPON_LV_MAX = 10; // 武器レベルの最大値
const int PLAYER_SPEED_MAX = 20; // 自機の速さの最大値
```

自機の武器レベル（弾がいくつ同時に発射されるか）を代入する変数を用意

```
int weaponLv = 1; // 自機の武器のレベル（同時に発射される弾数）
```

アイテム用の構造体変数を用意

```
struct OBJECT item; // アイテム用の構造体変数
```

WinMain関数のwhile(1)内でアイテムをセットする関数と動かす関数を呼び出す

```
        if (distance % 800 == 1) setItem(); // アイテムの出現
        moveEnemy(); // 敵機の制御
        movePlayer(); // 自機の操作
        moveBullet(); // 弾の制御
        moveItem(); // アイテムの制御
```

自機から弾を発射するsetBullet()関数を改良

```
// 弾のセット（発射）
void setBullet(void)
{
    for (int n = 0; n < weaponLv; n++) {
        int x = player.x - (weaponLv - 1) * 5 + n * 10;
        int y = player.y - 20;
        for (int i = 0; i < BULLET_MAX; i++) {
            if (bullet[i].state == 0) {
                bullet[i].x = x;
                bullet[i].y = y;
                bullet[i].vx = 0;
                bullet[i].vy = -40;
                bullet[i].state = 1;
                break;
            }
        }
    }
    PlaySoundMem(seShot, DX_PLAYTYPE_BACK); // 効果音
}
```

※変数nとiを用いた二重ループのfor文の処理に変更しています

自機のパラメーター表示関数で武器レベルと移動速度を表示

```
// 自機に関するパラメーターを表示
void drawParameter(void)
{
省略
    drawText(x, y - 25, "SHIELD Lv %02d", player.shield, 0xffffff, 20); // シールド値
    drawText(x, y - 50, "WEAPON Lv %02d", weaponLv, 0xffffff, 20); // 武器レベル
    drawText(x, y - 75, "SPEED %02d", player.vx, 0xffffff, 20); // 移動速度
}
```

エフェクトを表示する関数にシールド回復エフェクトを追記

```
// エフェクトの描画
void drawEffect(void)
{
    int ix;
    for (int i = 0; i < EFFECT_MAX; i++)
    {
        if (effect[i].state == 0) continue;
        switch (effect[i].pattern) // エフェクトごとに処理を分ける
        {
        case EFF_EXPLODE: // 爆発演出
省略

        case EFF_RECOVER: // 回復演出
            if (effect[i].timer < 30) // 加算による描画の重ね合わせ
                SetDrawBlendMode(DX_BLENDMODE_ADD, effect[i].timer*8);
            else
                SetDrawBlendMode(DX_BLENDMODE_ADD, (60 - effect[i].timer) * 8);
            for (int i = 3; i < 8; i++) DrawCircle(player.x, player.y, (player.
wid + player.hei) / i, 0x2040c0, TRUE);
            SetDrawBlendMode(DX_BLENDMODE_NOBLEND, 0); // ブレンドモードを解除
            effect[i].timer++;
            if (effect[i].timer == 60) effect[i].state = 0;
            break;
        }
    }
}
```

アイテムをセットする関数と動かす関数を定義

```
// アイテムをセット
void setItem(void)
{
    item.x = (WIDTH / 4) * (1 + rand() % 3);
    item.y = -16;
```

```
    item.vx = 15;
    item.vy = 1;
    item.state = 1;
    item.timer = 0;
}

// アイテムの処理
void moveItem(void)
{
    if (item.state == 0) return;
    item.x += item.vx;
    item.y += item.vy;
    if (item.timer % 60 < 30)
        item.vx -= 1;
    else
        item.vx += 1;
    if (item.y > HEIGHT + 16) item.state = 0;
    item.pattern = (item.timer / 120) % ITEM_TYPE; // 現在、どのアイテムになっているか
    item.timer++;
    DrawRectGraph(item.x - 20, item.y - 16, item.pattern * 40, 0, 40, 32, imgItem, TRUE, FALSE);
//    if (scene == OVER) return; // ゲームオーバー画面では回収できない
    int dis = (item.x - player.x) * (item.x - player.x) + (item.y - player.y) * (item.y - player.y);
    if (dis < 60 * 60) // アイテムと自機とのヒットチェック（円による当たり判定）
    {
        item.state = 0;
        if (item.pattern == 0) // スピードアップ
        {
            if (player.vx < PLAYER_SPEED_MAX)
            {
                player.vx += 3;
                player.vy += 3;
            }
        }
        if (item.pattern == 1) // シールド回復
        {
            if (player.shield < PLAYER_SHIELD_MAX) player.shield++;
            setEffect(player.x, player.y, EFF_RECOVER); // 回復エフェクトを表示
        }
        if (item.pattern == 2) // 武器レベルアップ
        {
            if (weaponLv < WEAPON_LV_MAX) weaponLv++;
        }
        PlaySoundMem(seItem, DX_PLAYTYPE_BACK); // 効果音
```

```
464        }
465 }
```

※441行目はゲームを完成させる際に//を外して有効にします
※446、454、459行目の0、1、2は定数とすることが好ましいですが、このゲームではここでしか用いない値で、混乱するものではないので、直接、数値を記述しています

図表8-13-5 実行画面

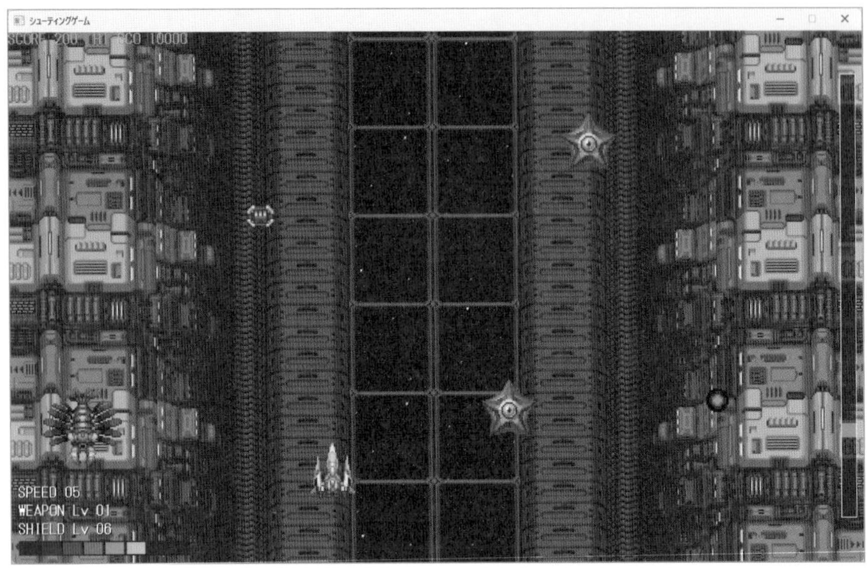

パワーアップアイテムを800フレームごとに出現させています。アイテムは画面上から現れ、振り子のように左右に揺れ動きながら、下へと向かっていきます。その計算について説明します。

8-13-5 パワーアップアイテムの動きについて

パワーアップアイテムをセットするsetItem()関数で、item.vxに15を代入し、item.vyに1を代入しています。

アイテムを動かすmoveItem()関数で、item.xにitem.vxを加え、item.yにitem.vyを加えています。x座標にx軸方向の速さを加え、y座標にy軸方向の速さを加えて物体を動かす仕組みは、ここまでに学んだ通りです。

振り子のような独特な動きを表現するため、30フレームの間、item.vxを1ずつ減らし、次の30フレームはitem.vxを1ずつ増やすことを行っています。このタイミングを計るために、item.timerを1ずつ増やし、item.timerを60で割った余りが30以下ならitem.vxを1ずつ減らし、そうでなければ1ずつ増やしています（433〜436行目）。この計算により、item.vxは次のように変化します。

図表8-13-6 item.vxの変化

フレーム	0	1	2	3	…	26	27	28	29
item.vx	15	14	13	12	…	-11	-12	-13	-14

フレーム	30	31	32	33	…	56	57	58	59
item.vx	-15	-14	-13	-12	…	11	12	13	14

※59フレーム目で14になり、60フレーム目で15に戻り、再び0フレーム目の値から繰り返します

15から始まったitem.vxの値は、1ずつ減って、やがて0になり、さらに-15まで減ります。そこで増加に転じ、今度は1ずつ増え、やがて0になり、60フレーム経過すると再び15に戻ります。この値をx座標に加えることで、振り子のように動かしています。

One Point

ゲームの面白さは奥深い

ここで組み込んだアイテムの動作は、プレイヤーにとって回収しにくい動きであるため、プレイヤーは敵機を避けるのにハラハラしながら、アイテムを追いかけることでしょう。若干の焦る気持ちをプレイヤーに与えることは、緊張感を高め、ゲームを楽しくする要素になりますが、明らかに回収しにくい動きでは、プレイヤーにストレスを与え、ゲームがつまらなくなります。ゲームの中の物体をどう動かすかによっても、ゲームは面白くなったり、つまらなくなるものなのです。どのジャンルのゲームも、多種多様な要素を組み合わせて作られるものであり、ゲームの面白さの追求は、実に奥深いものがあります。

8-13-6 武器レベルについて

パワーアップアイテムがWのマークになった時に回収すると、武器レベルが上がり、自機から撃ち出される弾の数が増えます。Wマークのアイテムを取り続ければ、最大10発の弾が、同時に発射されるようになります（図表8-13-7）。

図表8-13-7 武器レベルが最大の状態

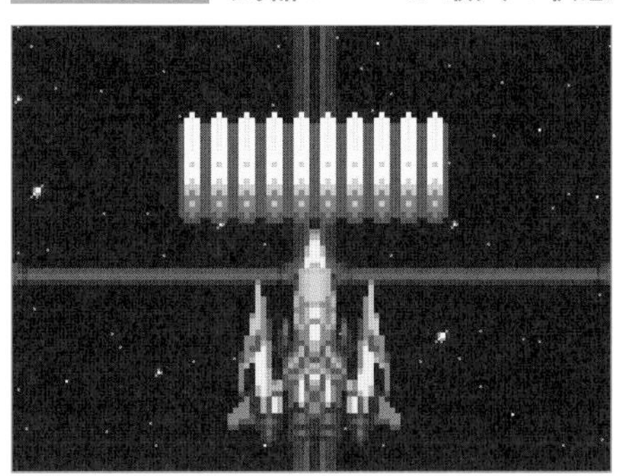

この節のプログラムでは、パワーアップアイテムは数個しか出ませんので、武器レベルは最大になりません。次の節でゲームを完成させる際、ボス機を倒すと次のステージに進むようにします。各ステージで数個ずつアイテムが出現するので、アイテムを回収し続けると、武器レベルと移動速度が最大値になります。

Section 8-14 画面遷移を行うようにして完成させる

タイトル画面→ゲームプレイ画面→ゲームオーバー画面、もしくはステージクリア画面とシーンが切り替わるようにして、ゲームを完成させます。

8-14-1 画面遷移を管理する変数

このゲームは次の4つのシーンで構成します。

図表8-14-1 シューティングゲームの画面遷移

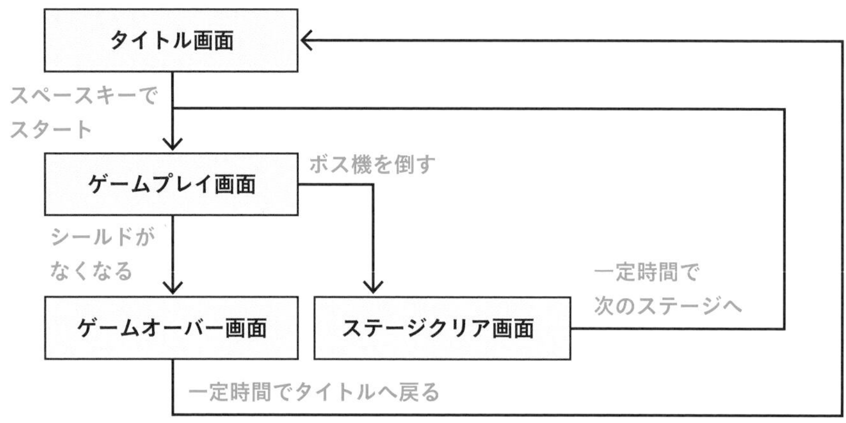

どのシーンにあるかを管理するsceneという変数を用いて、画面遷移を行います。

処理の進行時間を管理するtimerという変数を用いて、ゲームオーバー画面からタイトル画面に自動的に戻るようにし、ステージクリア画面からゲームプレイ画面に自動的に移行するようにします。

図表8-14-2 この節で追加する変数

変数名	用途
scene	現在、どのシーンかを管理する
timer	ゲーム内の時間の進行を管理する

図表8-14-3 sceneの値について

sceneの値	どのシーンか
TITLE	タイトル画面
PLAY	ゲームプレイ画面
OVER	ゲームオーバー画面
CLEAR	ステージクリア画面

TITLE、PLAY、OVER、CLEARは、列挙定数として用意します。

8-14-2 文字列をセンタリング表示する関数

ゲームを完成させるにあたり、中心座標を指定して文字列を表示する関数を定義します。この関数で、タイトルの文字列、「STAGE CLEAR」や「GAME OVER」などの文字列を表示します。

図表8-14-4 中心座標を指定して文字列を表示

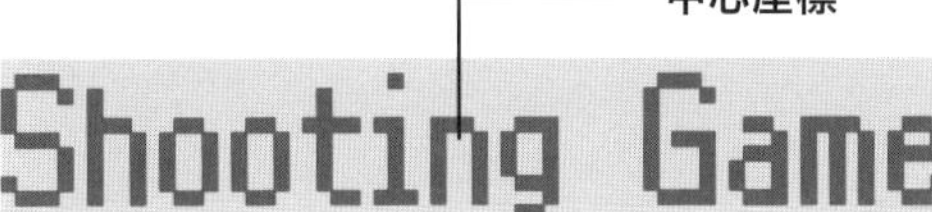

memo

中心座標を指定して文字列を表示する関数を定義すれば、文字列をセンタリング表示したい時、便利に使うことができます。ここまでの学習で、みなさんは関数定義の便利さを理解されたことでしょう。ゲーム制作に限らず、ソフトウェア開発全般において、便利な関数を定義することが重要です。そうすることで開発効率もアップするのです。

8-14-3 完成版のプログラムの確認

完成版のプログラムを確認します。前**8-13節**から、太字部分を追加、変更しています。

サンプル8-14-1 Chapter8->shootingGame.h

```
#pragma once

// 構造体の宣言
struct OBJECT // 自機や敵機用
{
    int x;      // x座標
    int y;      // y座標
    int vx;     // x軸方向の速さ
    int vy;     // y軸方向の速さ
    int state;    // 存在するか
    int pattern; // 敵機の動きのパターン
    int image;    // 画像
    int wid;      // 画像の幅（ピクセル数）
    int hei;      // 画像の高さ
    int shield;  // シールド（耐久力）
    int timer;    // タイマー
```

```
};

// 関数プロトタイプ宣言
// ここにプロトタイプ宣言を記述する
void initGame(void);
void scrollBG(int spd);
void initVariable(void);
void drawImage(int img, int x, int y);
void movePlayer(void);
void setBullet(void);
void moveBullet(void);
int setEnemy(int x, int y, int vx, int vy, int ptn, int img, int sld);
void moveEnemy(void);
void stageMap(void);
void damageEnemy(int n, int dmg);
void drawText(int x, int y, const char* txt, int val, int col, int siz);
void drawParameter(void);
void setEffect(int x, int y, int ptn);
void drawEffect(void);
void setItem(void);
void moveItem(void);
void drawTextC(int x, int y, const char* txt, int col, int siz);
```


サンプル8-14-2 Chapter8->shootingGame.cpp

```
#include "DxLib.h"
#include "shootingGame.h" // ヘッダーファイルをインクルード
#include <stdlib.h>

// 定数の定義
const int WIDTH = 1200, HEIGHT = 720; // ウィンドウの幅と高さのピクセル数
const int FPS = 60; // フレームレート
const int IMG_ENEMY_MAX = 5; // 敵の画像の枚数（種類）
const int BULLET_MAX = 100; // 自機が発射する弾の最大数
const int ENEMY_MAX = 100; // 敵機の数の最大値
const int STAGE_DISTANCE = FPS * 60; // ステージの長さ
const int PLAYER_SHIELD_MAX = 8; // 自機のシールドの最大値
const int EFFECT_MAX = 100; // エフェクトの最大数
const int ITEM_TYPE = 3; // アイテムの種類
const int WEAPON_LV_MAX = 10; // 武器レベルの最大値
const int PLAYER_SPEED_MAX = 20; // 自機の速さの最大値
enum { ENE_BULLET, ENE_ZAKO1, ENE_ZAKO2, ENE_ZAKO3, ENE_BOSS }; // 敵機の種類
enum { EFF_EXPLODE, EFF_RECOVER }; // エフェクトの種類
enum { TITLE, PLAY, OVER, CLEAR }; // シーンを分けるための列挙定数

```

```
// グローバル変数
// ここでゲームに用いる変数や配列を定義する
int imgGalaxy, imgFloor, imgWallL, imgWallR; // 背景画像
int imgFighter, imgBullet; // 自機と自機の弾の画像
int imgEnemy[IMG_ENEMY_MAX]; // 敵機の画像
int imgExplosion; // 爆発演出の画像
int imgItem; // アイテムの画像
int bgm, jinOver, jinClear, seExpl, seItem, seShot; // 音の読み込み用
int distance = 0; // ステージ終端までの距離
int bossIdx = 0; // ボスを代入した配列のインデックス
int stage = 1; // ステージ
int score = 0; // スコア
int hisco = 10000; // ハイスコア
int noDamage = 0; // 無敵状態
int weaponLv = 1; // 自機の武器のレベル（同時に発射される弾数）
int scene = TITLE; // シーンを管理
int timer = 0; // 時間の進行を管理

struct OBJECT player; // 自機用の構造体変数
struct OBJECT bullet[BULLET_MAX]; // 弾用の構造体の配列
struct OBJECT enemy[ENEMY_MAX]; // 敵機用の構造体の配列
struct OBJECT effect[EFFECT_MAX]; // エフェクト用の構造体の配列
struct OBJECT item; // アイテム用の構造体変数

int WINAPI WinMain(HINSTANCE hInstance, HINSTANCE hPrevInstance, LPSTR
lpCmdLine, int nCmdShow)
{
    SetWindowText("シューティングゲーム"); // ウィンドウのタイトル
    SetGraphMode(WIDTH, HEIGHT, 32); // ウィンドウの大きさとカラービット数の指定
    ChangeWindowMode(TRUE); // ウィンドウモードで起動
    if (DxLib_Init() == -1) return -1; // ライブラリ初期化 エラーが起きたら終了
    SetBackgroundColor(0, 0, 0); // 背景色の指定
    SetDrawScreen(DX_SCREEN_BACK); // 描画面を裏画面にする

    initGame(); // 初期化用の関数を呼び出す
    initVariable(); //【仮】ゲームを完成させる際に呼び出し位置を変える
    distance = STAGE_DISTANCE; //【記述位置は仮】ステージの長さを代入

    while (1) // メインループ
    {
        ClearDrawScreen(); // 画面をクリアする

        // ゲームの骨組みとなる処理を、ここに記述する
        int spd = 1; // スクロールの速さ
        if (scene == PLAY && distance == 0) spd = 0; // ボス戦はスクロール停止
```

```
        scrollBG(spd); // 背景のスクロール
        moveEnemy(); // 敵機の制御
        moveBullet(); // 弾の制御
        moveItem(); // アイテムの制御
        drawEffect(); // エフェクト
        stageMap(); // ステージマップ
        drawParameter(); // 自機のシールドなどのパラメーターを表示

        timer++; // タイマーをカウント
        switch (scene) // シーンごとに処理を分岐
        {
        case TITLE: // タイトル画面
            drawTextC(WIDTH * 0.5, HEIGHT * 0.3, "Shooting Game", 0xffffff, 80);
            drawTextC(WIDTH * 0.5, HEIGHT * 0.7, "Press SPACE to start.", 0xffffff, 30);
            if (CheckHitKey(KEY_INPUT_SPACE))
            {
                initVariable();
                scene = PLAY;
            }
            break;

        case PLAY: // ゲームプレイ画面
            movePlayer(); // 自機の操作
            if (distance == STAGE_DISTANCE)
            {
                srand(stage); // ステージのパターンを決める
                PlaySoundMem(bgm, DX_PLAYTYPE_LOOP); // ＢＧＭループ出力
            }
            if (distance > 0) distance--;
            if (300 < distance && distance % 20 == 0) // ザコ１と２の出現
            {
                int x = 100 + rand() % (WIDTH - 200);
                int y = -50;
                int e = 1 + rand() % 2;
                if (e == ENE_ZAKO1) setEnemy(x, y, 0, 3, ENE_ZAKO1, imgEnemy[ENE_ZAKO1], 1);
                if (e == ENE_ZAKO2) {
                    int vx = 0;
                    if (player.x < x - 50) vx = -3;
                    if (player.x > x + 50) vx = 3;
                    setEnemy(x, -100, vx, 5, ENE_ZAKO2, imgEnemy[ENE_ZAKO2], 3);
                }
            }
```

```
            if (300 < distance && distance < 900 && distance % 30 == 0) // ザコ３の出現
            {
                int x = 100 + rand() % (WIDTH - 200);
                int y = -50;
                int vy = 40 + rand() % 20;
                setEnemy(x, -100, 0, vy, ENE_ZAKO3, imgEnemy[ENE_ZAKO3], 5);
            }
            if (distance == 1) bossIdx = setEnemy(WIDTH / 2, -120, 0, 1, ENE_BOSS, imgEnemy[ENE_BOSS], 200); // ボス出現
            if (distance % 800 == 1) setItem(); // アイテムの出現
            if (player.shield == 0)
            {
                StopSoundMem(bgm); // ＢＧＭ停止
                scene = OVER;
                timer = 0;
                break;
            }
            break;

        case OVER: // ゲームオーバー
            if (timer < FPS * 3) // 自機が爆発する演出
            {
                if (timer % 7 == 0) setEffect(player.x + rand() % 81 - 40, player.y + rand() % 81 - 40, EFF_EXPLODE);
            }
            else if (timer == FPS * 3)
            {
                PlaySoundMem(jinOver, DX_PLAYTYPE_BACK); // ジングル出力
            }
            else
            {
                drawTextC(WIDTH * 0.5, HEIGHT * 0.3, "GAME OVER", 0xff0000, 80);
            }
            if (timer > FPS * 10) scene = TITLE; // タイトルへ遷移
            break;

        case CLEAR: // ステージクリア
            movePlayer(); // 自機の処理
            if (timer < FPS * 3) // ボスが爆発する演出
            {
                if (timer % 7 == 0) setEffect(enemy[bossIdx].x + rand() % 201 - 100, enemy[bossIdx].y + rand() % 201 - 100, EFF_EXPLODE);
            }
            else if (timer == FPS * 3)
```

```
            {
                PlaySoundMem(jinClear, DX_PLAYTYPE_BACK); // ジングル出力
            }
            else
            {
                drawTextC(WIDTH * 0.5, HEIGHT * 0.3, "STAGE CLEAR!", 0x00ffff, 80);
            }
            if (timer > FPS * 10) // ゲームプレイへ遷移
            {
                stage++;
                distance = STAGE_DISTANCE;
                scene = PLAY;
            }
            break;
        }

        // スコア、ハイスコア、ステージ数の表示
        drawText(10, 10, "SCORE %07d", score, 0xffffff, 30);
        drawText(WIDTH - 220, 10, "HI-SC %07d", hisco, 0xffffff, 30);
        drawText(WIDTH - 145, HEIGHT - 40, "STAGE %02d", stage, 0xffffff, 30);

        ScreenFlip(); // 裏画面の内容を表画面に反映させる
        WaitTimer(1000 / FPS); // 一定時間待つ
        if (ProcessMessage() == -1) break; // Windowsから情報を受け取りエラーが起きたら終了
        if (CheckHitKey(KEY_INPUT_ESCAPE) == 1) break; // ESCキーが押されたら終了
    }

    DxLib_End(); // ＤＸライブラリ使用の終了処理
    return 0; // ソフトの終了
}

// ここから下に自作した関数を記述する
// 初期化用の関数
void initGame(void)
{
    // 背景用の画像の読み込み
    imgGalaxy = LoadGraph("image/bg0.png");
    imgFloor = LoadGraph("image/bg1.png");
    imgWallL = LoadGraph("image/bg2.png");
    imgWallR = LoadGraph("image/bg3.png");
    // 自機と自機の弾の画像の読み込み
    imgFighter = LoadGraph("image/fighter.png");
    imgBullet = LoadGraph("image/bullet.png");
```

```
    // 敵機の画像の読み込み
    for (int i = 0; i < IMG_ENEMY_MAX; i++) {
        char file[] = "image/enemy*.png";
        file[11] = (char)('0' + i);
        imgEnemy[i] = LoadGraph(file);
    }
    // その他の画像の読み込み
    imgExplosion = LoadGraph("image/explosion.png"); // 爆発演出
    imgItem = LoadGraph("image/item.png"); // アイテム

    // サウンドの読み込みと音量設定
    bgm = LoadSoundMem("sound/bgm.mp3");
    jinOver = LoadSoundMem("sound/gameover.mp3");
    jinClear = LoadSoundMem("sound/stageclear.mp3");
    seExpl = LoadSoundMem("sound/explosion.mp3");
    seItem = LoadSoundMem("sound/item.mp3");
    seShot = LoadSoundMem("sound/shot.mp3");
    ChangeVolumeSoundMem(128, bgm);
    ChangeVolumeSoundMem(128, jinOver);
    ChangeVolumeSoundMem(128, jinClear);
}

// 背景のスクロール
void scrollBG(int spd)
{
    static int galaxyY, floorY, wallY; // スクロール位置を管理する変数(静的記憶領域に保持される)
    galaxyY = (galaxyY + spd) % HEIGHT; // 星空（宇宙）
    DrawGraph(0, galaxyY - HEIGHT, imgGalaxy, FALSE);
    DrawGraph(0, galaxyY, imgGalaxy, FALSE);
    floorY = (floorY + spd * 2) % 120;  // 床
    for (int i = -1; i < 6; i++) DrawGraph(240, floorY + i * 120, imgFloor, TRUE);
    wallY = (wallY + spd * 4) % 240;    // 左右の壁
    DrawGraph(0, wallY - 240, imgWallL, TRUE);
    DrawGraph(WIDTH - 300, wallY - 240, imgWallR, TRUE);
}

// ゲーム開始時の初期値を代入する関数
void initVariable(void)
{
    player.x = WIDTH / 2;
    player.y = HEIGHT / 2;
    player.vx = 5;
    player.vy = 5;
    player.shield = PLAYER_SHIELD_MAX;
```

```
    GetGraphSize(imgFighter, &player.wid, &player.hei); // 自機の画像の幅と高さを代入
    for (int i = 0; i < ENEMY_MAX; i++) enemy[i].state = 0; // 全ての敵機を存在しない状態に
    score = 0;
    stage = 1;
    noDamage = 0;
    weaponLv = 1;
    distance = STAGE_DISTANCE;
}

// 中心座標を指定して画像を表示する関数
void drawImage(int img, int x, int y)
{
    int w, h;
    GetGraphSize(img, &w, &h);
    DrawGraph(x - w / 2, y - h / 2, img, TRUE);
}

// 自機を動かす関数
void movePlayer(void)
{
    static char oldSpcKey; // 1つ前のスペースキーの状態を保持する変数
    static int countSpcKey; // スペースキーを押し続けている間、カウントアップする変数
    if (CheckHitKey(KEY_INPUT_UP)) { // 上キー
        player.y -= player.vy;
        if (player.y < 30) player.y = 30;
    }
    if (CheckHitKey(KEY_INPUT_DOWN)) { // 下キー
        player.y += player.vy;
        if (player.y > HEIGHT - 30) player.y = HEIGHT - 30;
    }
    if (CheckHitKey(KEY_INPUT_LEFT)) { // 左キー
        player.x -= player.vx;
        if (player.x < 30) player.x = 30;
    }
    if (CheckHitKey(KEY_INPUT_RIGHT)) { // 右キー
        player.x += player.vx;
        if (player.x > WIDTH - 30) player.x = WIDTH - 30;
    }
    if (CheckHitKey(KEY_INPUT_SPACE)) { // スペースキー
        if (oldSpcKey == 0) setBullet(); // 押した瞬間、発射
        else if (countSpcKey % 20 == 0) setBullet(); // 一定間隔で発射
        countSpcKey++;
    }
    oldSpcKey = CheckHitKey(KEY_INPUT_SPACE); // スペースキーの状態を保持
```

```
    if (noDamage > 0) noDamage--; // 無敵時間のカウント
    if (noDamage % 4 < 2) drawImage(imgFighter, player.x, player.y); // 自機の描画
}

// 弾のセット（発射）
void setBullet(void)
{
    for (int n = 0; n < weaponLv; n++) {
        int x = player.x - (weaponLv - 1) * 5 + n * 10;
        int y = player.y - 20;
        for (int i = 0; i < BULLET_MAX; i++) {
            if (bullet[i].state == 0) {
                bullet[i].x = x;
                bullet[i].y = y;
                bullet[i].vx = 0;
                bullet[i].vy = -40;
                bullet[i].state = 1;
                break;
            }
        }
    }
    PlaySoundMem(seShot, DX_PLAYTYPE_BACK); // 効果音
}

// 弾の移動
void moveBullet(void)
{
    for (int i = 0; i < BULLET_MAX; i++) {
        if (bullet[i].state == 0) continue; // 空いている配列なら処理しない
        bullet[i].x += bullet[i].vx; // ┬ 座標を変化させる
        bullet[i].y += bullet[i].vy; // ┘
        drawImage(imgBullet, bullet[i].x, bullet[i].y); // 弾の描画
        if (bullet[i].y < -100) bullet[i].state = 0; // 画面外に出たら、存在しない状態にする
    }
}

// 敵機をセットする
int setEnemy(int x, int y, int vx, int vy, int ptn, int img, int sld)
{
    for (int i = 0; i < ENEMY_MAX; i++) {
        if (enemy[i].state == 0) {
            enemy[i].x = x;
            enemy[i].y = y;
            enemy[i].vx = vx;
```

```
                enemy[i].vy = vy;
                enemy[i].state = 1;
                enemy[i].pattern = ptn;
                enemy[i].image = img;
                enemy[i].shield = sld * stage; // ステージが進むほど敵が固くなる
                GetGraphSize(img, &enemy[i].wid, &enemy[i].hei); // 画像の幅と高さを代入
                return i;
            }
        }
        return -1;
}

// 敵機を動かす
void moveEnemy(void)
{
    for (int i = 0; i < ENEMY_MAX; i++) {
        if (enemy[i].state == 0) continue; // 空いている配列なら処理しない
        if (enemy[i].pattern == ENE_ZAKO3) // ザコ機3
        {
            if (enemy[i].vy > 1) // 減速
            {
                enemy[i].vy *= 0.9;
            }
            else if (enemy[i].vy > 0) // 弾発射、飛び去る
            {
                setEnemy(enemy[i].x, enemy[i].y, 0, 6, ENE_BULLET, imgEnemy[ENE_BULLET], 0); // 弾
                enemy[i].vx = 8;
                enemy[i].vy = -4;
            }
        }
        if (enemy[i].pattern == ENE_BOSS) // ボス機
        {
            if (enemy[i].y > HEIGHT - 120) enemy[i].vy = -2;
            if (enemy[i].y < 120) // 画面上端
            {
                if (enemy[i].vy < 0) // 弾発射
                {
                    for (int bx = -2; bx <= 2; bx++) // 二重ループの for
                    for (int by = 0; by <= 3; by++)
                    {
                        if (bx == 0 && by == 0) continue;
                        setEnemy(enemy[i].x, enemy[i].y, bx * 2, by * 3, ENE_BULLET, imgEnemy[ENE_BULLET], 0);
```

```
                    }
                }
                enemy[i].vy = 2;
            }
        }
        enemy[i].x += enemy[i].vx; //┬敵機の移動
        enemy[i].y += enemy[i].vy; //┘
        drawImage(enemy[i].image, enemy[i].x, enemy[i].y); // 敵機の描画
        // 画面外に出たか？
        if (enemy[i].x < -200 || WIDTH + 200 < enemy[i].x || enemy[i].y < -200 || HEIGHT + 200 < enemy[i].y) enemy[i].state = 0;
        // 当たり判定のアルゴリズム
        if (enemy[i].shield > 0) // ヒットチェックを行う敵機（弾以外）
        {
            for (int j = 0; j < BULLET_MAX; j++) { // 自機の弾とヒットチェック
                if (bullet[j].state == 0) continue;
                int dx = abs((int)(enemy[i].x - bullet[j].x)); //┬中心座標間のピクセル数
                int dy = abs((int)(enemy[i].y - bullet[j].y)); //┘
                if (dx < enemy[i].wid / 2 && dy < enemy[i].hei / 2) // 接触しているか
                {
                    bullet[j].state = 0; // 弾を消す
                    damageEnemy(i, 1); // 敵にダメージ
                }
            }
        }
        if (noDamage == 0) // 無敵状態でない時、自機とヒットチェック
        {
            int dx = abs(enemy[i].x - player.x); //┬中心座標間のピクセル数
            int dy = abs(enemy[i].y - player.y); //┘
            if (dx < enemy[i].wid / 2 + player.wid / 2 && dy < enemy[i].hei / 2 + player.hei / 2)
            {
                if (player.shield > 0) player.shield--; // シールドを減らす
                noDamage = FPS; // 無敵状態をセット
                damageEnemy(i, 1); // 敵にダメージ
            }
        }
    }
}

// ステージマップ
void stageMap(void)
{
    int mx = WIDTH - 30, my = 60; // マップの表示位置
```

```
    int wi = 20, he = HEIGHT - 120; // マップの幅、高さ
    int pos = (HEIGHT - 140) * distance / STAGE_DISTANCE; // 自機の飛行している位置
    SetDrawBlendMode(DX_BLENDMODE_SUB, 128); // 減算による描画の重ね合わせ
    DrawBox(mx, my, mx + wi, my + he, 0xffffff, TRUE);
    SetDrawBlendMode(DX_BLENDMODE_NOBLEND, 0); // ブレンドモードを解除
    DrawBox(mx - 1, my - 1, mx + wi + 1, my + he + 1, 0xffffff, FALSE); // 枠線
    DrawBox(mx, my + pos, mx + wi, my + pos + 20, 0x0080ff, TRUE); // 自機の位置
}

// 敵機のシールドを減らす（ダメージを与える）
void damageEnemy(int n, int dmg)
{
    SetDrawBlendMode(DX_BLENDMODE_ADD, 192); // 加算による描画の重ね合わせ
    DrawCircle(enemy[n].x, enemy[n].y, (enemy[n].wid + enemy[n].hei) / 4, 0xff0000, TRUE);
    SetDrawBlendMode(DX_BLENDMODE_NOBLEND, 0); // ブレンドモードを解除
    score += 100; // スコアの加算
    if (score > hisco) hisco = score; // ハイスコアの更新
    enemy[n].shield -= dmg; // シールドを減らす
    if (enemy[n].shield <= 0)
    {
        enemy[n].state = 0; // シールド0以下で消す
        setEffect(enemy[n].x, enemy[n].y, EFF_EXPLODE); // 爆発演出
        if (enemy[n].pattern == ENE_BOSS) // ボスを倒した
        {
            StopSoundMem(bgm); // ＢＧＭ停止
            scene = CLEAR;
            timer = 0;
        }
    }
}

// 影を付けた文字列と値を表示する関数
void drawText(int x, int y, const char* txt, int val, int col, int siz)
{
    SetFontSize(siz); // フォントの大きさを指定
    DrawFormatString(x + 1, y + 1, 0x000000, txt, val); // 黒で文字列を表示
    DrawFormatString(x, y, col, txt, val); // 引数の色で文字列を表示
}

// 自機に関するパラメーターを表示
void drawParameter(void)
{
    int x = 10, y = HEIGHT - 30; // 表示位置
    DrawBox(x, y, x + PLAYER_SHIELD_MAX * 30, y + 20, 0x000000, TRUE);
```

```
    for (int i = 0; i < player.shield; i++) // シールドのメーター
    {
        int r = 128 * (PLAYER_SHIELD_MAX - i) / PLAYER_SHIELD_MAX; // RGB値を計算
        int g = 255 * i / PLAYER_SHIELD_MAX;
        int b = 160 + 96 * i / PLAYER_SHIELD_MAX;
        DrawBox(x + 2 + i * 30, y + 2, x + 28 + i * 30, y + 18, GetColor(r, g, b), TRUE);
    }
    drawText(x, y - 25, "SHIELD Lv %02d", player.shield, 0xffffff, 20); // シールド値
    drawText(x, y - 50, "WEAPON Lv %02d", weaponLv, 0xffffff, 20); // 武器レベル
    drawText(x, y - 75, "SPEED %02d", player.vx, 0xffffff, 20); // 移動速度
}

// エフェクトのセット
void setEffect(int x, int y, int ptn)
{
    static int eff_num;
    effect[eff_num].x = x;
    effect[eff_num].y = y;
    effect[eff_num].state = 1;
    effect[eff_num].pattern = ptn;
    effect[eff_num].timer = 0;
    eff_num = (eff_num + 1) % EFFECT_MAX;
    if (ptn == EFF_EXPLODE) PlaySoundMem(seExpl, DX_PLAYTYPE_BACK); // 効果音
}

// エフェクトの描画
void drawEffect(void)
{
    int ix;
    for (int i = 0; i < EFFECT_MAX; i++)
    {
        if (effect[i].state == 0) continue;
        switch (effect[i].pattern) // エフェクトごとに処理を分ける
        {
        case EFF_EXPLODE: // 爆発演出
            ix = effect[i].timer * 128; // 画像の切り出し位置
            DrawRectGraph(effect[i].x - 64, effect[i].y - 64, ix, 0, 128, 128, imgExplosion, TRUE, FALSE);
            effect[i].timer++;
            if (effect[i].timer == 7) effect[i].state = 0;
            break;

        case EFF_RECOVER: // 回復演出
            if (effect[i].timer < 30) // 加算による描画の重ね合わせ
```

```
                SetDrawBlendMode(DX_BLENDMODE_ADD, effect[i].timer * 8);
            else
                SetDrawBlendMode(DX_BLENDMODE_ADD, (60 - effect[i].timer) * 8);
            for (int i = 3; i < 8; i++) DrawCircle(player.x, player.y, (player.wid + player.hei) / i, 0x2040c0, TRUE);
            SetDrawBlendMode(DX_BLENDMODE_NOBLEND, 0); // ブレンドモードを解除
            effect[i].timer++;
            if (effect[i].timer == 60) effect[i].state = 0;
            break;
        }
    }
}

// アイテムをセット
void setItem(void)
{
    item.x = (WIDTH / 4) * (1 + rand() % 3);
    item.y = -16;
    item.vx = 15;
    item.vy = 1;
    item.state = 1;
    item.timer = 0;
}

// アイテムの処理
void moveItem(void)
{
    if (item.state == 0) return;
    item.x += item.vx;
    item.y += item.vy;
    if (item.timer % 60 < 30)
        item.vx -= 1;
    else
        item.vx += 1;
    if (item.y > HEIGHT + 16) item.state = 0;
    item.pattern = (item.timer / 120) % ITEM_TYPE; // 現在、どのアイテムになっているか
    item.timer++;
    DrawRectGraph(item.x - 20, item.y - 16, item.pattern * 40, 0, 40, 32, imgItem, TRUE, FALSE);
    if (scene == OVER) return; // ゲームオーバー画面では回収できない
    int dis = (item.x - player.x) * (item.x - player.x) + (item.y - player.y) * (item.y - player.y);
    if (dis < 60 * 60) // アイテムと自機とのヒットチェック（円による当たり判定）
    {
```

```
535         item.state = 0;
536         if (item.pattern == 0) // スピードアップ
537         {
538             if (player.vx < PLAYER_SPEED_MAX)
539             {
540                 player.vx += 3;
541                 player.vy += 3;
542             }
543         }
544         if (item.pattern == 1) // シールド回復
545         {
546             if (player.shield < PLAYER_SHIELD_MAX) player.shield++;
547             setEffect(player.x, player.y, EFF_RECOVER); // 回復エフェクトを表示
548         }
549         if (item.pattern == 2) // 武器レベルアップ
550         {
551             if (weaponLv < WEAPON_LV_MAX) weaponLv++;
552         }
553         PlaySoundMem(seItem, DX_PLAYTYPE_BACK); // 効果音
554     }
555 }
556 
557 // 文字列をセンタリングして表示する関数
558 void drawTextC(int x, int y, const char* txt, int col, int siz)
559 {
560     SetFontSize(siz);
561     int strWidth = GetDrawStringWidth(txt, strlen(txt));
562     x -= strWidth / 2;
563     y -= siz / 2;
564     DrawString(x + 1, y + 1, txt, 0x000000);
565     DrawString(x, y, txt, col);
566 }
```

※531行目のコメントを外し、if文を有効にします

ソースファイルの複数個所に変更を加えています。前の節のプログラムから、ここに掲載したプログラムに変更する際、以下の点に注意しましょう。

■プログラムの注意点

- 前節までの背景スクロールのscrollBG(1)は、scrollBG(spd)に変更になります
- 前節までの敵機やアイテムを出現させる処理を削除し、それらの処理をswitch〜caseの中に、新たに記述しています
- 自機を動かすmovePlayer()関数を、switch〜caseの中に移動しています
- ゲーム開始時の初期値を代入するinitVariable()関数に追記があります
- 敵機のシールドを減らすdamageEnemy()関数に追記があります
- パワーアップアイテムを動かすmoveItem()関数で、if (scene == OVER) return;の//を外して有効にします

図表8-14-5　実行画面

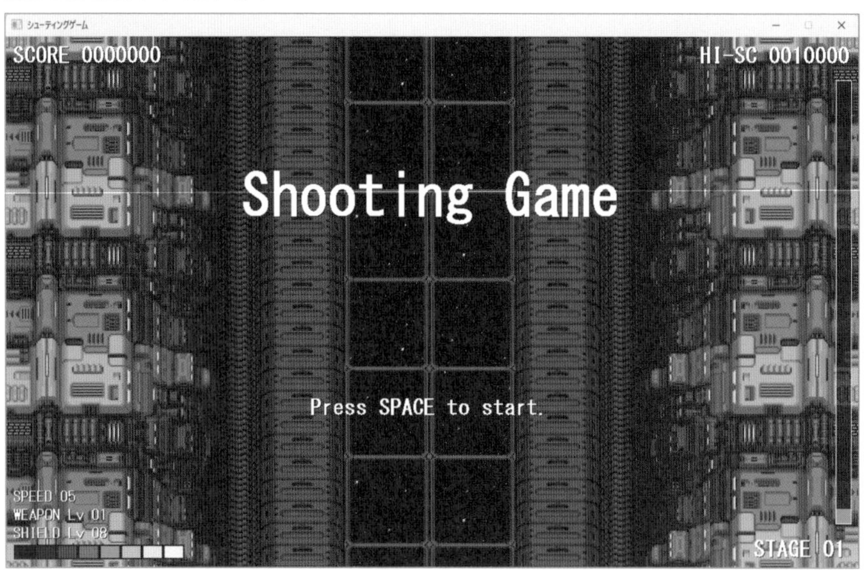

8-14-4 完成させるにあたり追加、変更した個所

ゲームを完成させるにあたり、画面遷移の他に、いくつかの処理を追記しました。それらについて説明します。

ボス機が出現している間、スクロールを止める（63〜65行目）

変数spdに1を代入し、ゲームプレイ画面でステージの終端であれば、spdに0を代入しています。背景をスクロールするscrollBG()関数の引数をspdとし、ボス機が出現している間、スクロールを止めるようにしました。

スコア、ハイスコア、ステージ数を表示する（165〜167行目）

WinMain関数のwhile(1)内で、スコア、ハイスコア、ステージ数をdrawText()で表示するようにしました。

ゲーム開始時の初期値を代入する関数に追記（236〜241行目）

ゲーム開始時に、敵機をすべて出現していない状態にします。スコアを0、ステージを1、無敵時間を0、武器レベルを1にしています。また自機がステージのどの位置にいるかを管理する変数distanceにSTAGE_DISTANCEを代入しています。

ボス機を倒したらステージクリアとする（429〜434行目）

damageEnemy()関数に、ボス機を倒したかを判定するif文を追記し、倒したらステージクリアとなるようにしました。

8-14-5 文字列の中心座標を指定して表示するdrawTextC()関数

文字列の中心座標を指定して表示するdrawTextC()という関数を定義しました。関数名のお尻のCは、centeringのCを意味しています。この関数には、中心座標(x,y)、文字列*txt、文字列の色col、文字列の大きさsizを指定する引数を設けています。

DXライブラリには、文字列の横幅のピクセル数を取得するGetDrawStringWidth()という関数が備わっています。その関数で取得した文字列の横幅を、文字列をセンタリングするためのx座標の計算に使っています。文字列の高さを取得する関数はないので、y座標は、引数yの値から引数sizの半分の値を引くことで、簡易的に求めています。

8-14-6 各画面の処理について

74〜162行目のswitchと4つのcaseで、画面遷移を行っています。タイトル画面、ゲームプレイ画面、ゲームオーバー画面、ステージクリア画面の処理について説明します。

①タイトル画面（76〜84行目）

drawTextC()で「Shooting Game」と「Press SPACE to start.」という文字列を表示しています。

スペースキーが押されたら、変数や配列にゲーム開始時の値を代入するinitVariable()を呼び出し、sceneにPLAYを代入して、ゲームプレイ画面に移行します。

②ゲームプレイ画面（86〜123行目）

ゲームプレイ画面に移行する際、変数distanceにSTAGE_DISTANCEを代入しています。このcaseのはじめにあるif (distance == STAGE_DISTANCE)が成り立つ時が、ゲームプレイを始めた瞬間です。その際に乱数の種を設定するsrand(stage)を呼び出し、ゲームBGMを出力しています。srand()を呼び出す理由は**8-14-7**で説明します。

ゲームプレイ中はdistanceの値を1ずつ減らします。distanceの値を使って、20フレームに1回、ザコ機1か2を出現させ、ステージ後半では30フレームに1回、ザコ機3を出現させています。更にステージの終端でボス機を登場させています。また、800フレームに1回、パワーアップアイテムを出現させています。

自機のシールドが0になった時は、BGMを停止し、sceneにOVER、timerに0を代入して、ゲームオーバー画面に移行します。

ボス機を倒したかは、敵機にダメージを与えるdamageEnemy()内で判定しており、倒した時はsceneにCLEAR、timerに0を代入して、ステージクリア画面に移行します。

③ゲームオーバー画面（125〜139行目）

自機の爆発演出を表示し、ゲームオーバーのジングルを出力しています。「GAME OVER」という文字列を表示し、一定時間が経過したら、タイトル画面に戻しています。

④ステージクリア画面（141〜161行目）

ボス機の爆発演出を表示し、ゲームクリアのジングルを出力しています。「STAGE CLEAR!」という文字列を表示し、一定時間が経過したら、stageの値を1増やし、distanceにSTAGE_DISTANCEを代入、sceneにPLAYを代入して、次のステージのプレイを開始します。

8-14-7 ステージごとに敵やアイテムの出現位置を固定する

ステージ番号を乱数の種としてsrand()で設定することで、ステージごとに一様な乱数が発生し、出現する敵やアイテムのパターンを固定することができます。固定とは、もう一度、はじめからプレイすると、前回のプレイと同じ場所で敵やアイテムが出現するという意味です。

ゲームメーカーが開発、配信するゲームの多くは、ステージごとに敵やアイテムの出現パターン、敵の行動パターンなどが決められています。それらのパターンは、一般的にデータとして保持されています。学習用や個人開発のゲームでは、乱数の種を設定することで、簡易的にパターンを固定することもできます。

memo

本書はプロのゲームプログラマーを目指す方を読者に想定して執筆したものであり、本全体においてプロの開発現場での情報をお伝えしました。ただし筆者は、著書を読んでくださるみなさんに、制約や常識にとらわれたゲーム開発をしてほしくないと考えています。次のワンポイントで、そのことをお伝えします。

One Point

ゲームのアイデアは∞

ゲーム開発の入門書として、本書では王道的な知識と技術をお伝えしましたが、ゲームのアイデアは無限です。みなさん独自のアイデアを取り入れ、新しいゲームの開発にチャレンジしましょう。

例えばゲームは一般的に、どうすれば面白くなるかということを目標に開発されます（商用のゲームでは、もちろん“儲かるか”ということも重視されます）。しかし、どれくらいくだらない内容にできるか、どれくらい馬鹿げた要素を取り入れるかという方向で制作することも可能なのです。その中から新たな面白さが生まれることもあるでしょう。

筆者が考える自由なアイデアの1つをお伝えします。ゲームには完全にランダムな要素を取り入れることもでき、プレイするたびにステージの地形や、敵とアイテムの出現パターンが変化し、さらには主人公の初期能力までもが変わるゲームがあってもよいのです。例えば主人公の体力が1で、ステージ上のいたるところに敵キャラがいる状態でゲームが始まり、これでは攻略は無理と思ったら、最初の宝箱にレベルが最大になるアイテムが入っていて、すべての敵を蹴散らせる状態になったというシチュエーションが発生するとします。次のステージに進んだら、ボスクラスの敵ばかりで勝ち目がなく、ひたすら逃げてゴールを目指すというように、何が起きるか予測不能なゲームがあっても面白いのではないでしょうか。

column

オリジナルゲームの開発にチャレンジしよう！

オリジナルゲームをご自身で作ることで、ゲームを開発する力が確固たるものになります。このコラムでは、オリジナルゲームを開発する際、途中で挫折することなく、最後まで完成させるためのヒントをお伝えします。

①頭の中のアイデアを目に見える形にする

まずは作りたいゲームを思い浮かべ、内容を箇条書きにしたり、簡単なイラストなどを描いて、頭の中にあるものを目に見える形にしましょう。アイデアを言葉にしたり、イラストにすることで、考えが整理されます。その過程で、新しいアイデアが出てくることもあります。

②最も大切な処理を考える

次は、そのゲームを作るために必ず必要となる処理を考えてみましょう。例えばアクションゲームなら、最も大切なものにプレイヤーキャラ（主人公）を動かす処理があります。また、敵キャラを動かすことも大切な処理です。

例えばテーブルゲームを作るとするなら、主体となる処理は、アクションゲームとかなり異なります。みなさんが完成させたいと思うゲームの内容に応じた、主要な処理を考えましょう。

③プログラム全体の構造を考える

さらに、プログラム全体の流れを考えましょう。これには、第6～8章で学んだ画面遷移の知識が役に立ちます。完成させたいゲームに必要なシーンを思い浮かべ、全体の流れを設計します。その際、フローチャート（流れ図）を描くと、組み込むべき処理が明確になります。

④変数や関数について考えよう

プログラム全体の骨組みが見えたら、プログラミングすべき項目を、もう少し詳しく考えましょう。どのような変数や配列を用いるか、定義すべき関数などを考えてみるのです。

ここまで準備ができたら、いよいよ、プログラミングを開始しましょう。

ゲーム開発の経験が浅いうちは、行き当たりばったりでプログラミングを始めると、何をどうすればよいのかわからなくなることがあります。そうならないために、簡単なものでよいので、作りたいゲームの内容を書き出し、組み込むべき処理や、必要な変数、関数の一覧を書面として用意してから、プログラミングに臨むとよいでしょう。プログラミングを始める段階で、全体像を明確にしておくことが大切です。

開発経験の少ない方にとっては、必要な変数や配列、関数のすべてを、はじめから想定するのは難しいでしょうが、いろいろな開発を行ううちに、ゲームのジャンルにかかわらず、必要な処理を思い描けるようになります。

Chapter 9

エフェクト・プログラミングで三角関数を学ぼう

この章では、三角関数について学んだ後、三角関数を用いてエフェクトをプログラミングする方法を説明します。ゲームプログラミングで三角関数を用いると、物体の動きのバリエーションを増やしたり、視覚的効果の高いエフェクトを作ることができます。

Section 9-1

三角関数とは

はじめに三角関数とはどのような関数かを説明します。

9-1-1 三角関数の大切さ

章扉でお伝えしたように、三角関数を用いると、ゲームの中の物体の動きのバリエーションを増やすことができます。また、視覚的効果の高いエフェクトを作ることができます。三角関数の知識は、コンピューターゲームにおける優れた映像表現に欠かせないといえるでしょう。この章では、三角関数を用いてエフェクトをプログラミングしながら、三角関数への理解を深めていきます。

9-1-2 三角関数について

三角形の角の大きさと、辺の長さの比を表す関数を、三角関数といいます。

次の図において、$\sin\theta = \frac{y}{r}$、$\cos\theta = \frac{x}{r}$、$\tan\theta = \frac{y}{x}$と定めたものが三角関数です。

図表9-1-1 三角関数

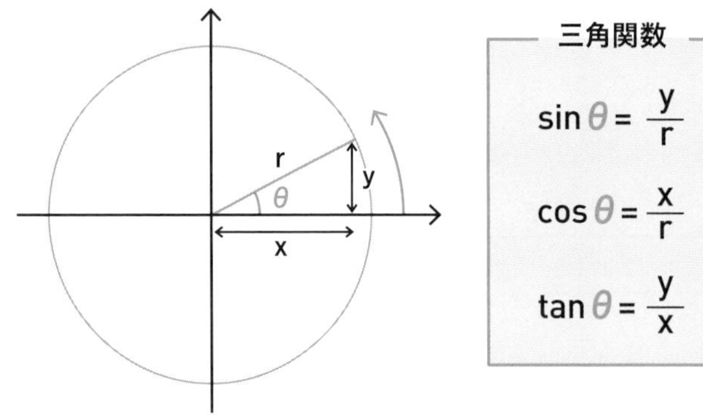

※この図は数学の通りにy軸上向きを正方向としています。また数学の角度は、この図の矢印のように反時計回りに進み、一周すると360度です

memo

sin θを正弦、cos θを余弦、tan θを正接といいます。

サイン（sin）とコサイン（cos）の値は、-1から1の間で変化します。タンジェント（tan）は－∞から＋∞の値をとります。∞は無限大を意味する記号です。例えばθが0度から始まり、90度に近付く時、tan θは0から始まり、正の無限大に近付いていきます。

9-1-3 度とラジアンについて

私たちが角度を扱う時、日常的には度（degree）という単位を用います。一方、C言語を含む多くのプログラミング言語では、ラジアン（radian）という単位で角度を扱います。度をラジアンに変換する式は次の通りです。

図表9-1-2 度からラジアンへの変換式

```
ラジアン = π × 度 ÷ 180
```

図表9-1-3 度とラジアンの関係

度 (degree)	0	90	180	270	360
ラジアン (radian)	0	$\frac{1}{2}\pi$	π	$\frac{3}{2}\pi$	2π

memo

πは円周率であり、3.141592…という値です。ラジアンは小数になるので、doubleの型で扱います。

9-1-4 C言語の三角関数

C言語には、次のような三角関数が備わっています。これらを用いるには、math.hをインクルードします。これらの関数の引数には、角度をラジアンの単位で与えます。

図表9-1-4 C言語の三角関数

数学の表記	C言語の関数
sin θ	double sin(double ang);
cos θ	double cos(double ang);
tan θ	double tan(double ang);

C言語などの多くのプログラミング言語で、二次元平面の座標を扱う時、y軸は数学と逆の下向きで、角度の進み方も数学と逆の時計回りになります。また角度を扱う場合は、度からラジアンへの変換が必要です。C言語で三角関数を用いて計算する時は、それらの点に注意しましょう。

memo

math.hには図表9-1-4の三角関数の他に、逆三角関数のasin()、acos()、atan()や、xのy乗を求めるpow(x,y)、指数関数のexp()、対数関数のlog()など、数学に関するさまざまな関数が備わっています。

Section
9-2

円運動を表現する

エフェクト・プログラミングに入ります。まず三角関数の計算に慣れるため、ここでは三角関数を使って、物体が円運動するプログラムを制作します。

9-2-1 三角関数で円周上の座標を求める

x=cos θ、y=sin θという2つの式で、θを0度から360度まで（0π～2πまで）変化させると、点(x,y)は半径1の円周上を、ぐるりと一周します。式の右辺をr倍し、x=r cos θ、y=r sin θとすると、(x,y)は半径rの円周上の座標になります。

図表9-2-1　三角関数で円周上の座標を求める

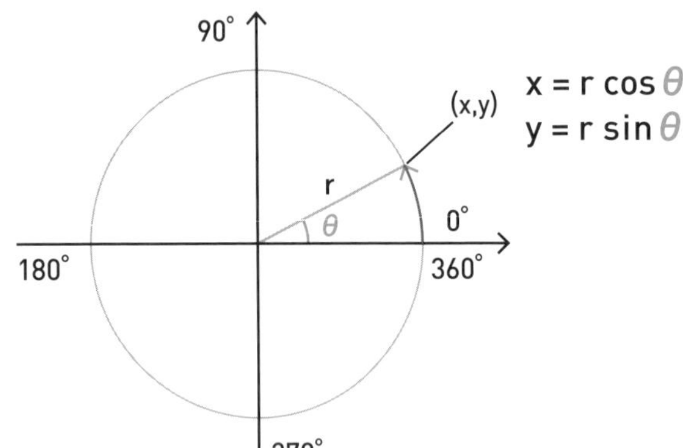

※この図は数学の通りにy軸上向きを正とし、角度を反時計回りに数えています

9-2-2 円運動を行うプログラム

三角関数を使った計算で、物体が円周上を動く様子をグラフィックで表現します。次のプログラムの動作を確認しましょう。グレーの部分はDXライブラリを駆動させる、ひな形となるコードです。

サンプル9-2-1　Chapter9->effect1.cpp

```
#include "DxLib.h"
#include <math.h>

int WINAPI WinMain(HINSTANCE hInstance, HINSTANCE hPrevInstance, LPSTR lpCmdLine, int nCmdShow)
{
```

```
06     // 定数の定義
07     const int WIDTH = 960, HEIGHT = 640; // ウィンドウの幅と高さのピクセル数
08     const int GRAY = GetColor(128, 128, 128); // よく使う色を定義
09 
10     SetWindowText("三角関数を用いたエフェクト"); // ウィンドウのタイトル
11     SetGraphMode(WIDTH, HEIGHT, 32); // ウィンドウの大きさとカラービット数の指定
12     ChangeWindowMode(TRUE); // ウィンドウモードで起動
13     if (DxLib_Init() == -1) return -1; // ライブラリ初期化 エラーが起きたら終了
14     SetBackgroundColor(0, 0, 0); // 背景色の指定
15     SetDrawScreen(DX_SCREEN_BACK); // 描画面を裏画面にする
16 
17     const int RADIUS = 300; // 円運動の半径
18     int degree = 0; // 角度を数える変数
19 
20     while (1) // メインループ
21     {
22         ClearDrawScreen(); // 画面をクリアする
23 
24         // 軸と円周を描く
25         DrawLine(WIDTH / 2, 0, WIDTH / 2, HEIGHT, GRAY); // y軸
26         DrawLine(0, HEIGHT / 2, WIDTH, HEIGHT / 2, GRAY); // x軸
27         DrawCircle(WIDTH / 2, HEIGHT / 2,RADIUS, GRAY, FALSE); // 半径RADIUSの円
28 
29         degree++; // 角度を1度ずつ増やしていく
30         double radian = 3.141592 * degree / 180; // ラジアンに変換する
31         DrawFormatString(0, 0, GRAY, "degree = %d", degree); // 度の値を表示
32         DrawFormatString(0, 20, GRAY, "radian = %f", radian); // ラジアンの値を表示
33 
34         // 座標計算
35         int x = RADIUS * cos(radian); // 数学のx座標
36         int y = RADIUS * sin(radian); // 数学のy座標
37         int cx = x + WIDTH / 2; // コンピューター画面のx座標
38         int cy = y + HEIGHT / 2; // コンピューター画面のy座標
39         DrawBox(cx - 10, cy - 10, cx + 10, cy + 10, GetColor(0, 255, 255), TRUE); // 円運動する物体
40 
41         ScreenFlip(); // 裏画面の内容を表画面に反映させる
42         WaitTimer(16); // 一定時間待つ
43         if (ProcessMessage() == -1) break; // Windowsから情報を受け取りエラーが起きたら終了
44         if (CheckHitKey(KEY_INPUT_ESCAPE) == 1) break; // ESCキーが押されたら終了
45     }
46 
47     DxLib_End(); // DXライブラリ使用の終了処理
48     return 0; // ソフトの終了
49 }
```

※数学の二次元平面に合わせてy軸上向きを正とする場合、38行目をint cy = - y + HEIGHT / 2とし、yの値にマイナスを付けましょう

※35〜36行目は、整数×小数を整数型の変数に代入しており、整数型の値になります。このプログラムでは問題は起きませんが、求める値や、コンパイラの種類や設定によっては、型変換（キャスト）が必要になります

図表9-2-2 実行画面

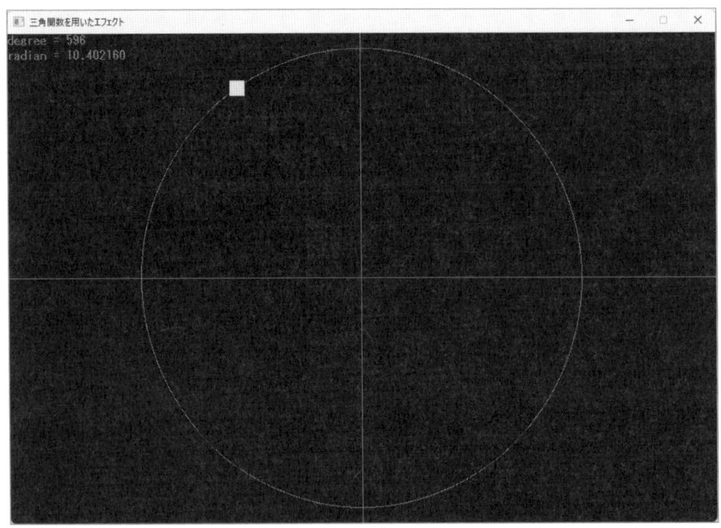

三角関数を用いるには、2行目のようにmath.hをインクルードします。

物体が移動する円周の半径を、RADIUSという定数で定義しています。このプログラムではRADIUSに300を代入し、半径300ピクセルの円の上を回る物体の動きを表現しています。

18行目で宣言したdegreeは、度の値を代入する変数です。degreeを毎フレーム1度ずつ増やし、30行目のdouble radian = 3.141592 * degree / 180で、ラジアンに変換した値を変数radianに代入しています。

C言語のmath.hには、πを表すM_PIというマクロ定義がありますが、Visual Studioではmath.hをインクルードするだけでは、M_PIを用いることができません。Visual StudioでM_PIを用いるには、プログラムの冒頭で#define _USE_MATH_DEFINESと記述します。このプログラムは#define _USE_MATH_DEFINESを用いず、ラジアンへ変換する式に、πの値である約3.141592を記述しています。

35〜36行目で、三角関数により、半径RADIUSの円周上の座標(x,y)を求めています。

37〜38行目で、xにWIDTH/2を加えた値をcxに代入し、yにHEIGHT/2を加えた値をcyに代入しています。39行目で座標(cx,cy)に矩形を描き、円の上を物体が動く様子を表現しています。WIDTH/2とHEIGHT/2を加えたことで、ウィンドウの中央が円運動の中心座標になります。

memo

三角関数を用いることで、ゲームの中の物体に円運動をさせることができます。円運動は、視覚的な効果が期待できる動きの1つです。三角関数の式を変えて、円運動の速さ、振幅、位相などを変えることができ、多彩な動きを作り出せます。多彩な動きの計算方法は**9-4節**から説明します。

Section
9-3 複数の物体を動かす

三角関数は難しい概念であるため、段階を踏んでプログラムを改良し、複雑なエフェクトを描いていきます。この節では、複数の物体の円運動を表現するところまでプログラミングを進めます。

9-3-1 複数の物体の円運動

前**9-2節**のプログラムを改良し、複数の物体が円周上を動くようにします。

次のプログラムの動作を確認しましょう。このプログラムは、M_PIを用いるため、1行目に#define _USE_MATH_DEFINESを記述しています。太字が前のプログラムからの追加、変更部分です。

サンプル9-3-1 Chapter9->effect2.cpp

```
01 #define _USE_MATH_DEFINES
02 #include "DxLib.h"
03 #include <math.h>
04 
05 int WINAPI WinMain(HINSTANCE hInstance, HINSTANCE hPrevInstance, LPSTR lpCmdLine, int nCmdShow)
06 {
07     // 定数の定義
 :  省略
17 
18     const int RADIUS = 300; // 円運動の半径
19     int degree = 0; // 角度を数える変数
20 
21     while (1) // メインループ
22     {
23         ClearDrawScreen(); // 画面をクリアする
24 
25         // 軸と円周を描く
26         DrawLine(WIDTH / 2, 0, WIDTH / 2, HEIGHT, GRAY); // y軸
27         DrawLine(0, HEIGHT / 2, WIDTH, HEIGHT / 2, GRAY); // x軸
28         DrawCircle(WIDTH / 2, HEIGHT / 2, RADIUS, GRAY, FALSE); // 半径RADIUSの円
29 
30         degree++; // 角度を1度ずつ増やしていく
31         double radian = M_PI * degree / 180; // ラジアンに変換する
32         DrawFormatString(0, 0, GRAY, "degree = %d", degree); // 度の値を表示
33         DrawFormatString(0, 20, GRAY, "radian = %f", radian); // ラジアンの値を表示
```

```
34
35          for (int i = 0; i <= 180; i += 30) // 複数の物体の円運動
36          {
37              int x = WIDTH / 2 + RADIUS * cos(M_PI * (degree + i) / 180);
38              int y = HEIGHT / 2 + RADIUS * sin(M_PI * (degree + i) / 180);
39              DrawCircle(x, y, 20, GetColor(0, 255, 255), TRUE);
40          }
41
42          ScreenFlip(); // 裏画面の内容を表画面に反映させる
43          WaitTimer(16); // 一定時間待つ
44          if (ProcessMessage() == -1) break; // Windowsから情報を受け取りエラーが起きたら終了
45          if (CheckHitKey(KEY_INPUT_ESCAPE) == 1) break; // ESCキーが押されたら終了
46      }
47
48      DxLib_End(); // ＤＸライブラリ使用の終了処理
49      return 0; // ソフトの終了
50  }
```

※37～38行目のような複数の型が混在する式では、キャストが必要な場合があります

図表9-3-1　実行画面

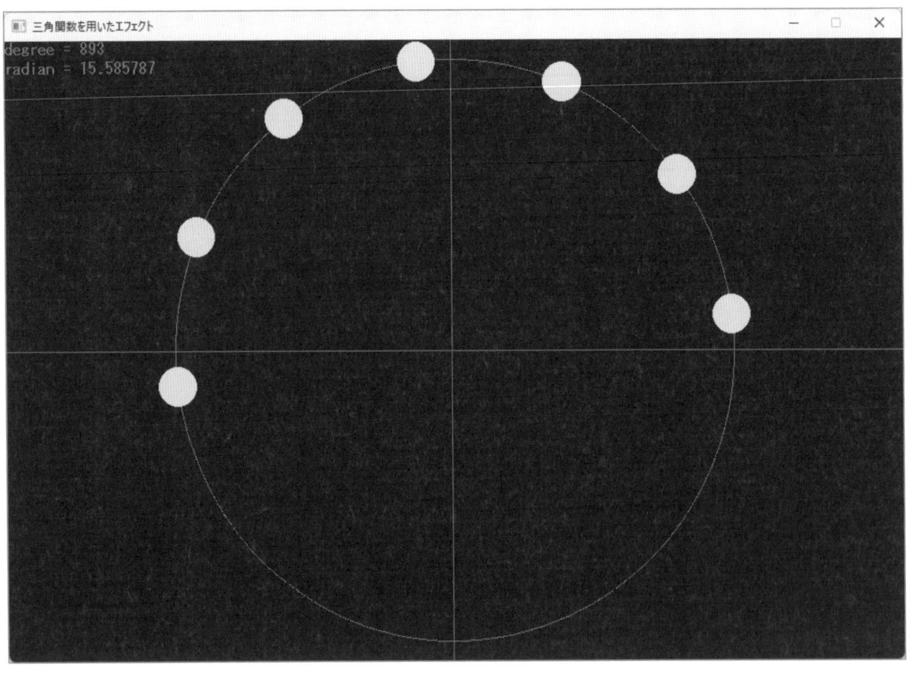

35～40行目のfor文で、変数iの値を0から180まで30ずつ増やし、30度ずつずらした座標を計算して、7つの円を動かしています。三角関数の計算式は前の節の通りです。

9-3-2 色のブレンドを用いて光の玉を表現

ブレンドモードを指定する命令で、色の加算による描画を行い、7つの円を青く光る物体に変えます。前のプログラムからの変更箇所だけを掲載します。太字が追記、変更した部分です。

サンプル9-3-2 Chapter9->effect3.cpp

```
35         SetDrawBlendMode(DX_BLENDMODE_ADD, 32); // 加算によるブレンド
36         for (int i = 0; i <= 180; i += 30) // 複数の物体の円運動
37         {
38             int x = WIDTH / 2 + RADIUS * cos(M_PI * (degree + i) / 180);
39             int y = HEIGHT / 2 + RADIUS * sin(M_PI * (degree + i) / 180);
40             for (int s = 5; s < 80; s += 5) DrawCircle(x, y, s, GetColor(32, 64, 192), TRUE);
41         }
42         SetDrawBlendMode(DX_BLENDMODE_NOBLEND, 0); // ブレンドモードを解除
```

図表9-3-2 実行画面

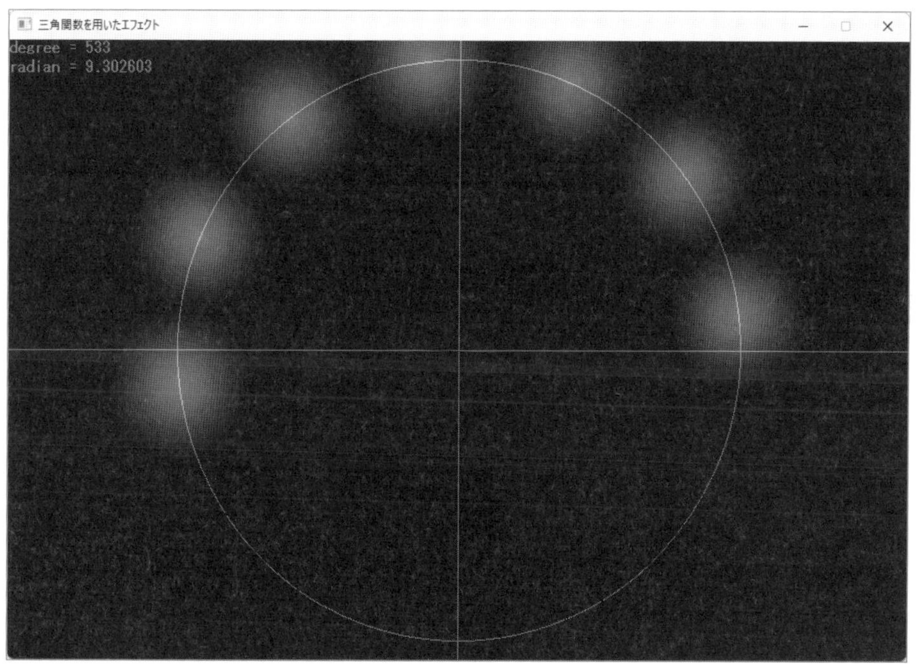

35行目のSetDrawBlendMode()で、色を加算して描くように指定しています。

40行目の変数sを用いたfor文で、径を変えた円を重ねることで、青く光るように見える物体を描いています。

Section 9-4

三角関数を用いたエフェクト基本編

この節では、視覚効果の高いエフェクトに仕上げていきます。

9-4-1 玉の数を増やし、大きさを変えてつなげる

円の数を増やし、大きさを、小→中→大と変えて並べることで、青白く光る物体を表現します。前**9-3節**のプログラムからの変更箇所のみを掲載します。太字が追記、変更した部分です。

サンプル9-4-1 Chapter9->effect4.cpp

```
        for (int i = 10; i <= 180; i += 5) // 複数の物体の円運動
        {
            int x = WIDTH / 2 + RADIUS * cos(M_PI * (degree + i) / 180);
            int y = HEIGHT / 2 + RADIUS * sin(M_PI * (degree + i) / 180);
            for (int s = 5; s < 80; s += 5) DrawCircle(x, y, s * i / 120, GetColor(32, 64, 192), TRUE);
        }
```

図表9-4-1 実行画面

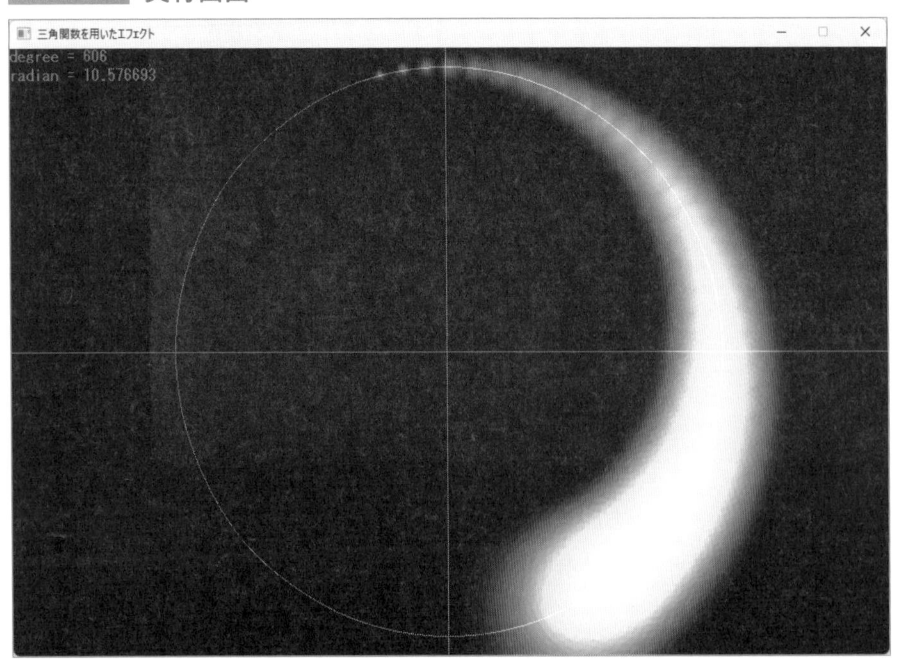

forの範囲指定と、円の半径の計算式を、前のプログラムから変更しています。この改良点のポイントは、円の半径の式です。DrawCircle()の第三引数をs*i/120として、径の違う円を多数並べてつなげていき、エフェクトを描いています。

プログラムの変更箇所は一部ですが、ずいぶん雰囲気の異なるエフェクトに変えることができました。

9-4-2 cosとsinの周期を変え、複雑な動きを表現する

x座標を計算するcosの周期と、y座標を計算するsinの周期を異なるものにすることで、複雑な動きを表現できます。そのプログラムを確認します。前のプログラムからの変更箇所のみを掲載します。太字が変更した部分です。

サンプル9-4-2 Chapter9->effect5.cpp

```
        for (int i = 10; i <= 180; i += 5) // 複数の物体の円運動
        {
            int x = WIDTH / 2 + RADIUS * cos(M_PI * (degree + i) / 120);
            int y = HEIGHT / 2 + RADIUS * sin(M_PI * (degree + i) / 180);
            for (int s = 5; s < 80; s += 5) DrawCircle(x, y, s * i / 120,
GetColor(32, 128, 64), TRUE);
        }
```

図表9-4-2 実行画面

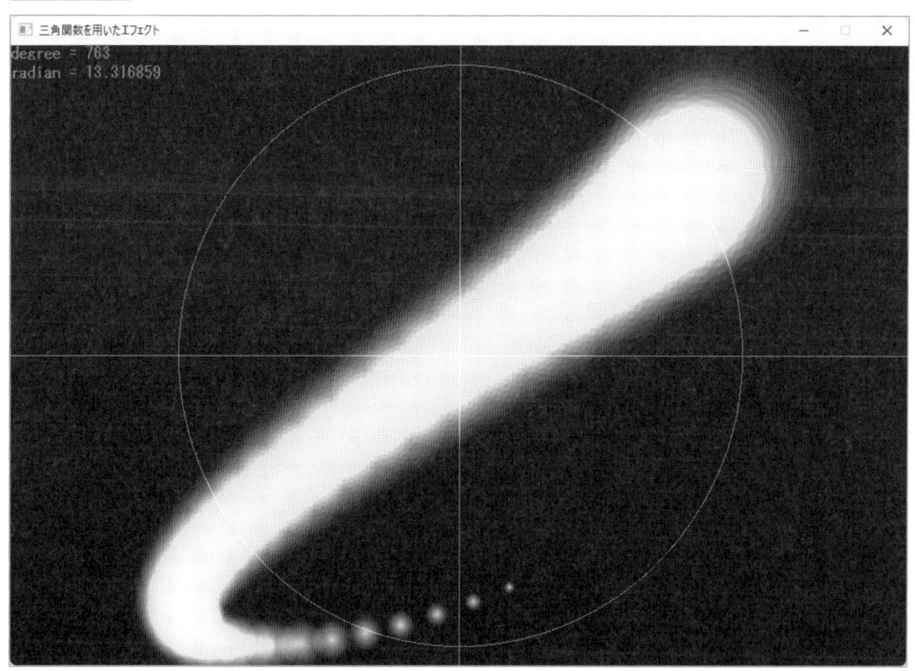

前のプログラムからの変更点は、cos()の引数の中で割り算する値と、円を描く色だけです。x座標を計算するコサインの引数をM_PI * (degree + i) / 120とし、y座標を計算するサインの引数と異なる周期にして、エフェクトの軌跡を変化させています。

このエフェクトは次の図表の軌跡を描いています。

図表9-4-3 周期を変えて複雑な軌跡を描く

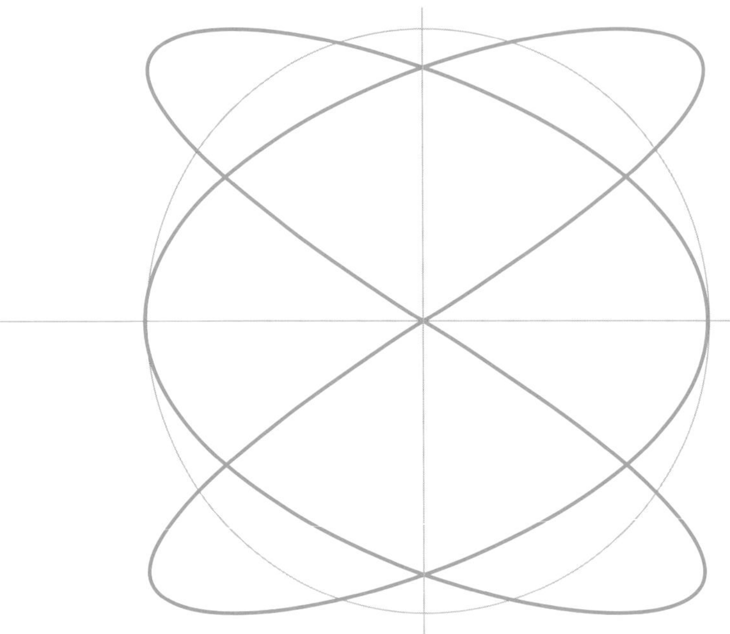

effect5.cppのエフェクトは、色の付いた太線の上を移動しています。

sinとcosの周期を変えると、運動の軌跡はさまざまに変化します。sin()とcos()の中の計算式を変更して、どのような動きになるのかを確認しましょう。

memo

この曲線はリサージュ曲線あるいはリサジュー曲線と呼ばれます。

Section 9-5 三角関数を用いたエフェクト応用編

ここまで学んだ知識を使って、より複雑なエフェクトを表現します。

9-5-1 エフェクトの追いかけっこ

2つのエフェクトが追いかけっこをするように移動するプログラムを確認します。

前**9-4節**のプログラムの36〜41行目を、次の36〜44行目のように変更して実行しましょう。

サンプル9-5-1 Chapter9->effect6.cpp

```
36            for (int a = 0; a < 360; a += 180) // 180 度ずらして 2 つの物体を動かす
37            {
38                for (int i = 10; i <= 180; i += 5) // 複数の物体の円運動
39                {
40                    int x = WIDTH / 2 + RADIUS * cos(M_PI * (degree + i + a) / 120);
41                    int y = HEIGHT / 2 + RADIUS * sin(M_PI * (degree + i + a) / 180);
42                    for (int s = 5; s < 80; s += 5) DrawCircle(x, y, s * i / 120,
   GetColor((180 - a) + i / 3, i / 2, a + i / 3), TRUE);
43                }
44            }
```

※36行目に変数aを用いたfor文を追加したので、38〜43行目の字下げ位置が、前のプログラムより右にずれています

図表9-5-1 実行画面

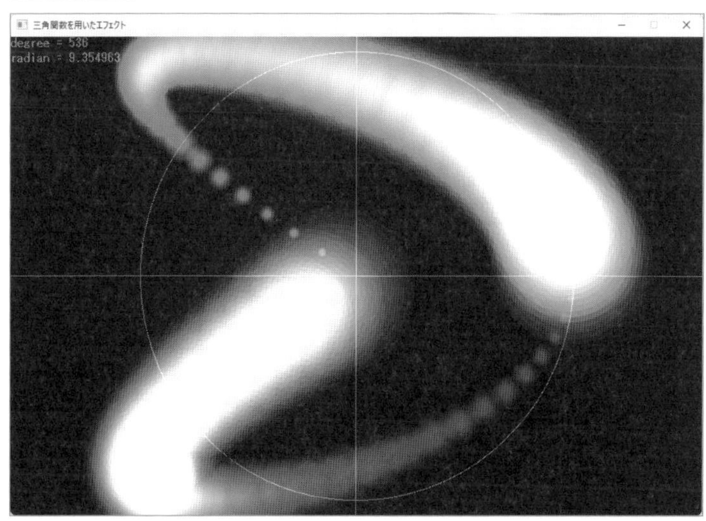

変数aとiを用いた二重ループのfor文に変更しています。

外側のfor文で、変数aを0→180と変えて、180度ずらしたエフェクトを計算しています。

内側のfor文で、径を変えた円を重ねて描く計算は、前のプログラムの通りです。

円の色を決める計算を工夫しています。GetColor((180 - a) + i / 3, i / 2, a + i / 3)の引数が、赤成分、緑成分、青成分を決める式です。変数aが0の時は赤成分の値が大きく、aが180の時は青成分の値が大きくなります。これにより、互いを追いかけるエフェクトの色を、赤と青で表現しています。

9-5-2 回転する炎

炎が回転するようなエフェクトに変えます。太字が前のプログラムからの変更箇所です。

サンプル9-5-2 Chapter9->effect7.cpp

```
36          for (int a = 0; a < 360; a += 60) // 複数の物体を動かす
37          {
38              for (int i = 10; i <= 180; i += 5) // 複数の物体の円運動
39              {
40                  int x = WIDTH / 2 + RADIUS * cos(M_PI * (degree + i + a) / 180) * i / 180;
41                  int y = HEIGHT / 2 + RADIUS * sin(M_PI * (degree + i + a) / 180) * i / 180;
42                  for (int s = 5; s < 50; s += 5) DrawCircle(x, y, s * i / 120,
    GetColor(255, 80, 16), TRUE);
43              }
44          }
```

※このプログラムは多くの描画を行うため、パソコンのスペックによっては動作が重くなります。また、40行目のcos()の引数で割り算する値を120から180に戻しています

図表9-5-2 実行画面

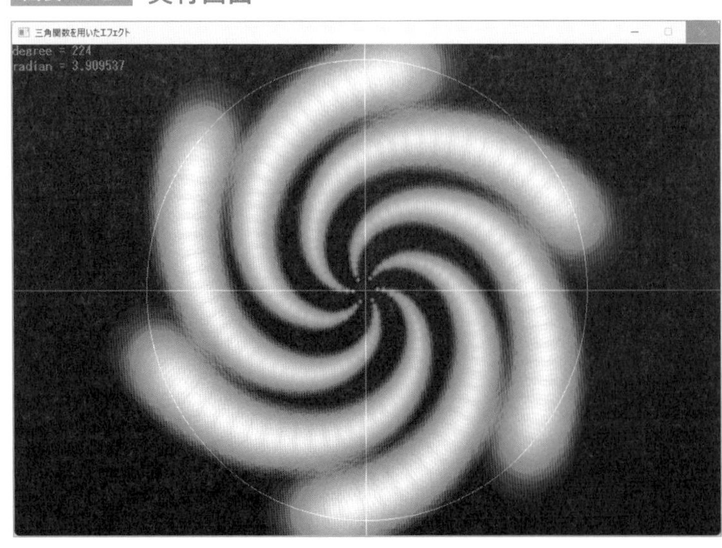

外側のfor文のaの値を60ずつ増やして、物体を6つにしています。

物体のx座標とy座標の計算式に、＊i / 180を追記して、小さな円を内側に、大きい円を外側に配置しています。

また、円の色指定をGetColor(255, 80, 16)として、炎のような色になるようにしています。

9-5-3 煌めく星雲

渦を巻く星雲のようなエフェクトを表現します。太字が前のプログラムからの変更箇所です。

サンプル9-5-3 Chapter9->effect8.cpp

```
        for (int a = 0; a < 360; a += 45) // 複数の物体を動かす
        {
            for (int i = 10; i <= 180; i += 3) // 複数の物体の円運動
            {
                int x = WIDTH / 2 + RADIUS * cos(M_PI * (degree + i + a) / 180) * (180-i) / 80;
                int y = HEIGHT / 2 + RADIUS * sin(M_PI * (degree + i + a) / 180) * (180-i) / 240;
                for (int s = 5; s < 50; s += 5) DrawCircle(x, y, s * i / 120, GetColor(24, 16, 96), TRUE);
            }
        }
```

※このプログラムは多くの描画を行うため、パソコンのスペックによっては動作が重くなります

図表9-5-3 実行画面

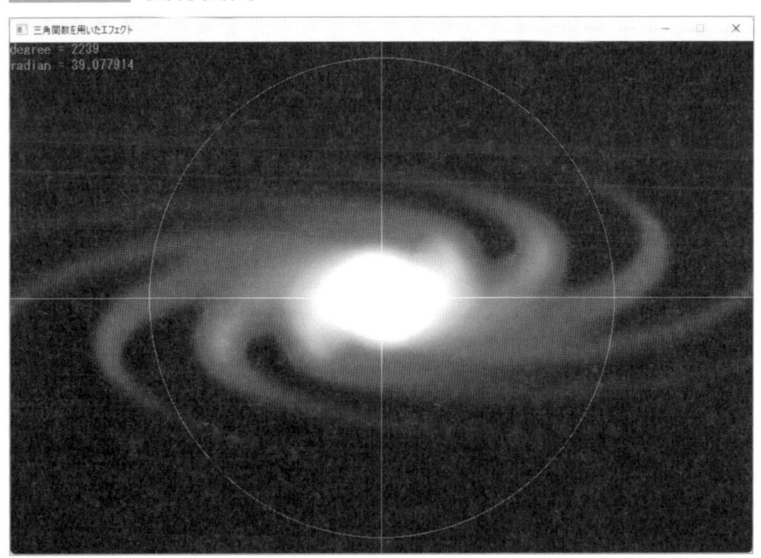

このプログラムでは、エフェクトが移動する範囲の高さを、幅の1/3としました。40行目の/80と41行目の/240が、その計算です。エフェクトは横長の枠内を移動し続けます。これにより、三次元の空間を俯瞰する視点で渦を眺めるような映像表現を実現しています。

このプログラムも、パラメーターと式の一部を変えただけで、ずいぶん雰囲気の違うエフェクトにすることができました。三角関数を使いこなせるようになると、視覚効果の高いさまざまなエフェクトを作ることができます。また、ゲームに登場する物体の動きを三角関数で計算することで、多彩な動きを表現することも可能です。

二次関数や三次関数、その他の関数を用いて物体の運動を計算することもできます。ゲームプログラマーを目指す方は、数学の関数を復習するなどして、その知識をゲーム開発に生かすと良いでしょう。

column

三角関数でハートを描く

このコラムでは、ハートの形を描く、三角関数を使った数式を紹介します。

■ハートを描く式は、たくさんある

ハートを描く計算式は、これまでいろいろなものが考案されてきました。このコラムでは、それらの中で、三角関数を用いる次の式でハートを描きます。

図表9-6-1　ハートを描く三角関数の式

```
x = sin(a) * sin(a) * sin(a)
y = cos(a) - cos(a*2)/3 - cos(a*3)/5
```

memo

三角関数を用いないハートの式では、$x^2+(y-\sqrt{|x|})^2=1$という式などが知られています。

■xとyの値について

図表9-6-1の式では、aを0から360度まで（0から2πまで）変化させながら、(x,y)に点を打つことで、ハートの形になります。この時、xとyは三角関数で求める値なので、-1から1程度の範囲で変化します。その値のままをコンピューター画面の座標として描くと、1〜2ピクセルの範囲に点を打つことになり、ハートの形になりません。そこで、x、yとも値を拡大して、コンピューターの座標に変換します。これから確認するプログラムは、xとyを共に200倍してハートを描きます。

■ハートを描く三角関数の式

ハートを描くプログラムを確認します。このプログラムは、いずれかのキーを押すと終了します。

サンプル9-6-1　Chapter9->heartCurve.cpp

```
#include "DxLib.h"
#include <math.h>

int WINAPI WinMain(HINSTANCE hInstance, HINSTANCE hPrevInstance, LPSTR lpCmdLine, int nCmdShow)
{
    const int WIDTH = 640, HEIGHT = 640; // ウィンドウの幅と高さのピクセル数
    SetWindowText(" ハートを描く計算式 "); // ウィンドウのタイトル
    SetGraphMode(WIDTH, HEIGHT, 32); // ウィンドウの大きさとカラービット数の指定
    ChangeWindowMode(TRUE); // ウィンドウモードで起動
```

```
    if (DxLib_Init() == -1) return -1; // ライブラリ初期化 エラーが起きたら終了
    SetBackgroundColor(0, 0, 0); // 背景色の指定

    // 計算式でハートを描く
    const int SCALING = 200; // スケール
    for (double a = 0; a < 3.141592*2; a += 0.01) // aを0～2πまで変化させる
    {
        double x = sin(a) * sin(a) * sin(a);
        double y = cos(a) - cos(a * 2) / 3 - cos(a * 3) / 5;
        int cx = x * SCALING + WIDTH / 2;   // ┬ コンピューターの座標に変換
        int cy = -y * SCALING + HEIGHT / 2; // ┘
        DrawBox(cx - 5, cy - 5, cx + 5, cy + 5, 0xff80ff, TRUE); // 正方形を並べる
    }

    WaitKey(); // キー入力があるまで待つ
    DxLib_End(); // DXライブラリ使用の終了処理
    return 0; // ソフトの終了
}
```

図表9-6-2 実行画面

三角関数の式で求めたxとyの値を、何倍してコンピューターの画面に描くかを、SCALINGという定数で定義しています。

変数aを0から2πまで0.01ずつ増やしながら、図表9-6-1の式で求めた(x,y)を、ウィンドウ内の座標(cx,cy)に変換し、その座標に小さな正方形を並べることで、ハートを描いています。

memo

ピカチュウを描く式があるのをご存じの方もいらっしゃるでしょう。ネットで検索すると、さまざまな図形を描く数式が見つかります。このプログラムを参考に、いろいろな式を記述して、図形の描画に挑戦しましょう。

Chapter 10

さまざまなゲーム開発技術を手に入れよう

この特別付録では、ゲームの開発力をさらに伸ばすための知識をお伝えします。

Section 10-1 CUI上で動くブロック崩しの作り方

リアルタイムに処理が進むゲームをC言語だけで作る方法を第4章で学びました。ここでは、その方法を用いて制作した「ブロック崩し」のプログラムを紹介します。

10-1-1 ブロック崩しとは

ブロック崩しは、画面に並んだブロックにボールを当てて壊す、古典的なゲーム（レトロゲーム）です。プレイヤーはバー（パドル）を左右に動かし、そこにボールを当てて打ち返します。

memo

アメリカの老舗ゲームメーカーであるアタリ社が1976年に発売した『ブレイクアウト』というゲームが、最初に発売されたブロック崩しです。ブロック崩しは手軽にプログラミングできる内容であり、このゲームは昔から、学習用や趣味のプログラミングとしても制作されてきました。

10-1-2 ブロック崩しで遊んでみよう

本書商品ページからダウンロードしたzipファイル内の「Chapter10」フォルダに、blockBreak.cというプログラムがあります。このプログラムはC言語だけで作られています。Visual StudioでC++の空のプロジェクトを作り、blockBreak.cをコンパイルしましょう。

■操作方法とルール

- バー（パドル）を左右キーで左右に動かします
- ボールは斜めに移動し、左右と上の壁で跳ね返ります
- ボールが当たったブロックは壊れ、スコアが増えます
- すべてのブロックを壊すとゲームクリア、ボールを一度でも打ち逃すとゲームオーバーです

※学習に向く簡素なプログラムとするため、ステージクリアやボールのストックなどはありません

図表10-1-1 Vusial Studioで空のプロジェクトを作る

空のプロジェクト
Windows 用に C++ で最初から始めます。開始ファイルを提供しません。
C++　Windows　コンソール

実行すると、次のようなゲーム画面が表示されます。

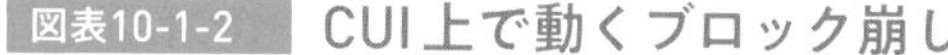
図表10-1-2 CUI上で動くブロック崩し

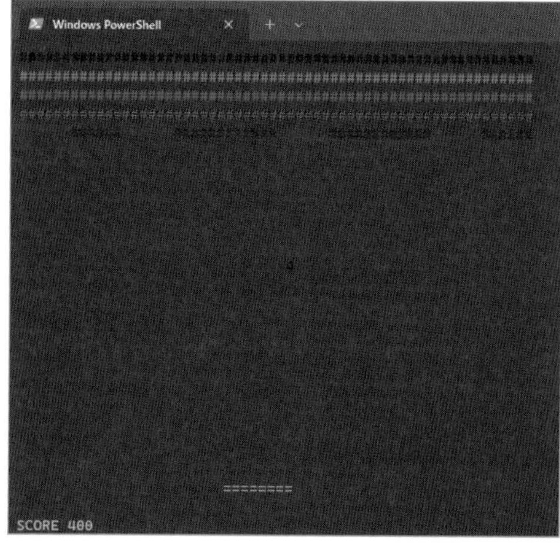

10-1-3 プログラムの確認

プログラムを確認しましょう。

サンプル10-1-1 Chapter10->blockBreak.c

```
#include<stdio.h>
#include<conio.h>
#include<windows.h> // Sleep()を使うため
#define ROW 24 // ゲーム画面の行数
#define COL 60 // ゲーム画面の列数
#define BLOCK_ROW 5 // ブロックが縦にいくつ並ぶか
#define BLOCK_COL 10 // ブロックが横にいくつ並ぶか

int block[BLOCK_ROW][BLOCK_COL]; // ブロックの有無を管理する配列
int px = COL / 2 - 3, py = ROW - 1; // バー（パドル）の座標
int bx = 6, by = 10; // ボールの座標
int vx = 1, vy = -1; // ボールの移動量
int score = 0; // スコア
int game = 0; // プレイ中は0、ゲームオーバーは1、ゲームクリアは2

int main(void) {
    int x, y;
    for (y = 0; y < BLOCK_ROW; y++) { // ブロックの初期化
        for (x = 0; x < BLOCK_COL; x++) block[y][x] = 1;
    }
    printf("¥x1b[2J"); // 画面クリア
    while (game == 0) { // ゲーム用のループ
```

```
        // ブロックを描画
        printf("¥x1b[1;1H"); // カーソル位置を左上角に
        for (y = 0; y < BLOCK_ROW; y++) {
            printf("¥x1b[3%dm", y + 1); // ブロックの色
            for (x = 0; x < BLOCK_COL; x++) {
                if (block[y][x] == 1)
                    printf("######"); // ブロックは半角6文字分
                else
                    printf("      ");
            }
            printf("¥n");
        }

        // バーの操作
        printf("¥x1b[%d;%dH", py + 1, px + 1);
        printf("        "); // 1フレーム前のバーを消す
        int key = 0;
        if (_kbhit()) key = _getch(); // キー入力
        if (key == 75) { // 左キー
            px -= 4;
            if (px < 0) px = 0;
        }
        if (key == 77) { // 右キー
            px += 4;
            if (px >= COL - 8) px = COL - 8;
        }
        printf("¥x1b[36m"); // 水色
        printf("¥x1b[%d;%dH", py + 1, px + 1);
        printf("========"); // バーを描く

        // ボールの移動
        printf("¥x1b[%d;%dH", by + 1, bx + 1);
        printf(" "); // 1フレーム前のボールを消す
        bx += vx;
        by += vy;
        if (bx < 1) vx = 1; // 画面左端にきた時
        if (bx > COL - 2) vx = -1; // 画面右端にきた時
        if (by < 1) vy = 1; // 画面上端にきた時
        if (by > ROW - 1) game = 1; // 画面下端に達したらゲームオーバー
        if (px - 1 <= bx && bx <= px + 8 && by == py - 1) vy = -1; // バーで打ち返した時
        printf("¥x1b[31m"); // 赤
        printf("¥x1b[%d;%dH", by + 1, bx + 1);
        printf("o"); // ボールを描く

        if (0 <= by && by < BLOCK_ROW) { // ボールがブロックに当たったか判定
```

```
            x = bx / 6; // 6はブロックの幅（半角文字数）
            y = by;
            if (block[y][x] == 1) { // ブロックがある
                printf("¥x1b[%d;%dH", y + 1, x * 6 + 1);
                printf("++++++"); // 壊した演出
                block[y][x] = 0; // ブロックを存在しない状態にする
                vy = -vy; // y軸方向の移動量を反転
                score += 1; // スコアを増やす
                if (score == BLOCK_ROW * BLOCK_COL) game = 2; // 全て壊したらクリア
            }
        }

        printf("¥x1b[%d;%dH", ROW + 2, 1);
        printf("¥x1b[37m"); // 白
        printf("SCORE %d00¥n", score); // スコアの表示
        Sleep(80); // 処理の一時停止
    }

    if (game == 1) { // ゲームオーバー
        printf("¥x1b[%d;%dH", ROW / 2, COL / 2 - 4);
        printf("¥x1b[31m"); // 赤
        printf("GAME OVER");
    }
    if (game == 2) { // ゲームクリア
        printf("¥x1b[%d;%dH", ROW / 2, COL / 2 - 7);
        printf("¥x1b[37m"); // 白
        printf("Congratulations!");
    }
    printf("¥x1b[%d;%dH", ROW + 3, 1); // 画面が崩れないようにカーソル位置を画面下部にする
    Sleep(5000); // 5秒ほど停止した後、処理を終える
    return 0;
}
```

C言語だけでリアルタイム処理を行う方法は第4章（P154）で説明した通りですが、ここで簡単に復習します。

■リアルタイム処理の復習

- main関数にwhile()文の無限ループを記述し、処理を繰り返す
- CUI上に文字列を出力する際、カーソル位置を指定するprintf("¥x1b[行;列H")を用いて、画面を固定したまま描き替える
- kbhit()とgetch()でキー入力を行う。このプログラムではMicrosoftのC/C++開発環境用の関数である_kbhit()と_getch()を用いている

10-1-4 ボールの動きについて

変数bxとbyにボールの座標を代入しています。vxとvyが、x軸方向（横方向）とy軸方向（縦方向）のボールの移動量です。

図表10-1-3 ボールの動きを管理する変数

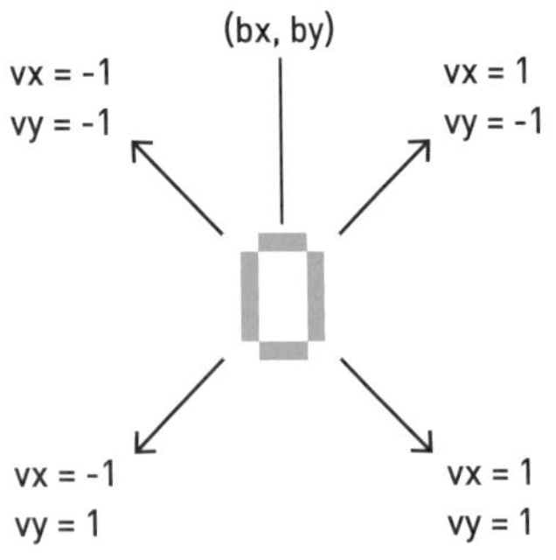

このブロック崩しはCUI上で動くゲームなので、(bx,by)はCUI上のカーソル位置になります。

bxにvxを加え、byにvyを加えて、ボールの座標を変化させています。vxの初期値を1、vyの初期値を-1としているので、プログラムを実行した直後は、ボールは右上に向かいます。

画面の左右の端と、上の端にボールが達した時は、vxやvyの値を変更して、反対の向きに進むようにしています。

座標を代入する変数と、x軸方向とy軸方向の速さを代入する変数を用いて物体を動かす仕組みは、テニスゲームやシューティングゲームで学んだ通りです。

10-1-5 ブロックを管理する配列について

block[BLOCK_ROW][BLOCK_COL]（block[5][10]）という配列で、ブロックが存在するかを管理しています。このプログラムでは、5行×10列の50個のブロックを配置しています。

ブロック1個の横幅は半角6文字分になります。

図表10-1-4 ブロックを管理する配列

block[y][x]
x

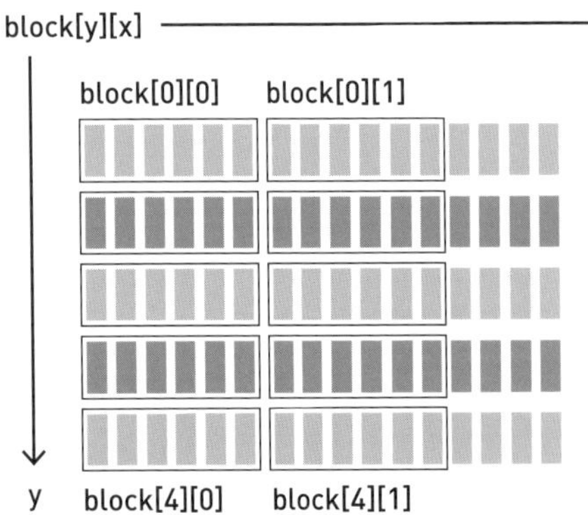

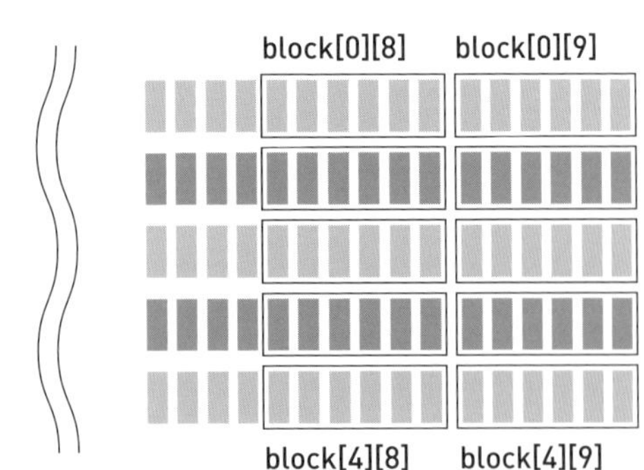

ボールがブロックに当たったかを判定する処理を抜き出して確認します。

```
        if (0 <= by && by < BLOCK_ROW) { // ボールがブロックに当たったか判定
            x = bx / 6; // 6はブロックの幅（半角文字数）
            y = by;
            if (block[y][x] == 1) { // ブロックがある
                printf("¥x1b[%d;%dH", y + 1, x * 6 + 1);
                printf("++++++"); // 壊した演出
                block[y][x] = 0; // ブロックを存在しない状態にする
                vy = -vy; // y軸方向の移動量を反転
                score += 1; // スコアを増やす
                if (score == BLOCK_ROW * BLOCK_COL) game = 2; // 全て壊したらクリア
            }
        }
```

if (0 <= by && by < BLOCK_ROW)で、ボールが画面上から5行目までにあるかを判定しています。ブロックはそれらの行に並んでいます。

x = bx / 6で、変数xにblock[行][列]の列の値を代入しています。ボールのx座標を6で割るのは、ブロック1個を半角6文字で構成しているからです。

block[y][x]が1なら、ボールのある場所にブロックが存在します。その時は、block[y][x]に0を代入して、ブロックを存在しない状態にしています。

この時、vy = -vyという式で、vyの符号を反転させています。この式で、vyが1であれば-1に、-1であれば1になります。これにより、ブロックとブロックの間にボールが入り込むと、上下に跳ね返ったボールが複数のブロックを壊していきます。ブロックを次々に壊すシチュエーションは、ブロック崩しを面白くする要素の1つです。

ブロックを壊したらスコアを増やし、すべてのブロックを壊したかを判定しています。すべて壊した時は、変数gameに2を代入し、while(game==0)のループを抜けて、ゲームを終了します。

ミニゲームを作ることでプログラミングの力が伸びます。第4章で学んだことや、ここで確認したプログラムを参考に、みなさん自身でアイデアを考え、CUI上で動くミニゲームを作ってみましょう。さらに、グラフィックを用いたゲームを作ることで、プログラミングの腕を磨けます。次の節からグラフィックを用いたゲーム開発の技術で、第9章までにお伝えしていないものを伝授します。

Section 10-2 迷路の壁と床を判定しよう

キャラクターを操作してプレイするゲームには、キャラクターが入れない場所（壁）と入れる場所（床）があります。ここでは、壁と床を設ける方法や、その判定方法を説明します。

10-2-1 壁と床について

ゲームの世界でキャラクターが入れない場所は、一般的に「壁」と呼ばれ、入れる場所は「床」と呼ばれます。壁と床を判定する手法は、さまざまなジャンルのゲームを作る際に必須となるアルゴリズムです。ゲームの世界を構成するマップデータの形式は、ゲームメーカーやプロジェクトごとに異なります。また、壁と床を判定するアルゴリズムにはさまざまな手法があります。

ここでは、一般的に用いられる形式で迷路のデータを保持し、簡単な計算により、壁と床を判定します。

memo

マップデータの定義と、壁と床の判定方法を説明し、次の**10-3節**で、キャラクターが迷路の中を歩けるようにしたプログラムを確認します。

10-2-2 壁と床のデータについて

これから確認するプログラムは、次のような二次元配列でマップデータ（ここでは迷路のデータ）を定義します。

図表10-2-1 迷路の構造とデータ形式

```
char maze[11][15] = {
    {1,1,1,1,1,1,1,1,1,1,1,1,1,1,1},
    {1,0,0,0,0,0,1,0,0,0,0,0,0,0,1},
    {1,0,1,1,1,0,0,0,1,1,0,1,1,0,1},
    {1,0,1,0,0,0,1,0,0,0,0,0,1,0,1},
    {1,0,1,0,1,0,1,0,1,1,1,0,1,0,1},
    {1,0,0,0,1,0,1,1,1,0,1,0,1,0,1},
    {1,0,1,1,1,0,1,0,0,0,0,0,0,0,1},
    {1,0,0,0,0,0,0,0,1,1,1,0,1,0,1},
    {1,0,1,1,1,0,1,0,1,0,1,1,1,0,1},
    {1,0,0,0,0,0,1,0,0,0,0,0,0,0,1},
    {1,1,1,1,1,1,1,1,1,1,1,1,1,1,1}
};
```

薄い色のマスが床（通路）、濃い色のマスが壁です。配列の値は、0が床、1が壁になります。

10-2-3 迷路の描画と、壁と床の判定

迷路データの定義と描画処理、マウスポインタを載せたマスが壁か床かを判定する処理を組み込んだプログラムを確認します。

本書商品ページからダウンロードしたzipファイル内の「Chapter10」フォルダに、wall_or_floor.cppというプログラムがあります。wall_or_floor.cppはDXライブラリを用いたプログラムです。Visual StudioでDXライブラリを用いる設定を行ったプロジェクトでビルドしましょう。

このプログラムを実行すると、次のような画面が表示されます。

図表10-2-2 迷路の表示と、壁と床の判定

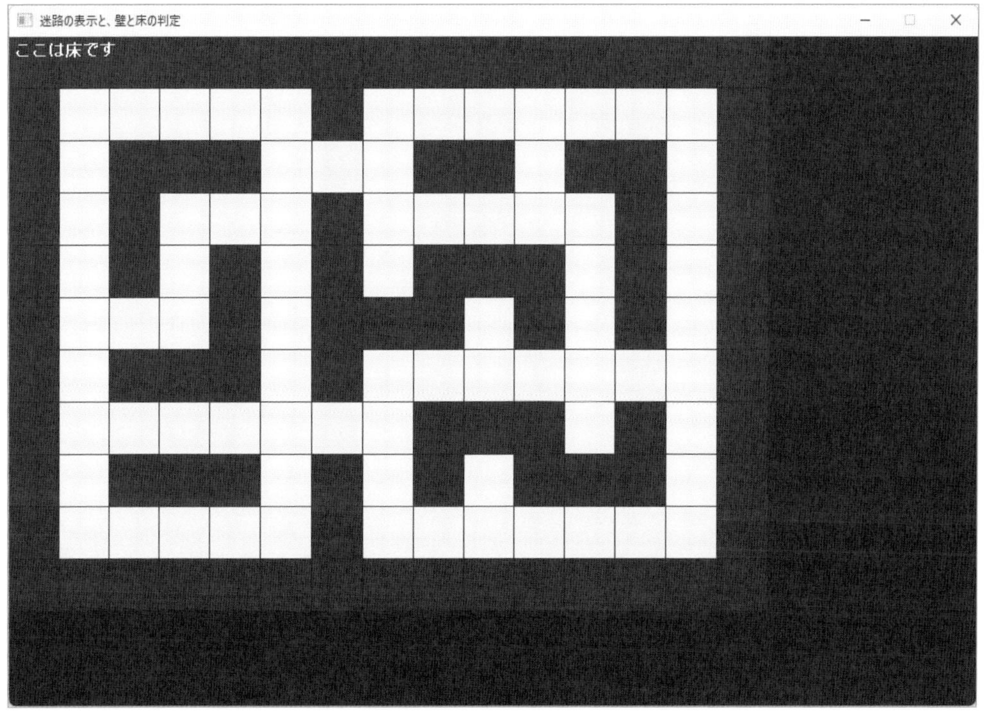

画像ファイルは用いず、図形の描画命令で迷路を描いています。茶色い正方形(この図では濃い色の正方形)が壁、薄い黄色の正方形(この図では薄い色の正方形)が床のマスです。マウスポインタを動かして、壁と床の判定が正しく行われることを確認しましょう。

10-2-4 プログラムの確認

プログラムを確認しましょう。

サンプル10-2-1 Chapter10->wall_or_floor.cpp

```
#include "DxLib.h"

int WINAPI WinMain(HINSTANCE hInstance, HINSTANCE hPrevInstance, LPSTR lpCmdLine, int nCmdShow)
{
    // 定数の定義
    const int WIDTH = 960, HEIGHT = 640; // ウィンドウの幅と高さのピクセル数

    SetWindowText("迷路の表示と、壁と床の判定"); // ウィンドウのタイトル
    SetGraphMode(WIDTH, HEIGHT, 32); // ウィンドウの大きさとカラービット数の指定
    ChangeWindowMode(TRUE); // ウィンドウモードで起動
    if (DxLib_Init() == -1) return -1; // ライブラリ初期化 エラーが起きたら終了
    SetBackgroundColor(0, 0, 0); // 背景色の指定
    SetDrawScreen(DX_SCREEN_BACK); // 描画面を裏画面にする

    // 迷路の定義
    const int MAZE_PIXEL = 50; // 1マスを何ピクセルとするか
    const int MAZE_W = 15; // 横に何マスあるか
    const int MAZE_H = 11; // 縦に何マスあるか
    char maze[MAZE_H][MAZE_W] = { // 迷路のデータ 0が床、1が壁
        {1,1,1,1,1,1,1,1,1,1,1,1,1,1,1},
        {1,0,0,0,0,0,1,0,0,0,0,0,0,0,1},
        {1,0,1,1,1,0,0,0,1,1,0,1,1,0,1},
        {1,0,1,0,0,0,1,0,0,0,0,0,1,0,1},
        {1,0,1,0,1,0,1,0,1,1,1,0,1,0,1},
        {1,0,0,0,1,0,1,1,1,0,1,0,1,0,1},
        {1,0,1,1,1,0,1,0,0,0,0,0,0,0,1},
        {1,0,0,0,0,0,0,0,1,1,1,0,1,0,1},
        {1,0,1,1,1,0,1,0,1,0,1,1,1,0,1},
        {1,0,0,0,0,0,1,0,0,0,0,0,0,0,1},
        {1,1,1,1,1,1,1,1,1,1,1,1,1,1,1}
    };

    while (1) // メインループ
    {
        ClearDrawScreen(); // 画面をクリアする

        // 迷路の描画
        int c, x, y, sx, sy;
```

```
39         for (y = 0; y < MAZE_H; y++)
40         {
41             for (x = 0; x < MAZE_W; x++)
42             {
43                 sx = x * MAZE_PIXEL; // マスの x 座標
44                 sy = y * MAZE_PIXEL; // マスの y 座標
45                 c = 0xffffe0; // 床の色（通れるところ）
46                 if (maze[y][x] == 1) c = 0x804000; // 壁の色（通れないところ）
47                 DrawBox(sx, sy, sx + MAZE_PIXEL - 1, sy + MAZE_PIXEL - 1, c, TRUE);
48             }
49         }
50 
51         // 壁と床の判定
52         int mouseX, mouseY; // マウスポインタの座標を代入する変数
53         GetMousePoint(&mouseX, &mouseY); // マウスポインタの座標を取得
54         int mx = mouseX / MAZE_PIXEL; // ポインタの x 座標をマスのピクセル数で割る
55         int my = mouseY / MAZE_PIXEL; // ポインタの y 座標をマスのピクセル数で割る
56         if (0 <= mx && mx < MAZE_W && 0 <= my && my < MAZE_H) // ポインタが迷路上にある
57         {
58             if (maze[my][mx] == 0) DrawString(5, 5, "ここは床です", 0xffffff);
59             if (maze[my][mx] == 1) DrawString(5, 5, "ここは壁です", 0xffff00);
60         }
61         else
62         {
63             DrawString(5, 5, "迷路の外側です", 0xff0000);
64         }
65 
66         ScreenFlip(); // 裏画面の内容を表画面に反映させる
67         WaitTimer(16); // 一定時間待つ
68         if (ProcessMessage() == -1) break; // Windowsから情報を受け取りエラーが起きたら終了
69         if (CheckHitKey(KEY_INPUT_ESCAPE) == 1) break; // ESCキーが押されたら終了
70     }
71 
72     DxLib_End(); // ＤＸライブラリ使用の終了処理
73     return 0; // ソフトの終了
74 }
```

16行目のMAZE_PIXELで、迷路の1マスの幅と高さのピクセル数を定義しています。

17行目のMAZE_Wで迷路のマスが横にいくつ並ぶか、18行目のMAZE_Hで縦にいくつ並ぶかを定義しています。

19〜31行目のmaze[][]という二次元配列で、迷路のデータを定義しています。

10-2-5 迷路を描く処理

39〜49行目の変数yとxを使ったforの二重ループで、maze[y][x]の値を調べ、0なら薄い黄色、1なら茶色でマスを塗り、迷路を描いています。

図表10-2-3 迷路の描画

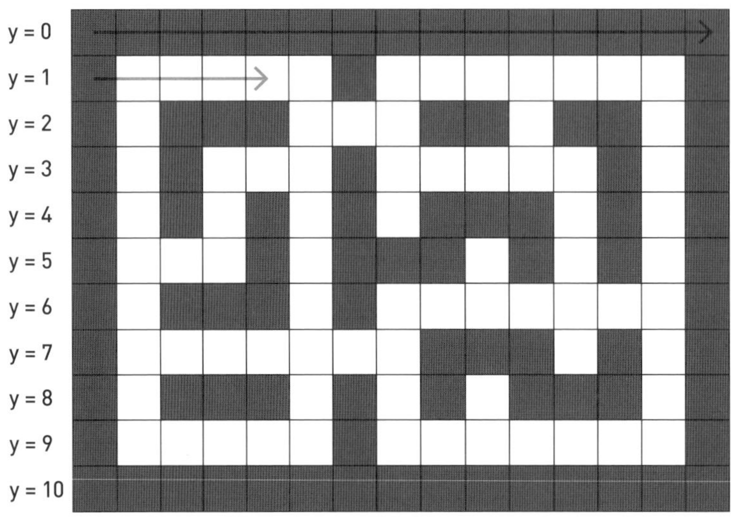

まず左上角のmaze[0][0]から、右に向かって配列の値を調べ、壁を描きます。次に左端の1つ下の行に移り、右に向かって壁や床を描きます。さらに次の行に移り、処理を繰り返していきます。右下角のマスmaze[10][14]に達したら繰り返しが終わります。

1マスの幅と高さである50という値を、MAZE_PIXELに代入しています。マスを描く座標を、sx = x * MAZE_PIXEL、sy = y * MAZE_PIXELで求めています。矩形を描くDrawBox()で、(sx,sy)の座標に、幅と高さをMAZE_PIXEL-1として、マスを描いています。

10-2-6 壁と床の判定方法

壁と床を判定する処理を抜き出して確認します。

```
51        // 壁と床の判定
52        int mouseX, mouseY; // マウスポインタの座標を代入する変数
53        GetMousePoint(&mouseX, &mouseY); // マウスポインタの座標を取得
```

```
54          int mx = mouseX / MAZE_PIXEL; // ポインタの x 座標をマスのピクセル数で割る
55          int my = mouseY / MAZE_PIXEL; // ポインタの y 座標をマスのピクセル数で割る
56          if (0 <= mx && mx < MAZE_W && 0 <= my && my < MAZE_H) // ポインタが迷路上にある
57          {
58              if (maze[my][mx] == 0) DrawString(5, 5, "ここは床です", 0xffffff);
59              if (maze[my][mx] == 1) DrawString(5, 5, "ここは壁です", 0xffff00);
60          }
61          else
62          {
63              DrawString(5, 5, "迷路の外側です", 0xff0000);
64          }
```

DXライブラリに備わるGetMousePoint()関数でマウスポインタの座標を取得しています。

54～55行目で、マウスポインタの座標から、迷路の配列の添え字（インデックス）を求めています。mouseXをMAZE_PIXELで割った値と、mouseYをMAZE_PIXELで割った値が、添え字になります。

この計算で、なぜ添え字が求められるかを、図表10-2-4で確認します。図のxとyがマウスポインタの座標（二次元平面上のxy座標）です。

図表10-2-4 ポインタの座標をピクセル数で割ると添え字になる

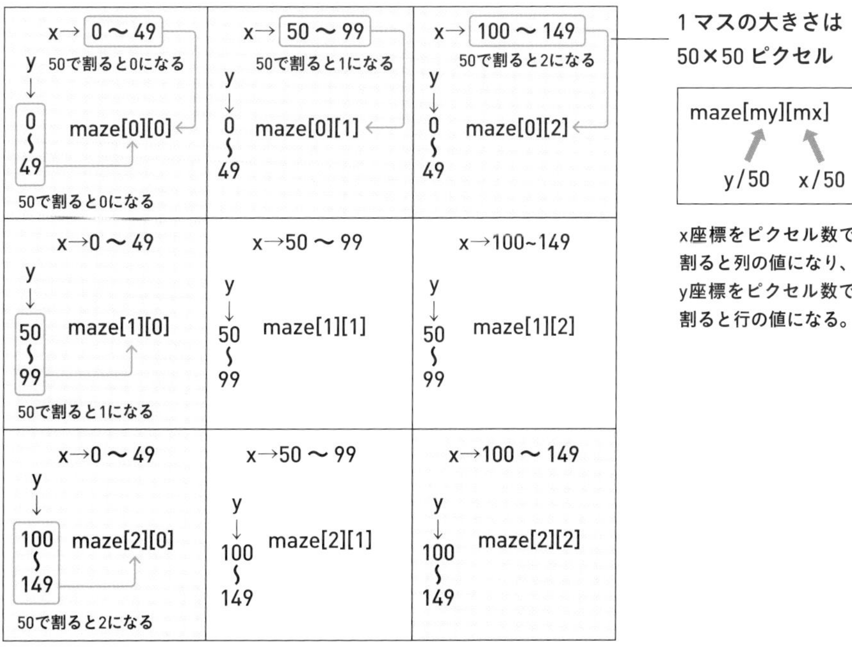

mx = mouseX / MAZE_PIXEL、my = mouseY / MAZE_PIXELで、mxとmyに添え字を代入し、maze[my][mx]を調べ、マウスポインタの位置が壁か床かを判定しています。この時、配列の

外側を参照しないように、if (0 <= mx && mx < MAZE_W && 0 <= my && my < MAZE_H)という条件分岐を記述しています。マウスポインタが迷路の外側（配列の範囲外）にあるなら、「迷路の外側です」と表示しています。

10-2-7 さまざまな当たり判定について

キャラクターと壁の接触を判定することもヒットチェックの一種になります。例えばアクションゲームやロールプレイングゲームでキャラクターを動かす時、壁のある場所には入れません。多くのゲームで、壁のある場所を調べるヒットチェックを行っています。

ヒットチェックにはいろいろな種類があります。前節のブロック崩しで、ボールが画面端で跳ね返るようにしました。それを、ボールの位置と画面の端の位置を比較し、ボールが端に達したかを判定することで実現しましたが、そのif文（条件分岐）も広義のヒットチェックであるといえます。

次の**10-3節**で、キャラクターを動かす際、壁とのヒットチェックを行い、床の上だけを移動するようにしたプログラムを確認します。**10-6節**では、三次元空間における当たり判定のアルゴリズム（衝突検出）について説明します。

memo

ゲームプログラマーは、開発するゲームの内容によって、適切なヒットチェックのアルゴリズムを採用する必要があります。いろいろなヒットチェックのアルゴリズムを学んでおきましょう。

Section
10-3

迷路の中を歩けるようにしよう

カーソルキーの入力により、迷路の中でキャラクターを動かすプログラムを確認します。

10-3-1 入れる場所、入れない場所の判定方法

前**10-2節**でマウスポインタの座標が壁か床かを判定しました。その判定方法を用いて、プレイヤーの操作するキャラクターが迷路の通路だけを歩けるようにします。壁のある所には入れません。これを実現するにはさまざまなアルゴリズムが考えられますが、ここではわかりやすい手法を2つ説明します。

方法①

図表10-3-1の方法では、物体の向かう先の左手角と右手角の2カ所を調べます。どちらも壁でなければ、座標を変化させます。この図は上に移動する際に調べる角を示していますが、左へ移動する時は左下と左上の角を調べ、右へ移動する時は右上と右下の角を調べます。

図表10-3-1 入れる場所、入れない場所の判定方法①

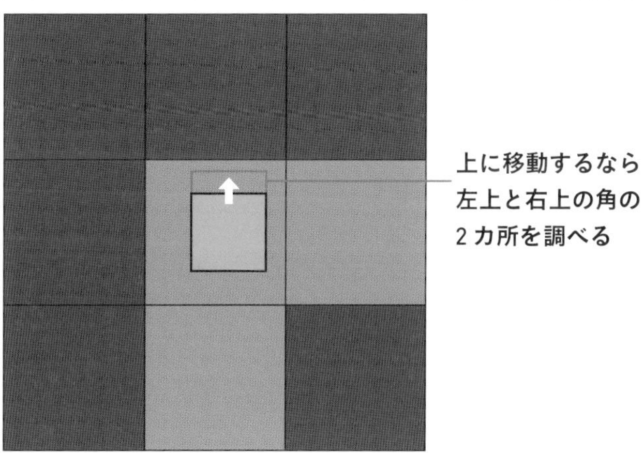
上に移動するなら
左上と右上の角の
2 カ所を調べる

方法②

図表10-3-2の方法では、どこへ移動する時も物体の4隅を調べます。4隅とも壁でなければ、そこへ移動できるので、座標を変化させます。

図表10-3-2　入れる場所、入れない場所の判定方法②

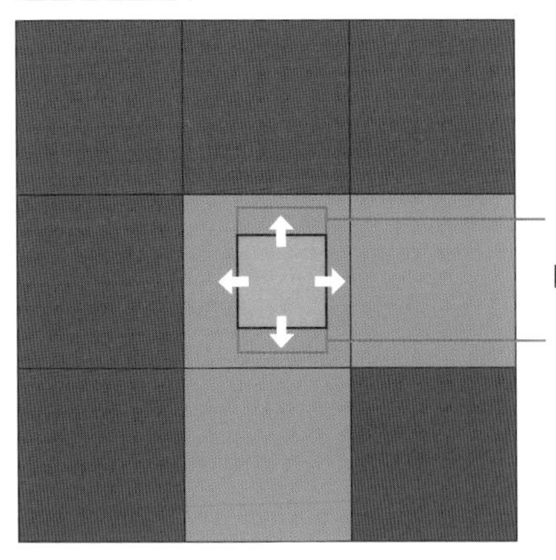

memo

他には、いったん物体の座標を変化させ、物体が壁に入ったら、入らない位置まで押し戻す計算を行う方法があり、そのアルゴリズムはpush back(プッシュ バック)と呼ばれます。

10-3-2 キャラクターをカーソルキーで動かす

迷路の中でロボットのキャラクターを動かすプログラムを確認します。

本書商品ページからダウンロードしたzipファイル内の「Chapter10」フォルダに、walkInMaze.cppというプログラムがあります。このプログラムは図表10-3-3の画像を用います。「Chapter10」フォルダにある「image」フォルダに、これらの画像が入っています。

図表10-3-3　imageフォルダの中身

floor.png

robot_d.png

robot_l.png

robot_r.png

robot_u.png

wall.png

Visual StudioでDXライブラリを用いるためのプロジェクトを作り、そのプロジェクトのフォルダに、これらの画像を「image」フォルダごと配置してから、プログラムをビルドしましょう。

実行すると図表10-3-4のような画面が表示されます。赤いロボットのキャラクターをカーソルキーで上下左右に動かすことができます。壁（#の形をしたデザイン）のある所には入れないことを確認しましょう。

図表10-3-4 プログラムの実行画面

10-3-3 プログラムの確認

プログラムを確認しましょう。

サンプル10-3-1 Chapter10->walkInMaze.cpp

```
#include "DxLib.h"

int WINAPI WinMain(HINSTANCE hInstance, HINSTANCE hPrevInstance, LPSTR lpCmdLine, int nCmdShow)
{
    // 定数の定義
    const int WIDTH = 960, HEIGHT = 704; // ウィンドウの幅と高さのピクセル数

    SetWindowText("キャラクターの移動、壁と床の判定"); // ウィンドウのタイトル
    SetGraphMode(WIDTH, HEIGHT, 32); // ウィンドウの大きさとカラービット数の指定
    ChangeWindowMode(TRUE); // ウィンドウモードで起動
    if (DxLib_Init() == -1) return -1; // ライブラリ初期化 エラーが起きたら終了
    SetBackgroundColor(0, 0, 0); // 背景色の指定
    SetDrawScreen(DX_SCREEN_BACK); // 描画面を裏画面にする

    // 迷路の定義
    const int MAZE_PIXEL = 64; // 1マスを何ピクセルとするか
    const int MAZE_W = 15; // 横に何マスあるか
    const int MAZE_H = 11; // 縦に何マスあるか
    char maze[MAZE_H][MAZE_W] = { // 迷路のデータ 0が床、1が壁
        {1,1,1,1,1,1,1,1,1,1,1,1,1,1,1},
        {1,0,0,0,0,0,1,0,0,0,0,0,0,0,1},
        {1,0,1,1,1,0,0,0,1,1,0,1,1,0,1},
```

```
        {1,0,1,0,0,0,1,0,0,0,0,0,1,0,1},
        {1,0,1,0,1,0,1,0,1,1,1,0,1,0,1},
        {1,0,0,0,1,0,1,1,1,0,1,0,1,0,1},
        {1,0,1,1,1,0,1,0,0,0,0,0,0,0,1},
        {1,0,0,0,0,0,0,0,1,1,1,0,1,0,1},
        {1,0,1,1,1,0,1,0,1,0,1,1,1,0,1},
        {1,0,0,0,0,0,1,0,0,0,0,0,0,0,1},
        {1,1,1,1,1,1,1,1,1,1,1,1,1,1,1}
    };

    int chip[2] = { // 配列に背景の画像を読み込む
        LoadGraph("image/floor.png"),
        LoadGraph("image/wall.png")
    };
    int player[4] = { // 配列にロボットの画像を読み込む
        LoadGraph("image/robot_u.png"),
        LoadGraph("image/robot_d.png"),
        LoadGraph("image/robot_l.png"),
        LoadGraph("image/robot_r.png")
    };

    // プレイヤーキャラであるロボット用の変数
    int playerX = 96; // x座標
    int playerY = 96; // y座標
    int playerD = 1; // 向き 0=上、1=下、2=左、3=右

    while (1) // メインループ
    {
        ClearDrawScreen(); // 画面をクリアする

        // 迷路の描画
        int x, y, sx, sy;
        for (y = 0; y < MAZE_H; y++)
        {
            for (x = 0; x < MAZE_W; x++)
            {
                sx = x * MAZE_PIXEL; // マスのx座標
                sy = y * MAZE_PIXEL; // マスのy座標
                DrawGraph(sx, sy, chip[maze[y][x]], FALSE); // 背景の画像を表示
            }
        }

        // プレイヤーキャラを動かす処理
        int newX = playerX, newY = playerY; // 移動先の座標（いったん現在の座標を代入）
```

```
        if (CheckHitKey(KEY_INPUT_UP)) { newY = playerY - 2;  playerD = 0; } // 上キー
        else if (CheckHitKey(KEY_INPUT_DOWN)) { newY = playerY + 2;  playerD = 1; } // 下キー
        else if (CheckHitKey(KEY_INPUT_LEFT)) { newX = playerX - 2;  playerD = 2; } // 左キー
        else if (CheckHitKey(KEY_INPUT_RIGHT)) { newX = playerX + 2;  playerD = 3; } // 右キー
        int mx1 = (newX - 20) / MAZE_PIXEL, my1 = (newY - 20) / MAZE_PIXEL; // 左上角
        int mx2 = (newX + 19) / MAZE_PIXEL, my2 = (newY - 20) / MAZE_PIXEL; // 右上角
        int mx3 = (newX - 20) / MAZE_PIXEL, my3 = (newY + 19) / MAZE_PIXEL; // 左下角
        int mx4 = (newX + 19) / MAZE_PIXEL, my4 = (newY + 19) / MAZE_PIXEL; // 右下角
        if (maze[my1][mx1] == 0 && maze[my2][mx2] == 0 && maze[my3][mx3] == 0 && maze[my4][mx4] == 0)
        {
            playerX = newX; // ┬ 4隅とも床なら座標を変化させる
            playerY = newY; // ┘
        }
        DrawGraph(playerX - 20, playerY - 20, player[playerD], TRUE); // ロボットを表示

        ScreenFlip(); // 裏画面の内容を表画面に反映させる
        WaitTimer(16); // 一定時間待つ
        if (ProcessMessage() == -1) break; // Windowsから情報を受け取りエラーが起きたら終了
        if (CheckHitKey(KEY_INPUT_ESCAPE) == 1) break; // ESCキーが押されたら終了
    }

    DxLib_End(); // ＤＸライブラリ使用の終了処理
    return 0; // ソフトの終了
}
```

迷路のデータを、前**10-2節**のプログラムと同様に定義していますが、このプログラムでは迷路1マスの大きさを64×64ピクセルとしています。

chip[]という配列に、床と壁の画像を読み込んでいます。床と壁の画像の大きさは、それぞれ幅64ピクセル、高さ64ピクセルです。

player[]という配列に、プレイヤーが操作するロボットの画像を読み込んでいます。このロボットのキャラクターには、上下左右の4つの向きを用意しています。それらの画像は幅40ピクセル、高さ40ピクセルになっています。

ロボットの座標をplayerX、playerYという変数で管理し、ロボットの向きをplayerDという変数で管理しています。ロボットを表示する際、(playerX, playerY)が画像の中心になるようにしています。

10-3-4 キャラクターを動かす処理について

カーソルキーでロボットのキャラクターを動かす処理を確認します。

66行目で定義した変数newXとnewYが、ロボットの移動先の座標です。それらの変数に、いったん、現在の座標playerX、playerYを代入します。上下左右のキーが押されたら、67～70行目で、newX、newYに移動先の座標を代入しています。

71～74行目で、ロボットの4隅の座標を、マップデータの配列の添え字に変換しています。その部分を抜き出して確認します。

```
71        int mx1 = (newX - 20) / MAZE_PIXEL, my1 = (newY - 20) / MAZE_PIXEL; // 左上角
72        int mx2 = (newX + 19) / MAZE_PIXEL, my2 = (newY - 20) / MAZE_PIXEL; // 右上角
73        int mx3 = (newX - 20) / MAZE_PIXEL, my3 = (newY + 19) / MAZE_PIXEL; // 左下角
74        int mx4 = (newX + 19) / MAZE_PIXEL, my4 = (newY + 19) / MAZE_PIXEL; // 右下角
```

10-2節で説明したように、座標を1マスのサイズ（幅や高さのピクセル数）で割り、配列の添え字を求めています。壁か床かを調べる4隅の座標は次の図表の通りです。

図表10-3-5 ロボットの4隅の座標について

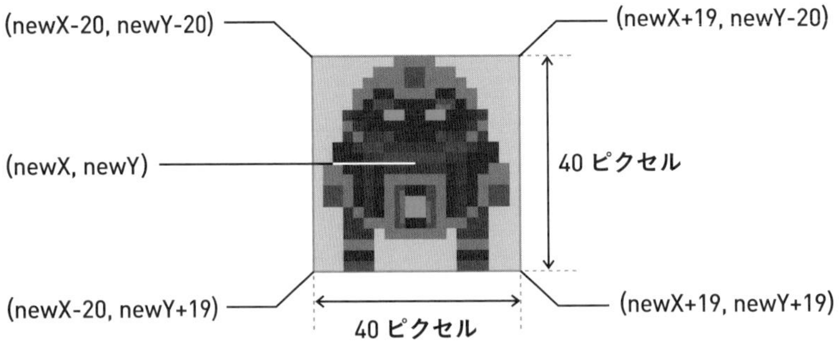

(newX, newY)がロボットの中心座標です。左上角の座標は、x座標、y座標とも20を引き、右下角の座標はx座標、y座標とも19を足していることに注意しましょう。右下角の座標を(newX+20, newY+20)とすると、ロボットの画像サイズより1ピクセル外側の座標を調べることになるので、右や下に移動する際、壁に沿う位置まで移動できなくなります。

10-2節と**10-3節**で説明した迷路データの定義と、壁の判定方法は、いろいろなゲーム開発に応用できます。例えばRPGでは、徒歩で移動する時、草原や森に入れますが、海には入れません。そのような判定にも用いることができます。

Section 10-4

3DCGの基礎知識

ここからは、3Dゲームを作るための知識と技術をお伝えします。この10-4節で、3DCGの基礎知識について説明します。そして10-5節と10-6節で、3Dゲームのプログラミング技術を段階的に学びます。

10-4-1 2D／3Dの座標について

本書では、ここまで2Dゲームの制作技術を学んで頂きました。既にご理解頂いているように、2Dゲームでは、x座標とy座標の2つのパラメーターで物体の位置を管理します。これに対し、3Dゲームでは、x座標、y座標、z座標の3つのパラメーターで物体の位置を管理します。

3Dゲームを作るには、空間座標についての知識が必要になるので、その説明から始めます。

10-4-2 空間座標系

三次元の世界には、x軸、y軸、z軸の3つの軸があります。それらの軸の向きを定める座標系は、大きく2つの系に分かれます。それが左手系と右手系です。

図表10-4-1 左手系と右手系

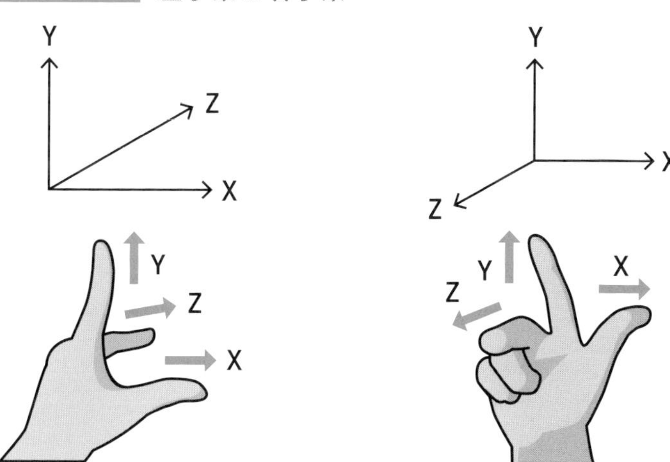

親指をx軸、人差し指をy軸、中指をz軸とします。

左手系は、左手の親指、人差し指、中指を、それぞれ90度になるように、まっすぐ伸ばし、各指の指す向きが、各軸の正方向になります。DXライブラリの3Dは、この左手系の座標になっています。

右手系は、右手の親指、人差し指、中指を伸ばし、それぞれの指の向きが、各軸の正方向になります。

Microsoft の DirectX や、ゲームの開発環境の Unity も左手系の座標になっています。3DCG ツールでは右手系を採用しているものもあります。

10-4-3 3DCG を描く際の基本的な設定

3D の描画機能を持つライブラリや、3D のゲーム開発ツールで CG を描画する際、次の3つが一般的な基本設定になります。

■ 3DCG 描画の基本設定

①光源の設定
②カメラの位置と注視点の設定
③モデルの座標設定

図表10-4-2 3D 空間を描くための設定

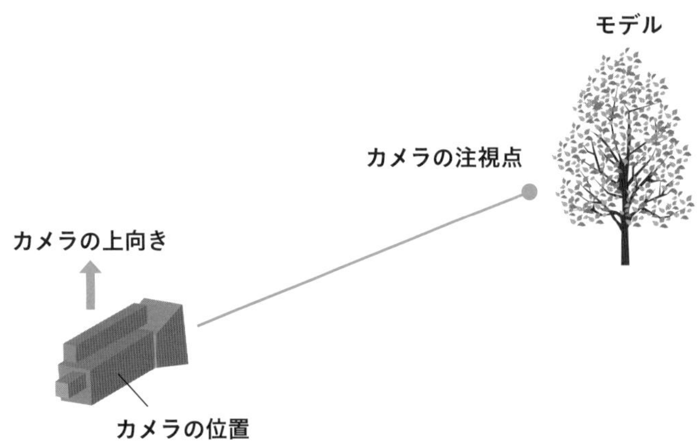

一般的に光源とカメラはデフォルトの設定があり、多くの環境で、モデルを配置すれば、まずは3DCG を描くことができます。ただしゲームプログラマーは、カメラと光源の設定についても詳しくなる必要があります。その理由は、3D ゲームは、ジャンルや内容によっては、カメ

ラワークが大切な要素になるからです。カメラワークにより、迫力あるシーンを作ることができます。また光による演出は、ゲームの世界観を表現したり、ゲーム内でプレイヤーが置かれた状況を盛り上げるために欠かせないものです。

10-5節で3Dモデルを用いて、①から③を設定する方法を説明します。

例えばアクションゲームの、いわゆる「視点をぐりぐり動かす」という処理には、カメラの移動や向きの変更が必要です。また光の設定を行うことで、「昼夜の時間経過を表現する」「暗闇の中を恐る恐る進む状況を作る」など、いろいろな演出が可能になります。限られた紙幅ですべてをお伝えすることはできませんので、本書ではこの先でカメラと光源の基本設定について説明します。

10-4-4 空間座標の扱い方について

DXライブラリでは、float型のx、y、zの3つのメンバを持つVECTORという構造体で、空間座標を扱います。そのため、この章の3DCGのプログラムには、VECTOR 変数名 = という記述が多く出てきます。またDXライブラリでは空間座標をfloat型で扱うので、これから確認するプログラムは、小数にfを付けて記述し、明示的にfloat型としています。

一般的に空間座標は小数型で扱います。DXライブラリ公式サイトのサンプルプログラムでは、空間座標を扱う際、小数にfを付けた記述がされています。本書も公式サイトの表記を踏襲します。ただし筆者が確認したところ、DXライブラリを用いた3Dプログラムで、空間座標をint型で扱っても問題はありませんでした。空間座標にどの型を用いるかは、開発環境やゲーム内容によって、適宜、使い分けましょう。

10-4-5 三次元空間に図形を配置する

空間座標について理解するために、DXライブラリの機能を使って、三次元空間に三角形を配置してみます。

本書商品ページからダウンロードしたzipファイル内の「Chapter10」フォルダに、simple3D.cppというプログラムがあります。このプログラムをビルドして実行すると、次のような画面が表示されます。

図表10-4-3　シンプルな3D描画のプログラム

この画面は、プレイヤーから見た正面の位置に、1枚の三角形を配置したものです。2Dの画面に感じられるかもしれませんが、最もシンプルな3DCGの画面になります。

10-4-6 プログラムの確認

プログラムを確認しましょう。

サンプル10-4-1　Chapter10->simple3D.cpp

```
#include "DxLib.h"

int WINAPI WinMain(HINSTANCE hInstance, HINSTANCE hPrevInstance, LPSTR lpCmdLine, int nCmdShow)
{
    // 定数の定義
    const int WIDTH = 960, HEIGHT = 640; // ウィンドウの幅と高さのピクセル数

    SetWindowText(" ３Dの基礎 "); // ウィンドウのタイトル
    SetGraphMode(WIDTH, HEIGHT, 32); // ウィンドウの大きさとカラービット数の指定
    ChangeWindowMode(TRUE); // ウィンドウモードで起動
    if (DxLib_Init() == -1) return -1; // ライブラリ初期化 エラーが起きたら終了
    SetBackgroundColor(0, 0, 0); // 背景色の指定
    SetDrawScreen(DX_SCREEN_BACK); // 描画面を裏画面にする

    int timer = 0; // 経過時間を数える変数
    float camX = 0.0f, camY = 200.0f, camZ = 0.0f; // カメラ座標
    float objX = 0.0f, objY = 0.0f, objZ = 500.0f; // 物体の座標

    while (1) // メインループ
```

```
20      {
21          ClearDrawScreen(); // 画面をクリアする
22
23          timer++; // 時間のカウント
24          DrawFormatString(0, 0, GetColor(255, 255, 0), "%d", timer);
25
26          VECTOR camPos = VGet(camX, camY, camZ); // カメラ位置（座標）
27          VECTOR camTar = VGet(objX, objY, objZ); // カメラの注視点（座標）
28          SetCameraPositionAndTarget_UpVecY(camPos, camTar); // カメラ位置と注視点をセット
29
30          // 三次元空間に三角形を配置
31          VECTOR objPos = VGet(objX, objY, objZ); // 三角形の基本座標
32          VECTOR v1 = VAdd(VGet(-100.0f, 0.0f, 0.0f), objPos); // 頂点1
33          VECTOR v2 = VAdd(VGet(0.0f, 200.0f, 0.0f), objPos);  // 頂点2
34          VECTOR v3 = VAdd(VGet(100.0f, 0.0f, 0.0f), objPos);  // 頂点3
35          DrawTriangle3D(v1, v2, v3, GetColor(0, 255, 255), TRUE); // 三角形を配置(描画)
36
37          ScreenFlip(); // 裏画面の内容を表画面に反映させる
38          WaitTimer(16); // 一定時間待つ
39          if (ProcessMessage() == -1) break; // Windowsから情報を受け取りエラーが起きたら終了
40          if (CheckHitKey(KEY_INPUT_ESCAPE) == 1) break; // ESCキーが押されたら終了
41      }
42
43      DxLib_End(); // DXライブラリ使用の終了処理
44      return 0; // ソフトの終了
45  }
```

16行目のcamX、camY、camZが、カメラの位置を代入する変数です。このプログラムでは、カメラの座標を(0,200,0)としています（書面を読みやすくするため、座標の小数点以下は省きます）。

17行目のobjX、objY、objZが、物体の位置を代入する変数です。物体の座標は(0,0,500)としています。このプログラムでは、物体は三角形の板1枚です。

26〜27行目で、カメラ位置と注視点をVECTOR構造体に代入しています。VGet()は、ＤＸライブラリに備わる、ベクトルを取得する関数です。この関数は、3つの引数をVECTOR構造体のメンバx、y、zに代入して返します。

28行目のSetCameraPositionAndTarget_UpVecY()で、カメラ位置と注視点を設定しています。このプログラムでは(camX,camY,camZ)にカメラを置き、物体の位置(objX,objY,objZ)を眺めるように指定しています。SetCameraPositionAndTarget_UpVecY()はy軸の向きをカメラの上向きとする関数です。カメラ位置と注視点が決まれば、カメラの向きは必然的に決まります。

31〜35行目で三角形を配置しています。32〜34行目のv1、v2、v3が、三次元空間における三角形の頂点座標です。VAdd()は、DXライブラリに備わる、ベクトルの足し算を行う関数です。

図表10-4-4　カメラと物体の位置

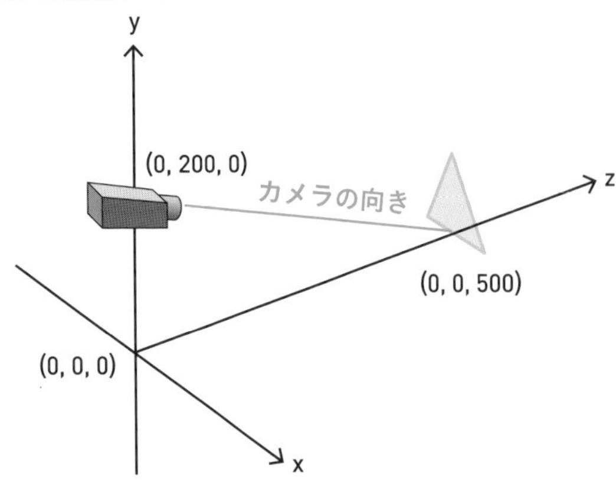

DrawTriangle3D()関数で三角形を配置(描画)しています。DrawTriangle3D()の引数は、空間内の3つの頂点座標、色、内部を塗り潰すかです。第三引数をFALSEにすると、線だけの三角形が描かれます。

※カメラ位置は、正確には(0.0f, 200.0f, 0.0f)、物体の位置は(0.0f, 0.0f, 500.0f)ですが、わかりやすいように整数値で記しています

10-4-7 パラメーターを変えて確認しよう

空間座標について理解するために、カメラの位置、物体（三角形）の位置、三角形の頂点座標などを変更して、動作を確認しましょう。

26〜28行目を、カメラ位置と回転角を指定するSetCameraPositionAndAngle()関数を用いて、次のように記述することもできます。この命令を確認する時は、元の26〜28行目を削除するか、コメントアウトしましょう。

```
SetCameraPositionAndAngle(VGet(camX, camY, camZ), 0.0f, 0.0f, 0.0f);
```

SetCameraPositionAndAngle()には、引数で、カメラ位置と、各軸方向の回転角をラジアンの単位で与えます。この例では(0,0,200)にカメラを置き、z軸の真っ直ぐ先を眺めるように指定しており、三角形の表示位置が画面の下寄りになります。

DXライブラリは、空間に、線分、球、カプセル、円錐などを描く命令を備えています。詳しくは本書で繰り返し参照を推奨している「DXライブラリ　関数リファレンスページ」をご確認ください。

One Point

3DCG学習のコツ

3DCGのプログラミングを学ぶ際は、はじめに、三次元空間の座標と、3DCGの基本設定を頭に入れましょう。次に、ここで用意したようなサンプルプログラムで、カメラと物体の配置に慣れましょう。サンプルプログラムのパラメーターを変更して動作確認することを、しっかり行ってください。そうすることで、三次元空間のイメージが、だんだんと頭の中に描けるようになります。それができると、その先の学習がスムーズに進みます。

Section 10-5

3Dモデルを表示しよう

次は3Dのモデルデータを読み込んで表示します。

10-5-1 モデルデータを用意する

本書商品ページからダウンロードしたzipファイル内の「Chapter10」フォルダに、model3D.cppというプログラムがあります。このプログラムは、「Chapter10」フォルダにある、「model」フォルダに入ったモデルデータを読み込んで表示します。

図表10-5-1 「model」フォルダ内のモデルデータ

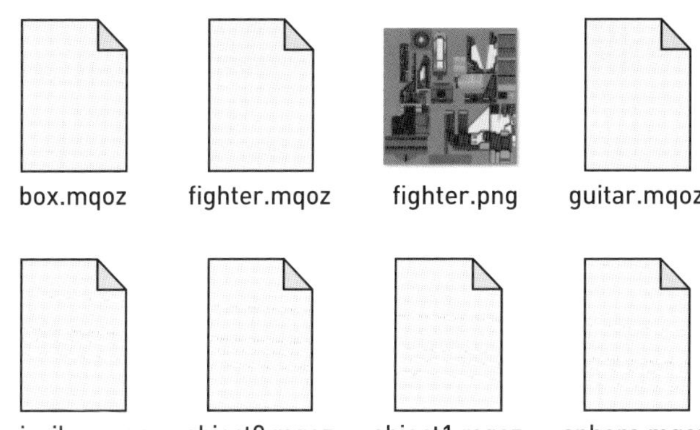

Visual StudioでDXライブラリを用いるためのプロジェクトを作り、プロジェクトのフォルダに「model」フォルダを配置して、プログラムをビルドしましょう。このプログラムは戦闘機のモデル（fighter.mqoz）を読み込んで表示します。fighter.mqozにはテクスチャ（fighter.png）が貼られています。

テクスチャとは、3Dモデルの表面に模様などをあしらうためのグラフィックデータのことです。

memo

DXライブラリ用のモデルは、Metasequoia（メタセコイア）という無料で利用できる3DCGソフトウェアで作ることができます。このモデルはMetasequoiaで制作したものです。

図表10-5-2 プログラムの実行画面

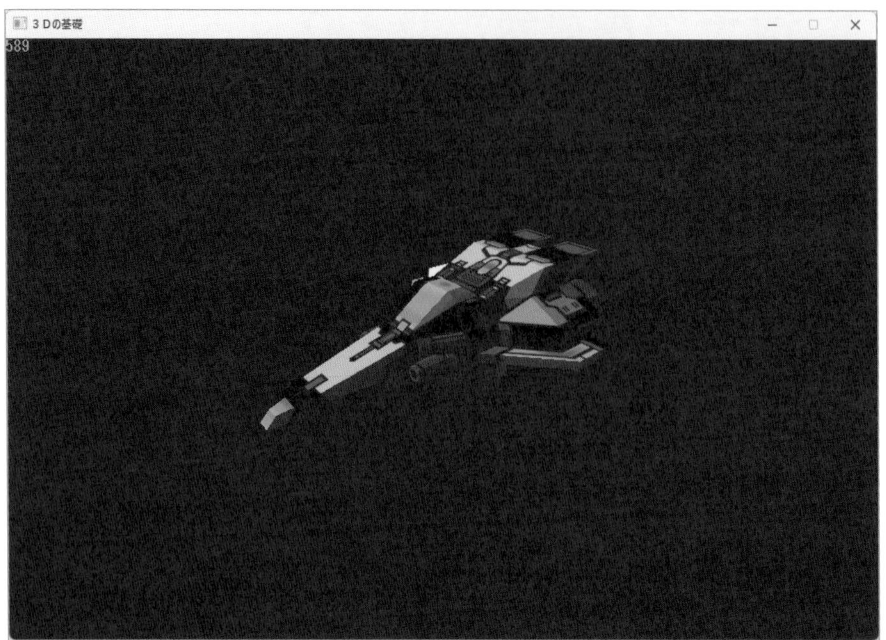

10-5-2 プログラムの確認

3Dモデルを三次元空間に配置するプログラムを確認します。14行目までと、42行目以降は、前**10-4節**のプログラムの通りであり、省略します。

サンプル10-5-1 Chapter10->model3D.cpp

```
15  int timer = 0; // 経過時間を数える変数
16  float camX = 0.0f, camY = 200.0f, camZ = 0.0f; // カメラ座標
17  float objX = 0.0f, objY = 0.0f, objZ = 400.0f; // 物体の座標
18  int mdl = MV1LoadModel("model/fighter.mqoz"); // モデルデータの読み込み
19  ChangeLightTypeDir(VGet(1.0f, -1.0f, 0.0f)); // ディレクショナルライトの向きをセット
20
21  while (1) // メインループ
22  {
23      ClearDrawScreen(); // 画面をクリアする
24
25      timer++; // 時間のカウント
26      DrawFormatString(0, 0, GetColor(255, 255, 0), "%d", timer);
27
```

```
28          VECTOR camPos = VGet(camX, camY, camZ); // カメラ位置（座標）
29          VECTOR camTar = VGet(camX, camY - 0.5f, camZ + 1.0f); // カメラの注視点(座標)
30          SetCameraPositionAndTarget_UpVecY(camPos, camTar); // カメラ位置と注視点をセット
31
32          MV1SetScale(mdl, VGet(1.0f, 1.0f, 1.0f)); // モデルの大きさ（スケール）を指定
33          MV1SetRotationXYZ(mdl, VGet(0.0f, 3.1416 * timer / 180, 0.0f)); // モデルの回転角を指定
34          MV1SetPosition(mdl, VGet(objX, objY, objZ)); // モデルを三次元空間に配置
35          MV1DrawModel(mdl); // モデルの描画
36
37          ScreenFlip(); // 裏画面の内容を表画面に反映させる
38          WaitTimer(16); // 一定時間待つ
39          if (ProcessMessage() == -1) break; // Windowsから情報を受け取りエラーが起きたら終了
40          if (CheckHitKey(KEY_INPUT_ESCAPE) == 1) break; // ESCキーが押されたら終了
41      }
```

18行目のMV1LoadModel()が、ファイル名を指定して、変数にモデルを読み込む関数です。ここで読み込んでいる戦闘機のモデル（fighter.mqoz）には、テクスチャ（fighter.png）が貼られています。DXライブラリでモデルを読み込む際、テクスチャが設定されたモデルは、テクスチャも同時に読み込まれます。

19行目のChangeLightTypeDir()は、標準ライトのタイプをディレクショナルライトにし、その向きを引数で指定する関数です。

ディレクショナルライトは、3DCGで広く使用されるライトの1つで、無限遠の場所から来る平行光線のような光をモデルに当てます。このライトは、太陽光のような自然な光を表現するために用いられます。ここでは引数をVGet(1.0f, -1.0f, 0.0f)として、xy面の左上から右下に光が向くようにしています。

32〜35行目がモデルを表示する処理です。MV1SetScale()がモデルのスケールを指定する関数、MV1SetRotationXYZ()がモデルの各軸の回転角を指定する関数、MV1SetPosition()がモデルを配置する関数、MV1DrawModel()がモデルを描画する関数です。

図表10-5-3　ここで用いたモデルを扱う関数

関数名	処理
int MV1LoadModel(char *file);	ファイルからモデルを読み込む
int MV1SetScale(int handle, VECTOR scale);	モデルの各軸方向の拡大値を指定する
int MV1SetRotationXYZ(int handle, VECTOR rotate);	rotateでx軸、y軸、z軸の回転角を指定する。角度の単位はラジアン
int MV1SetPosition(int handle, VECTOR position);	モデルの座標を指定する
int MV1DrawModel(int handle);	モデルを描画する

DXライブラリには、ライトを扱う関数、モデルを扱う関数、ベクトルを扱う関数など、3DCG用の関数が、多数備わっています。詳しくは「DXライブラリ　関数リファレンスページ」をご確認ください。

memo

DXライブラリのライトは、ディレクショナルライトの他に、ポイントライトとスポットライトを指定できます。それらのライトの使い方も公式サイトで確認できます。

10-5-3 カメラの向きについて

10-4節のプログラムでは、カメラ位置を(0, 200, 0)、注視点を(0, 0, 500)としました。このプログラムでは、カメラ位置は変わりませんが、注視点を(0, 200-0.5, 0+1.0)、すなわち(0, 199.5, 1.0)としています。カメラ位置と注視点が近距離にありますが、それらの座標にわずかでも差があれば、カメラは指定された方を向きます。

10-5-4 いろいろなモデルを表示しよう

「Model」フォルダにある、モデルファイルを読み込んで表示しましょう。図表10-5-3のモデルには、テクスチャを貼っていません。

図表10-5-3 各種のモデルデータ

box.mqoz

sphere.mqoz

object0.mqoz

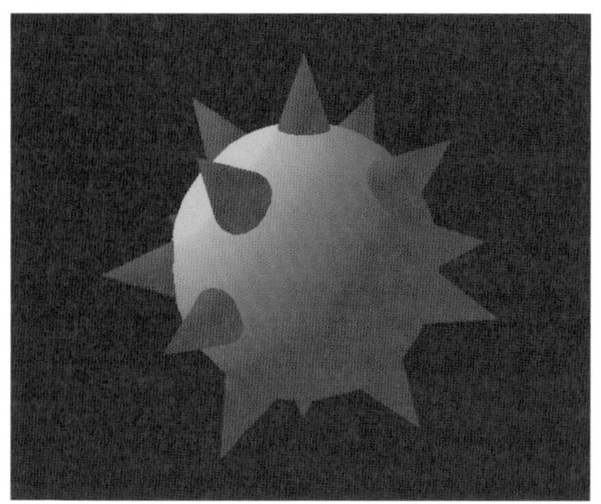

object1.mqoz

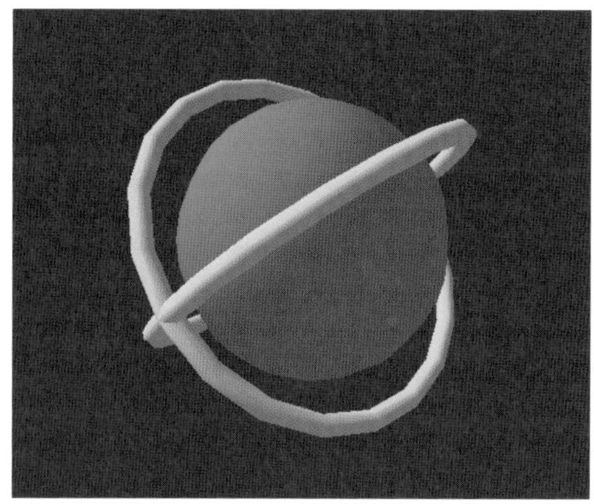

guitar.mqoz

ChangeLightTypeDir()の引数を変更して、ディレクショナルライトの向きを変えることも試してみましょう。3D関連の各種の命令の機能を実際に試すことが、3DCGのプログラミングに慣れる近道です。

10-5-5 モーションデータについて

3DCGのデータは、大きくモデルデータとモーションデータに分かれます。モデルデータは、キャラクターやオブジェクトの形状と外観を定義するデータです。モーションデータは、モデル本体に動き（アニメーション）を付けるためのデータです。

例えば人体モデルでは、モーションデータを用意して、手足を動かす、首を振るなどの動きを付けます。本書ではモーションデータは扱いませんが、DXライブラリでも、モーションデータを用いてモデルに動きを付けることができます。

これに関して1つお伝えすることがあります。モーションデータは、ここで述べたように、そのモデル本体の動きを定義するものです（人体モデルあれば手足や首を動かす、上体を折り曲げるなど）。モデルの空間内の移動は、通常、座標を変化させることで行います。次の**10-6節**でモデルの座標を変化させ、空間内を移動する処理を確認します。

One Point

3Dモデルを扱う際の豆知識

3Dモデルは、3DCGソフトウェアで制作します。モデルの大きさは、制作者がソフトウェア内で自由に設定できるので、データごとにスケール感が異なることがあります。例えばCGクリエイターのAさんに猫のモデルを発注し、Bさんに象のモデルを発注して、受け取ったデータを表示すると、猫のほうが象より大きいということがあります。そのような場合は、プログラムでそれぞれのモデルのスケールを指定し、適切な大きさで表示します。

モデルの向きも異なる場合があります。人間やモンスターなどは、CGクリエイターが自分と向かい合う向きで制作することが通例で、向きが統一されていることが多いですが、中には背中を向けたデータがあるかもしれません。また左右非対称な物体を、CGクリエイターが作業しやすい角度で作り、向きがばらばらのデータとして納品されることがあるかもしれません。そのような場合、モデルを回転させる命令を使って向きを調整できます。

ただし、モデル制作を依頼する際は、向きなどの最低限、必要な仕様を、発注時に指定することが無難です。例えば筆者の経営する会社で、多数の武器を集める3DのRPGを制作した際は、「武器はすべて正面向きで、切っ先をy軸上向きで統一」と社外のCGクリエイターさんにお願いして、武器のモデルを用意しました。そのように指示すれば、武器の一覧を表示するメニューのプログラムを作る時、読み込んだデータをそのまま表示すればよく、プログラマーが物体の向きを統一しなくてはならないような作業負担が発生せずに済みます。

Section
10-6

3Dゲームを作ろう

最後に、3Dゲームを開発する際のヒントをお伝えします。また、3Dゲームのサンプルプログラムをご覧になって頂き、どのようなプログラムを組むのかを明確にします。

10-6-1 本書の知識をフル活用しよう

みなさんは本書で、2Dゲームを制作するための知識と技術を学びました。本書で学んで頂いた内容は、3Dゲームの開発にも用いることができます。ゲームを作るための知識と技術は、2Dと3Dでまったく異なるということはありません。むしろ、2Dゲームと3Dゲームの多くは、共通の知識と技術を用いて作られます。ただし2Dと3Dのゲームでは、画像の描画に関する処理が大きく異なることと、主に物理シミュレーションのような物体の制御に関する処理が異なってきます。

3DCGを描く知識は、ここまでに学んだ通りです。ここでは空間内の物体の制御を理解するためのプログラムを確認します。それを理解すれば、みなさんは、3Dゲームを作るための知識を手に入れたことになります。

10-6-2 サンプルプログラムを実行しよう

3Dのシューティングゲームのサンプルプログラムを確認します。

本書商品ページからダウンロードしたzipファイル内の「Chapter10」フォルダに、stg3D.cppというプログラムがあります。このプログラムは「model」フォルダにあるfighter.mqoz、missile.mqoz、object0.mqoz、object1.mqozを読み込みます。プロジェクトのフォルダに「model」フォルダを配置してから、プログラムをビルドしましょう。実行すると、図表10-6-1のような画面が表示されます。

このプログラムは、全体を見渡すことができ、理解しやすい内容にするために、以下の仕様に限定して処理を組み込んでいます。

■3Dシューティングゲームの仕様

①カーソルキーで自機を上下左右に移動する（斜めにも移動可能）
②スペースキーで弾を発射する
③敵機は正面奥から手前へと向かってくる
④敵機に弾を当てると破壊できる

図表10-6-1 3Dシューティングゲーム

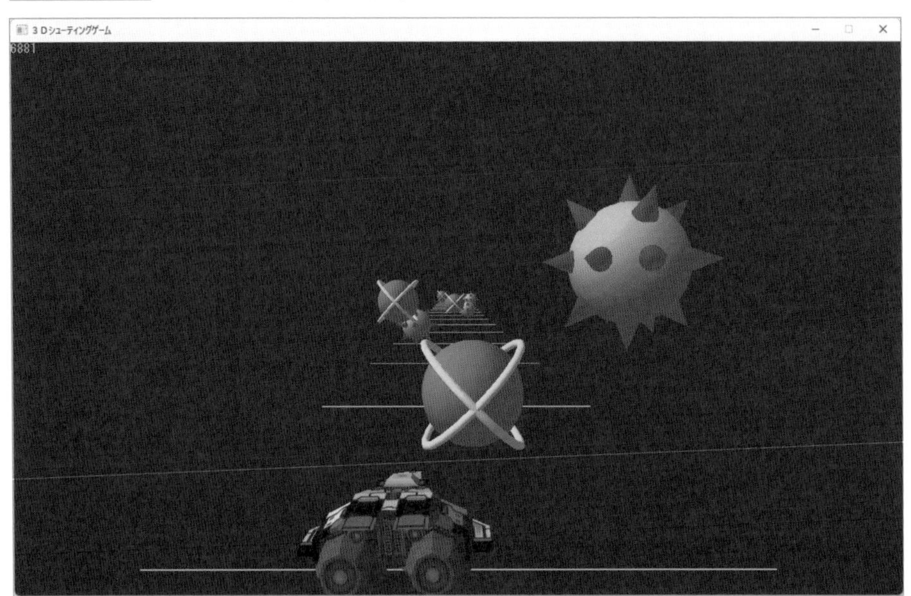

スペースキーを押すたびに弾を発射します。自機と敵機のヒットチェックは行っておらず、ステージクリアやゲームオーバーはありません。また敵を破壊した時の演出は無く、弾を当てた敵は消え、画面の奥に再び出現します。

10-6-3 プログラムの確認

プログラムを確認しましょう。

サンプル10-6-1 Chapter10->stg3D.cpp

```
#include "DxLib.h"
#include <stdlib.h> // abs() を用いる

int WINAPI WinMain(HINSTANCE hInstance, HINSTANCE hPrevInstance, LPSTR lpCmdLine, int nCmdShow)
{
```

```
    // 定数の定義
    const int WIDTH = 1200, HEIGHT = 720; // ウィンドウの幅と高さのピクセル数

    SetWindowText("３Ｄシューティングゲーム"); // ウィンドウのタイトル
    SetGraphMode(WIDTH, HEIGHT, 32); // ウィンドウの大きさとカラービット数の指定
    ChangeWindowMode(TRUE); // ウィンドウモードで起動
    if (DxLib_Init() == -1) return -1; // ライブラリ初期化 エラーが起きたら終了
    SetBackgroundColor(0, 0, 0); // 背景色の指定
    SetDrawScreen(DX_SCREEN_BACK); // 描画面を裏画面にする

    int timer = 0; // 経過時間を数える変数

    int mdl[4] = // モデルの読み込み
    {
        MV1LoadModel("model/fighter.mqoz"), // 自機
        MV1LoadModel("model/missile.mqoz"), // 弾
        MV1LoadModel("model/object0.mqoz"), // 敵１
        MV1LoadModel("model/object1.mqoz")  // 敵２
    };

    // 自機用の変数
    float playerX = 0.0f, playerY = 0.0f, playerZ = 0.0f; // 座標
    int playerZa = 0; // 機体の傾き
    int spcBk = 0; // １フレーム前のスペースキーの状態

    // 弾用の変数 ※フラグが0なら存在しない
    const int MISSILE_MAX = 20; // 弾の数
    float missileX[MISSILE_MAX], missileY[MISSILE_MAX], missileZ[MISSILE_MAX];
    int missileFlg[MISSILE_MAX]; // 存在するかのフラグ
    for (int i = 0; i < MISSILE_MAX; i++) missileFlg[i] = 0;

    // 敵機用の変数 ※ 学習用プログラムのため、敵は常に存在する状態
    const int ENEMY_MAX = 10; // 敵の数
    float enemyX[ENEMY_MAX], enemyY[ENEMY_MAX], enemyZ[ENEMY_MAX];
    for (int i = 0; i < ENEMY_MAX; i++) { // 初期座標を代入
        enemyX[i] = -300.0f + rand() % 600;
        enemyY[i] = -200.0f + rand() % 400;
        enemyZ[i] = 10000.0f;
    }

    ChangeLightTypeDir(VGet(1.0f, -1.0f, 0.5f)); // ディレクショナルライトの向きをセット

    VECTOR camPos = VGet(0, 100, -600); // カメラ位置（座標）※整数値を与えても問題なし
    VECTOR camTar = VGet(0, 0, 1000); // カメラの注視点（座標）
```

```
    SetCameraPositionAndTarget_UpVecY(camPos, camTar); // カメラ位置と注視点をセット

    while (1) // メインループ
    {
        ClearDrawScreen(); // 画面をクリアする

        timer++; // 時間のカウント
        DrawFormatString(0, 0, GetColor(255, 255, 0), "%d", timer);

        // 線分を描く命令で宇宙の道を表現
        for (int n = 0; n < 20; n++) {
            float bz = 800.0f * n - (timer % 20) * 40; // z座標
            int c = (30 - n) * 6; // 色
            DrawLine3D(VGet(-400.0f, -240.0f, bz), VGet(400.0f, -240.0f, bz), GetColor(c, c, c));
        }

        // 自機の移動
        if (CheckHitKey(KEY_INPUT_UP) && playerY < 200) playerY += 8; // 上キー
        if (CheckHitKey(KEY_INPUT_DOWN) && playerY > -200) playerY -= 8; // 下キー
        if (CheckHitKey(KEY_INPUT_LEFT)) { // 左キー
            if (playerX > -300) playerX -= 12;
            if (playerZa < 30) playerZa += 10; // 機体の傾き
        }
        else if (CheckHitKey(KEY_INPUT_RIGHT)) { // 右キー
            if (playerX < 300) playerX += 12;
            if (playerZa > -30) playerZa -= 10; // 機体の傾き
        }
        else {
            playerZa /= 2; // キー入力が無ければ傾きを戻す
        }
        MV1SetRotationXYZ(mdl[0], VGet(0.0f, 0.0f, 3.1416 * playerZa / 180)); // 回転角を指定
        MV1SetPosition(mdl[0], VGet(playerX, playerY, playerZ)); // 自機を三次元空間に配置
        MV1DrawModel(mdl[0]); // 自機の描画

        // 弾の処理
        if (CheckHitKey(KEY_INPUT_SPACE) && spcBk == 0) { // スペースキーで発射
            for (int i = 0; i < MISSILE_MAX; i++) {
                if (missileFlg[i] == 1) continue; // 空いている配列を探す
                missileX[i] = playerX;
                missileY[i] = playerY;
                missileZ[i] = playerZ + 100;
                missileFlg[i] = 1; // 存在する状態に
```

```
                break;
            }
        }
        spcBk = CheckHitKey(KEY_INPUT_SPACE); // スペースキーの状態を保持
        for (int i = 0; i < MISSILE_MAX; i++) { // 弾の移動
            if (missileFlg[i] == 0) continue;
            missileZ[i] += 200; // 画面奥に向かって飛ばす
            MV1SetPosition(mdl[1], VGet(missileX[i], missileY[i], missileZ[i])); // 弾を配置
            MV1DrawModel(mdl[1]); // 弾の描画
            if (missileZ[i] > 10000) missileFlg[i] = 0; // 奥まで飛んだら存在しない状態にする
        }

        // 敵機の処理
        for (int i = 0; i < ENEMY_MAX; i++) {
            enemyZ[i] = enemyZ[i] - 10 - i * 2; // 奥から手前に移動する
            if (enemyZ[i] < -200) enemyZ[i] = 10000; // 手前まで来たら再び奥に出現
            int mn = 2 + i % 2; // 2つのモデルを交互に使う
            MV1SetPosition(mdl[mn], VGet(enemyX[i], enemyY[i], enemyZ[i])); // 敵機を配置
            MV1DrawModel(mdl[mn]); // 敵機の描画
            for (int j = 0; j < MISSILE_MAX; j++) { // 弾とのヒットチェック
                if (missileFlg[j] == 0) continue;
                int dx = abs((int)(enemyX[i] - missileX[j])); // x軸方向の距離
                int dy = abs((int)(enemyY[i] - missileY[j])); // y軸方向の距離
                int dz = abs((int)(enemyZ[i] - missileZ[j])); // z軸方向の距離
                if (dx < 100 && dy < 100 && dz < 120) { // 直方体による当たり判定
                    enemyZ[i] = -200; // 衝突したら簡易的に敵を消す
                    missileFlg[j] = 0; // 弾を消す
                }
            }
        }

        ScreenFlip(); // 裏画面の内容を表画面に反映させる
        WaitTimer(16); // 一定時間待つ
        if (ProcessMessage() == -1) break; // Windowsから情報を受け取りエラーが起きたら終了
        if (CheckHitKey(KEY_INPUT_ESCAPE) == 1) break; // ESCキーが押されたら終了
    }

    DxLib_End(); // ＤＸライブラリ使用の終了処理
    return 0; // ソフトの終了
}
```

※自機や敵機を移動する計算などで、値を厳密に記述するなら、200.0fや8.0fのように明示的にfloat型にすべきですが、整数で計算しても問題はないので、そのようにしています（すべての値を*.*fとすると、書面上、読みにくくなるという理由があります）

mdl[]という配列に、自機、弾、敵2種類のモデルを読み込んでいます。

自機はplayerX、playerY、playerZという変数で座標を管理し、playerZaという変数で機体の傾き（z軸方向の回転角）を管理しています。

自機の撃つ弾はmissileX[]、missileY[]、missileZ[]という配列で座標を管理し、missileFlg[]で存在するか（発射した状態か）を管理しています。

敵機はenemyX[]、enemyY[]、enemyZ[]という配列で座標を管理しています。このプログラムでは、敵機が存在するかどうかのフラグは設けていません。

memo

筆者はプログラミングやゲーム開発を教えてきた経験から、多くの方が3Dプログラミングを難しいと感じることを知っています。そこで、本書掲載のプログラムは、理解して頂きやすいように、最低限の処理だけを組み込んだコードにしました。3D処理に苦手意識を持つことなく、本書のプログラムをじっくり確認して、3Dゲームを開発する力を手に入れましょう！

10-6-4 3D処理の内容

行っている処理について説明します。

カメラ位置と注視点について（48〜50行目）

このプログラムでは、while(1)のループ処理に入る前に、カメラ位置を(0,100,-600)、注視点を(0,0,1000)として、z軸の先の方を眺めるように設定しています。

宇宙の道について（60〜64行目）

画面奥から手前に向かって横線を高速に移動し、自機が画面奥へと飛ぶ様子を表現しています。これは、変数nを用いたfor文で20本のラインの座標を計算し、DXライブラリに備わるDrawLine3D()関数で、空間内に線分を配置（描画）することで行っています。

自機の移動処理（67〜82行目）

上下キーを押した時、自機のy座標を増減する計算を行っています。

左右キーを押した時、自機のx座標を増減する計算を行っています。その際、機体を左右に傾ける演出を行うため、z軸方向の回転角の計算を併せて行っています。

空間内にモデルを配置し、描画する処理は、前の節で学んだ通りです。

弾の発射と移動処理（85〜102行目）

スペースキーを押した時、for文で弾の配列の空いている要素（missileFlg[]が0の要素）を探し、弾の座標を代入し、missileFlg[]を1にして、弾が存在する状態にしています。

存在する弾はz座標を増やし、画面奥に向かって移動させています。z座標が10000を超えたら、missileFlg[]を0にして、その弾が存在しない状態にしています。

敵機の処理（105～121行目）

for文で敵の配列のすべての要素に対して処理を行っています。

z座標の値を減らし、奥から手前へと敵機を移動させています。z座標が-200未満になったら、10000を代入し直して、再び画面の奥に出現させています。

弾の発射と移動の基本的な仕組みは、第8章のシューティングゲームで学んだ通りです。敵機を移動させる仕組みも、第8章で学んだ通りです。ただしこの3Dゲームのプログラムでは、処理を簡単にするために、各軸方向の速さの変数（配列）を設けていません。

10-6-5 敵機と自機の弾との当たり判定について

敵機と弾との当たり判定の処理を抜き出して説明します。

```
111             for (int j = 0; j < MISSILE_MAX; j++) { // 弾とのヒットチェック
112                 if (missileFlg[j] == 0) continue;
113                 int dx = abs((int)(enemyX[i] - missileX[j])); // x軸方向の距離
114                 int dy = abs((int)(enemyY[i] - missileY[j])); // y軸方向の距離
115                 int dz = abs((int)(enemyZ[i] - missileZ[j])); // z軸方向の距離
116                 if (dx < 100 && dy < 100 && dz < 120) { // 直方体による当たり判定
117                     enemyZ[i] = -200; // 衝突したら簡易的に敵を消す
118                     missileFlg[j] = 0; // 弾を消す
119                 }
120             }
```

for文を用いて、すべての弾に対してヒットチェックを行います。

dxが敵機と弾のx軸方向の距離、dyがy軸方向の距離、dzがz軸方向の距離です。それらの値がdx<100、dy<100、dz<120となる時に衝突したものとしています。図表10-6-2の直方体の中に、弾の中心座標があると、これらの条件式が成り立ちます。

dx、dy、dzは絶対値として計算した値なので、直方体の大きさは幅200（100×2)、高さ200（100×2)、奥行き240（120×2）になります。

z軸方向の距離の条件をdz<120としたのは、弾をz軸方向に毎フレーム200ずつ移動し、敵機はz軸の逆方向に移動しているためです。この判定の値を小さくし過ぎると、弾が敵をすり抜けてしまうことがあります。

図表10-6-2　敵機と弾のヒットチェック

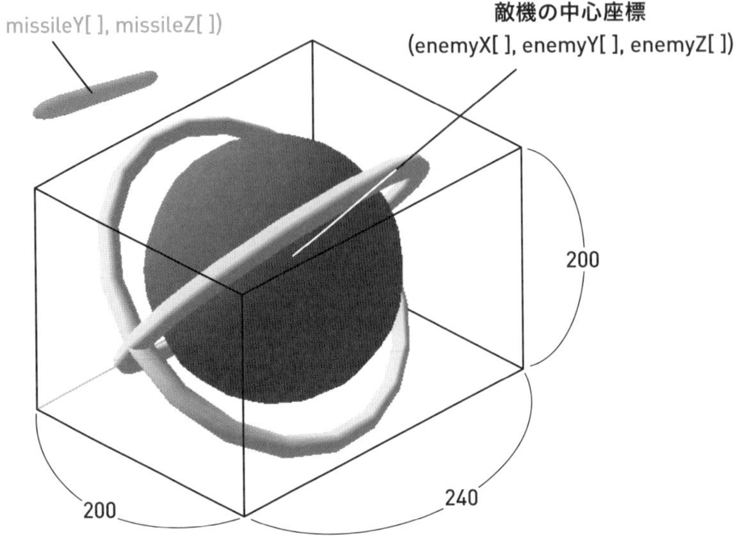

10-6-6 空間における物体の衝突検出について

このプログラムで用いた当たり判定のアルゴリズムは、2Dゲームの矩形によるヒットチェックに相当します。

空間内の2点間の距離を求め、その距離が、ある値以下なら、物体が接触したとすることもできます。具体的には(x1,y1,z1)と(x2,y2,z2)の距離をsqrt((x1-x2)*(x1-x2)+(y1-y2)*(y1-y2)+(z1-z2)*(z1-z2))で求め、その値により、2つの物体の当たり判定を行います。これは球体同士が衝突しているかを調べる計算であり、2Dゲームの円によるヒットチェックに相当するものです。

3Dゲームでは、自分で計算する以外に、開発環境が備える衝突検出の機能や関数を用いて、物体の接触を調べることができます。

3Dゲームの当たり判定ではコリジョンという言葉が使われることを付け加えておきます。コリジョンとは物体の衝突を意味する言葉です。

memo

DXライブラリにもコリジョン関連の関数が備わっています。興味を持たれた方は公式サイトで確認しましょう。ただし学習段階では、直方体や球体などによるヒットチェックを、ご自身で計算式を記述して組み込むことを、筆者はお勧めします。アルゴリズムを自ら作ることで、プログラミングの力が伸びるからです。

おわりに

本書を最後までお読みいただき、ありがとうございました。

本書を執筆する機会を与えてくださったインプレスの今村享嗣様と関係者の方々に心から感謝申し上げます。また、本書のグラフィックとサウンドの素材を提供してくださったクリエイターのみなさまに深く感謝いたします。本書のレビューでは豊田正明先生から多くの貴重なご意見を頂くことができ、とても感謝しております。筆者の活動を支えて下さるみなさまに、心からお礼を申し上げます。

筆者は中学生の時に自分でゲームを作りたいと考え、お小遣いを貯めて、パソコンを手に入れました。そして独学でプログラミングを学び始めました。はじめはまったくゲームを作ることができず、悶々とした日々を過ごしたことを覚えています。しかし、こつこつと学ぶうちに、簡単なミニゲームが作れるようになりました。さらに学び続けると、だんだんと本格的なゲームが作れるようになりました。そして大人になった時、ゲームメーカーに就職でき、ゲームクリエイターになるという夢が叶いました。

その後、自分のゲーム制作会社を持つという、さらに大きな夢も実現しました。自身の経験から、学び続ければ誰にでもチャンスが訪れると強く信じています。本書でみなさまの夢を実現するお手伝いができれば、何よりも嬉しいです。

最後にもう一言。プロのゲームプログラマーの中には、企画書を見るだけや、プランナーと打合せするだけで、プログラミング用の仕様書などを用意せずに、コードを記述できる方がいます。そのような敏腕プログラマーも、最初はごく簡単なプログラミングから始め、バグに頭を悩ませ、少しずつスキルを積み上げて、その場所に達したのです。

ゲーム開発の世界では、まだまだ新しいアイデアが求められています。みなさまがゲームクリエイターの一員となり、素晴らしいゲームを世に送り出してくださることを期待しています。

2024年初春

廣瀬 豪

Index 索引

記号

数字

A

B

T

U

V

W

Z

あ行

か行

さ行

た行

な行

は行

ま行

や行

ら行

わ行

DXライブラリの命令

著者プロフィール

廣瀬 豪（ひろせ つよし）

早稲田大学理工学部卒。ナムコでプランナー、任天堂とコナミの合弁会社でプログラマー兼プロデューサーとして勤めた後、ゲーム制作会社を設立。多数の商用ゲームを開発し、セガ、タイトー、ヤフー、ケムコなどに納品してきた。現在は会社を経営しながら技術書を執筆し、教育機関でプログラミングやゲーム制作を指導する。主な著書に『Pythonでつくる ゲーム開発入門講座』（ソーテック社）、『Pythonではじめるゲーム制作 超入門 知識ゼロからのプログラミング＆アルゴリズムと数学』（インプレス）、『野田クリスタルのこんなゲームが作りたい!』（インプレス・共著）、『7大ゲームの作り方を完全マスター！ ゲームアルゴリズムまるごと図鑑』（技術評論社）などがある。

参加クリエイター

キャラクターデザイン	渡辺優美
	日高さくら
	福田楓佳
	鈴木歩美
グラフィックデザイナー	セキリウタ
	横倉太樹
	イロトリドリ
	老沼里咲
サウンドクリエイター	青木しんたろう

Special Thanks　菊地寛之先生
（学校法人 TBC学院 国際テクニカルデザイン・自動車専門学校）

書籍制作スタッフ

ブックデザイン	米倉英弘（細山田デザイン事務所）
カバーイラスト	カシワイ
DTP	町田有美
レビュー協力	豊田正明（宇都宮ビジネス電子専門学校）
	亀山友之（宇都宮ビジネス電子専門学校）
校正	株式会社聚珍社
デザイン制作室	今津幸弘
デスク	今村享嗣
編集長	柳沼俊宏

商品に関するお問い合わせ先

このたびは弊社商品をご購入いただきありがとうございます。本書の内容などに関するお問い合わせは、下記のURLまたは二次元バーコードにある問い合わせフォームからお送りください。

https://book.impress.co.jp/info/

上記フォームがご利用いただけない場合のメールでの問い合わせ先

info@impress.co.jp

※お問い合わせの際は、書名、ISBN、お名前、お電話番号、メールアドレス に加えて、「該当するページ」と「具体的なご質問内容」「お使いの動作環境」を必ずご明記ください。なお、本書の範囲を超えるご質問にはお答えできないのでご了承ください。

●電話やFAXでのご質問には対応しておりません。また、封書でのお問い合わせは回答までに日数をいただく場合があります。あらかじめご了承ください。
●インプレスブックスの本書情報ページ https://book.impress.co.jp/books/1122101108 では、本書のサポート情報や正誤表・訂正情報などを提供しています。あわせてご確認ください。
●本書の奥付に記載されている初版発行日から3年が経過した場合、もしくは本書で紹介している製品や サービスについて提供会社によるサポートが終了した場合はご質問にお答えできない場合があります。

落丁・乱丁本などのお問い合わせ先

FAX 03-6837-5023
service@impress.co.jp
●古書店で購入されたものについてはお取り替えできません。

ゲーム開発で学ぶ C言語入門
プロのクリエイターが教える基本文法と開発技法

2024年3月11日 初版発行
2024年6月11日 第1版第2刷発行

著者 廣瀬 豪
発行人 高橋隆志
発行所 株式会社インプレス
〒101-0051
東京都千代田区神田神保町一丁目105番地
ホームページ https://book.impress.co.jp/

印刷所 株式会社リーブルテック
ISBN978-4-295-01766-0 C3055
Printed in Japan